本书获"闽南师范大学学术著作出版基金"资助

Study on the Conflicts of Interests i.
Academic Peer Review of University

大学学术同行评议利益冲突问题研究

林培锦 ◎ 著

厦门大学出版社
XIAMEN UNIVERSITY PRESS
国家一级出版社
全国百佳图书出版单位

图书在版编目(CIP)数据

大学学术同行评议利益冲突问题研究/林培锦著.—厦门:厦门大学出版社,2017.12
ISBN 978-7-5615-6772-2

Ⅰ.①大… Ⅱ.①林… Ⅲ.①高等学校-学术评议-研究 Ⅳ.①G3

中国版本图书馆 CIP 数据核字(2017)第 318982 号

出 版 人	郑文礼
责任编辑	睢 蔚
封面设计	蒋卓群
技术编辑	许克华

出版发行 厦门大学出版社

社　　址	厦门市软件园二期望海路 39 号
邮政编码	361008
总 编 办	0592-2182177　0592-2181406(传真)
营销中心	0592-2184458　0592-2181365
网　　址	http://www.xmupress.com
邮　　箱	xmup@xmupress.com
印　　刷	厦门市金凯龙印刷有限公司

开本	787mm×1092mm　1/16
印张	15.75
字数	388 千字
版次	2017 年 12 月第 1 版
印次	2017 年 12 月第 1 次印刷
定价	75.00 元

本书如有印装质量问题请直接寄承印厂调换

厦门大学出版社
微信二维码

厦门大学出版社
微博二维码

序

　　同行评议,也称为内行评议,是当前学术评价系统中应用最广泛、可信度较高的评价方法或机制。从17世纪产生以来至今,历经数百年的实践,无论其表现形式如何多样化,应用领域如何广泛与深入,但作为本质所在的"客观与公正"精神仍是其核心价值诉求。也正是因为对这种核心价值诉求的坚持,同行评议在整个学术发展史中,不仅充当着学术研究质量"过滤器"的角色,同时,又以其特有的自我纠错功能,扮演着学术共同体自身完善与发展的"调节器"角色。

　　大学不仅是人才培养的基地,更是学术研究的重镇。因此,大学学术研究活动自然也离不开同行评议机制。纵观当前的大学学术研究活动,同行评议俨然已成为大学学术评价活动中普遍盛行的重要评审机制,被广泛应用于诸如项目资助、职务晋升、学术奖励、论文和专著出版等学术评价活动中。众所周知,学术评价对学术活动具有导向、诊断、鉴别与激励等方面的功能,良好的学术评价活动会促进学术规范化与学术发展,而不好的学术评价活动则可能阻碍学术的发展,甚至滋生学术腐败。科学、有效的学术同行评议机制是大学学术研究活动健康发展的重要保障。尤其是在当前高校"双一流"建设的背景下,亟须构建一个良性的现代大学学术同行评议机制,以促进和服务于一流学科建设,最终为一流高校的建设保驾护航。

　　同行评议机制在大学学术评价体系中有着不可或缺的地位和作用,但这并不意味着它是完美无缺、不可挑剔的。事实上,关于学术同行评议机制问题,学界对它的争议、质疑甚至诟病也从未间断过。其中主要的焦点是因利益冲突而引发的对同行评议的焦虑或猜疑。那么,大学学术同行评议中的利益冲突到底是一种怎样的矛盾关系?当前的大学学术同行评议利益冲突现状是怎样的?它产生的根源又是什么?现实中我们又该如何规避这些利益冲突?这些问题都是研究大学学术同行评议问题绕不开的话题。

　　本书是林培锦博士在其博士论文的基础上经过修改充实后完成的,是对上述问题进行综合性探索研究所取得的可喜成果。同时,该书与本人作为课题主持人出版的《学术守门人探论——高校学术同行评议与利益冲突》("十二五"规划国家社科基金课题主要成果)一书同属姊妹篇。仅举两例:例如,《学术守门人探论——高校学术同行评议与利益冲突》从利益相关者理论、新制度社会学理论和社会建构理论等方面探析了它们与高校同行评议的紧密相关性;又如,《学术守门人探论——高校学术同行评议与利益冲突》对英国、美国、德国和日本四个国家的学术同行评议及其借鉴价值分别进行了论述。如此等等,不一而足。两书分别从不同的视角进行了各自较为深入的研究,可谓相得益彰。

　　得知林培锦博士的书稿即将正式出版,作为他的学位论文指导老师,自然心中欣喜。该书是林培锦博士花费数年之工而成的著作,较好地体现了其学术的敏锐性和严谨认真的学术追求,我认为这一研究具有重要的理论意义与实践价值。综观本书,不乏真知灼见,体现了作者厚实的学术功底。其一,多视角的理论分析与研究。该书不仅从人性理论、委托代理理论、科学场域理论对大学学术同行评议利益冲突问题进行了多维理论分析,同时也从社会学、经济学、文化学、制度学等方面对利益冲突产生的根源进行了深入剖析。其二,系统调查与实证分析。作者通过自编问卷与访谈提纲,围绕大学的学术同行评议利益冲突问题搜集了大量的一手资料,并对此进行整理、分析、提炼,所得到的结论与观点,对于大学学术同行评议机制的改进具有重要意义。其三,同行评议利益冲突治理设想的提出。在理论分析、调查研究、根源剖析及借鉴美国耶鲁大学和香港科技大学的基础上,作者就大学学术同行评议利益冲突的恰当应对问题,构建了一个由正式制度和非正式制度组成的制度建设治理框架,具有较高的借鉴价值。

大学学术同行评议中的利益冲突问题千头万绪,错综复杂,研究这一问题的难度的确不小。"苔花如米小,也学牡丹开。"作为一位年富力强的学者,林培锦博士敢于尝试探索这一富有挑战性的课题,其学术精神与勇气值得褒赏。当然,鉴于这一课题的多重复杂性,该研究仍有许多空间有待进一步探究。

学无止境,学术研究总是在路上。我相信作者应知"一勤天下无难事",更当不断深化对这一问题的研究,以更加饱满的学术热情、求真的学术态度、严谨的治学精神,砥砺前行。

李泽彧

(厦门理工学院教授、厦门大学博士生导师)

2017 年 11 月 12 日

目　录

第一章　绪论

第一节　问题缘起

著名华裔物理学家李政道博士曾认为:学问,要学"问"。只学答,不学"问",非"学问"。[①] 古希腊哲学家泰勒斯关于"何谓万物之源"的理性发问,掀开了有文字记载的科学史的序幕,他以其真知灼见告诉我们科学源于问题。换言之,问题是科学研究与创新的出发点,所谓"发明千千万,起点是一问"(陶行知《每事问》)便是这个道理。试想,如果没有 1900 年"希尔伯特问题"[②]的出现,怎会有整个 20 世纪数学理论的辉煌与灿烂?"数学王子"高斯也曾说过:"如果数论是数学上的王冠,哥德巴赫猜想就是王冠上的宝石。"[③]我们不妨借此作一比喻,即如果说问题的解决是科学研究的王冠,那么问题的提出就是王冠上的宝石。大量事实证明,在科学发展过程中,每一项有价值的研究,都是基于有价值"问题"的提出而开始的。本书研究的是大学学术同行评议中的利益冲突问题,因此,可以说,它既是对大学学术同行评议活动实践的一种反思,也是对大学学术同行评议活动本质的一种理论思考。

一、基于大学学术评价与同行评议实践困境的反思

我们知道,历史上曾经流行过各种不同的学术评价制度,但发展至今,在学术评价实践中主要形成了"同行评议"和"量化评价"两种评价方法。量化评价起源于西方,是随着科学计量学的发展而产生的,原本是作为"同行评议"的辅助性方法而提出的。但自 20 世纪 90 年代引入中国后迅速蔓延和扩展并最终在学术评价中占据主导地位。纵观当前的大学学术活动,不管什么层次、什么类型的评价无不以课题的数量、等级,论文发表的刊物等级、数量

---

① 施宝华.李政道谈学问[J].半月选读,2007(4):42.

② "希尔伯特问题"指的是 1900 年德国数学权威希尔伯特以其渊博的数学知识及其深邃的洞察力和理解力,从浩如烟海的数学问题中整理出 23 个带有方向性的问题。这些问题在一定程度上左右了半个世纪的数学研究工作,对这些问题的研究造就了辉煌的 20 世纪数学发展。(参见:尚丛智.科学社会学——方法与理论基础[M].北京:高等教育出版社,2008:173.)

③ 姜涛.马尔萨斯:重要的是问题的提出——为马尔萨斯《人口原理》发表 200 周年而作[J].人口研究,1998(4):20-24.

作为标准。有学者甚至借用西方社会学家的用词,称这种量化的学术评价管理为"麦当劳化"(McDonaldization)①,即十分注重学术的可计算性、预测性、技术至上性等特征。正因为量化评价具有种种弊病,以至于面对上述学术界出现的种种问题时,人们习惯于将矛头指向"量化评价"方式,认为其是制造学术垃圾、导致学术造假等的罪魁祸首。就连美国学者唐纳德·肯尼迪(Donald Kennedy)也曾指出:"量化评价所致的平庸学识的过度生产是当代学术生活的最为夸大其词的做法,它会因单纯的篇幅而隐匿了真正重要的著作,浪费了时间和宝贵的资源。"②在这种情况下,越来越多的学者们怀念拥有悠久历史的"同行评议"机制,这种机制正逐渐成为学者尤其是青年科学家关注的热点。③

然而,作为大学学术评价的另一种机制——同行评议是否一定就完美无缺,毫无缺点?在笔者看来,同行评议身上的毛病一点都不比量化评价少。纵观现实大学中的各种学术同行评议,如项目申请评审、投稿论文评审、科研奖励评审、学术机构评审、教师聘任与职称晋升等评审活动无不遭人非议,受人诟病。据武汉大学的邓晓芒、赵林、彭富春三位博导的披露,在湖北省社会科学(1994—1998年)的评奖过程中,"评奖主持人和个别评委利用职权,在哲学社会学组把一场严肃的评奖活动变成了一场一手遮天、结党营私、瓜分利益的丑剧"④。又如,《中国青年报》记者叶铁桥报道了2012年5月份湖南省高校评职称的黑幕,个别评委无视同行评议的客观与公正性,公然把职称评审明码标价,打开门收取贿赂。⑤ 像这类事件在现实的同行评议实践中大量存在,只不过有些并未在媒体或公众视线中曝光而已。而在理论界,无论是国内还是国外,批评同行评议的声音也从没停止过。比如美国的达里尔·E.楚宾(Daryl E.Chubin)曾言,"同行评议的实践为人们所熟悉,但并不让人产生好感"⑥。而在科兰(John B.Conlan)眼中,"同行评议制度是一个基本上为极少数杰出的'老友'(old boys)谋取利益的精英主导制度"⑦。作为同行评议最为盛行的美国尚且如此,况乎于我国还处于相当不成熟的境地。总之,同行评议非但不是完美无缺,而且在实践中表现出了众多弊病,而这便是大学学术同行评议实践的困境。

① [美]乔治·里茨尔.社会的麦当劳化——对变化中的当代社会生活特征的研究[M].顾建光,译.上海:上海译文出版社,1999.

② [美]乔治·里茨尔.社会的麦当劳化——对变化中的当代社会生活特征的研究[M].顾建光,译.上海:上海译文出版社,1999:112.

③ 2004年11月19日,为期4天的中国科协第五届青年学术年会在上海结束,中国科协主席周光召院士提出的应加强"同行评议"受到了青年科学家的强烈关注。(参见:冯永锋,齐芳."同行评议"成为青年科学家关注热点[N].光明日报,2004-11-19.)

④ 转引自:江新会.学术何以失范——大学学术道德失范的制度分析[M].北京:社会科学文献出版社,2005:128-129.

⑤ 叶铁桥.湖南高校职称评审黑幕被揭 事件引发呼吁[EB/OL].(2012-05-09)[2012-07-15].http://www.yangtse.com/system/2012/05/09/013299673.shtml.

⑥ [美]达里尔·E.楚宾,爱德华·J.哈克特.难有同行的科学:同行评议与美国科学政策[M].谭文华,曾国屏,译.北京:北京大学出版社,2001.

⑦ 阎光才.学术共同体内外的权力博弈与同行评议制度[J].北京大学教育评论,2009(1):124-138.

二、利益冲突是大学学术同行评议困境的症结所在

是什么导致大学学术同行评议实践处于困境之中？为什么同行评议一直遭到包括社会公众以及学者在内许多人的批评与诟病，以至于其公信力严重下降？同行评议实践中乱象丛生，积重难返，充斥着权钱交易、关系评审、官学结合等问题。而这些问题，在笔者看来，基本上都可以归入利益冲突的范畴中。利益冲突是评议专家的利益冲突，评议专家自身的某些私人利益有可能会影响评审活动的客观与公正性。比如，投稿论文中的关系稿，项目评审中的经费公关，科研奖励中的评委与被评议人合二为一，以及其他的诸如对有学缘关系、血缘关系、工作关系等被评议人的有意抬高，但对竞争对手，不同学派同行的有意压低等现象。因此，从某种程度上来说，利益冲突是大学学术同行评议公信力下降的症结所在。然而，我们是否可以因为利益冲突的存在而放弃同行评议呢？回答当然是否定的，因为无论是学术史上的经验教训，还是我们现实的学术活动实践的需要都决定了同行评议的重要性，它在学术评价中具有不可替代的地位。具体来说，其重要性可以从两个方面来看：一是其作为一切学术评价方式的基础性前提。比如量化评价，其所统计的每一篇论文或其他学术成果都是经过同行评审而正式发表或出版的，如果没有同行评议的基础性工作，拿什么来计量？二是其本质是基于学术共同体群体的决策行为。学术是高深的、专门性的，尤其是在学科分化愈来愈细的今天，要判断一项学术成果是否具有价值，不仅外行人无法知晓，即使是同学科的人（研究方向不同）也未必都能做到。另外，即使是同学科或同研究方向的人，因个人的学识、旨趣或其他影响因素也未必就能作出准确的判断。因此，倘若这种基于学术共同体群体决策方式的同行评议机制能科学健康地运行，必是最能体现学术活动发展的内在需要的。尽管种种原因（无论是自身还是外在的）导致同行评议终究无法完美，但仍不失为"从一般研究背景中'过滤'出'好科学'的一种行之有效的技术手段"①。因此，应当改革与完善同行评议，尤其从制度或体制上进行建设，尽可能地使利益冲突现象得到有效控制与管理，从而使同行评议真正发挥其应有的功效。

三、作为大学教育工作者的社会责任使然

蔡元培先生说："一个民族或国家要在世界上立得住脚，而且要光荣地立住，是要以学术为基础的。尤其是，在这竞争激烈的 20 世纪，更要依靠学术。所以学术昌明的国家，没有不强盛的；反之，学术幼稚和知识蒙昧的民族，没有不贫弱的。"②可以看出，蔡元培先生是将学术与国家的强盛、社会的发展紧密联结在一起的。然而我们不禁要问，学术如何才能强盛？学术研究人员所需要的"独立之精神，自由之思想"如何才能始终秉持不移？进一步讲，作为宏观层面的国家与社会需要提供什么样的环境与氛围？作为微观层面的学者自身又应具备或练就何种素质？以上种种追问促使笔者在面对当前学术活动的现状时感到一种社会责任感和使命感的召唤。

① 张彦.论科学评价的社会学机制[J].南京大学学报(哲学·人文科学·社会科学版),1995(4):60-66.
② 桂勤.蔡元培学术文化随笔[M].北京:中国青年出版社,1996:269.

那么,什么是大学教育工作者的社会责任?在笔者看来,学术欲对国家和社会有所贡献,承担起应有的社会责任,首先必须是"真学术",即学术应具有价值上的客观性、准确性、科学性。而维护学术的本真意义,坚持做真学术,杜绝伪学术,不仅是学术理论工作者责无旁贷的使命,也是最基础、最根本的社会责任。大学是一个研究高深学问的场所,学术性是大学的根本特征,学术活动是大学的根本性活动。用雅斯贝尔斯(Karl Theodor Jaspers)的话说:"大学是研究和传授科学的殿堂,是教育新人成长的世界,是个体之间富有生命的交往,是学术勃发的世界。"①作为一名大学人,无法回避维护学术研究中最基础、最根本意义上的社会责任——学术规范意义上的社会责任。② 其中,基于学术共同体的学术同行评议制度,以其独有的比较优势本应承担着履行规范意义上社会责任的使命,然而现实中因利益冲突因素的困扰,同行评议机制一直无法健康、科学、高效地运行。因此,从利益冲突的视角研究大学学术同行评议制度不仅是应时之需,更是作为一名大学人社会责任感的体现。

第二节 文献综述

诺贝尔文学奖得主英国伯特兰·罗素说过:"社会思想并不是卓越的个人所做的孤立的思考,而是曾经有各种体系盛行过的各种社会性格的产物与成因。"③同理,进行探求真理、获取真知的学术研究,绝不是凭空的捏造或随意的主观臆想,或在无视前人研究成果基础上的闭门造车。这样的后果只能要么是低水平的重复建设,要么是纯粹的经验性描述。若此,学术研究资源的巨大浪费暂且不说,学术的创新与进步从何谈起?事实上,任何一项有价值的学术研究,都是在以往研究积累基础上的发展与创新。牛顿说:"我之所以看得远,是因为我站在巨人的肩膀上。"然而,进行文献综述绝不是一项简单容易之事。无疑,浩如烟海的文献资料搜集是一方面,但最费功夫之处是对这些纷繁庞杂、良莠不齐的文献进行整理、归类、分析与评述,进而理清以往研究的现状,呈现以往研究的清晰脉络与特征。

本研究以"大学学术同行评议利益冲突问题研究"为题,中心问题主要包括"同行评议与大学同行评议""学术评价与大学学术评价""学术共同体与学术规范""科学活动中的利益冲突与学术同行评议中的利益冲突"等几个方面。应该说,就同行评议而言,国内外相关研究皆有所涉及,然而从高校学术的视角进行系统而深入的专项研究目前尚无先例。但前人的研究在科学社会学、科学政策、学术评价、大学学术评价、学术共同体及学术规范建设等方面都不同程度涉及同行评议体制问题,这些均为本研究提供参考。

---

① [德]雅斯贝尔斯.什么是教育[M].邹进,译.北京:生活·读书·新知三联书店,1991:150.
② 有学者将高等教育理论工作者的社会责任分为三种:规范意义上的社会责任、义务意义上的社会责任和美德意义上的社会责任。规范意义上的社会责任是最基本的和最底线的社会责任。它是以否定式命题呈现的,如你不能如何如何,否则要为行为的结果承担责任,主要体现在理论工作者的求真态度即对学术规范的遵从上。(参见:徐萍.高等教育理论工作者的社会责任及学科立场[N].江苏教育报,2010-5-31.)
③ [英]罗素.西方哲学史(上)[M].马元德,译.北京:商务印书馆,1963.

一、国内研究现状

作为一种实践形式的存在,学术评价中的同行评议有着悠久的历史,大约在公元 15 世纪就有了类似于今天同行评议的做法①,然而我国直到 20 世纪 70 年代末才有了有关同行评议的报道。1979 年上海光机所张泽纯在《中国激光》第 5 期上第一次将同行评议以文字的形式引入我国期刊界。进入 20 世纪 80 年代后,特别是随着 1982 年中国科学院科学基金、1986 年国家自然科学基金委的设立,关于同行评议的理论与应用方面的研究越来越多。但从总体上看,比之于理论界对其他有关高等教育问题的探讨,从总量上来说显得十分稀少,且其中低水平重复现象比较严重。曾有学者统计,在 CNKI 中国知网搜索核心期刊(1979—2007 年)发表的有关"同行评议"主题的论文有 443 篇,科研论文 306 篇,工作综述 46 篇,信息报道 35 篇,其他 56 篇。②

(一)同行评议与大学学术同行评议方面的研究

国内直接以同行评议为主题进行研究并出版的著作很少。目前检索到的冠以"同行评议"题名的书只有 2 本:龚旭的《科学政策与同行评议——中美科学制度与政策比较研究》(2009 年版)和吴述尧的《同行评议方法论》(1996 年版)。《科学政策与同行评议——中美科学制度与政策比较研究》③一书,以中美两国科学资助机构[NSF(National Science Foundation)与 NSFC(National Natural Science Foundation of China)]的同行评议为切入点,对两国的科学制度与科学政策进行比较研究。全书将同行评议作为科学政策或制度的一个研究视角,以科研项目遴选、研究结果绩效中的评审为例详细探讨了同行评议的运行、存在问题及解决途径。应该说,这是一本值得一读的书,其中有关同行评议的相关论述对本研究有重要的启发作用。但因其所涉范围主要在国家项目资助方面,视角聚焦在两国科学政策的比较,因此,对我国同行评议在大学组织中的特性问题无法做深入的探析。

另一本是吴述尧的《同行评议方法论》④。因该书作者曾是国家自然科学基金委员会政策局局长,有丰富的工作实践经验,因此,该书主要是以国家自然科学基金委员会的同行评

①　关于同行评议的起源,学术界有不同的说法。有人认为 1416 年威尼斯共和国在专利查新制度中的做法是同行评议的肇始;也有学者认为,作为一种制度化的科学或学术的评议形式,它起始于 1665 年英国皇家学会创办的《哲学学报》,此刊物的论文审查机制是同行评议的最早实践。持这种观点的学者认为,专利查新制度是一种技术发明活动,它本质上不属于纯粹的科学活动范畴。(参见:龚旭.科学政策与同行评议——中美科学制度与政策比较研究[M].杭州:浙江大学出版社,2009.21.)笔者以为,作为一种实践形式,把同行评议的起源认定在 15 世纪威尼斯的专利查新制度是合理的。理由有二:一是从科学的内涵上说,它不仅包括纯粹探索性的理论研究,也包括将理论应用于实践的应用研究,在这种层面上讲,专利的发明自然也属于科学的范畴;二是从同行评议的功能上理解的。因为无论是技术发明活动,还是纯粹的科学活动,同行评议在其中所起的功能或作用都是"质量或水平"的评判与鉴定。

②　李芬,朱紫阳,丁枝秀.关于中国同行评议研究状况的分析报告——基于 CNKI 核心期刊的文献研究[J].中国科学基金,2009(4):177-182.

③　龚旭.科学政策与同行评议——中美科学制度与政策比较研究[M].杭州:浙江大学出版社,2009.

④　吴述尧.同行评议方法论[M].北京:科学出版社,1996.

议工作为背景,讨论同行评议的方法在遴选基金项目中的应用以及与此有关的问题,如同行评议的定义、性质、作用及存在问题,同行评议专家的研究,以及同行评议中的"非共识"问题的研究与处理等。可以说,这是我国第一部比较系统地研究同行评议的著作,然而研究主要集中在评议的方法、程序、评议人规范等技术性问题上。

值得一提的是,丁学良在《什么是世界一流大学?》[①]中以切身的体会阐释了香港科技大学的学术同行评议制度。例如,有关人员聘任与晋升的"三级一界"评审制度,有关论文发表中的"专业、隐名、外部"审稿制度等。这些研究无论在理论方面还是在实践方面都为我们课题的开展提供了启示。

另外还有几本较多涉及大学学术同行评议的相关著作,如孔宪铎的《东西象牙塔》(北京大学出版社 2004 年版)、宋旭红的《学术职业发展的内在逻辑》(华中科技大学出版社 2008 年版)以及吴鹏的《学术职业与教师聘任》(中国海洋大学出版社 2006 年版)等。当然有关学术评价与大学学术评价、学术规范与学术共同体方面的书中也有些涉及同行评议问题。因论述需要,我们将这些内容安排在后文的相应部分,在此不再赘述。

此外,笔者以"同行评议"为关键词(时间范围选定在 1979 年至 2010 年 10 月,检索项为"篇名",以下有关文章类的检索皆采用此方法,故不再做特别说明),搜索 CNKI 中国知网,共搜索到博士论文 1 篇(贺颖.基于科学计量视角的同行评议专家遴选问题研究[D].天津:天津大学,2008.),硕士论文 5 篇[②],期刊论文 228 篇。[③] 其中,期刊论文的题名中有"项目""课题"或"资助"等字眼的 29 篇,有"期刊发表"或"论文发表"等字眼的为 5 篇,有"教师"字眼的 1 篇,有"高校""高等学校"或"大学"字眼的 0 篇。可见,没有专门论述高校的学术同行评议的论文。当然,其余的同行评议论文也都不同程度地涉及这几个方面。

通过对这些论文资料的整理,除部分是关于同行评议的"信息报道"(如《世界华人消化杂志》各期刊载的有关同行评议的政策信息报道)和"工作综述"(如 2000 年第 4 期中《化学进展》刊登的"国家自然科学基金委试行电子方式的同行通信评议")外,大部分是科研论文。但在这些论文中,大部分是对国内外科研项目资助和科学论文出版的同行评议进行的研究,而在其他几个领域,如对大学中教师聘任与晋升的同行评议机制问题方面的研究则相对较少,且主题主要集中在以下几个方面:

——有关同行评议的基本问题探讨,如,同行评议的定义、功能、原则、本质(如,毛莉莉.论同行评议的公平、公正原则[D].上海:东华大学,2007;郭碧坚.同行评议制——方法、功能、理论、指标[J].科学学研究,1994(3)等)。

——有关同行评议制度或体制的缺陷、批判及改进策略(如,杨锋.同行评议制度缺陷的

① 丁学良.什么是世界一流大学[M].北京:北京大学出版社,2004.

② 杨素娟.科技项目立项同行评议评审专家反评价体系构建研究[D].沈阳:沈阳理工大学,2009;刘鲁宁.科技项目同行评议体系反评估模型分析与设计[D].哈尔滨:哈尔滨工业大学,2007;张荣.新环境下同行评议的机制研究[D].武汉:武汉大学,2005;毛莉莉.论同行评议的公平、公正原则[D].上海:东华大学,2007;李延瑾.科技项目立项评审的同行评议方法研究[D].武汉:武汉理工大学,2001.

③ 所检索的篇目数与其他研究者可能存在差异,原因在于所选择的时间范围及检索词不同。我们选择的时间范围为 1979 年至 2010 年 10 月,以"篇名"作为检索项,目的是剔除许多可能无效的文献(如信息报道或工作综述)。

根源及完善机制[J].科学学研究,2008(3);阎光才.学术共同体内外的权力博弈与同行评议制度[J].北京大学教育评论,2009(1)等)。

——有关同行评议方法、程序和模式的研究(如,古继宝.同行评议的方式比较[J].科学学研究,1997(2);张荣.新环境下同行评议机制研究[D].武汉:武汉大学,2005 等)。

——有关同行评议专家遴选与评估的研究(如,贺颖.基于科学计量视角的同行评议专家遴选问题研究[D].天津:天津大学,2008;陈嫒.科研项目同行评议专家水平的评价研究[J].科学学与科学技术管理,2009(3)等)。

(二)学术评价与大学学术评价方面的研究

从查阅资料的情况看,以"学术评价"或"大学(高校)学术评价"为书名的书不多,目前检索到 2 本:刘明的《学术评价制度批判》(2001 年版)和胡显章、杜祖贻等主编的《国家创新系统与学术评价——学术的国际化与自主性》(2000 年版)。

其中《学术评价制度批判》[①]一书,作者从近年来不断披露的学术腐败现象及由此引发的学术规范讨论入手,指出学术评价机制对学术文化发展有至关重要的意义,并在对两种主流学术评价方法(量化评价与同行评议)简要研究的基础上,对我国清末至改革开放前学术评价制度做了回顾和总结,同时对可资借鉴的国外学术评价制度做了介绍和评论。应该说,这是我国第一部与学术评价直接相关的著作,有重要启发作用。但在对历史的梳理部分显得过于泛化了些,对于学术评价的论述有些地方出现主题和范围上的漂移,因此,深入细致地探讨这部分内容尚需做进一步的努力。而在《国家创新系统与学术评价——学术的国际化与自主性》[②]一书中,收录了清华大学曾国屏教授的《国家创新系统中的科学共同体与学术评价》一文,从国家创新系统的建设要求出发,认为当前的学术评价不仅应打破传统学科内的评价,重视学科间的评价,同时还应与社会评价有机结合起来,进而建立内部与外部相结合的评估体系。

另外,尚丛智的《科学社会学——方法与理论基础》[③](2008 年版)一书虽不是系统和直接论述学术评价的著作,但其在书中第七章、第八章分别对"科学的奖励系统"和"科学的评价系统"的研究对我们课题研究具有重要的参考价值。

当然,其他有关高等教育管理、评价的著作中也有部分涉及学术评价问题,如陈谟开的《高等教育评价概论》(吉林教育出版社 1988 年版)、薛天祥的《高等教育管理学》(广西师范大学出版社 2001 年版)、陈学飞的《美国、日本、德国、法国高等教育管理体制改革研究》(教育科学出版社 1995 年版)、别敦荣的《中美大学学术管理》(华中理工大学出版社 2000 年版)、李新荣的《高等院校科研管理研究》(中国经济出版社 2008 年版)、王恩华的《学术越轨批判》(湖南师范大学出版社 2005 年版)等,在此不再详细介绍。

---

① 刘明.学术评价制度批判[M].武汉:长江文艺出版社,2001.

② 胡显章,杜祖贻.国家创新系统与学术评价——学术的国际化与自主性[M].济南:山东教育出版社,2000.

③ 尚丛智.科学社会学——方法与理论基础[M].北京:高等教育出版社,2008.

目前检索到的有关学术评价的博士论文 2 篇：一是《大学教师学术评价研究》①（2008年）。该文重点探讨了大学教师学术评价中的两种基本的评价机制，即量化评价和同行评议，提出量化评价是受到科层制影响和推动的产物，而同行评议的根本是要建设好良性的学术共同体，这是同行评议的前提与基础。另一篇是《科研评价方法与实证研究》②（2004 年）。该文从实证视角重点探讨了基于专家知识的主观评价、基于统计数据的客观评价以及基于系统模型的综合评价等三大类方法。其中，第三章"同行评议方法"和第四章"德尔菲法"对我们课题研究具有借鉴意义。而所检索到的有关学术评价、科研评价的硕士论文 10 余篇，如，吉林大学的硕士论文《我国高校学术评价行政化研究》（郑龙，2007 年），作者就高校学术行政化内涵的历史演变及具体表现做了探讨与分析，并在文后以辩证的眼光看待学术评价中的行政渗透现象。然而全文在某些关键问题上（如产生学术评价行政化的原因）停留于经验上的探讨与浅层的描述，对此问题尚待更为深入的挖掘。

有关学术评价的期刊论文比较多，仅以"学术评价"为题名进行检索就有 230 多篇。研究涉及的内容主要集中在以下几个方面：

一是对现行评价制度或体制，如对量化、功利化评价弊端以及危害的批判（如，刘明.现行学术评价定量化取向的九大弊端[J].自然辩证法通讯，2003(1)；张怀英.高校学术评价的功利化现状及其根源[J].煤炭高等教育，2006(5)等）。

二是对改造学术评价制度途径与方法的探究（如，张二华，张振霞.探讨一种新的学术评价方法[J].中山大学学报论丛，2006(4)；伊利贵.高等院校学术评价体系改革初探[J].民族教育研究，2010(4)等）。

三是有关学术评价与科技（学术）期刊关系的研究（如，张秀红.核心期刊的功能泛化与学术评价的制度缺失[J].辽宁师范大学学报（社会科学版），2008(1)；朱剑.学术评价、学术期刊与学术国际化[J].清华大学学报（哲学社会科学版），2009(5)等）。

四是对国外学术评价的研究（如，张小敏.英国高等教育质量保证署学术评价体系[J].中国高等教育评估，2006(2)；田敬诚.美国、加拿大学术评价与通识教育的考察报告[J].重庆大学学报（社会科学版），2008(1)等）。

（三）学术规范与学术共同体方面的研究

同行评议是基于专家学者共同体基础上，遵循共同的学术规范与学术标准对学术成果进行的评判与鉴定。因此，有关学术规范与学术共同体方面的研究也是我们课题的重要参考来源，对此方面进行综述具有必要性。然而对于共同体和学术规范的研究，国外学者来得

---

① 高军.大学教师学术评价研究[D].南京：南京师范大学，2008.

② 陈敬全.科研评价方法与实证研究[D].武汉：武汉大学，2004.

更早,成果也更丰富。① 而我国对于这方面的研究,则显得单薄了。

目前检索到的较有代表性的相关书籍,有杨玉圣教授的《学术规范与学术批评》(2005年版)、叶继元的《学术规范通论》(2005年版)。《学术规范与学术批评》②一书在上编"学术规范"中收录了作者发表的25篇学术论文,范围涵盖学术的各个方面,如学术规范与学术道德、学术规范与学术共同体的建设、学术规范与学术责任、学术规范与学术腐败等。这些均为我们在撰写学术规范相关内容时提供有益的参考。叶继元的《学术规范通论》③中对学术研究的程序、方法、撰写、引文、评价、批评等方面的规范进行详细的分析与论述,尤其是对学术研究的基本规范和学术评价规范的研究为我们的研究提供了理论上的认识与准备。

此外,还有些书籍也涉及学术规范和学术共同体的研究,如,吴励生的《学术批评与学术共同体》(河南大学出版社2008年版)、李醒民的《见微知著——中国学界学风透视》(河南大学出版社2006年版)、江新华的《学术何以失范——大学学术道德失范的制度分析》(社会科学文献出版社2005年版)等。

除了著作之外,相关的博、硕士论文很少。学术(科学)规范与学术(科学)共同体各检索到硕士论文1篇。分别是:

甘志频的《从科学共同体的发展看中国科学共同体的优化》④(2003年)。该文通过叙述科学共同体的历史发展进程及趋势,深入剖析了我国科学共同体的成长历程,分析出我国科学共同体的基本特征和存在的问题,并提出其如何优化的设想。

张晓娟的《高校人文社会科学学术规范建设》⑤(2010年)。该文以我国人文社会科学为例,对学术规范的现状、问题存在的根源以及如何健全和建设做了较为详细的探究。

而查阅的相关期刊论文则相对较多,大致呈现以下几个方面的特征:

第一,学术规范与学术共同体研究上具有交叉与重叠性(如,詹先明."学术共同体"建设:学术规范、学术批评与学术创新[J].江苏高教,2009(3))。

第二,对学术规范的研究,视角主要集中在两个方面:一是学术规范与学术期刊(饶娣清.高校学报学术规范论略[J].河南师范大学学报(哲学社会科学版),2003(2));二是从治理学术不端或学术腐败的视角谈学术规范(余三定,袁玉立.学术不端与学术规范、学术管理对谈[J].学术界,2010(7))。

---

① 诸如,[英]波兰尼.科学、信仰与社会[M].王靖华,译.南京:南京大学出版社,2004;

[法]布尔迪厄.科学的社会用途[M].刘成富,张艳,译.南京:南京大学出版社,2005;

[美]加斯顿.科学的社会运行[M].顾昕,译.北京:光明日报出版社,1988;

[美]科尔.科学界的社会分层[M].赵佳苓,顾昕,黄绍林,译.北京:华夏出版社,1989;

[英]皮尔逊.科学的规范[M].李醒民,译.北京:华夏出版社,1999;

[美]库恩.必要的张力[M].范岱年,纪树立,译.北京:北京大学出版社,2004;

[英]托尼·比彻,保罗·特罗勒尔.学术部落及其领地[M].唐跃勤,蒲茂华,陈洪捷,译.北京:北京大学出版社,2008,等等。

以上所列的这些书籍,都对学术规范与学术共同体进行各自不同角度的分析与研究。

② 杨玉圣.学术规范与学术批评[M].开封:河南大学出版社,2005.

③ 叶继元.学术规范通论[M].上海:华东师范大学出版社,2005.

④ 甘志频.从科学共同体的发展看中国科学共同体的优化[D].武汉:武汉理工大学,2003.

⑤ 张晓娟.高校人文社会科学学术规范建设[D].重庆:西南大学,2010.

第三,对于学术规范与学术评价尤其是学术同行评议的关系的研究很少。

第四,对学术(科学)共同体的研究主要涉及的是国外情况,而对中国的学术共同体如何产生与成长则鲜有探讨。

(四)科学活动中的利益冲突及同行评议中的利益冲突方面的研究

就科学活动中的利益冲突研究情况看,学术界在这方面的研究大都集中在科学活动在经济领域中可能出现的一些冲突,以及生物医学领域中的一些利益冲突情况。但从检索的情况来看,研究成果还是较为缺乏的。专门论述科学活动中利益冲突的书籍只有一本,即魏屹东的《科学活动中的利益冲突及其控制》①(2006 年)。该书从大范围的视角来谈科学活动与社会经济部门合作中可能出现的一些利益矛盾,对于我国科学活动中利益冲突问题的形成、现状、成因、解决措施等方面略有论述。此外,其他的一些著作,虽不是专门论述,但书中某些章节也会有所提到,如王蒲生的《科学活动中的行为规范》②(2006 年)、科学技术部科研诚信建设办公室编写的《科研诚信知识读本》③(2010 年)、冯坚等编写的《科学研究道德与规范》④(2007 年)等书。这些书中所论述到的利益冲突大致与魏屹东的观点类似,在此就不再做详细描述。

关于这个问题的博士论文目前尚未检索到,硕士论文只有一篇,即内蒙古师范大学董丽丽的《科研立项中的利益冲突》⑤(2007 年)。该研究主要探讨 1987—1993 年美国兴建的大型项目 SSC(超导超级对撞机)在国会中有关利益的争论。由于其主要针对美国政府机构的科研立项,而且其利益冲突主要是指参与该项目的社会各方在国会听证会上的争论中所表现出来的,因此与本书的主题关系不大。

此外,从学术期刊层面来看,网上搜索到 9 篇。这些论文大部分是对科学活动中利益冲突的概念、形式、诱因以及如何披露等问题进行了较为简单的探索,还缺乏较为深入的研究。比较有代表性的如邱仁宗从医学领域的角度界定了利益冲突的概念及其对策(邱仁宗.利益冲突[J].医学与哲学,2001(12)),曹南燕从科学研究的层面对利益冲突的形式、产生原因、社会后果以及处理对策等方面进行探讨(曹南燕.科学活动中的利益冲突[J].清华大学学报(哲学社会科学版),2003(2))。

就同行评议中利益冲突问题的研究,以往的研究真是少之又少。首先尚无相关的专著出现,专门研究的博士论文也没有,硕士论文仅 1 篇,即清华大学周颖的《同行评议中的利益冲突研究》⑥(2003 年)。该文主要以国家自然科学基金中科研项目申报与评审为主要研究背景,对利益冲突历史、概念、产生的根源,以及国外的基金组织等方面做了介绍,对我们有一定的参考价值。当然,在研究同行评议的有关专著中会涉及利益冲突的部分内容。比如,前文已介绍过的龚旭的《科学政策与同行评议——中美科学制度与政策比较研究》一书,将

---

① 魏屹东.科学活动中的利益冲突[M].北京:科学出版社,2006.
② 王蒲生.科学活动中的行为规范[M].呼和浩特:内蒙古人民出版社,2006.
③ 科学技术部科研诚信建设办公室.科研诚信知识读本[M].北京:科学技术文献出版社,2010.
④ 冯坚,王英萍,韩正之.科学研究的道德与规范[M].上海:上海交通大学出版社,2007.
⑤ 董丽丽.科研立项中的利益冲突[D].呼和浩特:内蒙古师范大学,2007.
⑥ 周颖.同行评议中的利益冲突研究[D].北京:清华大学,2003.

利益冲突作为影响同行评议公正性的因素之一。至于在学术论文方面,笔者搜集的资料也不多,而且对于利益冲突的探讨尚需进一步深入。比如郭卉对高校教师聘任制中的利益关系的分析(郭卉.高校教师聘任中的利益关系及其制度调整[J].高等教育研究,2007(10));此外,其他一些类似的学术论文由于也涉及同行评议与利益冲突问题,因此对我们也具有一定的参考价值,如,丁佐奇、郑晓南、吴晓明对科技期刊中利益冲突问题的探讨(丁佐奇,郑晓南,吴晓明.科技期刊中的利益冲突问题及防范对策[J].编辑学报,2010(5))。

二、国外相关文献述评

相比较而言,同行评议在国外实行得更早,适用的范围更广,制度化、规范化程度也更高。因此,学术界对于这方面的研究自然更加庞杂。笔者一是通过外文电子资源中的Springer link(斯普林格链接),以 peer review 为检索词,分别对相关电子图书及电子期刊进行检索。在这些文献中,除了在项目资助、论文发表以及科研成果鉴定方面有大量的研究之外,在教学评价、学位授予、大学排行、职务晋升、人员招聘等方面也有关于同行评议的研究。另外,还通过图书馆的"书目检索",获得一些国外相关文献的中译本。这些研究成果对我们研究的开展具有重要的参考价值。

How to Survive Peer Review[①](Elizabeth Wager 等,2002)就是系统研究同行评议的一本英文专著。该书主要从如何做好同行评议者及如何在同行评议中受益进行研究,而对同行评议的优缺点以及如何改进方面却未涉及。此外,该书还对什么是同行评议、专业的和非正式的同行评议等方面做了相关的介绍。另外一本是美国芝加哥伊利诺伊大学安·韦勒教授的专著 *Editorial Peer Review: Its Strengths and Weaknesses*[②](Ann C.Weller,2002),该书将研究视角锁定在专业杂志的编辑出版领域,在揭示不同主体在同行评议过程中的角色定位、网络环境下同行评议走向的基础上,对该领域同行评议制度的研究成果、发展现状及优势与缺陷等进行详尽的研究。虽然该书只限定在编辑出版界的微观研究,但其研究能加深我们对同行评议的内涵及功能的了解与认识,对我们的研究具有较大的借鉴价值。而在所查阅的其他英文书籍中,同行评议一般以某一章(节)内容呈现,如由 Willo Pequegnat 编撰的 *How to Write a Successful Research Grant Application*[③] 书中的"The Review Process"一章(Anita Miller Sostek,1995)以美国国立卫生院(NIH)为例论述了项目同行评议中的分层次性。即第一层次在"科学评议组"(SRG),不考虑 NIH 项目资助的优先权;第二层次在学院咨询委员会进行,这一层次必须考虑组织的整体任务和研究计划。*Citation Analysis in Research Evaluation*[④](Henk F.Moed,2005)第二部分第六节(Part 2.6)"Citation

---

① Elizabeth Wager,Fiona Godlee,Tom Jefferson.How to Survive Peer Review[M].London:British Medical Journal Books,2002.

② Ann C.Weller.Editorial Peer Review:Its Strengths and Weaknesses[M].New Jersey:Information Today Inc.,2002.

③ Willo Pequegnat.How to Write a Successful Research Grant Application[M].New York:Plenum Publishing Corporation,1995.

④ Henk F.Moed.Citation Analysis in Research Evaluation[M].Dordrecht:Kluwer Academic Publisher,2005.

Analysis and Peer Review"主要从引文分析与同行评议的互补关系视角来探讨。该书作者认为文献计量法是同行评议的一种辅助性方式,能起到监督同行评议程序的作用,同时同行评议的结论又能反过来印证文献计量法有效与否,这些结论都为我们课题的研究提供有价值的参考。还有如 *The Physician Scientist's Career Guide*①(Mark J.Eisenberg,2010)中的第三部分第十三节(Part 3.13)"Peer Review of Grant Applications",从物理学科项目评审视角探讨同行评议程序;*Optimising New Modes of Assessment:In Search of Qualities and Standards*②(Mien Segers,F.Dochy,E.Cascallar,2003)中第五章"Self and Peer Assessment in School and University:Reliability,Validity and Utility"论述了学校或大学中同行评议的可靠性、有效性和实用性等。

另外,国外相关书籍的中译本大都是从社会学视角研究同行评议机制的,如开创科学社会学先河的默顿(R.K.Merton)在《科学社会学》③中不仅提出了科学的四种精神气质或规范,也对评议过程中评议人体制、模式及功能方面进行了研究。美国达里尔·E.楚宾和爱德华·J.哈克特在《难有同行的科学:同行评议与美国科学政策》④中重点对美国 NSF、NIH 等项目资助申请中的同行评议进行了探讨,对同行评议的艰难境地进行实证性的分析。史蒂芬·科尔(Stephen Cole)的《科学的制造:在自然界与社会之间》一书⑤在美国国家科学基金会(NSF)同行评议经验研究的基础上,批判地吸收了西欧建构主义的观点,对同行评议中如何达成共识或一致性问题进行了具体的分析。尼古拉·斯丹尼克(Nicholas H.Steneck)的《科研伦理入门——ORI 介绍负责任研究行为》⑥以简洁的案例形式对同行评议的运行要求做了概括,认为"及时性、严谨性、去掉个人偏见、保守秘密"等是确保同行评议正常和有效运作的重要条件。英国约翰·齐曼教授(John Ziman)的《真科学》⑦研究了作为一种社会建制的科学从"学院科学"到"后学院科学"的转变。尽管该书并未明确提到同行评议的机制问题,但这种超越传统默顿规范论之上的"后学院科学"特征为我们课题研究同行评议机制提供了新的启示,具有一定的参考价值。美国学者爱德华·希尔斯(Edward Shils)的《学术的秩序——当代大学论文集》⑧对学术聘任的标准、学术评价的秘密性与匿名性进行了专门的研究与分析。值得一提的是,美国学者唐纳德·肯尼迪的《学术责任》⑨一书中学术的"发现"和"发表"两章对美国学术界的学术同行评议进行了详细的研究,并且该书作者以其曾担

---

① Mark J.Eisenberg.The Physician Scientist's Career Guide[M].New York:Springer,2010.

② Mien Segers,F.Dochy,E.Cascallar.Optimising New Modes of Assessment:In Search of Qualities and Standards[M].Dordrecht:Kluwer Academic Publisher,2003.

③ [美]罗伯特·默顿.科学社会学(上、下册)[M].北京:商务印书馆,2003.

④ [美]达里尔·E.楚宾,爱德华·J.哈克特.难有同行的科学:同行评议与美国科学政策[M].谭文华,曾国屏,译.北京:北京大学出版社,2001.

⑤ [美]史蒂芬·科尔.科学的制造:在自然界与社会之间[M].林建成,王毅,译.上海:上海人民出版社,2001.

⑥ [美]尼古拉·斯丹尼克.科研伦理入门——ORI 介绍负责任研究行为[M].曹南燕,吴寿乾,姚莉萍,译.北京:清华大学出版社,2005.

⑦ [英]约翰·齐曼.真科学[M].曾国屏,匡辉,张成岗,译.上海:上海科技教育出版社,2008.

⑧ [美]爱德华·希尔斯.学术的秩序——当代大学论文集[M].李家永,译.北京:商务印书馆,2007.

⑨ [美]唐纳德·肯尼迪.学术责任[M].阎凤桥,等译.北京:新华出版社,2002.

任斯坦福大学校长职务所积累的学术管理经验,提供了许多生动的事例来描述美国大学和学术界有关学术评价(包括同行评议)的现状及问题。这些资料为我们课题的研究提供了较为重要的借鉴与参考。

就相关的英文期刊论文而言,从 Springer link 上搜索的情况来看,数量很丰富。其一,对同行评议自身的研究(如程序、优缺点、方法、伦理、改进策略或发展趋势等问题)。例如,由 Dale J.Benos,Edlira Bashari,Jose M.Chaves 等学者共同撰写的 *The Ups and Downs of Peer Review*[①] 一文,探讨了同行评议的历史、优缺点(同行评议中的偏见、欺诈行为、长周期性等)、改进措施及未来发展走向。其二,对同行评议利益冲突的研究。例如 *Conflict of Interest：An Issue for Authors and Reviewers*[②](William W.Parmley)一文对评议人与被评议人可能存在的利益冲突类型进行了探讨,并就如何治理这些利益冲突提出了相关对策。再如,由 Barry L.Zaret 撰写的"Conflict of Interest"论文中,对美国的科研机构(包括大学)中有关项目资助中的利益冲突问题进行了实证性分析,并提出了利益冲突普遍存在的特征,认为应当实行利益冲突的披露政策。其三,对各领域同行评议的研究。例如"Peer Review：An Essential Step in the Publishing Process"(John Weil,2004),"Doffing the Mask：Why Manuscript Reviewers Ought to Be Identifiable"(Leigh Turner,2003)等论文[③],主要探讨的是有关期刊出版领域的同行评议问题,如伦理问题、公正性问题等。而"Peer Review and the Support of Science"(Cole S.,Rubin L. & Cole J.R.,1977)和"Row-Column(RC) Association Model Applied to Grant Peer Review"(Lutz Bornmann & Ruediger Mutz et al. 2007)等论文[④]主要是从项目资助方面来探讨和研究同行评议。而"University of California Peer Review System and Post-tenure Evaluation"(Ellen Switkes,1999),"Peer Review and Post-tenure Review"(Charles Mignon & Deborah Langsam,1999)和"Post-tenure Review：National Trends,Questions and Concerns"(Christine M. Licata & Joseph C. Morreale,1999)等论文[⑤],以美国大学中的同行评议系统为研究对象,尤其是对大学教师学术聘任、晋升以及终身教职后的评价问题进行了探讨。由于在大学学术评价及同行评议活动中,教师的学术聘任与晋升或考核是最为主要的内容或任务,因此,这些研究资料对于我们的研究具有重要的参考价值。

———————————

①　Dale J.Benos.The Ups and Downs of Peer review[J].Advances in Physiology Education,2007,31.

②　William W.Parmley.Conflict of Interest：An Issue for Authors and Reviewers [J].Journal of the American College of Cardiology,1992,20(4).

③　John Weil.Peer Review：An Essential Step in the Publishing Process[J].Journal of Genetic Counseling,2004,13(3). Leigh Turner.Doffing the Mask：Why Manuscript Reviewers Ought to Be Identifiable [J].Journal of Academic Ethics,2003(1).

④　Cole S.,Rubin L. & Cole J.R.Peer Review and the Support of Science[J].Scientific American,1977(4). Lutz Bornmann & Ruediger Mutz.Row-Column(RC) Association Model Applied to Grant Peer Review[J].Scientometrics,2007,79.

⑤　Ellen Switkes.University of California Peer Review System and Post-tenure Evaluation[J].Innovative Higher Education,1999,24(1).Charles Mignon & Deborah Langsam.Peer Review and Post-tenure Review[J].Innovative Higher Education,1999,24(1).Christine M.Licata,Joseph C.Morreale.Post-tenure Review：National Trends,Questions and Concerns[J].Innovative Higher Education,1999,24(1).

从以上文献综述的情况看,以往的研究整体上呈现几个方面的特征:

1.相关研究具有分散性特征,系统的、专门的研究少。有关同行评议的研究散见于学术评价、学术共同体以及学术规范等主题的文章之中。对同行评议尤其是大学学术同行评议的直接、专门和系统的研究很少(如专著只有 2 本:龚旭的《科学政策与同行评议——中美科学制度与政策比较研究》、吴述尧的《同行评议方法论》)。而所检索到的直接研究的论文也不多,且还包括了部分"工作综述"和"信息报道"的篇章。因此,比之于理论界对其他高等教育问题的研究而言,还是显得薄弱了。

2.对于同行评议利益冲突的研究较为缺乏。从以往的资料来看,研究所涉及的范围也比较宽泛,如研究涉及同行评议的基本问题,评议体制的缺陷批判,评议专家的选择与评估,评议方法、模式与程序等。但针对利益冲突问题的探讨较少,即使涉及的论文或著作也主要是针对整个科学活动而言的,尤其是对大学学术同行评议中的利益冲突问题更是鲜有闻之。

3.已有的研究大多集中在满足具体往往又是眼前需要的问题上,因而经验性的总结和推理式的探讨较多,基础性、理论性研究欠缺,这种欠缺制约着我们对当前境域下大学学术同行评议机制全景式的理解与把握。

4.国外相关研究虽相对丰富和深入,但总体特征与我国相似,这在前文已有初步分析。而且更为重要的是,由于国情不同,同行评议实施的制度环境也不一样,因此,在借鉴时不能不以一种"扬弃"的态度来对待。

因此,总的说来,我们的研究所赖以为开展的基础,就是前人所做的大量的相关研究资料。尽管以往的研究可能还存在这样或那样的不足,或许还有许多地方尚待深入挖掘。笔者丝毫不敢说有什么大的独创之处,只能说是站在"巨人的肩膀"上(前人研究基础)做了一些小小的"添砖加瓦"工作而已。

第三节　研究意义

一、理论意义

大学学术同行评议是大学学术评价活动中的重要组成部分,对于大学学术评价活动具有重要的意义与价值。以往的研究虽然对同行评议有所关注,但显得较为分散,尤其是对于其中的利益冲突问题不但集中在科学活动的范围,且对一些基本的理论问题未能进行系统、专门的研究。我们从利益冲突的视角探讨大学学术同行评议,对大学学术同行评议的内涵、本质、存在基础以及利益冲突的内涵进行了系统阐述,并运用相关的理论(如人性理论、委托代理理论、科学场域理论、制度理论等)对大学学术同行评议中的利益冲突进行相关的探析,同时分析了利益冲突产生的根源。通过此研究,不仅可以丰富我国大学学术评价方面的理论基础,同时对于我国大学内部管理理论、高等教育管理学理论等方面也具有较大的借鉴意义。

二、实践意义

大学学术同行评议是一个实践性很强的活动。本研究无论是对于大学的管理者,还是对大学的学术研究者来说都具有较大的实践意义。对于大学管理者来说,通过本研究,能够对大学学术同行评议中出现的一些问题有基本的把握,尤其是对于利益冲突问题有较为清晰和准确的认识,了解利益冲突的具体内涵、产生的根源、表现的类型等,对他们在制定大学学术评价制度、程序以及一些防范措施等方面起到一定的指导性作用;对于大学的学术研究者而言,本研究对于同行评议的本质、利益冲突的内涵与类型的阐述,不仅能够为他们的学术研究及同行评议活动提供理论指导,而且对他们自觉养成良好的学术道德、遵循相应的学术评价规范与制度起到一定的作用。尤其能够为学者们提供一个辨别自我行为的标准,自觉地防范利益冲突在大学学术同行评议活动中的产生。此外,本研究虽是对大学学术同行评议中利益冲突的研究,但由于科学研究活动本质上的相似性,因而本研究的结论有些也适用于其他相关的科研机构,如科研基金组织、期刊编辑部等,能够为它们制定利益冲突政策、防范利益冲突等方面提供实践上的指导作用。

第四节 研究思路与方法

一、研究思路

本研究主要是从利益冲突的角度来研究大学学术同行评议问题。因此,首先必须了解何为同行评议和大学学术同行评议,它们产生、发展、内涵、本质以及存在的基础。其次,选择利益冲突作为研究的视角进行分析,并对利益冲突及同行评议中的利益冲突的内在含义及表现形态进行阐述与分析。再次,由于同行评议是一种社会学机制,其利益冲突问题涉及众多方面的因素,因此,为了更好地理解利益冲突问题,笔者借助人性理论、委托代理理论、科学场域理论等,试图从多元理论的视角对大学学术同行评议利益冲突问题进行阐释。接着运用质性访谈、问卷调查的方法对当前我国大学学术同行评议中利益冲突的问题进行实证性的研究与探讨。在此基础上,从社会的、经济的、文化的、制度的视角对同行评议中利益冲突产生的根源进行多角度的探究与分析,试图借此找到治理大学学术同行评议的途径与方法。同时,由于国际上对同行评议及其利益冲突问题的研究有很多值得我们借鉴的经验,因此也进行了相关介绍与阐述。最后,在前面研究的基础上,从制度理论的框架出发,探讨了大学学术同行评议利益冲突问题的治理策略。

二、研究方法

有人说一个研究者在 65 岁以前去关注方法论问题是愚蠢的。但每当我们思考与研究任何一个课题时,"方法又是我们绕不开的问题,它是挡在研究者面前的一块巨石,不把它解决掉,就无法继续研究之路"①。概括起来,我们主要采用了如下几种方法:

(一)理论与实证相结合的方法

理论研究中包括具体的文献法和思辨法。文献法一般包括文献的收集与查阅、文献的鉴别与整理、文献的解释与分析、文献的研究等几个阶段。我们的研究主要是利用各种途径(包括 CNKI 论文、专著、编著、论文集、报刊、调查报告、各大学网主页以及电子期刊等)充分收集和查阅与主题相关的文献资料,去伪存真、去粗取精,选择具有典型代表性和有价值的文献进行分析研究,以获取该领域已取得的进展和尚存在的问题,以明晰后续研究的方向与策略。思辨法的优势在于它能有效地透过现象把握事物的本质,同时论理较严密,有利于进行理论构思和理论概括。应该说,我们的思辨法贯穿于全书的行文过程中,但主要运用于对有关概念、内涵界定,关系辨析及问题成因分析等方面。

当然,文献法与思辨法固然有其优势,但对于较庞大的课题,尤其是应用性较强的课题,研究不涉及具体的实践似乎总是不当的,甚至是不切实际的,也难以形成较强的说服力。因为,研究者若一味停留于单纯的文献与思辨分析,不将研究的触角抵及具体的实践,就不能理解舒茨(Alfred Schutz,又译为"许茨")所说的"多重实在"的重要性,②进而研究也就难免会出现流于空洞无物、易走极端的痼疾。因此,我们还通过相关的调查(如问卷调查、深度访谈)进行实证研究,如对我国大学学术同行评议中的利益冲突问题进行实证分析。

(二)国际视野比较的方法

同行评议起源并盛行于欧美,其规范化、制度化水平较高,许多做法都值得我们借鉴。所谓"他山之石可以攻玉",我们试图对某些发达国家和地区的科研机构、大学、期刊编辑部等的学术同行评议机制进行分析与对比,从而为我国大学同行评议机制的改革提供借鉴。比如,从美国科研机构(以 NSF 为例)、美国大学(以耶鲁大学为例)、香港科技大学、国际学术期刊编辑部等的同行评议运行情况、利益冲突防范情况方面进行介绍与分析。

(三)多学科与跨学科统一的方法

从学科的性质来看,大学同行评议问题既属于高等教育学的范畴,又属于科学学的范畴,同时也属于管理学的范畴,还涉及制度,必然与社会学、经济学等理论相关;从方法论的角度看,研究大学学术同行评议利益冲突问题,多学科研究也是必要的,因为"没有一种研究能揭示一切。宽阔的论述是多学科的,就像所有的灯光都照射在舞台上,人们的目光在整个舞台前后漫游"③。本书采用高等教育学、科学学、管理学、社会学、政治学、哲学、系统论等多种学科和跨学科的方法来探索我国的大学学术同行评议制。正如潘懋元教授所认为的,从事高等教育研究如同观庐山,"既要横看,看到它的逶迤壮观,又要侧看,看到它的千仞雄

---

① 庄西真.国家的限度:"制度化"学校的社会逻辑[M].南京:南京师范大学出版社,2006:37.

② [美]阿尔弗雷德·舒茨.社会实在问题[M].霍桂桓,译.北京:华夏出版社,2001:65.

③ [美]伯顿·R.克拉克.高等教育新论:多学科的研究[M].王承绪,译.杭州:浙江教育出版社,2001:2.

姿;既要入山探宝,洞悉其奥秘,又要走出山外,遥望它的全貌"①。因此,可以毫不夸张地说,只有运用多学科与跨学科的研究视角才能够对大学学术同行评议中的利益冲突问题有一个尽可能全面的认识。

第五节　研究内容与框架

本书沿着什么是大学学术同行评议—大学学术同行评议中的利益冲突是什么—大学学术同行评议利益冲突存在哪些问题—利益冲突产生的根源是什么—国际视野中的同行评议及其利益冲突是怎么样的—应当如何治理大学学术同行评议中的利益冲突问题等逻辑顺序进行研究与探讨。

第一章为绪论,主要对本书研究的基本情况作一番介绍。包括研究问题的缘起,国内外相关研究的文献综述,研究的意义、思路及方法等内容。

第二章以同行评议与大学学术同行评议自身为研究对象。同行评议到底是什么? 正确认识同行评议是应用同行评议机制的前提与基础。本章首先对学术同行评议、大学学术同行评议的产生、发展及在各个阶段所体现出来的特征进行分析与研究。其次,对于大学学术同行评议及其相关的几个概念进行辨析,并借此推导出其本质内涵。最后,对于大学学术同行评议的存在基础进行阐述与分析。由于以往研究中对于同行评议的存在基础缺乏系统的分析,因而本章着重从作为同行评议载体的学术共同体、作为同行评议依据的学术规范以及同行评议存在的哲学基础进行较为全面的分析与阐述。

第三章是在第二章研究的基础上,选择"利益冲突"作为研究的视角进行探讨。首先,笔者从大学学术同行评议利益冲突问题的产生、意义出发,对大学学术同行评议利益冲突的内涵与特征进行解析,提出了利益冲突具有"普遍性""主体性""客观性""交叉性"以及"隐秘性"五个方面的特征。此外,还对利益冲突的表现形态进行研究,重点提出了包括"纯粹经济利益冲突""裙带关系冲突""同行竞争冲突""私人恩怨冲突""良心冲突""权威压力冲突"以及"本位主义冲突"七个方面的表现形态。

第四章主要是对大学学术同行评议利益冲突问题进行多元的理论分析。鉴于以往的研究在同行评议利益冲突问题上不仅缺乏且深度不够,为了更好地理解大学学术同行评议中的利益冲突问题,本章选取了"人性假设理论""委托代理理论"以及"科学场域理论"作为理论基础,对利益冲突的各种理论解释、在各种理论下利益冲突的产生以及如何规避等问题进行了探讨。本章的研究有助于拓宽我们对于同行评议中利益冲突问题的产生、防范与规避等问题的视角,对构建我国大学学术同行评议的制度具有较好的借鉴意义。

第五章重点从现状维度对当前我国大学中学术同行评议利益冲突问题进行调查研究,进而对所获得的资料与数据进行实证分析,主要包括对大学教师的质性访谈,以及对大学教师的问卷调查。通过对本章的研究,发现我国大学学术同行评议利益冲突的有关现状,为防范与治理提供铺垫。

---

① 潘懋元.多学科观点的高等教育研究[J].高等教育研究,2002(1):10-11.

第六章是对大学学术同行评议利益冲突产生根源的分析。大学是社会中的一种组织，大学的问题必然受到社会、政治、经济、文化等多因素的影响。因此，对大学学术同行评议利益冲突问题产生的根源，应放在较为广阔的社会环境中去分析。本章首先从社会的视角进行分析，认为利益冲突的产生受到了社会多元价值观、人的社会角色多重性以及社会权力的干预等多方面的影响。其次，从经济的视角分析，认为利益冲突的产生是经济利益驱动下的结果，并且资源的有限性、成本-收益理论也是利益冲突产生的原因。再次，从文化视角来看，"官本位"的传统、注重"人情关系"的文化以及转型期文化正功能的弱化都是利益冲突产生的重要原因。最后，从制度理论的视角来看，内外在学术制度的供给不足、制度矛盾、制度执行机制薄弱等都可能导致利益冲突问题的产生。

第七章主要是对国、境外学术同行评议及其利益冲突情况的介绍与分析。由于美国是同行评议运用最为发达的国家，其对利益冲突问题的关注与治理也有较为成熟的经验，因此，本章首先选取了美国的科研机构以及美国大学的同行评议情况进行分析，并就其中的利益冲突问题进行总结与归纳。其次，香港科技大学是一个后发性的大学，大学内部有关的学术评议政策较为完善。本章对该大学教师职务晋升中的同行评议运行情况及利益冲突的防范问题进行描述与分析。最后，对国际学术期刊在投稿论文的评审及利益冲突问题方面也做了探讨。

第八章是在前几章研究的基础上，对大学学术同行评议利益冲突问题提出了相应的治理策略。首先，对大学学术同行评议治理的原则进行了研究，提出了整体性原则、无罪推定原则、利益均衡原则和评议前防范原则等。其次，从环境营造的角度进行探讨，认为学术自由与自治、健康的学术共同体以及和谐的二元权力结构是大学学术同行评议健康运行的重要环境条件。最后，从制度建设出发，对于大学学术同行评议利益冲突问题的治理，不仅应重视"正式制度"的建设，也应当重视"非正式制度"的建设。如此，才能构建一个较为健全的治理框架，从而真正较有力地做到防范与规避大学学术同行评议中的利益冲突问题。

第二章　大学学术同行评议的产生、本质及存在基础

作为学术研究重镇的大学,其学术评价制度中的一种重要组织形式——同行评议(peer review),从产生至今历经数百年的实践运动。如今,俨然已成为大学学术评价活动中普遍盛行的重要评审制度。正如美国国家科学基金会(NSF)在《科学质量的评估》中提出的:"它是影响确定诸如谁学、谁教、谁领先、谁将进行科研工作,以及什么结果应被发表和应用等一系列关键决策的基础。"①然而,它的普遍适用性与地位重要性并不意味着完美无缺、无可苛责。事实上,就是这种被人们认为在学术评价中不可或缺或最具普遍意义的"黄金准则",其合法性依据也时时遭到质疑,诟病甚久,并随之滋生了学术共同体内外的信任危机。鉴于此,对大学学术同行评议的产生、本质、存在依据、合法性基础等基本问题进行理论上的探讨与剖析显得尤为必要。

第一节　大学学术同行评议的产生与发展

任何事物都有其产生与发展的历史,要全面了解该事物,必须首先了解其产生与发展的历史过程。因为,"历史从哪里开始,思想进程就从哪里开始,而思想进程的进一步发展不过是历史过程在抽象的、理论上前后一致的形式上的反映"②。因此,对大学学术同行评议本质进行研究,首先需探究其产生与发展的历史演变过程。本节对学术同行评议的起源、大学学术同行评议的发展演变做一梳理分析。

一、学术同行评议的起源

从最广泛的意义上来说,同行评议具有相当悠久的历史,是作为学术的"孪生物"相伴而生的。因为自有学术以来,学者们对学术的评论、批评从未间断。无论是古代的东方还是西方,某一种学术(思想家的言论、思考、著述)的面世,势必会引起其他学者(同学派内、不同学派间)对该学术的关注、评鉴或批判,如在我国古代的春秋战国时期,诸子百家争鸣的局面形

---

① 张彦.论同行评议的改进[J].社会科学研究,2008(3):86-91.
② 马克思恩格斯选集(第 2 卷)[M].北京:人民出版社,1972:122.

成了自由言论、相互辩论的良好学术氛围。可以说,"辩论"在春秋战国时期的学术百花齐放、百家争鸣中起了重要的作用。以稷下学宫为例,这所由田齐政权创办的著名高等学府搜罗了当时的绝大多数学派,各派之间的相互争鸣与辩论成风,出现了诸如"天口骈"的田骈和"谈天衍"的邹衍等一大批闻名于世的辩论家,就连荀子也称道"君子必辩"①之说。此外,据刘向的《别录》所载:"谈说之士,期会于稷下也。"这种"期会"可能就是稷下各派学者定期举行的讲演、讨论、辩论之类的学术交流会。② 而在西方的古希腊罗马时代,雄辩术是当时非常重要的教育内容与教育方法之一,也相继出现了一大批高等教育机构,如柏拉图(Plato)创办的学园(Akademia,前 387 年)、亚里士多德(Aristotle)创办的吕克昂(Lycem,前 335年)以及伊索克拉底(Isocrates)创办的修辞学校等。这些学校和后来出现的其他哲学学校于公元前 200 年前后合并成为雅典大学(University of Athens),该大学吸引了来自各地的众多学子,并逐渐形成了一整套有关辩论与讲演的学术探讨与交流的方法体系,成为西方希腊化时期著名的学术研究中心和高等教育中心。

那么,我们是否可以把同行评议的起源认定于此呢?根据英国博登(M.Boden)教授的观点,同行评议是指,"由从事该领域或接近该领域的专家来评定一项工作的学术水平或重要性的一种机制"③。很明显,该定义表明,有意识地对学术进行"认可、管理、鉴定"是同行评议的核心。对照此定义我们对古代东西方学者的讲演与辩论略作分析。首先,当时各学派之间的讲演、辩论主要是作为一种教育教学方法而存在的,其根本目的是培养人才;其次,即使是学者之间因某一学术思想发表诸如肯定、否定或质疑的言论,其本质也仅限于知识或学术的探讨,并非一种对学术质量高低、优劣、等第的审查与鉴定。因此,笔者以为,从严格意义上来讲,古代东西方学者在学术上的讲演与辩论不能作为同行评议的起源,它充其量只能是一种同行评议精神的体现。

事实上,从相对意义上来说,学术界真正有意识地将同行评议作为一种方法或机制来使用的历史是相对短暂的。大部分学者认为,同行评议的起源可追溯至 15 世纪专利申请的查新制度。1416 年,威尼斯共和国在世界上率先实行专利制度,在对发明者所申请的新发明、新工艺等进行审查,来确定是否授予发明者对其发明的垄断权时,就采用了邀请同一行业或相近行业的有一定影响的从业者帮助判断与审查的方法。然而,有学者对此提出质疑④,并认为它应起源于 1665 年英国皇家学会(The Royal Society)创办的《哲学学报》(*Philosophical Transactions of the Royal Society*)⑤,此刊物的学术论文审查机制是同行评议的最早实践。持这种观点的学者认为,专利查新制度是一种技术发明活动,它在本质上不属于纯粹的

---

① "君子必辩"是荀况在其著作《荀子·非相》中提出的观点。原文为:"君子必辩,凡人莫不好言其所善,而君子为甚焉。是以小人辩言险,君子辩言仁也。"他认为,为了维护"仁"的纯洁性,为了抵御百家的"邪说","君子必辩",把论辩第一次提高到探讨真理和捍卫真理的高度。

② 孙培青.中国教育史[M].上海:华东师范大学出版社,2009:56.

③ [英]博登.同行评议[R].内部版.国家自然科学基金委政策局,译.1992:2.

④ 龚旭.科学政策与同行评议——中美科学制度与政策比较研究[M].杭州:浙江大学出版社,2009:21.

⑤ 确切地说,《哲学学报》直到 1753 年才作为英国皇家学会的官方出版物发行,但是理事会首次批准时间是 1664 年 3 月 1 日至 1665 年间。文中的 1665 年即指《哲学学报》的批准时间。参见:[美]罗伯特·默顿.科学社会学——理论与经验研究[M].鲁旭东,林聚任,译.北京:商务印书馆,2004:637.

科学活动范畴。

笔者以为,把同行评议的起源认定在 15 世纪威尼斯共和国的专利查新制度的确是不合理的。尽管这种对专利(新发明、新工艺)申请的审查也体现了同行评议"质量或水平"的评判与鉴定功能,因此也比古代东西方学者之间有关学术的讲演与辩论更进了一步,但最关键的问题是,它并未体现同行评议真正的本质内涵,即科学范畴的评议活动。因为,早期的专利更多的是属于技术发明活动的范畴,不是纯粹的科学活动。因此,15 世纪威尼斯共和国的专利查新只能是类似于今天同行评议制的一种做法。真正的同行评议应起源于 17 世纪英国皇家学会对学者的入会申请和对会员的学术论文进行审查的机制。该学会于 1731 年出版了一个有关医学观察资料评论与报告方面的出版物——《医学评论与观察》(*Medical Essays and Observations*),美国学者贝诺斯(Dale J.Benos)认为,这是第一份经过同行评议的医学论文集,并认为现在的同行评议制度就是从 18 世纪演化而来的。[①]

此后,随着科学的不断向前发展,同行评议的使用范围与领域也越来越广。其内涵与外延也得到不断的丰富与发展。20 世纪 30 年代后,美国率先将同行评议的方法引入科研项目的评审领域中。例如 1937 年的美国癌症研究咨询理事会在关于审定研究基金的发放时开始使用同行评议方法。20 世纪 40 年代末以后美国海军研究署也开始采用同行评议方法来资助大学的科学研究工作。直到 50 年代后,美国国家科学基金会的成立及其同行评议的应用,最终使同行评议走上了规范化、制度化的进程。随即,欧美各国相继采用此种机制,并形成了不同的模式,如德国德意志研究联合会(DFG)的"2+1"匿名评审模式,美国国立卫生研究院(NIH)极具特色的"二级评审"模式以及澳大利亚研究理事会(ARC)的重视评议反馈环节的特色等。[②] 同时,大学及科研机构中的专家评审活动也相继采用并建立同行评议机制,范围涉及科研项目立项、成果评奖及鉴定、学术机构和学科学位评估乃至学术职位的晋升与聘任等众多方面。可以说,自此以后,"这种唯有内行才有发言权的制度设计也就被渗透到所有与学术评价有关的活动环节之中"[③],并且最终成为国际学术界通用的学术评价手段。

然而,仔细考察同行评议的起源,有两个方面值得我们思考:其一,同行评议并非在学术诞生之初就存在,它是学术发展到一定形态的产物,那么,这种学术的"形态"是何种"形态"?其二,同行评议在当代具有多种功能。[④] 然而在同行评议发端之初,是基于何种功能的需求而出现的呢?换言之,一种方法或机制的诞生总是因解决问题的需要而出现的,而这种"需要"是什么?笔者以为,对第一个问题的回答就是关于(学术)科学自主性形成过程,而对第二个问题的回答则体现了学术(科学)之间的相互交流的需求。

①　Dale J.Benos.The Ups and Downs of Peer Review [J].Advances in Physiology Education,2007(31):145-152.

②　徐彩荣,李晓轩.国外同行评议的不同模式与共同趋势[J].科学学与科学技术管理,2005(2):28-33.

③　阎光才.学术共同体内外的权力博弈与同行评议制度[J].北京大学教育评论,2009,7(1):124-138.

④　关于同行评议的功能,学者的归纳与表述不一。有学者认为,具有判断、选择、预测与导向功能。(参见:毛莉莉.论同行评议的公平、公正原则[D].上海:东华大学,2007:4-5.)也有学者认为,具有利于科学资源的合理分配、保证科学荣誉的授予和实现科学共同体的社会控制等功能。(参见:吴述尧.同行评议方法论[M].北京:科学出版社,1996:14-18.)

(一)同行评议的起源与学术(科学)自主性形成的内在一致性

在科学作为一种独立的社会建制之前,所谓"科学"是与神学、形而上学等结合在一起的。或者说,科学并未脱离神学或形而上学的范畴,相应地,评判科学的标准就是神学的标准,一切与神学或宗教信仰相背离的都是不允许的。即使到了 16 世纪,波兰科学家哥白尼(Nikolaj Kopernik)的"日心说"仍然是对当时罗马教廷的直接挑战,以至于哥白尼在出版其《天体运行论》时曾几度犹豫。① 后来意大利的科学家布鲁诺(Giordano Bruno)为维护"日心说"被当时的宗教裁判所判为"异端"而被烧死在罗马鲜花广场。

然而,身处中世纪的学者并不是现存社会秩序的代表者和维护者,尤其是中世纪大学的教师们,他们反对僧侣、贵族甚至农民,"攻击社会秩序、政治秩序和意识形态秩序"②。他们斡旋于教会与世俗社会关系中,不断争取自身的独立自主权力,充分表现出那种渴望自由思考、探索和不迷信权威的科学精神。与此同时,随着社会的发展,各种不同形式的自治式的学术社团组织不断涌现。人们也逐渐接受了科学自主性的观点,即"科学自治、科学探索自由以及科学价值独立"③。科学的这种自主性决定了评判科学的价值不取决于来自科学以外的权威或力量,只能是来自科学自身及内部组成的学术共同体。而 17 世纪英国皇家学会的成立,由于其是"一个自主、独立而且得到尊重的知识分子共同体",因而被认为是制度化自主科学形成的标志。④ 根据哈丽特·朱克曼(Harriet Zuckerman)和默顿的考察,英国皇家学会所办的《哲学学报》中对学者所提交的学术论文进行审查的机制,"开启了由科学家对同行的研究工作进行评价的制度化进程,建立起科学家内部有组织地进行学术交流和质量控制的有效制度"⑤。如此看来,同行评议是在学术或科学发展到"自主"形态或阶段的产物,两者之间存在内在的联系。借用中国科学院朱作言院士的话来说,"历史上同行评议形成和发展的过程(特别是规范化和制度化的过程)是与科学自主性的形成和发展的过程相一致的"⑥。

(二)同行评议起源于学术(科学)内部相互交流的需要

英国科学家、诺贝尔生理与医学奖获得者弗朗西斯·克里克(Francis Crick)曾于 1977年指出"科学的精要是交流"⑦。学术活动或者知识、思想的探讨需要自由交流和自由表达

---

① 1513 年,大约在哥白尼 40 岁时,开始在朋友中散发一份简短的手稿,初步阐述了他自己有关"日心说"的看法。1533 年,60 岁的哥白尼在罗马做了一系列的讲演,提出了他的学说的要点,并未遭到教皇的反对。但是他害怕教会会反对,甚至在他的书稿写完后,还是迟迟不敢出版,直到他临近古稀之年才终于决定将它出版。

② [法]雅克·勒戈夫.中世纪的知识分子[M].北京:商务印书馆,1996:25.

③ 刘珺珺.科学社会学[M].上海:上海人民出版社,1990:126.

④ [美]约瑟夫·本-戴维.科学家在社会中的角色[M].赵佳苓,译.成都:四川人民出版社,1988:147-148.

⑤ [美]哈丽特·朱克曼,罗伯特·默顿.科学评价的制度化模式[M]//罗伯特·默顿.科学社会学.北京:商务印书馆,2003:633.

⑥ 朱作言.同行评议与科学自主性[J].中国科学基金,2004(5):257-260.

⑦ Malhan I.V.,Rao S.Agricultural Knowledge Transfer in India:A Study of Prevailing Communication Channels [J].Library Philosophy and Practice,2007(2):1-11.

的空间。没有自由交流和自由表达的学术活动是不可想象的。韩水法教授也认为,"学术活动无论是自然科学,还是社会科学,在很多情况下都是很个人化的行为,而基础学科和人文学科尤其如此。但是它又非常依赖于交流与表达"①。纵览今日的学术界,无论是交流的方式、平台还是频次、规模都是相当繁盛与惊人的。单就期刊业来说,据新闻出版总署最新公布的《2008年全国新闻出版业基本情况》显示,"2008年全国出版期刊总数已达9549种,平均期印数16767万册,总印数31.05亿册,总印张157.98亿印张"②。但是,在学术发展的初期,学术或科学之间的交流是件极其困难的事,许多科学家从不完全公开自己的研究工作,甚至在很长一段时间,所谓的学术"交流"就是一种"地下式"的秘密活动。曾任美国哈佛大学校长的德里克·博克(Derek Bok)指出,"在18世纪,亨利·卡文迪什③(Henry Cavendish)甚至不屑公布自己的发现成果,而是通过私人信件告诉朋友"④。究其原因,恐怕就是有关学术成果优先权的问题。尽管在当时,有些研究者隐瞒研究成果信息,目的是进一步完善直至满意为止,但更多的研究者是想秘而不宣希望自己成为第一个公布新发现的人。

　　这种因优先权的争夺而对研究成果秘而不宣的做法极大地影响了科学思想的交流与发展。英国皇家学会的首任秘书之一亨利·奥尔登伯格(Henry Oldenburg)认识到,一个由第三方出版的周期性独立出版物能够忠实地记录科学家的成果或发现,通过论文提交时间的先后来确认科学家的首发权,⑤这种方法彻底解决了科学家们的困境。正如他向罗伯特·波义耳(Robert Boyle)做保证时所指出的:"此学会总是试图,而且我认为迄今所做的就是,如您所建议的那样,当任何观察和实验首次提到时,注意其注册的时间。"⑥那么,什么样的研究成果和发现可以发表呢?发表的研究成果是否需要遵循某种标准?谁有权力决定研究成果的发表与否?奥尔登伯格创造性地采用了"同行评议",使这些问题都迎刃而解。我们可以从皇家学会理事会批准《哲学学报》创办的一段具有社会学意义的话中得到印证:"决定(亨利)奥尔登伯格先生(该学会的两名秘书之一)编辑《哲学学报》,于每月的星期一刊印,假如他有充足的选题的话;并且决定,经此学会理事会准许发行的小册子,应首先由理事会的某些成员做出评价。"⑦

　　自此以后,科学家们不断地、心甘情愿地公布他们新发现的知识,而不再保守秘密或只进行有限形式的交流。甚至随着后来各种学术团体和学术杂志的创办,科学家们以自己的

---

　　①　韩水法.终身教职与学术共同体[J].中国高等教育,2006(20):31-34.

　　②　晋雅芬.中国期刊发展的六十年:起起伏伏总向前[N].中国新闻出版报,2009-09-23.

　　③　英国物理学家、化学家。他首次对氢气的性质进行了细致的研究,证明了水并非单质,预言了空气中稀有气体的存在,发现了库仑定律和欧姆定律,将电势概念广泛应用于电学,并精确测量了地球的密度,被认为是牛顿之后英国最伟大的科学家之一。

　　④　[美]德里克·博克.走出象牙塔——现代大学的社会责任[M].徐小洲,陈军,译.杭州:浙江教育出版社,2001:170.

　　⑤　事实上,在英国皇家学会《哲学学报》创办之前,该学会已经采用了一种制度性的方法鼓励科学家或学者们公布他们新的研究成果,即通过记录首次收到通报的日期正式确认发现的优先权。而《哲学学报》的创办,将此种保护与确认优先权的做法更加制度化与规范化。

　　⑥　[美]罗伯特·默顿.科学社会学——理论与经验研究[M].鲁旭东,林聚任,译.北京:商务印书馆,2004:639.

　　⑦　[美]罗伯特·默顿.科学社会学——理论与经验研究[M].鲁旭东,林聚任,译.北京:商务印书馆,2004:637.

研究成果能迅速得到其他杰出科学家高水平的评价并在学术杂志上发表为荣。由此可见，学术或科学的交流由最初的秘而不宣或"地下式"的秘密行为到后来繁荣的交流状况，具有独特评价功能的"同行评议"制度起了至关重要的作用。因此，在某种意义上来说，同行评议起源于学术内部相互交流与发展的需要。

二、大学学术研究的演变与学术同行评议的发展

法国著名教育家涂尔干（Emile Durkheim）指出："要想理解我们将要考察的教育体制是怎样发展而来的，要想理解它已经变成了什么样子，我们就必须毫不迟疑地一直追溯到最久远的根源。"①对大学学术同行评议的研究也不例外。要想更进一步地理解学术同行评议，必须对其在大学学术发展过程中的发展演变进行探讨分析。因为，对于学术问题"最可靠、最必需、最重要的就是不要忘记基本的历史联系，考察每个问题都要看某种现象在历史上是怎样产生的"②。事实上，学术同行评议从其诞生之日起就一直处于不断的发展变化过程中，而这种发展与变化是与大学的学术研究活动的发展演变相伴而生的。

（一）大学学术研究活动的历史演进及其特征

纵观整个学术研究的发展史，世界范围内的学术研究活动大致经历了一个从 16 世纪伽利略（Galileo Galilei）时代个体闲散的好奇心活动到 17 世纪牛顿（Isaac Newton）时代的离散性民间组织活动，再到 19 世纪爱迪生（Thomas Alva Edison）时代"实验室"的集体研究活动，接下来是 20 世纪以美国为主的学术研究国家规模建制时期，最后是 20 世纪末 21 世纪初学术研究走向国际化的跨国建制时代。③ 作为科研重镇、学术重镇的大学，必然也经历了一个类似的过程。有学者从自然生态原则的角度将大学的学术研究演变描述为"古典大学的破土出芽、中世纪大学的生长发育、近代大学的开花结果和现当代大学的优化选育的过程"④。也有学者从知识生产方式转变的视角将大学的学术研究活动划分为传统社会的"书斋型"、现代社会的"实验室型"以及后工业社会的"企业型"三种理想类型。⑤ 笔者以为，无论哪种划分方式，实际上都体现了大学学术研究活动从个体到集体、从封闭到开放、从边缘到中心的一个演变过程。

1. 古希腊罗马时代的"学园"式学术研究

一般认为，中世纪大学是现代大学的共同渊源。因而，追溯大学的起源，人们习惯性地把意大利的博洛尼亚大学、萨莱诺大学和法国的巴黎大学等作为大学的始祖。然而，在中世纪大学产生之前，人类的高等教育早已有之，且也有相当程度的学术性研究活动。大约在公元前 4 世纪，希腊学者柏拉图在雅典西郊创立了第一所大学——"阿加德米学园"，他在学园里既从事教学又从事哲学研究。这所学园历经 900 多年时间方被关闭，在这近 9 个多世纪

---

① ［法］爱弥尔·涂尔干.教育思想的演进［M］.李康，译.上海：上海人民出版社，2006：23.

② 列宁选集（第 4 卷）［M］.北京：人民出版社，1977：43.

③ 徐超富.大学第二中心：科学研究的演变轨迹及其特点［J］.中国软科学，2003(12)：106-109.

④ 徐超富.大学第二中心：科学研究的演变轨迹及其特点［J］.中国软科学，2003(12)：106-109.

⑤ 王骥.论大学知识生产方式的演变：理想类型的方法［J］.科学学研究，2011(9)：1299-1303.

的办学过程中,不仅取得了哲学研究史上的丰硕成果,也诞生了一些优秀的学者,如建立"比例论"和"变量"概念的数学家和天文学家欧多克斯(Eudoxus)。后来,柏拉图的学生亚里士多德又创办了"吕克昂学园",他继承并发展了柏拉图的办学精神,不仅从事教学也从事生物学、物理学和自然哲学方面的研究。从公元前 3 世纪起,罗马帝国依照古希腊大学的模式,建立了一大批的"高等学校",如公元前 200 年形成的雅典大学,除开展"七艺"教学之外,也开展一些学术研究。尤其是到了希腊化时期,由于自然科学从自然哲学中逐渐分离,产生了一些新型的大学,其中以托勒密王朝(Ptolemaic Dynasty)建立的亚历山大里亚缪塞昂学院最为突出。这所持续了 600 年之久的大学,不仅是一所集动物园、气象站、植物园、博物馆、解剖室及实验室等于一体的综合性教育与学术研究机构,而且最值得一提的是,它有当时世界上最大的图书馆,因此被称为希腊化时期最耀眼的文化学术中心。

应该说,古希腊罗马时期的"学园"式学术研究充分体现了学术的自主性理念,然而这种自主却更多地体现为一种在宗教教义下的思想与精神上的自由。当时的学术更多的是一种追求纯粹客观的哲学思辨和理性思索的玄奥风格。同时,当时的学术不是一种专门的职业,只是学者们出于兴趣或爱好自发进行的个人化散漫探究。"它尽管时时受到信仰的牵制和理性规范的约束,但因其关注的议题更多是带有形而上意义的终极追问,因此,思索方式、探究内容和论辩风格依旧带有明显的个人色彩。"①

2.中世纪大学的"学者行会"式学术研究

11 世纪以后的西欧中世纪社会,随着手工业、农业的发展以及新兴城市的出现,欧洲社会开始慢慢从早期的黑暗中复苏,尤其是同时期的城市的机构化运动促使许多行会和社团组织不断涌现。"在每一个城市中,只要某一职业有大量的人,这些人就会组织起来,以便保护他们的利益,以及引入有利于自己的垄断机制。"②大学便是在"学者行会"模式基础上形成和发展起来的产物,它成为中世纪教育中最美的花朵。③ 如前文所提到的意大利的博洛尼亚大学、萨莱诺大学,法国的巴黎大学,英国的牛津、剑桥大学等就是这时期大学的典型。这时的大学是真正意义上的大学,因为大学的教师团体"以思想和传授思想为职业","把个人的思想天地同在教学中传播这种思想结合起来"④。因此,尽管当时的大学主要是一种培养符合社会发展需要的职业性人才学校,但作为纯粹探索知识本质和知识生产、发展的学术研究并未因此被淹没。事实上,当时的大学也常常为大学内外的学者们提供一定的空间,让他们从事非功利性的智力探索,致力于具有永恒价值的学术研究,并且由此造就了一大批优秀的学者,取得了丰硕的学术成就。比如,伊拉克赫克迈大学的数学家阿尔·花拉子模(Al-Khwarizmi)是阿拉伯数学的开创者,他花了漫长的时间写了一部闻名于历史的《复原和化简的科学》。再如近代实验科学精神的先驱罗吉尔·培根(Roger Bacon)于 1726 年出版了《大著作》《小著作》和《第三著作》三部有较大影响的著作。另外,还有哥白尼及其《天体运行论》、伽利略及其《关于托勒密和哥白尼两大世界体系的对话》等。

---

① 阎光才.学术共同体内外的权力博弈与同行评议制度[J].北京大学教育评论,2009(1):124-138.
② [法]雅克·勒戈夫.中世纪的知识分子[M].北京:商务印书馆,1996:33.
③ [美]卡尔顿·海斯,帕克·穆恩,约翰·韦兰.世界史(上册)[M].中央民族学院研究室,译.北京:生活·读书·新知三联书店,1975:526.
④ [法]雅克·勒戈夫.中世纪的知识分子[M].北京:商务印书馆,1996:1.

从总体上看,中世纪大学的学术研究呈现出一派生机勃勃的景象,尤其是在十字军东征后和文艺复兴时期,大学的学术更是朝着科学主义和人文主义的方向迈进,而且在形式上也变得多样化,归结起来大致包括"批判与实验、辩论、评注、翻译、编纂五种形式"①。除此之外,在"行会"或者"社团"模式基础上形成和发展起来的大学,其学术研究必有其自身的特征。其一,"行会"模式的中世纪大学从一个侧面反映了其学术研究是在神学与科学、宗教与世俗斗争极为激烈的背景下开展的。其二,尽管当时的学术研究还是分散的个体研究占主导地位,但在组织形态上也出现了由个体研究衍生了初具雏形的集体研究的"单位"。其三,中世纪大学的学术研究在内容上已有从纯哲学、神学领域向自然科学领域转向的现象,研究方法上也开始采用观察和实验方法,但从整体上观之,以哲学思辨的方式对以信仰为目的的经院哲学研究仍占主导地位。换言之,中世纪大学的"学者在行会内并不追求知识的实际应用,而只是遵循从知识到知识的逻辑,不断地从理论上进行知识推演……知识的运用是为了获得更高级的知识,而不是去解决生活和生产中的现实问题"②。

3.近代大学的"学院科学"式学术研究

17世纪中后期英国资产阶级革命的爆发标志着历史进入近代社会,大学也由此进入近代化阶段。伴随着欧洲一系列近代大学的建立,自然科学已完全从神学和哲学中分离出来,科学成为社会思潮的主流。然而在初期,由于不少近代大学都是中世纪大学的延续,因而大学对自然科学是拒斥的,但工业社会发展的需要使得自然科学在大学的殿堂外得到了蓬勃的发展。直到19世纪初德国的柏林大学改革之后,大学才在真正意义上接纳了自然科学知识,并在此基础上推动了学术共同体的发展。按照约瑟夫·本-戴维(Joseph B.David)的说法,科学体制化的真正完成,首先并主要"发生在1825年到1900年间的德国大学"③。威廉·冯·洪堡(Wilhelm von Humboldt)在柏林大学的改革中创造性地提出了"教学与科研相统一"的原则,发展了大学"科学研究"的第二职能,这对德国及欧美大学的知识生产方式产生重要和深远的影响,从此学院科学在大学里扎根成长,并"随后演变成一种连贯的、精致的社会活动,日益整合到社会之中,并为群体成员不断传承和强化"④。换言之,大学的学术研究从此进入了"学院科学"模式的时代。其后,美国发展了洪堡的思想,建立于1876年的霍普金斯大学就是在学习德国大学经验基础上的产物。它在本科教育之上建立了研究生院,大力开展学术研究,使学术研究在大学中的地位更加突出。此后,随着研究生教育在欧美、日本等国大学的建立,作为研究生教育的重要手段,学术研究在大学中的地位变得更加稳固与不可或缺。诚如历史学家梅尔茨(Theodore Merz)所言:"大学制度一言以蔽之,不仅传授知识,而且更重要的是从事科学研究,此乃引以为自豪和获得声誉的根基。"⑤

总之,近代大学在学术发展史上具有里程碑式的意义,其学术研究也取得了重大的进展,并表现出了一些较为明显的特征。其一,学术研究已成为学者的一种职业,他们同属于

① 李志峰.欧洲中世纪大学学术研究的形式与特征[J].北京科技大学学报,2006(3):124-128.

② 张应强.高等教育现代化的反思与建构[M].哈尔滨:黑龙江教育出版社,2000:69.

③ [美]约瑟夫·本-戴维.科学家在社会中的角色[M].赵佳苓,译.成都:四川人民出版社,1988:212.

④ [英]约翰·齐曼.真科学[M].曾国屏,匡辉,张成岗,译.上海:上海科技教育出版社,2008:32.

⑤ Willis Rudy.The Universities of Europe (1100—1914) [M].New York:Associated Press,1984:128.

一个学术共同体。正如约瑟夫·本-戴维在《科学家在社会中的角色》一书中指出,此时,"欧洲有一些人在历史上第一次认为自己是科学家,并且认为科学家的角色具有独特的责任并有存在的可能性"①。"从此,学者不再是孤独的个人,他们共同属于一个被公认的社会组织。"②其二,学术研究不仅在方法上已实现了从传统的哲学思辨到无偏见的观察与实验的转变,而且在组织形式上也由无组织的分散的个体研究向有组织的集体研究发展。其标志就是大学里各种学术研究的实验室相继建立,如,1826 年德国化学家李比希(Justus von Liebig)在吉森大学建立的世界上第一个专供教学和研究用的化学实验室,1850 年剑桥大学所创立的世界上第一个基础科学研究组织——卡文迪什实验室等。其三,学术研究成为大学最重要的职能之一,并且主要是进行"纯科学"模式的研究,即"学院科学"式的学术研究。洪堡认为,大学学术研究的目的是获取最纯粹和最高形式的知识,反对从社会功利和应用出发来研究问题。在这一点上,怀特海(Alfred North Whitehead)也与洪堡持一致的看法,认为,"研究应该是大学的生活方式和工作方式,大学对它的追求归根到底是对理智和智慧的追求"③。其四,学术研究是在学科高度分化的基础上进行的,即学术研究基本上是各学科范围内自己的事情,学者们在自己的领域内独立研究而基本不依赖于其他学科的力量,表现出明显的学科界限特征。

4.现当代大学的"后学院科学"式学术研究

德国柏林大学改革的影响不仅具有广度上的世界性,而且也具有程度上的深远性,以至于即使到了 20 世纪初美国"威斯康星思想"提出后,各国大学学习与效仿的楷模仍是德国的柏林大学,而非威斯康星大学。然而,柏林大学崇尚的"纯科学"或"学院科学"模式的学术研究与现当代社会政治、经济、军事发展极不适应,甚至格格不入。尤其是 20 世纪 50 年代以后,伴随着日益加剧的国际竞争,经济与科技的飞速发展,各国政府、社会、市场都非常重视大学的学术研究并开始大规模地介入和参与大学的学术研究。这使得大学的学术研究与现实社会中各方的利益与期盼更加紧密地结合在一起,学术研究的内容、方式、规模及内在机制都发生了巨大的变化。约翰·齐曼认为,"在不足一代人的时间里,我们见证了在科学组织、管理和实施方式中发生的一个根本性的、不可逆转的、遍及世界的变革"④。换句话说,大学的学术研究从此进入了与"学院科学"相对应的"后学院科学"时代或"大科学"时代。⑤后学院科学在保留着学院科学特征的基础上,突出了学术的社会应用价值或效用性特征,它并非一种如许多科学家所希望的那样,只是短暂地偏离我们熟知的科学前进的步伐,而是一

① [美]约瑟夫·本-戴维.科学家在社会中的角色[M].赵佳苓,译.成都:四川人民出版社,1988:90.

② [英]约翰·齐曼.知识的力量——科学的社会范畴[M].上海:上海科学技术出版社,1985:47.

③ [英]怀特海.世界教育名著通览[M].武汉:湖北教育出版社,1994:1162.

④ [英]约翰·齐曼.真科学[M].曾国屏,匡辉,张成岗,译.上海:上海科技教育出版社,2008:81.

⑤ "大科学"是与"小科学"相对应的一种提法。"小科学"是指学术研究的规模小、所需研究经费和研究人员数量较少,并且以人员分散或小规模的集体为主要研究组织方式的小型化的科学。相对而言,"大科学"就是规模、所需经费和研究人员数量都较庞大,并且以大规模的集体为主要研究组织形式的大型化的科学。在苏联学者米哈依洛夫看来,所谓的大科学是指仿照现代工业形式组织起来和加以管理的科学,这种科学实际上转变成了工业化社会的经济部门之一。(参见:[苏]米哈依洛夫.科学交流与情报学[M].北京:科学技术文献出版社,1980:6)

种齐曼眼中所认为的"全新的生活方式"。①

现当代大学"后学院科学"式学术研究具有不同于以往各时期学术研究的特征。大致可以归纳为如下三个方面：

首先，大学的学术研究深受政府、社会与市场等多方利益团体的影响，不再仅仅是纯粹的学者团体在"象牙塔"里自由自在地探索与发展，事实上，它在某种程度上变成了一种"科学公园"。在这种情况下，一方面，大学的学术研究越来越强调实际应用，并且与产业相结合，不仅要求学术研究必须具备现当代社会发展的实际价值，而且要直接参与社会产业的发展，迅速转化为生产力。比如，美国的斯坦福"硅谷"工业园、英国的剑桥-彼德伯格高技术走廊、法国的南法兰西岛科学园以及日本的筑波科学城等。显而易见，现当代的学术研究正日益成为国家研究与发展系统的驱动器，大学也不可避免地成为整个社会经济创造财富的科学技术发动机。正如利奥塔（Jean-Francois Lyotard）所言，"当代知识的生产和分配实际上服从的是资本主义商品生产的规律"②。另一方面，大学的学术研究也越来越依赖于外部强大的经费支持。没有强有力的经费保障，学术研究几乎寸步难行。可以说，几乎所有有影响力的研究都离不开国家与社会资金的资助。美国的克拉克·克尔（Clark Kerr）早在20世纪60年代就发现，联邦政府为包括大学在内的学术机构提供的研究基金就占美国所有大学研究支出的75%。其中相当部分用于军事、医疗健康目的，其他主要是由国家科学基金会提供的基础研究基金。③

其次，大学的学术研究逐渐走向一种规模化、国际化的建制时期。比如，美国在二战时期所进行的"曼哈顿计划"的项目研究，曾经动用了近千个单位，单大学就有100多所参加，且参与人数也有近50万人，其中学术人员约有15万。④ 而在20世纪90年代全面建设"自由号"空间站时的"星球大战"计划中，除美国的众多大学参加之外，欧洲各国及加拿大和日本的许多大学也参与其中。可以说，在后学院科学时代，大学学术研究的大规模性、国际性是一重要特征。

最后，现当代大学的学术研究建立在学科既高度分化又高度融合的基础之上。一方面，随着学科的不断分化，学术研究的内容往更加细化和专业化的方向发展，学术变得更加专业化和更加精密化。也正因为如此，另一方面，现当代的"大科学"知识生产方式又必然要求不同学科之间的交叉融合，因为学术越是精密化与专业化就越不可能使单个体的学者能够同时兼顾多学科的研究工作。然而实际项目的研究与开发往往又涉及多学科的知识。因此，在这种情况下，必然"需要一种大的集体努力，包括更周密的社会安排：安排多学科研究队伍，协调他们的努力，综合他们的发现"⑤。

---

① ［英］约翰·齐曼.真科学[M].曾国屏，匡辉，张成岗，译.上海：上海科技教育出版社，2008：82.

② ［法］利奥塔.后现代状态——关于知识的报告[M].车槿山，译.北京：生活·读书·新知三联书店，1997：2-3.

③ Alain Touraine.The Academic System in American Society [M].New York：McGraw-Hill Book Company，1974：133.

④ 徐超富.大学第二中心：科学研究的演变轨迹及其特点[J].中国软科学，2003(12)：106-109.

⑤ ［英］约翰·齐曼.真科学[M].曾国屏，匡辉，张成岗，译.上海：上海科技教育出版社，2008：85-86.

(二)基于大学学术研究演进历史的同行评议的发展

通过考察大学学术研究的演进史,我们发现,17世纪以前,由于自然科学尚未完全从神学或哲学中分离出来,科学不仅未正式成为社会的一种建制,而且也不是一种专门的职业。反映在大学中,学术研究仍是以分散的个体化研究占据主导地位,其在大学发展中的地位和重要性尚未凸显出来。17世纪以后,科学知识生产方式以不同的方式逐渐走向职业化,并且日益成为社会的一种建制。而作为评判、鉴定、过滤或守护学术水平或质量的重要机制——同行评议也在这个时候诞生。随后,19世纪德国柏林大学的改革使学术研究一跃成为大学里最重要的职能之一,从而为大学的学术同行评议提供了一个发展的平台与空间。而大学学术研究的每一次演变及其呈现的特点都是同行评议改革与发展的参照与标准。因此,伴随着学术研究的不断演变,同行评议也经历了一个相应的发展过程。笔者以为,从大学学术研究的演进历史来看,同行评议的发展经历了一个前制度化阶段、制度化阶段和后制度化阶段的过程。

1.同行评议发展的前制度化阶段

学术界普遍认为,同行评议起源于17世纪英国皇家学会《哲学学报》的刊物审查机制,换言之,真正的学术同行评议大约始于近代大学的创办时期。然而在这之前,类似于同行评议的一些做法或精神却在大学学术活动中已有所体现,从时间上看,涵盖了古希腊时期的"学园"及中世纪大学中的学术活动,我们把这段漫长的时期称为同行评议发展的前制度化阶段。诚然,古希腊罗马时期"学园"式的学术活动中一直存在着学术上的辩论与学术批评,然而,这时期的学术辩论与学术批评主要在个体之间进行,并且"其形式的背后真正体现的是一种学者间平等对话的精神,是擅长思辨学者间的睿智交锋"[①]。另外,即使有类似的"共同体"形式出现,也是以师生关系为纽带结成的初级共同体,其与具备学术评价功能的学术共同体有很大的差别。中世纪大学诞生之后,大学里的学术活动仍是以哲学尤其是服务上帝的经院哲学知识作为主要的研究内容。尽管有些诸如教师联合会、教师协会的社团组织也在履行着教师队伍入口等的初级学术审查功能,即"进入这个组织必须具备某些资格条件并且要通过考试来评定,这样除非得到教师协会的同意,任何学生不得进入这个组织"[②]。但由于在中世纪语境下,学术往往与宗教信仰结合在一起,科学尚未形成独立的社会建制,因此,也不存在真正意义上的具有评价功能的同行评议。

那么,为什么这个阶段没有真正意义上的学术同行评议呢?笔者以为原因有二。其一,学术难以评价。因为这个阶段的学术是以人文学术为主流的。无论是西方的神学与哲学知识,还是我们古代中国按经史子集分类的文史哲知识都属于人文学术的范畴。人文学术的特征就在于具有很强的主观性,这种主观性决定了学术缺乏公认的评判依据。其二,学术不需要评价。这主要是由于这个时期的学术基本上仍是私人性质的,学者们的学术探讨主要是出于一种纯粹的"好奇心驱动的研究"。他们或者自身有一份丰厚的家产供养自己或者有富人赞助来进行智力游戏,无须社会或政府进行干预。因此,在这个阶段,不存在对学术成果进行分等分级的质量评价活动。

---

① 丁玉霞,李福华.论大学学术制度的起源[J].大学·研究与评价,2007(2):11-15.

② [美]查尔斯·霍默·哈斯金斯.大学的兴起[M].梅义征,译.上海:上海三联书店,2007:7.

2.同行评议发展的制度化阶段

17 世纪科学的崛起对现代学术制度构建的意义非同寻常。随着科学形成独立的社会建制,科学开始成为一种职业,学术研究获得了巨大的发展。与此同时,学术成果的优先权问题以及学术之间的交流问题就日益摆在科学家的面前。英国皇家学会创办的《哲学学报》通过采用"同行评议"的方式有效地解决了这些问题,这不仅标志着同行评议的诞生,同时也意味着同行评议开始走上了制度化的进程。尤其是随着一系列近代大学的建立以及科学研究成为大学的重要职能之后,作为学术质量认可的核心机制——同行评议的制度化更是往纵深方向发展。所谓制度化,在帕森斯(Talcott Parsons)看来,"是指一定地位的行动者之间相对稳定的互动模式"①。而社会学家波谱诺(David Popenoe)则认为:"当一个组织成功地吸纳到了成员,并且得到了他们的信赖,能富有成效地实现其目标,能被更大的社会所接受,它就通常能在稳定的结构中,在一整套目标和价值观的指导下,形成有序的运作模式。简言之,它就制度化了。"②换言之,一种事物的制度化就是指该事物形成了一整套被公众认可的共同标准,并能按此标准有规律地运行。事实上,伴随着近代大学以"实验知识"为基础的知识生产活动的兴起,大学内部也逐步形成了一套基于"承认"的奖励和规范制度。而这种"承认"就是学术共同体内部的同行评议机制,并且在共同体内,他们的学术研究行为(包括同行学术认可)必须共同遵循制度化的默顿规范(CUDOS)。③

制度化阶段的同行评议呈现出如下特征:其一,应用范围上由最初的适用于审查刊物的方法或机制逐渐应用到学术界内部的各项有关学术的活动中,如学术研究成果的奖励、学位的授予、学术职业的聘任与晋升等。其二,功能上由最初确立或保护学术研究的优先权逐渐应用到学术共同体内部自我守护和质量过滤,它不仅是科学自主性和自主科学的表征,也是维护"学术共同体内部控制质量的重要制度安排和学术组织管理的核心运行机制"④。其三,同行评议的运行在伦理上遵循着默顿"科学精神特质"中的"普遍性"规范,在评议准则上遵循科学知识的"内部标准",即培根(Francis Bacon)眼中的"推理和证明"⑤。当然这与近代大学崇尚"纯科学"而不去关心实际应用价值的研究模式是分不开的,以至于在 20 世纪到来之前,同行评议运行的"内部标准"特征几乎成了普遍有效的"官方"观点。

3.同行评议发展的后制度化阶段

随着大学学术研究进入"后学院科学"时代,作为对学术进行认可、管理的机制——同行评议也相应地进入了后制度化的发展阶段。尤其是在 20 世纪 50 年代以后,大学学术研究与社会政治、经济的发展更加紧密地联系在了一起,相互之间的依赖以前所未有的程度展现在人们面前。诚如斯坦福大学校长约翰·亨尼斯(John Hennessy)所言:"人们都说没有斯坦福就没有硅谷,但我还要加一句话,没有硅谷就没有一流水平的斯坦福大学。"⑥这表明,一方面,学术不再仅仅是学者个体的事情,而是关系到社会经济甚至是国家命脉的大事。另

---

① [美]特纳.社会学理论的结构[M].吴曲辉,等译.杭州:浙江人民出版社,1987:76.

② [美]戴维·波普诺,社会学[M].李强,等译.北京:中国人民大学出版社,1999:194.

③ Robert K. Merton.Scientific Sociology [M].Chicago:University of Chicago Press,1970:223-278.

④ 龚旭.科学政策与同行评议——中美科学制度与政策比较研究[M].杭州:浙江大学出版社,2009:5.

⑤ 张彦.论同行评议的改进[J].社会科学研究,2008(3):86-91.

⑥ 杨晨光.服务社会:大学创新的意义所在[N].中国教育报,2006-07-18.

一方面,大学学术研究也无法仅靠个人的积蓄或私人赞助进行,它越来越需要国家与社会的资源强有力的支持。此外,在这个阶段,原有的在学院科学时期的学术规范——默顿规范已经越来越受到挑战。尽管默顿规范至今仍支配着大学里的众多学者对学术研究的看法,但事实上,一种新的规范结构在学术实践中悄然产生,即约翰·齐曼所称 PLACE 规范①(指所有者的、局部的、权威的、被委托的、专门的)。因此,在这种情况下,同行评议必然被赋予了新的内涵与使命,而这些新的内涵与使命正是对制度化阶段同行评议的继承与超越。具体来看,制度化阶段的同行评议具有如下几个方面的特点:

其一,应用范围往更深更广的方向发展。除科技成果奖励、科研论文审查、学位点申请审核、学术职位的评聘之外,还在更广泛的程度上应用于科研项目资助评审、研究机构运作评议。如"NSF 现在每年向学术界提供的资助项目达 10000 多个,以 2003 年度为例,当年它收到的研究申请书就高达 40075 份"②。

其二,功能上,除了制度化阶段所具有的功能之外,在后制度化阶段它还被赋予了优化国家科学资源配置的经费分配功能,并且随着社会的发展,目前在某种程度上又进一步成为国家相关法律和规章制定过程中的专家咨询方式。同时,制度化阶段的同行评议是一种仅限于学术共同体内部的学术认可制度。因为,"学院科学的自主性和内在价值使其隐含成果的评价和承认受制于全世界的同行而不是政府或外行"③。然而在后制度化阶段,随着大学学术研究的地位日益重要,重要性日益加大,国家、社会及市场对大学学术研究的介入与干预也不断加强,而这种"介入与干预"必然导致原有制度的结构性变迁,如今的同行评议俨然已成为学术共同体内外共同组织和管理学术的制度。

其三,评议准则上发生了较大的变化。学院科学时期,学术如同当时的"象牙塔"——大学一样是不问世事的"世外桃源",学者们自由地思考和沉醉于"纯科学"的研究,而不必考虑实用目的和外在使命。因此,同行评议的运行自然遵循的是学术的内在客观属性标准,即对它的评价是基于该学术研究成果是否符合客观的规律,人们只需对它作出真或假的判定。然而,在后学院科学时期,由于学术与社会存在着复杂而紧密的关系,对学术的评价不仅应考虑其真假问题,同时也需考虑它的社会应用价值问题。因为,一种新概念是否正确,除了运用推理与证明的方法来确定外,同时也"只有把新概念成功地运用实际,才是正确性的最终象征"④。事实上,美国的国家科学基金会自冷战结束后,甚至将"同行评议"(peer review)一词改为"价值评议"(merit review),或者"基于价值之上的同行评议"(merit-based peer review),以表明自身同时关注资助活动的科学价值和社会价值的立场⑤。并且提倡,"对于所有联邦机构和研究机构(包括大学、科学实验室和研究所)而言,分配联邦基础研究

---

① [英]约翰·齐曼.真科学[M].曾国屏,匡辉,张成岗,译.上海:上海科技教育出版社,2008:95.

② 阎光才.学术共同体内外的权力博弈与同行评议制度[J].北京大学教育评论,2009(1):124-138.

③ 洪茹燕,汪俊昌.后学院时代大学知识生产模式再审视[J].自然辩证法研究,2008(6):93-97.

④ [美]戈德史密斯.科学的科学——技术时代的社会[M].赵红州,蒋国华,译.北京:科学出版社,1985:26.

⑤ 龚旭.科学政策与同行评议——中美科学制度与政策比较研究[M].杭州:浙江大学出版社,2009:170.

的经费的首先机制,都应当建立在同行评议而确定的科学价值之上"①。换言之,在后制度化阶段,由于学术同时具备了内在的客观真理和外在的社会价值这种双重属性,我们在对学术进行同行评议时就应当坚持"内部标准"与"外部标准"相结合的评议准则。

第二节　大学学术同行评议的本质探讨

唯物辩证法认为,现象是本质的现象,本质是现象的本质。换言之,只有透过繁杂的现象才能深入事物的本质,同时,也只有抓住了事物的本质才能深刻认识与解析纷繁复杂的现象。因而,研究大学的学术同行评议问题,首先必须把握学术同行评议的本质,弄清学术同行评议的实质是什么,否则,学术同行评议为什么会产生利益冲突,又要如何防范与规避等问题就无从谈起。现阶段,由同行评议所引发出的诸多问题,不仅体现为对学术规律的一种漠视,更是对同行评议本质问题的一种无知与违背。鉴于此,本节欲从概念的界定入手,进而对大学学术同行评议的本质进行学理上的探究。

一、概念界定与关系辨析

要探讨事物的本质,首先必须从概念入手。因为,"概念(认识)在存在中(在直接的现象中)揭露本质(因果、同一、差别等规律)——整个人类认识(全部科学)的一般进程确实如此"②。另外,对于与同行评议相关联的几组关系也必须得到科学的辨析,以获得对同行评议更加清晰和明确的认识。

（一）大学学术同行评议的概念

"一切知识都需要一个概念,哪怕这个概念是很不完备或者很不清楚的。但是这个概念,从形式上看,永远是个普遍的、起规则作用的东西。"③就连恩格斯(Friedrich von Engels)也认为:"在科学上,一切定义都只有微小的价值……可是对日常的应用来说,这样的定义是非常方便的,在有些地方简直是不能缺少的。"④由此可见,概念的澄清与明晰无论对知识体系的建构还是理论的具体运用都是极其重要的。而本书所涉及的大学学术同行评议的概念也不例外。

1.同行评议

何谓同行评议? 从其英文 peer review 来看,peer 是指(地位、能力)相等的人,review 是

① Committee for Economic Development. America's Basic Research: Prosperity Though Discovery [M]// Albert H. Teich, Stephen D. Nelson, Celia McEnaney, Tina M. Drake(eds.). AAAS Science and Technology Policy Yearbook 1999. Washington D.C.: American Association for the Advancement of Science.

② 列宁.黑格尔辩证法(逻辑学)的纲要[M]// 列宁全集(第55卷).北京:人民出版社,1990:289.

③ 北京大学哲学系外国哲学史教研室.西方哲学原著选读(下卷)[C].北京:商务印书馆,1982:296.

④ 马克思恩格斯选集(第3卷)[M].北京:人民出版社,1995:423.

指审慎地审查。因而,简单来说,同行评议就是指具有相同地位和能力的人审慎地审查或鉴定。此外,与此相关的同义词也很多,比如,同行审查(peer censorship)、同行评价(peer evaluation)、同行判断(peer judgement)、质量控制(quality control)以及同行建议(peer advice)、专家鉴定(refereeing)等。然而,在科学评价的实践中,尽管同行评议作为一种评价方法或机制自 17 世纪诞生以来已经存在了 300 多年,但是,当前学术界对此概念仍然没有形成统一和标准的说法,或者说尚未有一个可以普遍为大家接受和认同的定义。不过,现实中人们往往按照其研究的背景或同行评议的应用范围加以界定。其中较有代表性的界定有如下几个方面:

美国学者达里尔·E.楚宾是美国国会技术办公室的专家成员,他在与爱德华·J.哈克特(Edward J.Hackett)合作的专著《难有同行的科学:同行评议与美国科学政策》一书中对同行评议下了一个定义:"同行评议就是一套用来评价科学工作的有条理的方法,科学家们用来证明程序的正确性、确认结果的合理性及分配稀缺资源(诸如期刊篇幅、研究资助、认可以及特殊荣誉)。"[①]很明显,楚宾的定义突出了同行评议的功能。而美国国家科学基金会(NSF)根据同行评议在申请项目决策中的应用将其定义为:"NSF 根据决策过程的标准,确定应对哪些申请项目提供研究经费。因为美国国家科学基金会负责审理申请项目的官员在确定哪些申请者可以获得资助时,是根据与申请者同一研究领域的其他专家对该申请项目的评议结果作出的。"[②]

英国的乔赫(Georghiou)教授、吉本斯(Gibbons)教授分别就任于曼彻斯特大学和苏塞克斯大学的科技政策研究所,他们对同行评议的定义是:"同行评议是由该领域的科学家或邻近领域的科学家以提问的方式评价本领域研究工作的科学价值的代名词。进行同行评议的前提是,在科学工作的某一方面(例如其质量)体现专家决策的能力。而参与决策的专家必须对该领域发展状况、研究评审程序与研究人员有足够的了解。"[③]此定义的特征在于它突出了同行评议的评议方式及评议专家对评议质量的重要性。英国同行评议调查组则在对同行评议调查的基础上给出了一个更具普遍性和综合性的定义:"由从事该领域或接近该领域的专家来评定一项研究工作的学术水平或重要性的一种机制。"[④]

此外,我国的国家自然科学基金委(NSFC)也对同行评议下过定义:"同行评议是指同行评议专家对申请项目的创新性、研究价值、研究目标、研究方案作出独立的判断和评价,一般采取通信评议的方式。"[⑤]相比美国国家科学基金会所下的定义,我国国家自然科学基金委的定义则更加强调和突出了评议活动的具体内容或目标。

以上各家对同行评议概念的界定都从某一侧面体现出同行评议的相关特性。笔者以为,对同行评议的理解必须涉及"谁来评""评什么""如何评"三个方面的要素。鉴于此,倘若将同行评议抽离其不同的应用场合和应用背景,可以给出这样的一个界定:同行评议是指由

①　[美]达里尔·E.楚宾,爱德华·J.哈克特.难有同行的科学:同行评议与美国科学政策[M].谭文华,曾国屏,译.北京:北京大学出版社,2011:9.

②　转引自:吴述尧.同行评议方法论[M].北京:科学出版社,1996:2.

③　转引自:吴述尧.同行评议方法论[M].北京:科学出版社,1996:2.

④　[英]博登.同行评议[R].内部版.国家自然科学基金委政策局,译.1992:17.

⑤　胡明铭,黄菊芳.同行评议研究综述[J].中国科学基金,2005(4):251-253.

具备相同或接近相同研究范式的研究专家,就某一学术活动及其要素(学术论文、学术项目、学术机构、学术人员等)的有关价值,依据一定的评议准则与程序作出鉴定性判断的一种方法或机制。

2.大学学术同行评议

按照上述对同行评议概念的界定,依据大学学术活动的内涵与外延,所谓大学学术同行评议指的是在大学场域内,具备相同或接近相同研究范式的研究专家,就某一大学学术活动或要素的有关价值,依据一定的评议准则与程序作出鉴定性判断的一种方法或机制。其应用范围主要包括大学教师的学术成果评审、学术项目评审、投稿论文等学术出版物的评审、职称评定与聘任的评审、学位申请的评审以及学术机构的运作评审等等。

(二)几组关系辨析

要进一步认识与理解大学学术同行评议,除了概念的界定之外,还必须对与同行评议相互关联的几组关系进行厘清与辨析,以求在相互比对的基础上,获得对同行评议更为明晰的认识。

1.学术评价与同行评议

学术评价与同行评议是一对既有区别又有联系的关系体。我们既不能直接把学术评价等同于同行评议,也不能把两者绝对对立起来。现行的大学学术评价中,由于学术评价的价值取向趋于功利性,导致同行评议功能出现弱化现象,因而有必要对两者的关系做一番辨析。

首先,学术评价是上位概念,同行评议是下位概念。就学术评价而言,它是学术管理的核心与基础,是学术活动得以正常、有效运行的必要环节。它在外延上囊括了所有有关学术价值判断的手段或方法,比如按评价主体来分,除同行评议外,还包括行政性评价、社会性评价、管理性评价等类别;再比如,按评价方式分,除定性的同行评议外,还包括定量的科学计量学、文献计量学等类别。因而,同行评议只是学术评价体系中的一种,具体来说,它是一种基于同行专家对学术进行主观定性判断的方法,内在地包含于总的学术评价体系中。

其次,同行评议是学术评价的核心机制,在学术评价中起着无可替代的作用。可以说它"早已深深地植根于科学的结构和活动之中"[1],至今美国政府对大学学术研究拨款90%是通过同行评议来决定的。[2] 说它是学术评价体系中无可替代的核心机制是基于学术评价的"学术性"特征决定的。学术评价说到底是一种涉及正义的分配问题,即"对物资、利益和社会责任的公平配置"[3]。那么该如何对学术所对应的价值进行"分配",又有谁拥有资格进行"分配"呢? 显然,同行专家是"当仁不让"的。因为任何类型的学术评价,首先最基本的是对内容的评价,其次才能上升至各种形式上的评价,而内容上的评价必须由熟悉该内容的同行专家们作出。因而,笔者以为,从某种意义上讲,没有同行评议作为前提的学术评价是一种不真实的评价。换言之,理想状态的学术评价就应该是同行评议或是基于同行评议的评价。

① 王战军,蒋国华.科研评价与大学评价[M].北京:红旗出版社,2001:5.

② 彭江.中国大学学术研究制度变革[M].武汉:华中师范大学出版社,2009:171.

③ [美]罗伯特·所罗门.大问题[M].张卜天,译.桂林:广西师范大学出版社,2004:310.

2.同行评议与量化评价

严格意义上讲,同行评议与量化评价并非同一层面上的概念。同行评议是一种具体的评价方法,而量化评价是具有量化特征的评价方法的统称,如科学计量学中的 H 指数法、层次分析法等。但现实中,人们往往把两者放在一起加以讨论,并且将两者放置于对立的位置来看待。尤其在当下,随着量化评价遭到质疑与责难,有人认为,量化评价不可取,甚至把各种学术不端行为完全归咎于量化评价,进而提出要废弃量化评价,转而仅依靠同行评议。笔者以为,这种观点有失偏颇,它不仅是对量化评价法的一种误读,也是对同行评议与量化评价关系的误读。鉴于此,笔者在本书也不再深究两者是否是同一层面概念的问题,而仅就同行评议与量化评价的关系做一番分析。

首先,同行评议是一种定性的主观评价法,即用非数量化的方法进行价值判断。量化评价是一种定量的客观评价法,即用数量化的方法进行价值评定。两者在本原上并无高低之分,只是类型上的差异或者适用范围不同而已。一般来说,根据社会科学成果的不可重复验证性、描述性与模糊性等特征,同行评议较适用于该领域。相对而言,量化评价更适合于自然科学领域,因为,"用数量表示评价标准、用数量描述事物现象、用数量分析事物状态、用数量表示评价结果的客观性特征"[①]与自然科学研究的客观性在内源上具有一致性。此外,从评价主体和评价功能来看,同行评议主要是由同行专家从专业角度对学术进行内容上的价值(科学性、创新性、理论价值与应用价值等)判断。而量化评价一般是由科研管理部门来操作的,其方法是将已有的学术成果用量化的指标进行统计得分,目的是绩效考核以实现资源、经费及荣誉等的分配。

其次,同行评议是量化评价的基础,量化评价本身就具有同行评议的成分。现实中,人们常把两者置于对立的位置就是因为没有弄清这层关系。因此,为了能够科学、理性地对待这两种评价方式,有必要对它们的关系进行厘清与辨析。我们知道,既然量化评价是对已有成果进行量化指标的统计,那么,这些"已有成果"是从哪里来的?例如,已发表的学术论文、被批准的科研项目等。很显然,无论是学术论文还是科研项目都是经过同行评议才被发表或被批准的。再比如,当前人们苛责最多的是以期刊等级来衡量论文的质量水平问题,但细想便会发现,"量化评价之所以把论文水平等同于期刊水平的'合理性'依据恰恰是同行评议"[②]。为什么这么说呢?笔者以为有如下两点根据:第一,高级别期刊的编辑往往是由较高学术水平的学者担任;第二,高级别期刊的审稿把关更为严格,录用率更低,所发表的论文水平可能会更高。因此,人们认为高级别期刊上的论文水平相应更高是以同行评议为前提的。由此可见,同行评议与量化评价并非绝对的对立体,同行评议是量化评价的基础,量化评价是同行评议的有效补充,两者互为联系。

总之,同行评议与量化评价各有利弊,任何只强调一方而偏废另一方的做法都是不可取的。尤其是在当前,我们在批判量化评价的时候,不可一味地否定。实际上,关键的问题是一方面我们不能量化过度,进而滋生一系列可能的"学术泡沫""学术欺诈"现象。另一方面,我们更需要在同行评议机制上找原因,尽可能地让科学、公正、有效的同行评议成为量化评

---

① 彭江.中国大学学术研究制度变革[M].武汉:华中师范大学出版社,2009:174.

② 朱大明.学术评价量化与同行评议[EB/OL].(2007-09-21)[2011-10-20].http://www.cas.cn/jzd/jlt/jrdhp/200709/t20070921_1688287.shtml.

价的基础。

3.同行评议与专家评议

同行评议是否等同于专家评议？诚然,同行评议的评议主体是由专家学者组成的,但关键的问题是,这里的专家学者应该属于同行范畴之内。然而,恰恰是因为这一点,现实中人们往往忽略了同行评议中"同行"的特性,而简单地把同行评议等同于专家评议,进而削弱了同行评议的公信力,破坏了其有效性。诚如中国科学院院士朱作言认为,"将专家评议等同于同行评议是目前我国同行评议中存在的一大误区"①。因此,有必要对两者之关系做一番辨析。

"专家"在《辞海》中的解释是"在某一方面有特长有技术的人"。这里的"某一方面"实际上表明"专家"是一个限定意义上的概念,即专家的概念具有模糊性与相对性。因此,当我们在使用专家概念时要区别对待。

笔者以为,首先,同行评议属于专家评议的范畴,这是由学术的专业性与高深性特征决定的。学术成果让具备高深知识素养的专家学者评议、鉴定体现出应有的权威性和较强的说服力。正如中国工程院外籍院士、哈佛大学教授何毓琦在给宋健院士的信中指出:"对质量的衡量是比较深奥的,需要专业知识和深入的理解。"②其次,同行评议中的专家组成员必须属于"同行"范畴,即具备相同学科范式,甚至相同研究方向。因为,学术的高深性不仅意味着一般人无法了解其内容,同时也意味着不同学科和研究方向的专家学者同样也无法真切地理解其知识体系。比如,A 教授是微生物学领域的著名专家,但让他参与语言学科的学术评审似乎是"牛头不对马嘴了",或者哪怕是让他参与生物学科中分子物理学方面的学术评审也似乎是不恰当的。

由此可见,真正意义上的同行评议是同行专家的评议,而不是广泛意义上的专家评议。当前的实践中,有些"特殊人物"为了个人利益,只要冠之以"专家"头衔,便可出现在本不属于自己学科或专业领域的学术评审中,从而损害了同行评议本应有的公正性与有效性。

二、大学学术同行评议的本质推导

要研究大学学术同行评议的利益冲突问题,首先必须理解同行评议及大学学术同行评议的本质。诚如毛泽东同志在《矛盾论》中所言:"人们总是首先认识了许多不同的事物的特殊的本质,然后才有可能更进一步地进行概括工作,认识诸事物的共同的本质。"③

那么,本质是什么? 在黑格尔(Georg Wilhelm Friedrich Hegel)看来:"本质是事物的内部联系,它由事物的内在矛盾所决定,是事物比较深刻、一贯、稳定的方面。"④换言之,其基本释义是事物本来的或本身的形体,指的是事物本身所固有的内在或根本的属性。哲学上对于本质的探讨可依据不同的逻辑原则而定。从形式逻辑来看,"事物的本质是反映事物

---

① 朱作言.同行评议与科学自主性[J].中国科学基金,2004(5):257-260.
② 何毓琦.一位外籍院士给宋健院士的信:中国学术失范的原因及实例[N].科学时报,2006-02-06.
③ 毛泽东选集(第 1 卷)[M].北京:人民出版社,1991:309-310.
④ [德]黑格尔.小逻辑[M].贺麟,译.北京:商务印书馆,1980:202.

类的特性,是一类事物之所以成为该类事物的质的规定性"①。说得通俗些,指的是同一事物的共同点及与不同事物的不同点。而从辩证逻辑上看,事物的本质是事物内部和事物之间的对立统一属性。具体来说,本质不仅指同一事物自身内部同一性与差异性的对立统一,也是指不同事物之间同一性与差异性的对立统一,"事物的矛盾的特殊性就是事物的辩证本质"②。本书主要是为了阐明大学学术同行评议与其他评价方式的区别,因而遵从的是形式逻辑,即用下定义的方式来揭示事物质的规定性。

　　然而,笔者以为,概念尽管是一种对事物进行的高度抽象与概括的带有普遍性的论述,却是初级形态的本质,而本质应该说要深于概念,并且是一个从初级到高级本质的逐步深化过程。列宁也认为:"人的思想由现象到本质,由所谓的初级本质到二级本质,这样不断地加深下去,以至于无穷。"③因此,对于大学学术同行评议本质的探讨,仅从概念界定来分析是不够的。哲学上认为,事物的质是多元的,甚至可以是无限的,对于某事物本质的探讨要透过事物复杂多变的现象来加以阐释。另外,在目前所查阅到的相关文献中,不仅在概念界定上没有形成一致意见,对于同行评议本质的探讨也少之又少。20世纪90年代,华中理工大学(现在的华中科技大学)郭碧坚曾从决策学和科学社会学的角度对同行评议的本质进行探讨,认为,同行评议是一种学术共同体成员群体决策的行为。④鉴于此,笔者以为,可以从评议目的、评议形式、评议主体、评议方法等方面对大学学术同行评议的本质加以推导(图2-1)。

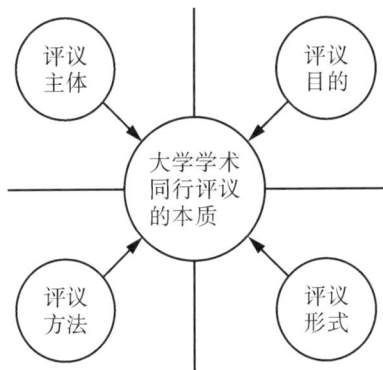

图 2-1　大学学术同行评议的本质推导

(一)从评议目的上看,是对大学学术及其相关要素的价值判断

　　大学学术同行评议属于大学学术评价的范畴,我们知道,大学的学术活动是一种知识的生产与再生产的活动。而知识的生产与再生产需要相应的学术资源(经费、职位、荣誉等)作为辅助条件,这就必然涉及学术资源的分配问题。那么,该如何实现学术资源的有效分配呢?毋庸置疑,学术评价就是实现学术资源有效分配的途径或手段。在实践中,人们往往根据现实条件和需要设定相应的评价标准或规范,对所评内容(学术论文、项目、学术机构、人

①　江新华.学术何以失范——大学学术道德失范的制度分析[M].北京:社会科学文献出版社,2005:19.
②　中国人民大学哲学系逻辑教研室.形式逻辑[M].北京:中国人民大学出版社,1988:20.
③　列宁全集(第38卷)[M].北京:人民出版社,1972:278.
④　郭碧坚.科技管理中的同行评议:本质、作用、局限、替代[J].科技管理研究,1995(4):8-12.

员等)作出某种价值上的判断,然后根据这些价值判断的结果实现资源的有效分配。大学学术同行评议是学术评价的一种机制,其目的自然也是对大学学术及其相关要素作出某种价值上的判断。因而,从这一点上看,大学学术同行评议的本质是对大学学术的价值判断活动。

(二)从评议形式上看,是一种群体的民主决策行为

从决策学的角度看,如何从若干备选方案中选择最优的方案受到了决策环境和决策主体等因素的影响。因此,加强决策的科学化与民主化是决策活动的发展趋势。学术评价是对所评客体的价值作出某种判定,这就涉及决策行为问题。换言之,学术评价过程也受到了评价环境和评价主体的影响。因此,为了获得公正、有效的评价结果,也必须尽可能地实现评价的科学化和民主化。很显然,由具备相同或邻近研究范式的专家来评定学术的价值或重要性的同行评议机制就是一种群体的民主决策行为。我们知道,任何一项学术成果的价值都不可能由某一领导甚至单个学术权威来决定。因为,决策理论表明,任何一位杰出的专家学者,都具有认识能力上的局限性和认识观点上的个体主观性,而克服这种局限性或者主观性的途径就是实现评议活动的民主化。因此,依赖于同行评议专家组中每个成员参与决策活动是实现学术价值判断活动的有效方式。尽管同行评议不可能完全达到理想化的结果,但这种民主决策的特征使得"决策过程有一定程度的公开性,能够提高决策过程的参与度,运用集体的智慧"[①]。1986 年,"美国国家科学基金会(NSF)对本国 4300 名科学家的一次调查表明,有近 86% 的科学家赞成在项目评审中采用同行评议的做法"[②]。笔者以为,原因就在于同行评议的民主决策特征可以最大限度地避免决策中的个人主观臆断,从而保证评议活动的客观性、科学性与公正性。

(三)从评议主体上看,是具有相同研究范式的学术共同体

大学学术同行评议中,"同行"就是其评议主体,而这里的"同行",并非一般意义上的职业同行(同事),而是从事相同研究领域的研究同行(相同学科或相同研究方向)。换言之,是指具有相同研究范式的学术共同体成员。他们"在学术理念、学术精神、学术关怀、学术操守方面有一个相互的认同和行为规范,以学术活动为中心而构成一个'圈子'"[③]。笔者以为,由学术共同体成员担任同行评议的评议主体不仅是同行评议活动实施的前提,也使得同行评议活动能够在相互监督、自我纠错的机制中保持其合法存在的地位。首先,同行评议中的被评内容涉及高深和具体的专业知识体系,而每一种专业知识体系都具有独立的范式,比如,物理学科中的"牛顿力学""万有引力定律"等范式。如果同行评议的所评内容是与"太阳和行星运动规律"相关的学术问题,其评议主体也必须是懂得并熟悉万有引力定律方面的物理学专家。否则,该项同行评议活动要么就无法实施,要么就是实施假的同行评议。其次,即使评议主体是采用同一范式的学术共同体成员,但由于每个评议专家有自身的禀赋、信仰、阅历、利益、角色及其他社会因素的差异,对同一评价对象有可能会产生不同的评价结

论,甚至还会导致不公正、不客观的现象发生。但通过评议专家组的"群体效应"以及相互监督和自我纠错,可以在较大程度上得到避免或防范。诚如法国社会学家皮埃尔·布尔迪厄(Pierre Boudieu)所言:"某一场域的研究者实际上都处于同行的其他研究者特别是其竞争对手的监督控制之中,这种监督检查的效果要比单独的个人道德感或所持有的义务论更为强大。"①而当"有资格的同行所确立的控制机构变得无效,滥用专家权威和炮制伪科学现象就会应运而生"②。

(四)从评议方法上看:是一种非数量化的定性评价法

学术评价,就方法而言,无非是定性评价和定量评价两种。而同行评议,确切地说是一种对所评内容的实质性评价,换言之,它是借助同行专家的知识经验对所评内容理论上的准确性、方法上的科学性等相关价值进行模糊化的判断,因而它是一种定性评价,其评价的方式主要有等级的评定或下评语等。相对于量化评价的客观性而言,定性评价具有较强的主观性特征,因而也不可避免地带来某些局限性,比如受到专家知识经验的局限以及道德、学派、学科、地域等因素的影响,从而有可能影响评议结果的公正性与客观性。当前,许多评价机构就此问题采取了一些诸如学术回避、申诉、仲裁、利益披露等措施来加以防范与规避。尽管如此,同行评议仍然是一种无法被替代的学术评价机制,尤其是在基础教育研究中,"迄今最重要、使用最为广泛和最为人肯定的仍然是同行评价方法——研究方向的确定、资源的分配、论著的发表、荣誉的授予等,都离不开同行评价"③。笔者以为,充分发挥各学科专家的智慧,运用其学科范式对学术成果进行定性评判,由此确定该学术成果的理论价值和应用价值,是最为基础性的评价,其他任何形式或层次的评价都是建立在这个基础性评价之上的。比如,运用在 SCI 或 SSCI 上的引用率来对某篇学术论文质量进行量化评价,其基础性评价是该论文被发表及被 SCI 或 SSCI 收录时所经历的同行评价。

以上我们从大学学术同行评议的四个方面来进行了分析与阐述,鉴于此,笔者以为,对大学学术同行评议的本质可作如下的表述:大学学术同行评议是具有相同研究范式的学术共同体成员通过群体民主决策的形式,以非数量化的定性评价为方法,对大学的学术及其相关要素作出的价值判断。

第三节　大学学术同行评议的存在基础

在历史上,同行评议的发展并非总是一帆风顺,事实上,它曾多次被质疑其存在的合理性。然而,质疑过后,同行评议作为学术的一种评价手段或方法并未因此而消亡,反而愈发体现出其不可替代的特征。英国研究理事会的咨询委员会(ABRC)经过专门调查后认为:

① [法]皮埃尔·布尔迪厄.科学之科学与反观性[M].陈圣生,涂释文,梁亚红,译.桂林:广西师范大学出版社,2006:82.
② [美]罗伯特·默顿.科学社会学(上册)[M].鲁旭东,林聚任,译.北京:商务印书馆,2003:375.
③ 龚旭.SCI、科研评价与资源优化配置[J].科技导报,2002(2):36-39.

"根据我们获得的证据,可以断言,尚没有可行的办法能替代同行评议对基础研究进行评审。我们也仔细研究了定量方法,但也没有从中找到一种替代方案。"①此外,2007 年英国《研究双周刊》的新闻编辑吉尔伯特(Natasha Gilbert)曾撰写《同行评议是否会终结》一文。文中针对英国一些大学在科学研究评价中决定放弃具有悠久历史的同行评议体制问题进行分析。② 作者最终对"同行评议将会死亡或终结"的看法持否定态度。英国皇家学会科研评价委员会(RAE)工作组主席奥莱·彼得森(Ole Petersen)也指出:"同行评议没有被确定为学术研究质量评价的核心方法是极其令人失望的,在大学院系采取的科研评价方法中,还没有专家评判的替代方法出现。"③

那么,为什么同行评议在 300 多年的发展中虽屡遭质疑与批判,却仍可以在学术评价中始终稳坐泰山、屹立不倒呢? 笔者以为,仅靠某些外在的力量是不可能做到的,它必定存在某些支撑其功能发挥和机制运行的机理。而这些机理不仅包括有形的学术共同体与学术规范作为同行评议运行的前提与基础,还包括无形的哲学基础支撑同行评议合法与合理地存在。因此,本节拟就大学学术同行评议的存在基础进行探讨分析。

一、学术共同体——学术同行评议运行的载体

大学学术同行评议是一种民主决策机制的活动,它的运行需要同行专家以一定的形式与结构组成某种代表性团体对学术进行评议。而这些"代表性团体"本质上是学术共同体的成员,因而,学术共同体是大学学术同行评议运行的前提,它在其中扮演着载体的角色。

(一)学术共同体的内涵

什么是学术共同体? 显然,学术共同体是属于整个共同体范畴的,因此,探讨它的内涵必须首先理清"共同体"的概念。

"共同体"一词的英文是 community,在译作中常被译为"团体""社区""群落""部落"等,因而,"共同体"在本质上是一个社会学概念,从这个角度出发,德国著名学者、现代社会学大师斐迪南·滕尼斯(Ferdinand Toenies)最先提出这个概念。在他看来,"共同体就是基于自然意志如情感、习惯等,以及基于血缘、地缘关系而形成的一种社会有机体"④。现代汉语词典中将共同体界定为:"人们在共同条件下结成的集体。"⑤这里的"共同条件"在滕尼斯眼里就是所谓的习惯、情感、血缘、地缘等。马克斯·韦伯(Max Weber)则在更宽泛的意义上界

① 英国同行评议调查组.给英国研究理事会咨询委员会的报告——同行评议[R].国家自然科学基金委员会政策局,译.1992:2.

② 根据 2006 年英国戈登·布朗(Gordon Brown)关于英国研究基金的调查,英国的一些大学决定从2010—2011 年起,对大学的科研评价,尤其是科学、工程、技术和医学(SET)学科领域,将使用统计指标来替代同行评议体制,理由是这样的替代可以解决长期饱受抱怨的科研评价委员会(RAE)的官僚主义问题。(参见:娜塔莎·吉尔伯特.同行评议是否会终结[J].陈月婷,译.图书情报工作动态,2007(4):19-20.)

③ [英]娜塔莎·吉尔伯特.同行评议是否会终结[J].陈月婷,译.图书情报工作动态,2007(4):19-20.

④ [德]斐迪南·滕尼斯.共同体与社会——纯粹社会学的基本概念[M].林荣远,译.北京:商务印书馆,1999:58-65.

⑤ 中国社会科学院语言研究所词典编辑室.现代汉语词典[Z].北京:商务印书馆,1997:442.

定了共同体的概念,他认为,"在个别场合、平均状况下或者在纯粹模式里,只要社会行为取向的基础是参与者主观感受到的情感或者传统的共同属于一个整体的感觉,这时的社会关系就应当称作共同体"①。此外,英国学者齐格蒙特·鲍曼(Zygmunt Bauman)则从共同体表现形式的角度进行界定,认为是"社会中存在的、基于主观上或客观上的共同特征而组成的各种层次的团体、组织,既包括有形的共同体,也有无形的共同体"②。总之,关于共同体的概念,不同的学者在表述上存在一定的分歧,然而在实质上却表达出同一层意思。共同体就是一个由多人组成的社会团体,其成员之间具有相互依赖的社会关系,有共同的归属感、共同的文化和历史传统、共同的兴趣与特征,所有成员不仅决定和定义着共同体,同时也受共同体的制约与影响。

根据上述对"共同体"内涵的界定,从逻辑学关于概念的定义公式出发,所谓学术共同体就是从事学术活动的学者们根据某一范围内所具有的共同条件而结成的一个学术组织或团体。在这个组织或团体中,所有成员"共享着某种价值和文化、态度和行为方式"③。有学者把它称为"学术部落",并认为不同的学科领域有不同的学术部落,而且相互之间必然有不同的文化传统、价值信仰及行为方式。④ 然追溯此概念形成与发展的历史,它经历了大约半个多世纪的发展历程。20世纪40年代,波兰尼(M.Polanyi)在其著作《科学的自治》中最早提出并运用"学术共同体"⑤的概念,波兰尼运用该概念的初衷是把具有共同价值、共同规范与共同信念的科学家群体与社会其他群体区分开来,以体现科学的自主性特征。尔后,随着50年代希尔斯的倡导而得到科学社会学家的普遍使用之后,默顿、库恩(Thomas Samuel Kuhn)和普赖斯(Derek John de Solla Price)、本-戴维、加斯顿(Jerry Gaston)、齐曼等一大批学者又不断丰富和发展了这个概念。尤其是库恩"范式"理论的提出,使学术共同体概念获得里程碑式的发展。库恩在《科学革命的结构》和《必要的张力》两本著作中,先后提出并

---

① 　[德]马克斯·韦伯.社会学的基本概念[M].胡景北,译.上海:上海人民出版社,2000:49.

② 　[英]齐格蒙特·鲍曼.共同体——在一个不确定的世界中寻找安全[M].欧阳景根,译.南京:江苏人民出版社,2003:2.

③ 　边国英.学术的影响因素分析[J].北京大学教育评论,2007(4):167-172.

④ 　[英]托尼·比彻,保罗,特罗勒尔.学术部落及其领地——知识探索与学科文化[M].唐跃勤,蒲茂华,陈洪捷,译.北京:北京大学出版社,2008:4.

⑤ 　波兰尼的《科学的自治》并不称之为"学术共同体",而是"科学共同体"(scientific community)。事实上,在现代意义上的学术体系形成之前,无论是波兰尼、默顿、齐曼还是库恩的研究与探讨中都赋之以"科学共同体"称谓的。笔者以为,从历史上看,科学一般仅指自然科学,不包括人文社会科学领域。从这个意义上看,科学共同体的发展要先于学术共同体,学术共同体是在科学共同体的基础上引申和发展而来的,两者之间是包含与被包含的关系。然在现代社会,一方面由于科学思想深入人心,科学的思想、方法占据了学术研究的统治地位;另一方面,人文社会科学为了提高自身的地位以及研究的严谨性、科学性、可靠性,在进行研究时逐渐使用自然科学研究的方法,如实验、实证、统计、数学等。(参见:高军.我国大学教师学术评价制度研究[D].南京:南京师范大学,2008:49.)由此,"科学"一词不仅包含了自然科学,而且也包含了人文社会科学。在这个意义上,学术与科学等同,因而在实际使用中人们也往往将"科学"与"学术""科学研究""学术研究"作为同义词混合使用。在本书中,为了概念使用的统一性,对"科学"与"学术"概念不做严格的区分,因而,本节对"学术共同体"与"科学共同体"的概念也不再做严格的区分与梳理。

运用了"范式"这一概念,并认为所谓的范式是与"常规科学"①联系在一起的。简言之,范式就是某一科学领域里已取得的重大成就,比如,我们熟知的"牛顿理论"就是17世纪物理学尤其是力学共同体的"范式"。这种范式是,也仅仅是这个共同体内的成员所共有的东西,同时,也只有这些成员掌握了这种范式才能组成这个共同体。在此基础上,库恩认为,"直观地看,科学共同体是由一些科学专业的实际工作者组成。他们由他们所受教育和见习训练中的共同因素结合在一起,他们自认为也被认为专门探索一些共同的目标,包括培养自己的接班人"②。因此,在库恩创造性地提出范式理论及进行深入论证之后,最终形成了较为完善的"科学共同体"内涵体系。

(二)学术共同体的形成与发展

现代意义上的"学术"源于西方国家,因此,现代意义上的"学术共同体"自然也最早在西方国家形成。我国由于长期以来奉行传统的儒家经典学说,突出伦理道德的教育内容,并对科学技术教育采取贬抑的态度,而且,当时学校培养的只是封建制度的"卫道士",而并非有作为的科学家,因此,自然谈不上形成现代意义上的学术共同体。我国真正具有现代意义的科学(学术)共同体大约是在20世纪20年代至40年代开始形成的。③ 鉴于此,我们主要以西方国家为线索探讨学术共同体的形成与发展概况。

1.古希腊罗马时代:师生组合共同体

从科学史的角度看,早在古希腊罗马时期,即在古代自然科学的萌芽时期便出现了最初形态的"共同体"或具备共同体性质的组织或机构。一大批从事古代学术研究的自然哲学家们以自身为中心,吸引了广大的拥有各自兴趣爱好的师生,他们组织在一起共同探讨感兴趣的问题。比如,著名的提出世界万物由原子构成的"伊壁鸠鲁共同体"、以探讨自然界本质为主的"爱奥尼亚共同体",还有柏拉图的"阿卡德米"学园、亚里士多德的"吕克昂"学园等。笔者认为,这些简单意义上的共同体主要体现为一种"师生组合共同体",它们对古代学术的研究和发展产生了不小的作用,也为后世学术的制度化提供了最初的原型。但在那个时期,一方面由于自然科学尚未成为一门独立的学科,学者所进行的学术活动仍包含于哲学知识的总体之中;另一方面,科学家还不是社会的一种专门角色,学者们的学术研究不但规模小而且带有很大的偶然性,并且学术研究仅凭个体的好奇、兴趣、爱好而从事。因此,从严格意义上看,古代的西方尚未出现真正的科学(学术)共同体。

2.中世纪社会:"行会"大学共同体

进入中世纪后,学术研究活动也进入了自发的阶段,突出地表现在这时期一大批中世纪大学的自发性建立。美国学者佩里(Marvin Perry)在《西方文明史》中这样说道:"最初的大学并非有计划地建设起来,而是自发形成的。当渴望求知的学生集中于某些杰出的学者周围时,大

---

① 库恩认为,常规科学是指坚实地建立在一种或多种过去科学成就基础上的研究,这些科学成就被某个科学共同体在一段时期内公认是进一步实践的基础。(参见:[美]托马斯·库恩.科学革命的结构[M].金吾伦,胡新和,译.北京:北京大学出版社,2003:9.)

② [美]托马斯·库恩.必要的张力[M].范岱年,纪树立,译.北京:北京大学出版社,2004:288-289.

③ 甘志频.从科学共同体的发展看中国科学共同体的优化[D].武汉:武汉理工大学,2003:19.

学便产生了。"①大学的这种自发性形成与学术共同体的形成具有内涵上的一致性,诚如滕尼斯所言,"'共同体'是自然形成、整体而本位的"②。然而,中世纪大学的形成几乎毫无根基,"幸运的是,与此同时在各种行业和手工业中发展起来的行会组织中有一种组织模式可供借鉴,因此,自然而然地,老师和学生就把他们自己组织成类似的志愿性社团或行会,这样的一个行会被称为'大学'"③。换言之,中世纪大学是在"行会"模式基础上建立起来的。在行会模式下,为了保护学术,满足学者们追求学问的需要,教师和学生常常在各大学之间和学者进行学术交往,这导致学术同行间联系更为密切起来,最终给学术共同体的形成提供了可能性。比如,当时著名的巴黎大学、牛津大学、剑桥大学云集了众多来自各民族、各地区的教师与学生,他们共同在学校里进行传播知识、探索知识、人才培养的活动。应该说,在漫长的中世纪社会里,中世纪大学犹如明灯,本身在某种程度上就是一种具有一定规模和组织的"学术共同体"。

3.17—18 世纪:思想共同体

到了 17、18 世纪,自然科学逐渐从神学或哲学中分离出来,学术研究进入初步的体制化阶段。这时期,由于大学对自然科学仍采取拒斥的态度,因此,一大批进行科学研究的学者们(如牛顿、伽利略、波义耳等),因共同的研究兴趣与需要在大学外建立了大量无形的学院与科技社团。比如,成立于 17 世纪上半叶英格兰的格雷山姆学院,这是一个由自然哲学爱好者组成的俱乐部。正是在此基础上,1660 年,英国皇家学会诞生,1666 年法国法兰西科学院成立。随后,欧洲各国相继成立各种学会(表 2-1)。但由于这时期科学家的社会角色尚未形成,大多数的学术研究仍是靠私人实验室进行,而且从总体上来说规模和范围都有很大的局限性。因此,尽管这时期有不少无形学院、学会、学派组织成立,然而从总体上来看,这些"学术共同体"在很大程度上仍属于"思想共同体"的范畴,即仅仅是某种思想学说的代名词,凡是认同某种思想学说的人都可以是该共同体的成员,并不一定需要加入该组织或从属于该组织进行科学研究活动。例如,林奈共同体、牛津生理共同体以及牛顿共同体等。因此,它与我们今天所说的作为科学活动社会组织形式的学术共同体有很大差异。④

表 2-1　早期重要的学会及其成立时间⑤

科学学会	成立时间	科学学会	成立时间
英国皇家学会	1660 年	瑞典皇家科学院	1739 年
法国法兰西科学院	1666 年	爱丁堡皇家科学院	1783 年
德国柏林学院	1700 年	爱尔兰皇家科学院	1785 年
圣彼得堡科学院 (现俄罗斯科学院)	1724 年		

---

① [美]马文·佩里.西方文明史(上卷)[M].胡万里,等译.北京:商务印书馆,1993:320.

② 秦晖.共同体·社会·大共同体——评滕尼斯《共同体与社会》[EB/OL].(2010-08-20)[2011-10-15]. http://www.aisixiang.com.

③ [美]林德伯格.西方科学的起源[M].王珺,刘晓峰,周文峰,等译.北京:中国对外翻译出版公司, 2001:215.

④ 甘志颍.从科学共同体的发展看中国科学共同体的优化[D].武汉:武汉理工大学,2003:12.

⑤ John Mackenzie Owen.The Scientific Article in the Age of Digitization(Information Science and Knowledge Management)[M].New York:Springer-Verlag New York Inc.,2007:30.

4.19—20世纪:"小科学"共同体

学术共同体的真正繁荣时期是从19世纪开始的。这主要源于自19世纪初以来学术研究的职业化、体制化程度大大加强。1810年,德国的威廉·冯·洪堡创办柏林大学,改革以往经院型的大学制度,提倡"教学与科研相结合"的原则,发展了大学"科学研究"的第二职能。应该说,这是一次全新的学术变革,按伯顿·克拉克(Burton R.Clark)的话来说,"以洪堡原则的名义采取的行动导致了独一无二的学术革命"①。随后,美国约翰·霍普金斯大学的建立,进一步发展了这种思想,并与作为研究生培养的制度"习明纳"(seminar)结合起来,最终使科学研究找到了以往找不到的最合适的场所。大学教师在进行教学的同时必须进行学术研究。学术研究不再是一种学者们的业余兴趣或爱好的结果,它可能也必须成为学者们的一种必不可少的、正规的学术活动。换言之,科学研究在大学里体制化、制度化了。学术研究成为社会的一种专门职业,从事学术研究的人员从此也被赋予"科学家"的称号。1840年,休厄尔(W.Whewell)在其著作《归纳科学的哲学》中第一次使用了"科学家"一词,他认为,"对于一般培植科学的人很需要予以命名,我的意思可称呼他为科学家"②。

伴随着科学研究在大学里的体制化、制度化,学术共同体也开始获得了飞速发展的平台与空间。与以往相比,这个时期的共同体无论在数量上还是在所涉及的范围与学科上都是繁荣的。比如,有机化学的李比希共同体、生理学的米勒共同体,还有地质学的德拉贝齐共同体、心理学的冯特共同体等,不一而足。它们具备了某些共有的特征,有学者将它归纳为一定的学科性或专业性、师生关系为联结纽带、固定研究机构为依托、内部频繁的人际互动等。③ 应该说,19世纪以后的学术共同体是真正意义上的以科学研究为主要任务的社团组织,它与17、18世纪时期的思想共同体相比有了很大的超越。然而,近代时期的大学学术研究主要还是以"小科学"或"学院科学"为特征,不仅研究的规模较小,所需的仪器设备较为简单,而且国际化程度不高,与社会的联系也不密切。因而,"小科学"时代的学术共同体必然具有"小科学"的特征。换言之,"是与小科学时代科学与发展状况相适应的,通常具有浓厚的'家庭'色彩,而不是科学研究的'企业'模式"④。

5.二战以后:"大科学"共同体

二战以后,大学的学术研究进入"大科学"时代。所谓"大科学",简言之,就是学术研究的规模大、所需仪器设备复杂、学科交叉性强、地域交叉性强、学术人员流动性强等特征明显的学术研究活动。在这种背景下,学术共同体必然呈现不同于以往任何时代的面貌。事实上,在20世纪中期以后,各个学科或专业领域中已经很少有类似于19世纪的学术共同体了。总体来看,"大科学"时代的学术共同体至少有如下几个方面的特征:首先,共同体成员间的学科交叉性大,如以"噬菌体小组"闻名于世的分子生物学领域的信息共同体,其成员主要来自7种不同的学科。"一大类是物理、化学、生物物理的专家,占41.5%,另一大类是医

① [美]伯顿·克拉克.探究的场所——现代大学的科研和研究生教育[M].王承绪,译.杭州:浙江教育出版社,1998:1.
② [英]贝尔纳.历史上的科学[M].伍况甫,译.北京:科学出版社,1959:7.
③ 甘志频.从科学共同体的发展看中国科学共同体的优化[D].武汉:武汉理工大学,2003:13.
④ 甘志频.从科学共同体的发展看中国科学共同体的优化[D].武汉:武汉理工大学,2003:15.

学、细菌生物学、病毒学、生物化学专家,占 44％,受过系统的分子生物学训练的只占
14.5％。"①其次,学术共同体的地域性减弱,尤其是近几十年来,共同体成员的国际化程度也
很高。最后,不同共同体之间的交流日益频繁,越来越具备开放性、世界性的特征,如 1985
年,法国为执行"尤里卡"计划,在密特朗总统倡导下成立欧洲技术共同体,欧洲许多国家的
高校都参与了这一计划的实施,这充分表征了现代学术共同体的开放性和国际性。

(三)学术共同体与同行评议的关系

学术共同体是同行评议运行的载体,是同行评议存在的前提与基础。一个没有学术共
同体的同行评议是不存在的。一个不健康或不完善的学术共同体同样也不可能有高水平
的、令人信赖的同行评议活动。另外,学术共同体的发展也离不开同行评议。科学、合理的
同行评议活动是学术共同体健康发展的有力保障。因此,以下我们对学术共同体与同行评
议的关系进行简要的阐述,以利于更好地建设健康的学术共同体,完善同行评议机制。

1.学术共同体为同行评议提供必要的评议主体

对于任何一种评价活动,评价主体是极为关键的,它往往是影响评价活动最为首要和重
要的一环。在同行评议活动中,"同行"便是评议主体。那么,"同行专家"从哪里来?很明
显,具有同一研究范式、共同研究旨趣的学术共同体便是重要甚至是唯一的来源。究其原
因,可从以下两个方面来看。其一,随着知识的不断向前发展,学科分化愈来愈细,知识的精
深化与专业化致使外行人根本无法涉及与把握。诚如美国科学社会学家默顿所言:"现代科
学家必须承认对高深莫测的尊崇,其结果是科学家与外行者之间的鸿沟逐渐增大,普通人对
相对论或量子论或其他诸如此类的高深问题,必定只能盲目地相信普及性的说明。……在
大众看来,科学和高深的术语具有密不可分的联系。"②而学术共同体成员基本来自于同一
或相似的学术研究领域,因而在专业知识方面具备了成为同行评议主体的条件。其二,学术
的发展需要自由与自主的土壤,所谓自由或自主,实际上是指学术应当由学术人自己说了
算,任何一种非学术性的外在力量介入都是对学术自主的破坏,进而破坏学术事业的健康发
展。比如,行政力量介入学术评价事务中,采取短、平、快的"量化评价"方式,尽管有某种积
极作用,但从总体和长远看,它与学术评价的真正意义和终极目的相违背。学术共同体是拥
有同一研究范式的学者的集合体,是真正的"自己人"。由学术共同体成员担任同行评议的
主体才能真正体现学术自主或自由的特征。"如果没有学术共同体的存在,我们就无从检测
学术含量的真假与轻重,更不用说学术评价了。"③

2.学术共同体自身的特征影响同行评议的质量

既然同行评议的评议主体来自于学术共同体,那么学术共同体自身的某些特征或特性
就必然成为影响同行评议质量的关键性因素。尽管在学术领域有多种多样的学术共同体,
然而,不同的共同体之间有着某些共有特征。有学者把学术共同体的特征概括为内聚性、封

① 甘志频.从科学共同体的发展看中国科学共同体的优化[D].武汉:武汉理工大学,2003:16.
② [美]罗伯特·默顿.科学社会学——理论与经验研究[M].鲁旭东,林聚任,译.北京:商务印书馆,2004:356-357.
③ 袁广林.大学学术共同体:特征与价值[J].高教探索,2011(1):12-15.

闭性、排他性、自主性与国际性①等,也有学者认为,学术共同体具有学术性、自治性、等级性、地域性与非地域性并存②等特征。这些特征既是学术共同体之所以成为学术共同体的内在表征,也是关系到学术共同体的性质、优劣的因素。作为同行评议载体的学术共同体,其特征或特性必然影响到同行评议的质量与水平。比如,学术共同体的学术性与自主性,可以使学术同行评议能够始终坚持学术性标准而非其他的如政治、宗教或长官意志标准,并且在评议过程中,不允许有其他非学术共同体的力量介入与干预。因为,真正意义上的学术共同体是"由学者和科学家组成的,以促进确切知识增长为业,以学术研究为核心的开放自治体系"③。再比如,学术共同体的非地域性能够让同行评议跳出某一国家或某一大学的限域,在更为广阔的学术网络圈(全国、国际范围)里邀请某一学科或专业的同行专家参与评审活动,从而保证评价的国际性与高标准性,也可在某种程度上避免利益冲突的发生。

然而,在现实中,我国的众多学术共同体要么是组织成员不纯,学术性不强;要么是自主性不强,外在的非学术性力量干预颇多;要么是等级性明显,"马太效应"严重;或者是非地域性特征不突出,国际化程度不高等。学术共同体自身的这些特征或特性都必将影响同行评议的质量。因此,当我们考察今日中国的学术同行评议活动中出现的种种弊端时,究其缘由,"最根本的原因是我们这里没有一个对外荣辱与共、对内资格审核严格的学术共同体"④。

3.同行评议是学术共同体自主性发展的保障

"学术自由是进行学术批判的前提,是追求真理的先决条件,是繁荣学术、发展科学的保障。"⑤一个真正的或者有价值的学术共同体必定是自主与独立的组织。否则,学术共同体就形同虚设,甚至会为某种外在力量所利用,成为它们干预学术、控制学术的傀儡。然而,学术共同体自主性的获得与维护不仅依赖于其与外界力量的博弈与斗争,更依赖于共同体自身内部的自我运行与控制。换句话说,学术共同体内部必须有一种机制,而这种机制能够有效地保障自主性的体现与发挥。很显然,依靠同行专家进行学术审查、评判的学术"守门人"——同行评议就是这种有效的运行机制。它不仅是学术质量的过滤器,保证学术的健康发展,更是保障学术共同体自我生产、发展和应用学术的有效手段。可以说,"自同行评议制度创立后三百多年来,由学术共同体自身评判学术活动及其成果价值的同行评议,一直被视为自主科学和学术自主性的象征"⑥。此外,科学社会学之父默顿从结构功能主义角度分析了科学的自主性特征,并在此基础上提出了科学的四种精神特质(scientific ethos)或四项规范(普遍主义、公有性、无私利性、有组织的怀疑)。而同行评议恰恰能够保证这四种规范得以有效实现,即通过学术共同体自身对学术进行内部的自我管理与控制,而不需要借助与依赖外界力量的影响与干预。

4.同行评议影响学术共同体公信力的维护与提高

所谓公信力,指的是公众信任度。任何一社会团体或组织要想获得其存在的合法性地

① 丧光锤,李福华.学术共同体的概念及其特征辨析[J].煤炭高等教育,2010(5):36-38.
② 高军.我国大学教师学术评价制度研究[D].南京:南京师范大学,2008:52-54.
③ 韩身智.信任与发展——社会科学发展与学术评价若干问题思考[J].社会科学论坛,2010(7):83-100.
④ 陈季冰.学术不端、学术规范与学术共同体[N].南方都市报,2009-04-25.
⑤ 袁广林.大学学术共同体:特征与价值[J].高教探索,2011(1):12-15.
⑥ 朱作言.同行评议与科学自主性[J].中国科学基金,2004(5):257-260.

位,就必须具备公信力,管理学术事务的学术共同体也不例外。拥有公信力的学术共同体是真正意义的学术共同体,它"必将在学术共同体的科研队伍建设、人才评鉴(谁是研究者)、学术成果评价、学术环境创设、形成持续的科学研究能力以及保证所研究问题的前沿性等方面都有不可估量的作用"①。然而近几年来,学术失范现象或学术不端事件频发,这从某一方面体现了学术共同体的公信力处于下降或不高状态。有学者从权力结构的视角对学术共同体的公信力状况进行了实证研究,近76%的人认为当前我国的学术界处于失范状态。② 这表明,我们的学术共同体公信力存在严重不足的现象。探究其缘由,无论是从共同体外部还是内部来看,其根本原因在于对同行评议机制的运用失当。比如,政府或行政力量过度干预或控制同行评议活动。再如,个别学术权威可能不受约束地掌控同行评议等。这就会导致人们对同行评议结果可靠性的怀疑,学术共同体的公信力就会遭到破坏。因此,建立真正的、有效的由内行人管理和决策学术事务的同行评议机制是提高学术共同体公信力的有力保障。其中,最重要的是对同行评议机制要有一种刚性的制度安排,在这个制度设计里,不仅要发挥评议专家的评议独立性、自主性,而且还应有他律性和自律性的要素,通过诸如建立被评议人的申诉制度等,实现对评议专家评议行为有效的监督与约束。

二、学术规范——学术同行评议运行的依据

作为大学学术"守门人"与质量控制机制的同行评议,其本质上是一种学术的评判、鉴定或审核的活动,即对学术进行一种"价值判断"。由此必然涉及评议的标准问题,换言之,什么样的学术可以进行评议? 评议过程要遵循怎样的准则与依据? 很显然,从广义上来说,学术规范便是其必须遵循的准则或依据。

(一)何为学术规范

学术规范是开展学术活动、提高学术水平的前提和基础。关于学术规范的理解,学术界对此讨论已久,目前来看存在着一定程度的分歧。就定义而言,大多数学者尚能形成共识,就是指"建立学术活动的基本秩序或者说底线规则"③。当然,这些基本秩序和底线规则不是突发想象或偶然得来的,它产生于学术活动的实践,是学术共同体在学术实践活动中关于知识的生产与再生产所形成的一系列共识。然而,对于是否存在普遍适用的学术规范却存在分歧。有学者认为,学科不同,如何可能有划一的规范?"因此不能以某种具体的学科标准作为所有知识门类的共同规范,否则知识的地盘将会不断萎缩。"④

因此,一个完全普遍适用的绝对的学术规范是不存在的,它总是具体的,总是与一定的学科或范式相联系。然作为学术研究活动,尽管学科的差异而导致存在不同的特点,具体的范式也就不尽相同,但也不否认具有一般范式和共同特征的学术规范。皮尔逊(Karl Pear-

———————————

①　韩身智.信任与发展——社会科学发展与学术评价若干问题思考[J].社会科学论坛,2010(7):83-100.

②　阎光才.学术共同体内外的权力博弈与同行评议制度[J].北京大学教育评论,2009(1):124-138.

③　刘明.学术评价制度批判[M].武汉:长江文艺出版社,2006:4.

④　陈少明.汉宋学术与现代思想[C].广州:广东人民出版社,1995:254.

son)认为,科学(学术)规范是"指向公正分析事实、予以分类、讲究证据的科学方法"①。换言之,就是某一学科或专业共同体内部各成员应掌握的学术理论、方法的素质和能力要求。有学者②从学术自身的发展与学术的社会应用两方面将学术规范分为技术规范与社会规范两种,并认为这种规范是源自学术界自身的实践又在实践中不断得到完善的统一体。也有学者③把学术规范由低到高分为道德规范、形式规范、学科规范与学理规范四个层次。而当代学者陈学飞教授把学术规范分为三个层次:"第一是内容层面的规范,包括科学研究的方法、自身理论框架和概念范畴体系。第二个层面是价值层面的规范,即约定俗成并得到学术界认同和共同遵守的观念道德和价值取向,其中心内容是学术道德或学术伦理。第三个层面是技术层面的规范,包括各种符号的使用、成果的署名、注释的引用等。"④

笔者以为,无论是一般的、总体的学术规范还是具体的各学科的规范;无论是内在于评议专家自身的自发形成的规范,还是外在于社会进行干预的规范;或者无论是低层的基本规范还是高层的思想规范,都应当是学术同行评议运行的准则与依据。

(二)学术规范的发展简况

作为学术界"宪章"的学术规范,是学术活动得以创新、学术水平得以提高的保障。它产生于学术活动实践过程中,又在学术活动实践过程中不断修正与完善。从历史上看,自从毕达哥拉斯(Pythagoras)为其学派团体成员第一次明确提出"谦虚、友谊、保守科学秘密"等需共同遵守的准则以来,学术规范历经医学界的《希波克拉底誓言》、费尔巴哈(Ludwig Andreas Feuerbach)的学术活动"十条守则"、贝尔纳(J.D. Birnal)的学术人道主义道德观、默顿的科学精神特质等一系列发展变化过程。应该说,这些变化过程具有社会学上的意义,它的确立总是在学术与社会发展的交互作用中形成。

1.毕达哥拉斯规范与《希波克拉底誓言》

在古代社会,由于学术尚未成为一门独立的职业,常常与宗教、政治联结在一起,因此,也没有相应的严格意义上的学术规范。古希腊数学家、哲学家毕达哥拉斯所创立的学派是一个集学术、政治与宗教三位一体的组织,具有浓厚的宗教神秘色彩。为了使学派内成员能够团结一致,服务于上帝,毕氏创立了一系列诸如谦虚、友谊、保守科学秘密、自制、节欲、服从等组织成员必须共同遵守的准则与戒律。应该说,这是西方学术史上第一次较为明确提出的学术规范。随后,大约在公元前 400 年,古希腊的医生希波克拉底(Hippocrates)在医学界提出了有关医生的行医道德规范——《希波克拉底誓言》⑤。这个誓言虽全文只有 400 多个字(按中文计),但相对于毕达哥拉斯的学术规范而言,对后世影响更为深远。以至于在 1948 年,世界医学大会依据此誓言提出了日内瓦协议,1969 年修订该协议,最终形成了著名

①　[英]卡尔·皮尔逊.科学的规范[M].李醒民,译.北京:华夏出版社,2003:14-18.
②　宋旭红.学术职业发展的内在逻辑[M].武汉:华中科技大学出版社,2008:187.
③　詹先明."学术共同体"建设:学术规范、学术批评与学术创新[J].江苏高教,2009(3):13-16.
④　陈学飞.谈学术规范及其必要性[J].中国高等教育,2003(11):10.
⑤　《希波克拉底誓言》内容详细,归纳起来大体包括尊师、授业、行医等几大方面的规范。比如视授艺者如父母,免费教授弟子,不使用危害药品,不做堕胎手术,不做诱奸之事,保守病人秘密等。全文具体内容可看看:[古希腊]希波克拉底.希波克拉底誓言[M]//孙慕义,徐道喜,邵永生.新生命伦理学.邱仁宗,译.南京:东南大学出版社,2003:272.

的《日内瓦宣言》①（医学伦理文献）。此外，英国学者埃里克·阿什比（Eric Ashby）也曾提倡"学术职业的希波克拉底宣誓"②。这种宣誓实际上就是对很多大学的医学专业毕业生提出的"学术职业实践准则"。这些准则包括"'不允许'学者'隐藏一些事实'；不允许在'评价'学问时'考虑'种族或宗教或政党的照顾；对其他观点将强调'容忍'，并且将鼓励'传统的'和'不传统的观点'的教学"③。

2.费尔巴哈"十条守则"和贝尔纳的学术人道主义观

进入近代社会以后的较长一段时间内，学术活动并未与经济利益直接挂钩。因为，人们相信，在神圣的学术殿堂里，真理的价值高于一切其他利益的价值，"如果发现了这些利益，事物的真理性就会因而大打折扣"④。然而，学术的职业化使得科学技术越来越在社会经济发展中显示出其地位与重要性，功利主义价值观也逐渐向学术领域渗透，侵蚀和玷污着原本纯洁的学术世界，出现了剽窃、捏造等一系列诸如此类的学术不端行为。与此同时，也出现了一批批判现实的学者，如法国思想家傅里叶（Charles Fourier）、德国的哲学家费尔巴哈等。其中尤以费尔巴哈最为典型，他提出的学术活动"十条守则"⑤充分反映了当时学术界应当注意和加以规避的一系列问题。这些守则集中体现了从事学术活动的科学家应当遵守的基本道德规范。而后的英国科学家贝尔纳则认为，科学家都应当具备人道主义的道德观，以"人道主义"作为学术活动最为基本的准则与规范。在他看来，科学家应当"热爱科学，献身真理，大胆怀疑，勇于创新，刻苦钻研，独立思考，自由争论，平等交流，互助协作，谦虚谨慎，诚实公正，关心社会进步等"⑥。

3.默顿的科学"四大规范"

美国科学社会学之父默顿提出了著名的科学"四大规范"或称为"四种科学精神特质"。按默顿自己的话来说，"科学的精神特质是指约束科学家的有情感色彩的价值规范的综合体。这些规范以规定、禁止、偏好及许可的形式表达。它们借助于制度性价值而合法化"⑦。当这种"精神特质"内化为科学家的科学良心后，它就是学术工作中的超我，在道德层面形成内在的自我约束。这种道德层面的内在约束能使学者们在现实利益的诱惑面前仍自觉地坚持"科学（知识）良心"，始终以"理性代言人"的角色从事学术活动。因此，它像其他社会规范一样，依靠的是科学家们的情操而非外在其他强制性力量。倘若从事学术活动的科学家们

---

① 《日内瓦宣言》的内容反映了《希波克拉底誓言》的宗旨与精神。比如，尊敬和感恩老师，尊重病人的秘密，与同行和好相处，不受宗教、国籍、政派等因素的干扰，不做反人道主义的事情等。全文具体内容可参看：日内瓦宣言［EB/OL］.（2007-03-06）［2011-12-11］. http://hi.baidu.com/wap9/blog/item/of2e78affc6ebffbfbed50ea.html/.

② 埃里克·阿什比在1968年在澳大利亚悉尼举行的第十次英联邦大学代表大会开幕词中首次建言此宣誓。

③ ［美］克拉克·克尔.高等教育不能回避历史［M］.王承绪，译.杭州：浙江教育出版社，2001：175.

④ ［美］史蒂文·夏平.真理的社会［M］.赵万里，等译.南昌：江西教育出版社，2002：217.

⑤ 费尔巴哈的学术活动"十条守则"是在总结了学术研究活动应当遵从的准则基础上针对学术科学家自身从事学术研究提出来的。比如，淡泊名利、诚实客观、谦虚谨慎、坚持真理、刻苦耐劳、脚踏实地等。全文具体内容可参看：徐少锦.科技伦理学［M］.上海：上海人民出版社，1989：508.

⑥ ［英］贝尔纳.科学的社会功能［M］.陈体芳，译.桂林：广西师范大学出版社，2003：210-219.

⑦ ［美］罗伯特·默顿.科学社会学［M］.鲁旭东，林聚任，译.北京：商务印书馆，2003：363.

都能如齐曼所说的那样"一个职业科学家必须熟悉科学家的行为准则,并且必须准备在实际中遵守这些准则"①,那么,学术活动就能实现默顿规范所描述和期盼的那样秩序井然、健康发展。默顿的科学"四大规范"包括普遍主义、公有性、无私利性、有组织的怀疑主义四个方面。② 它是默顿科学社会学理论体系的基础,作为一种理想化的规范论,它能为学术共同体内部知识生产与再生产的准则提供解释,也能为科学的社会运行法则提供合理的范本。

4."大科学"时代的学术规范

在"小科学"时代,由于学术研究与社会经济发展之间的关系不密切,从事学术研究的科学家们是受好奇心驱动为学术而学术。因而,默顿所提的"四大规范"恰好能充分适应这种学术土壤。但随着社会进入 20 世纪以后,学术研究进入了"大科学"时代。这个时代的学术研究具有了"效用性""规模性""利益性"等特征。因此,学术变得不再单纯,功利主义的工具理性价值观逐渐渗入学术共同体实践活动当中。学术问题上的欺骗、不正当竞争、权学交易、钱学交易、利益冲突等问题泛滥成灾。尤其是两次世界大战中,因科学技术成果的滥用而造成的对人类社会的毁灭性灾难使得科学家们对现实中的学术活动感到忧虑与困惑。很显然,原有的默顿规范已不再适用,学术研究的"大科学"化也要求学术规范进行相应的调整与拓展。笔者以为,这时期所构建的学术规范应当既能保证知识生产与再生产的客观性和服务社会的目的,又能防止和规避一系列诸如学术欺骗、利益冲突等学术不端事件的发生。当前,各国都相继建立并不断完善适应各种学术共同体的学术规范,如我国 2001 年的《中国科学院院士科学道德自律准则》、2004 年的《高等学校哲学社会科学研究学术规范(试行)》、2007 年的《科技工作者科学道德规范(试行)》等。

(三)学术规范与同行评议的关系

学术规范与同行评议之间不仅存在密不可分的相互关系,甚至还是学术制度框架中极为重要的一对关系。有学者认为,"当今学术研究的种种问题根源在于学术评价机制不当,对研究发生了严重的误导作用,要建构合理的学术制度首先必须从评价制度入手,才能逐步引导从选题到方法到引证等整个规范的确立"③。笔者以为,没有良好的学术规范,要真正有效地运行同行评议机制就无从谈起。与此同时,没有同行评议作为保证手段,学术规范的维护与建设也无从谈起。因为,同行评议机制在维护学术领域内部专业标准的一致性,实现科学交流的质量控制方面具有不可替代的优势。鉴于此,科学地认识它们之间的关系不仅有助于学术规范的建设,更有助于学术同行评议机制的健康运行。

---

① [英]约翰·齐曼.元科学导论[M].刘珺珺,译.长沙:湖南人民出版社,1988:120.

② 普遍主义指的是学术活动应遵循客观的非个人性特征,只能按学术本身的真实性进行生产与再生产,不能受其他非学术性的力量和因素影响而带来对学术问题的偏见,如宗教、政治、民族、种族、年龄、性别、阶级或阶层等诸如此类的因素。公有性是指科学家的学术成果原则上是社会的、共有的,而不应该为科学家个人或团体所独占,强调的是学术知识的社会性与公开性。无私利性是指从事学术活动的科学家们应该诚实奉献、谦虚谨慎,应为"学术而学术",不能受到私人利益的影响而影响这个目的的实现。有组织的怀疑主义是指从事学术活动的科学家们应对已有的知识或学术成果提出质疑与发问,进行学术上的检视与创新。(具体内容可参看:[美]罗伯特·默顿.科学社会学[M].鲁旭东,林聚任,译.北京:商务印书馆,2003:365-376.)

③ 刘明.学术评价制度批判[M].武汉:长江文艺出版社,2006:6.

1.学术规范是学术获得同行评议的资格

学术活动是学者在未知世界里探求真理、获得真知的过程,这种过程常常不为一般人甚至是不同学科的学者们所知晓。因此,学术常被人认为是学者们在自己领域内的独立活动并享有自身活动的成果。然而,在加斯顿看来,"科学家并不拥有他们的研究成果,他们所拥有的唯一智力财富就是其对科学发展所贡献的知识受到承认"[①]。换言之,同行的认可(recognition)是学术共同体内部最有价值的无形资源,学术只有得到同行的认可才能使科学家(学者)对共同的知识库真正有所贡献。也只有获得同行的价值认可,作为个体的学者无论是求知的精神需要还是职业的生存需要,才能够得到满足。

那么,是否所有的学术产品都可以被同行认可或评议?事实上,"学术是以对命题单位的真假进行论证为核心任务,一个命题或一种理论有了学术规范性,也就获得了要求所有人对其认同的资格"[②]。换句话说,学术只有具备了相应的学术规范才能真正成为同行认可或评议的对象。因为,学术共同体内的各成员是通过学术规范达成相应的共识的,而这种共识的达成,需要的是学术上特定的"普遍有效性",也即学术在学理上的"规范性"。倘若学术产品无规范可言,便不可能与共同体内的其他成员进行有效的交流与对话,共识的达成也就无从谈起,由此,同行评议活动也无法真正实现。因此,学术规范是同行评议活动的前提与基础,至少首先为学术产品获得同行的评议和认可提供了资格条件。

2.学术规范约束与控制同行评议活动的运行

如果说学术具备某种规范只是为学术获得同行认可或评议提供了可能性,那么这种可能性到现实的转变同样也必须受到某种标准或准则的约束与控制。诚如克拉克·克尔所指出的:"社会的任何部门为了有效地运行,内部必须有一些共同的行为标准,尽管这些标准有所不同,包括知识的标准。因为一个深受接受的行为标准对任何得到信任的共同体是必不可少的。"[③]显然,作为学术共同体内的同行评议活动,其应遵循的行为准则就是作为学术界"宪章"的学术规范。它在道德层面与制度层面对同行评议活动形成内在和外在的控制与约束,在本质上体现为学术共同体对学术规范的自我守护与彼此监督。

第一种约束是道德层面的内在约束。默顿提出的科学精神特质是具有感情情调的一套约束科学家的价值和规范的综合。当这种"精神特质"被科学家内化之后便成了科学家的科学良心,并最终在道德层面形成内在的自我约束。这种道德层面的内在约束体现的是一种"知识的良心",是雅斯贝尔斯心中所坚持的"直觉、喜好所需要的自由和有意识的控制,使灵感具体成形的坚持之间的统一"[④]。它使得科学家们在学术活动中坚持学者应有的道德良知和道德规范,履行自身的职责与义务。

第二种约束是制度层面的外在约束。学术规范对同行评议约束的有效性不仅体现在学者个体对规范的自我遵从和守护上,有时甚至更需要相应的机构作出应有的奖励与惩治。

① Jerry Gaston.The Reward System in British and American Science [M].Awelye-Nescience Publication,1978:10.

② 詹先明."学术共同体"建设:学术规范、学术批评与学术创新[J].江苏高教,2009(3):13-16.

③ [美]克拉克·克尔.高等教育不能回避历史[M].王承绪,译.杭州:浙江教育出版社,2001:166.

④ [德]雅斯贝尔斯.什么是教育[M].邹进,译.北京:生活·读书·新知三联书店,1991:151.

因为"对规范遵从的奖赏和对背离规范的惩罚构成了专业共同体实施社会控制的两个维度"①。因此,这种制度层面的外在约束是必要的,除非我们完全相信有一个高度自律能力的学术共同体,然而现实人性的固有缺陷使我们仅仅对其抱以期待。

3.同行评议是学术规范的应有之义

同行评议作为一种对其同行的学术水平进行客观、科学评价的制度,在本质上与维护学术活动健康、有效的学术规范是相吻合的。换言之,学术规范的本质与学术同行评议具有内源上的一致性。这种一致性如果从广义的角度来解释,即同行评议是学术规范的应有之义,是学术评价规范的本质要求。因为,学术的评价毕竟不同于对商品、竞选的评价,它只能实行学术界的同行评价。换言之,学术(科学)共同体充当研究价值评判"仲裁人"的角色,是任何科学家个人或其他社会角色无法替代的。韩启德在《光明日报》中也认为,"学术大师、一流学术成果、优秀研究团队、高价值研究项目,不是由媒体来加封的,也不是哪一级组织决定的,更不可能是社会大众一人一票评选的。权威、科学、严谨、公正的评价,只能来自学术共同体"②。

美国科学院编著的《如何当一名科学家》中提出这样的要求:"不伪造,不作假,不抄袭,坚持同行评议,实行荣誉分配上的公平原则……"③很明显,西方的学术大国都把同行评议作为学术规范的本质要求和学术评价的主要方法。然而,反观我国现行学术评审制度,无论是科研项目、奖励的评审,还是科研成果的评价,都未建立起高效的同行评议机制,这就造成评审制度的不规范,常常不能按照普遍主义的规范去操作。试想,同行评议为什么在国际社会作为主流方法长盛不衰,而在我国出于什么原因不被信任?笔者以为,其中一个原因便是在认知上未将同行评议机制作为学术规范的本质要求来对待。因此,当我们一直在探讨学术规范建设时,同行评议制度的建设不仅不可忽略,更是其应然的本质要求。

4.同行评议促进学术规范的完善与发展

学术规范的产生并非凭空而来,或是偶然的突发奇想的结果。这种规范性的共识必须是学术共同体源于学术活动自身的实践而生成的,并在实践中不断得到修正和调整。那么,作为学术评价活动中应用最广泛、可信度较高的评价方法——同行评议便不可避免地承担了学术规范实践检验的任务。为什么这样说呢?分析学术规范的时代性特征及同行评议自我纠错功能或许能找到答案。

首先,学术规范并非亘古不变,而是具有时代性特征的产物,它的存在是与科学(学术)的内容、形式以及社会功用相适应的。随着学术的不断发展和复杂化,"具体的学术规则总会被超越,但旧规则只能被新规则所取代……新一代学人的崛起,体现在其对旧规则的修订与对新规则的追求"④。而这种对旧规则的打破与修正,靠的是学术共同体在实践活动中(包括同行评议活动)对科学(学术)本真、纯真天性的感悟与把握,进而总结和概括所得。事实上,大量的实践表明,一种学术规范是否符合当前的学术活动要求,对学术价值的认可活

① John M. Braxton. The Normative Structure of Science:Social Control in the Academic Profession [C]//John C. Smart. Higher Education:Handbook of Theory and Research (Volume 2), New York:Agathon Press,Inc.,1986:347.

② 韩启德.学术共同体当承担学术评价重任[N].光明日报,2009-10-12.

③ 胡新和.重建学术规范 振兴学术研究[C]//李醒民.见微知著——中国学界学风透视.开封:河南大学出版社,2006:163.

④ 陈平原.超越规则[M].珠海:珠海出版社,1995:85.

动——同行评议进行检验与反馈应该是最有效的途径。

其次，同行评议具有自我纠错的功能，而这种自我纠错机制，可以说是同行评议最可取、最不可替代的优势。因为，尽管同行评议机制并非完美无缺，它固有的不足与缺陷也常常使其遭到质疑与诟病。然而，一个不可否认的事实是，学术界所犯的错误最后都是由同行评议所发现、所纠正，而其他方法，包括定量评价产生的问题和错误也只能通过同行评议来为其纠正。通过这种发现与纠正，同行评议不仅实现了对学术成果的鉴别，也是对学术规范的一种实践检验，并将此反馈于学术规范以期得到修正与完善。理查德·沙沃森（Richard J. Shavel son）等人在研究中也发现："这样的评议过程——尤其是被用作教育界提供反馈意见的工具时，有助于发展一个活跃的、共同研究教育问题的科学家群体，因为评审提案和提供反馈意见的过程有助于逐渐建立教育界中共同的质量标准和其他的科学规范。"①

三、学术同行评议存在的哲学基础

无论在公众还是在科学家眼里，学术评价中的同行评议制度已深深嵌入科学的墙基之中。然而，随着同行评议所承载的功能日趋增多，来自多方面的抱怨和批评也接连不断。楚宾更是形象地将其称为一个希腊神话中的女怪"客迈拉"②（Chimera）。尤其是同行评议所表征的科学自治之象征意义更加强化了它的沙文主义特征，以至于人们试图用肯内斯·普雷维特（Kenneth Prewitt）的公众监督与问责制（accountability）来取代同行评议的内部化标准。③然而，事实并非如我们想象的那样，各种对同行评议的批评、指责不仅未能撼动其地位，反而，在一片质疑声中愈发显现出其"虽不完美，却不可替代"的功用。诚如尤金·加菲尔德（Eugene Garfield）所言："尽管同行评议或明或暗地蒙受各种抱怨和挑剔，它仍然被认为是最好的方法。"④那么，同行评议因何频受青睐并生存发展至今？换言之，其存在的合法与合理性是什么？笔者以为，要回答这个问题，对其存在的哲学基础进行分析与探讨显得尤为必要。而从哲学的角度来探讨同行评议的存在基础，实际上是借助哲学知识体系来论证同行评议存在的必要性与可能性。依照哲学知识体系之架构，探讨同行评议存在的基础至少应包含形上学、知识论、价值论、方法论四者，亦需从此四种哲学思想内涵来加以分析与阐述，这样才能真正构成同行评议存在的哲学基础。

(一)形上学基础:学术同行评议的本质特性

在哲学的知识体系框架中，形上学是"一种寓于可经历事物内的不可经历到的核心，即透入一切存有物之最不限定或普通的存有"⑤。用海德格尔（Martin Heidegger）的话来说，

① ［美］理查德·沙沃森,丽萨·汤.教育的科学研究[M].曹晓南,译.北京:教育科学出版社,2006: 128.

② ［美］达里尔·E.楚宾,爱德华·J.哈克特.难有同行的科学:同行评议与美国科学政策[M].谭文华,曾国屏,译.北京:北京大学出版社,2011:9.

③ Kenneth Prewitt.The Public and Science Policy [J].Science,Technology,and Human Values,1982 (7):5-14.

④ Eugene Garfield.Refereeing and Peer Review [M].Current Contents,1987:8.

⑤ 项退结.西洋哲学辞典[Z].台北:"国立"编译馆,1976:256.

形上学就是"为在者寻求根据"①。换言之,形上学是指通过观察世间的一切客观存在物,探讨事物普遍存在的本质及其规律,也就是我们通常所说的"本体论"。因此,所谓同行评议存在的形上学基础实质就是指同行评议的本质特性等方面的问题。笔者以为,同行评议作为学术评价中的一种方法或机制,就其本质而言,至少可以表现为如下三个方面:

首先,同行评议是一种权威决策,即主要由相同学科或专业的精英分子来评判与鉴定学术的价值或重要性。而这种权威的决策可以充分保证评价的有效性,不至于因评议者的学术水平因素而导致评价的效度低下等问题。其次,同行评议是一种民主决策,它的运行是基于评议专家组成员共同参与的一种评价方式。评议决策的民主性是评议科学性的有力保障,它可以在一定范围内规避因个人专断而产生的同行评议的利益冲突等问题。事实上,"社会学早已阐明同行认可的地位和作用:一项研究的价值,不能依据哪几个权威的发话,只能靠科学系统本身并由科学群体作出判断和裁决"②。最后,同行评议具有学术自主性。按周光召的说法,"至少在形式上,过去那种领导人说干什么就干什么的做法已经一去不复返了,科研立项和经费安排已经能够由科学家自己做主"③。

很显然,同行评议的这些本质特性较有力地说明了其存在的合理性与必要性,它们共同构成了同行评议存在的形上学基础。

(二)知识论基础:学术的专业性与高深性

在康德(Immanuel Kant)看来,知识论是哲学大厦的基础,即"知识论不仅是哲学的一个重要组成部分,而且可以说,简直就是哲学的核心内容"④。通过对东、西方哲学研究史的简单考察,我们自然会发现,知识论一直是哲学研究的重要内容。那么,何为知识论?从广义上来看,知识论是关于知识的起源、构成、本质以及知识的形成与发展轨迹等的综合的研究。而从狭义上看,所谓知识论主要指对知识的一种批判的研究,即对知识的可靠性、客观性、是否达到规定逻辑性的一种批判性研究。换句话说,"知识论是在探讨人的理性有否达到真理的能力及知识有否限度"⑤。事实上,康德在其知识论哲学中也持同样的观点,他认为,"所要做的第一件事就是考察作为主体的人到底具有还是不具有认识对象的能力"⑥。因而,笔者以为,知识论不仅探讨知识的内容与体系,也探讨作为主体的人对作为客体的知识的认识能力。从这个意义上讲,知识论也可称为认识论。

综上所言,对学术同行评议存在的知识论基础的探讨,实质上是关于学术是怎样的一种知识体系,以及为何对学术的评价需要甚至只能由同行专家来作出等问题的探讨。笔者以为,大学学术的专业性与高深性便构成了学术同行评议存在的知识论基础。因为,自柏拉图以来,学术"就被用来指称通过灵魂或精神认识的关于追求涵盖普遍真理或基本规律运作的

① [德]海德格尔.形而上学导论[M].北京:商务印书馆,1996:5.
② 张彦.论同行评议的改进[J].社会科学研究,2008(3):86-91.
③ 冯永锋."同行评议"成为青年科学家关注热点[N].光明日报,2004-11-19.
④ 胡军.知识论与哲学——评熊十力对西方哲学中知识论的误解[J].北京大学学报,2002(2):37-43.
⑤ 项退结.西洋哲学辞典[Z].台北:"国立"编译馆,1976:230-231.
⑥ 胡军.知识论与哲学——评熊十力对西方哲学中知识论的误解[J].北京大学学报,2002(2):37-43.

整个不断发展的知识体系"①。然而,对这些涵盖普遍真理或基本规律的知识体系的追求并非一种简单的知识生产劳动,而是一种具有"专门性"与"高深性"的职业劳动。诚如西班牙学者奥尔特加·加塞特(Jose Ortega Y. Gasset)所言,"学术是人类最崇高、最伟大的追求和成就之一……无论我们喜欢与否,科学把普通人排斥在外,它所涉及的是一种非常少见、与人类一般常规活动相距遥远的行为"②。"既然高深学问需要超出一般的、复杂的甚至是神秘的知识,那么,自然只有学者能够深刻地理解它的复杂性。"③因此,一个未受过严格而系统的专业训练的人是无法对学术作出优劣、高低之判断的。学术自身的知识体系特征决定了只有同行专家才有资格作出相应的评判、鉴定。换言之,学术"专门性"与"高深性"构成了同行评议存在的知识论基础。

(三)价值论基础:学术共同体成员的职业诉求

哲学体系中的价值论也称为价值学,是一种主要探讨价值的本质、结构、评价及标准等方面的哲学学说。有学者认为价值论主要研究三个领域的内容:"价值论(基本原理)、评价论和价值观念论。"④从哲学史角度看,尽管"价值"是一个古老的问题,但作为哲学的流派之一却始于19世纪50年代左右。自此以后,中外哲学家们对价值论进行了广泛的研究,也形成了众多有关价值论的见解。比如,我国学者张岱年和冯契就价值本质问题存在着"客观自然主义"和"价值直觉主义"的分歧。此外,张岱年先生还对价值分层问题提出了究竟价值(价值肯定)、内在价值(内在性质)和外在价值(功效作用)⑤的分类。然而,从总体上看,哲学层面的价值论研究最主要的是"对各个领域的价值问题做统一的综合的研究,又称'一般价值论'"⑥。且在价值论问题上,形成了基本一致的观点:"立足于主体和客体的关系来考察价值,总体上把价值看作客体对主体的意义。"⑦

从这个角度出发,探讨学术同行评议存在的价值论基础,实际上是探讨作为客体的学术同行评议对作为主体的学术共同体到底具备怎样的意义或功用。笔者以为,学术共同体内部成员的职业诉求构成了学术同行评议存在的价值论基础。学术共同体是以"学术"为"天职"的学者社团或组织,组织内成员共同遵守着某种范式,探求真理,获取真知,并由此获得各种需求的满足。然而,对于学者个体而言,其学术职业的诉求中最重要的不是有关经济利益的物质需要,而是其个人的学术水准获得同行认可等方面的精神需要。因为,"一个学者成为权威,并不在于对知识做出贡献之日,而在于得到承认之时"⑧。默顿也认为:"对于一个人所取得的成就的承认是一种原动力,这种原动力在很大程度上源于制度上的强调。……

---

① 白勤.高校教师学术不端行为治理研究[D].重庆:西南大学,2011:52.
② [西]奥尔特加·加塞特.大学的使命[M].徐小洲,陈军,译.杭州:浙江教育出版社,2001:75-76.
③ [美]约翰·S.布鲁贝克.高等教育哲学[M].郑继伟,张维平,徐辉,等译.杭州:浙江教育出版社,2001:31.
④ 陈新汉.当代中国的价值论研究和哲学的价值论转向[J].复旦学报(社会学版)2003(5):59-64.
⑤ 纳雪沙.张岱年先生对新价值论的探索[J].前沿,2012(3):63-66.
⑥ 赖金良.哲学价值论研究的人学基础[J].哲学研究,2004(5):17-24.
⑦ 王玉梁,岩崎允胤.中日价值哲学新论[M].西安:陕西人民教育出版社,1994:14.
⑧ 宋旭红.学术职业发展的内在逻辑[M].武汉:华中科技大学出版社,2008:136.

科学家的个人形象在相当大程度上取决于他那个领域的科学界同仁对他的评价。"①

这表明,学术同行认可是学术职业发展中极为重要的机制,它不仅是学者们学术职业生涯发展的基本的前提,也是他们学术职业的终极诉求。事实上,从实践来看,世界上众多的学者对学术同行认可都怀有极为强烈的认同与渴望。毕十年之功写就《数学原理》的英国著名学者罗素(Bertrand Russell)曾在写作过程中有过多次自杀的念头,当得知该书获得同行认可并行将出版却兴奋无比。就连美国原子弹之父——罗伯特·奥本海默(Robert Oppenheimer)也认为:"一个人的净价值是他在同行中获得的尊敬的总和。"②因此,学术共同体成员的职业生涯发展中对同行评议的诉求构成了同行评议存在的价值论基础。

(四)方法论基础:主观评价与客观评价的互补

哲学体系通常被人们分为"世界观"和"方法论"两大块。世界观是关于世界是什么、怎么样的根本观点(主要包括本体论、认识论等内容),方法论是人们认识世界和改造世界的某种方式或途径。因此,从一般意义上来看,"世界观主要解决'是什么'的问题,方法论主要解决'怎么办'的问题"③。从本质上讲,世界观与方法论是同根的,或者说都一样是包含于哲学范畴之内的,但当某种世界观成为认识与改造实践的准则时,便称为方法论。因此,更确切地说,方法论属于实践哲学的范畴。如果说,古代社会因社会生产力和科技水平低下,哲学的主要聚焦点在于"世界观学说",那么到了近现代,随着自然科学的兴起,实证科学的独立,哲学的主要任务就自然而然地落在了"方法论"层面上。事实表明,社会中的任何一种实践活动都必然有某种方法论作为指导。很显然,学术评价作为学术活动的一种实践形式,其必然存有基于对学术评价认识基础上的方法论指导。

然而,论及学术评价活动的方法论,在当前主要有主观评价和客观评价两种。与此相对应的就是同行评议与量化评价两种机制,且两种评价机制各有优劣,互为补充。鉴于此,笔者以为,主观与客观评价的互补性是学术同行评议存在的方法论基础。同行评议历史悠久,在量化评价兴起之前,学术界一直将此奉为评价的法宝,但也暴露出其一些不可避免的诸如主观性强、易引发利益冲突等弊端。20世纪初以来,随着普赖斯、加菲尔德等人研究的深入,以引文分析为重点的学术量化评价方式迅速取得合法地位,特别是在我国,大有量化评价取代同行评议的趋势。然而,量化评价也招来大量的非议,以至于斯坦福大学前校长唐纳德·肯尼迪也认为:"我希望我们可以同意从数量意义上来用研究成果作为任用或提升的一项标准是一种不合适的思想……平庸学识的过度生产是当代学术生活的最为夸大其词的做法:它会因单纯的篇幅而隐匿了真正重要的著作;它浪费了时间和宝贵的资源。"④事实上,许多学术水平较高的国家如美国等大都只把量化评价方式作为学术评价的一种辅助手段而已。

由此可见,无论是同行评议还是量化评价都有其不完善之处,要获得一个较好的学术评价体系应采取主观(同行评议)与客观(量化评价)相结合的方式。这也就进一步证明了这一观点:主观评价与客观评价的互为补偿性是同行评议存在的方法论基础。

① R.K.Merton.The Priority of Scientific Discovery [J].American Sociological Review,1957,22(6):635-659.
② 何毓琦.一位外籍院士给宋健院士的信:中国学术失范的原因及实例[N].科学时报,2006-02-06.
③ 许秀丽.方法论浅析——实践哲学方法论[J].科技创新导报,2010(34):256.
④ [美]乔治·里茨尔.社会的麦当劳化[M].顾建光,译.上海:上海译文出版社,1999:112.

第三章　利益冲突：大学学术同行评议研究的重要视角

　　任何类型或层次的学术评价，一个首要的前提是必须对该学术进行内容上的实质性评价，而基于专家主观、定性的同行评议便是这种实质性的评价方式。这表明，同行评议在学术评价体系中占有极为重要的地位。然而，恰恰同行评议的主观性也使其不可避免地产生了利益冲突问题，并引致学术界内外众多的质疑与批判。法国社会学家皮埃尔·布尔迪厄曾言："即使是'最为纯粹'的科学这个'纯粹'的世界，也与任何其他世界一样，是一个社会场域，充斥着权力分配与垄断、斗争与策略、利益与所得。"[①]这表明，利益冲突是一个普遍的社会现象，它存在于社会的各个领域中，即使是学术领域（包括同行评议）也不例外。我国国家自然科学基金委龚旭处长也认为："在整个国家经济社会制度转轨的过程中，道德意识与行为约束机制发生很大变化，利益冲突在各个领域凸显出来，在科学领域的同行评议活动中也不例外。"[②]

　　笔者以为，无论是西方国家还是我国，（大学学术）同行评议实践中的利益冲突问题不仅是普遍存在的，而且随着学术事业的不断发展正愈发凸显其问题的严峻性和治理的迫切性。因此，从利益冲突的视角来研究大学学术同行评议问题也就具备了较强的现实意义。

第一节　大学学术同行评议利益冲突问题的产生及其意义

　　大学学术同行评议是属于整个学术活动范畴的，讨论大学学术同行评议利益冲突问题的产生，不能不讨论学术活动中利益冲突问题的产生。那么在学术活动领域，利益冲突是与学术相伴而生，还是学术发展到一定阶段的产物？换言之，利益冲突是何时产生的，其产生的背景是什么？在同行评议中引进利益冲突有何意义？对这些问题的回答，有利于我们更加清晰地了解利益冲突的内涵及其历史性特征。

---

　　① Pierre Bourdieu.The Specificity of the Scientific Field and the Social Conditions of the Progress of Reason[M]// Mario Biagioli(ed.).The Science Studies Reader.London:Routledge,1999:31.

　　② 龚旭.同行评议与科学基金政策研究[J].中国科学基金,2007(2):91-94.

一、产生的背景

17 世纪以前,学术研究是一种真正意义上的"象牙塔"式的活动。一群对世界怀有强烈好奇心和求知欲的学者们,以个体分散的方式自由而快乐地探索世界的奥秘。他们自主选择研究的课题,主要依靠自身丰厚的家产或私人赞助进行学术研究,并且研究主题更多带有形而上意义的终极追问,与现实的社会生活基本上没有什么直接的关系。"1665 年,英国皇家学会成立时,科学家们形成的基本共识之一是'科学不可干预生活'。"①换句话说,那时的学术研究活动呈现出一幅"庄园式"的图景,是基本上与世隔绝的"世外桃源"。当然,在这种"象牙塔"中的学术也存在"冲突"现象,但这种"冲突"主要聚焦于学术观点与思想上的相异性,与利益冲突几乎毫无关联。

然而,17 世纪以前的这种学术研究的理想画面并非恒久不衰,它随着学术不断向前发展而越来越具有外在的社会性特征。学术的职业化使得人们在从事学术研究时不再仅以满足个人的兴趣或好奇心为目的,而是带有越来越多的功利性。但必须承认的是,从 17 世纪至 20 世纪之前较长的时间内,学术仍处于"学院科学"时期,学院科学时代所从事的主要是小规模的"纯科学"研究,因而,学术与外界的社会生活仍没有很直接的联系,甚至人们在有意无意地屏蔽着两者之间的关系。并认为,科学家不应该被利益所左右,因为利益总是会带来学术研究上的偏见。诚如史蒂文·夏平(Steven Shapin)所言:"真理不会通过有私利的理解、探询或表述而产生。"②换言之,这时期学术活动的"纯科学"特征使其一般不会有直接的经济利益冲突,但从广泛的意义上来讲,这时期的利益冲突已经存在了。因为,学术职业化导致一系列专业团体和专业学会的出现,它们是围绕学科而建立的学术共同体,这些学术共同体行使着评判、鉴定本学科学术质量的权力。而在评判与鉴定的过程中,往往会产生某些相关的利益冲突,比如,因学术"优先权"之争而产生的利益冲突。不过,从总体上看,这个时期的利益冲突数量不多。因此,也并未引起人们足够的重视。

真正使学术活动中的利益冲突突现并加剧的时代在 20 世纪以后,伴随"大科学"学术研究模式的到来而到来。首先,"大科学"时代的学术具有很强的应用性特征,学术与社会应用之间的时空距离大大缩短,所谓的纯科学与应用科学之间的界限也不再那么清楚。例如,美国自 1980 年通过《Bayh-Dole 专利商标修正案》、1986 年颁布《联邦政府转让法令》之后,出台了一系列旨在鼓励企业与大学、研究机构合作,加快技术转移的强有力政策。③ 这些法令与政策在很大程度上鼓励了大学学术研究与商业的合作,推进了学术研究商业化的进程。其次,学术研究不再是社会中少数精英分子的行为,而是成为千百万人的一种职业和谋生的手段。就我国而言,根据《中国科技统计年鉴》的数据显示,截至 2010 年,全国 R&D(研究与发展)人员有 255.4 万人,仅高校的 R&D 人员就有 29 万之多,被 SCI、EI 和 CPCI-S收录的

---

① 科学技术部科研诚信建设办公室.科研诚信知识读本[M].北京:科学技术文献出版社,2010:1.

② [美]史蒂文·夏平.真理的社会史[M].赵万里,等译.南昌:江西教育出版社,2002:217.

③ T.Caulfield,B.Williames-Jones (eds.).The Commercialization of Genetic Research:Ethical,Legal,and Policy Issues [M].New York:Kluwer Academic/Publishers,1999:37-42.

中国科技论文达 12.2 万篇。① 最后,学术研究已经打破中立和客观的局面,直接参与社会生产的经济活动,因此也不可避免地受到社会相关部门的价值评判,并且其价值评判的高低又反过来影响学术研究的发展空间。诚如布鲁贝克所言:"如果高等教育一定要保持价值自由,摆脱价值判断,那么学问就有无人问津的危险。与此相反,他们认为价值判断实际上可以提高高深学问的精确性。"②

在这种情况下,学术研究活动呈现出如下问题:一是学术研究的资源争夺日趋激烈,这些资源包括科研经费、学术荣誉、知识优先以及其他的相关资源,而有限资源的竞争不可避免地会引发某些利益冲突的发生;二是大量的学术研究需要团体的合作,因为,应用研究中有可能涉及多种学科与专业知识,仅靠单个学科、单个学者已无法胜任。此外,"科学活动的节奏、群体规模和工作范围使个人很难单独承担明确责任"③,而合作的研究也极易产生许多的矛盾与问题,比如,可能会因署名权、成果保密等问题产生相关的利益冲突。

由此可见,随着科学成为社会的独立建制,学术的职业性与社会性特征使学术研究越来越倾向于功利性。换言之,"科学研究的经济维度或商业取向日益彰显,科学和科学研究行为越来越工具化和趋利化,以及由此带来并不断发生有违道德的科研行为等"④。在这种情形下,"以学术发展本身为目的的学术生活、学术生产、学术评价受到社会利益和外部利益的影响越来越大"⑤。利益冲突的发生就有了潜在的可能性,并由此引发了一系列的学术欺诈、造假等学术不端行为。其中,学术同行评议活动也不例外。一旦作为学术质量的把关人的评议专家个人的私利与其职责利益发生冲突,其评议的公正性与客观性就有可能受其影响。事实上,我们在当前的实践中,这种利益冲突是随时可见的,比如,期刊投稿论文的评审中,评议人与作者是竞争对手,或同属一个学院(系)、同一个学科等都可能引发利益冲突。华中科技大学 1992—1998 年间对学术研究和同行评议过程中的越轨行为进行了系统调查,结果显示,48%的院士认为,只有少数鉴定能如实、公正地评价科研成果的水平。⑥

与此同时,学术研究活动中的不端行为或越轨行为也逐渐暴露出来。舍恩的科学作假案、萨默林科学欺骗案、韩国黄禹锡论文作伪案等都曾在学术界甚至整个社会产生重大反响。自此后,西方很多国家的大学、科研机构、基础组织等开始越来越关注学术活动(包括同行评议活动)中的利益冲突问题,并制定了一系列相关的政策与法令,以尽可能地规避利益冲突的发生。如今国外大量的科研道德规范或法令中都有明确的利益冲突规定,几乎所有高校都有相关的广泛意义上的利益冲突政策或声明。而在我国,利益冲突问题一直都未引起足够的重视。据笔者调查,当前我国只有少数几所高校和基金组织开始制定相关的法令或规范,比如,《清华大学教师职业道德守则》中第七章"同行评议",共列了 6 点对同行评议及其利益问题进行相关规定。除此之外,首都师范大学、中国国家自然科学基金委也都对教师的学术研究活动或同行评议中利益冲突进行相关的限定。而其余绝大多数各级各类学术

①　中国科技统计网:http://www.sts.org.cn/kjnew/maintitle/Mainframe.asp.

②　[美]约翰·S.布鲁贝克.高等教育哲学[M].郑继伟、张维平、徐辉,等译.杭州:浙江教育出版社,2001:20.

③　[美]唐纳德·肯尼迪.学术责任[M].阎凤桥,等译.北京:新华出版社,2002:227.

④　李真真.治理科研不端行为:从内化模式向制度化模式转变[J].科技中国,2006(8):32-36.

⑤　张应强.促进学术共同体的建立,营造良好的学术评价环境[J].华中科技大学学报,2008(4):120-121.

⑥　王平.同行评议中的制度性越轨行为[J].自然辩证法通讯,2000(4):9.

机构对此问题几乎处于零点状态。但不重视并不代表不存在,事实上,我国近年来出现的大量的学术失范和学术不端现象足可说明该问题的严重性。比如,首届"长江《读书》奖"中评议人"既当裁判员又当运动员"的丑闻引发了国内学术界的轩然大波。

因此,利益冲突问题已经是学术研究活动中一个值得重视和关注的课题,在大学学术同行评议中也不例外,尤其是同行评议作为学术评价一个重要机制,避免利益冲突,保证评议公正性是促进大学学术健康发展的有效途径。

二、"无私利性"规范与学术同行评议利益冲突

讨论学术同行评议中的利益冲突问题,容易让人联想到默顿四大规范中的"无私利性"规范。在一般人看来,"科学家进行研究和提供成果,除了促进知识以外,不应该有其他动机。他们在接受或排斥任何具体科学思想时,应该不计个人利益。科学家对于知识的原始贡献者不直接偿付报酬"[①]。换言之,科学家的学术研究本应是一种遵从利益无涉的,为学术而学术的社会活动,并认为在当前利益冲突逐渐加剧的时代,默顿所描述的无私利性规范在遭到利益冲突的挑战时已经失效。笔者以为,这实际上是对默顿规范的一种误解,而这种误解有可能会使我们对学术活动乃至同行评议中的利益冲突问题认识不清,进而阻碍我们找到规避利益冲突的方法。因此,有必要在当代背景下对无私利性规范与同行评议利益冲突之间的关系做一番解析。

(一)从内涵上看,"无私利性"规范并不排斥利益冲突的存在

自 20 世纪 40 年代默顿在《科学的规范结构》中提出"普遍主义、公有主义、无私利性、有条理的怀疑主义"的科学家精神气质以来,此四种规范一直是指导学院科学时期科学家学术活动的准则或内在要求。其中"无私利性"规范,简单来说,指的是科学的学术活动不能以谋取个人私利为目的。体现在同行评议中,就是要求评议专家不能因追求个人的私利而丢弃评议的客观性与公正性。甚至时至今日许多科学家仍视之为重要的道德准则,如有学者认为,"'无私利性'规范要求科学家把追求真理和创造知识作为己任,它与'为科学而科学'的信条是相通的"[②]。笔者以为,这种"无私利性"规范作为一种崇高的理想与目标,是值得追求或提倡的,但如果将其完全绝对地作为评议专家评议行为的准则与要求则恐怕有所偏颇了。因为这样理解的前提是评议专家们都是不食人间烟火的"神仙",是超凡脱俗的道德先生。事实上,默顿提出"无私利性"规范的同时也极力赞赏学术的奖励制度,即对优秀的科学家(包括同行评议专家)进行荣誉及相应报酬上的奖励,认为借此可以促进学术的发展。从历史上看,很多的科学家都把获得认可、荣誉、奖励作为研究的动力与目标。因此,从内涵上看,默顿的"无私利性"并不排斥利益冲突的存在。

(二)从利益本质看,评议专家个人私利的存在无可厚非

利益在本质上是指一切对人有价值的东西,人类社会活动实际上都是为谋求人类的利

---

① [英]约翰·齐曼.元科学导论[M].刘珺珺,张平,孟建伟,译.长沙:湖南人民出版社,1988:124.
② 李醒民.科学的精神与价值[M].石家庄:河北教育出版社,2001:26.

益而开展的。按马克思的话来说,"人们奋斗所争取的一切,都同他们的利益相关。'思想'一旦离开'利益',就一定会使自己出丑"①。因此,同样地,科学知识生产作为人类有目的的思维活动,也不可能完全脱离个人的利益。② 同行评议专家在进行同行评议活动时也必然与利益(包括学术共同体的整体利益和评议专家的私人利益)是分不开的。从根本上来说,不敢正视或有意回避同行评议的利益关系恰恰是对利益本质的漠视和对同行评议活动的曲解。笔者以为,在同行评议活动中,只要手段合法正当,评议专家在追求公众利益的同时追求个人的私利是无可厚非的。大量的事实表明,同行评议专家不仅是一名学者,更是一位社会普通人,在其学术活动中追求自身的荣誉、名望、尊严及相应的物质利益是人之常情。况且,追求个人私利也是促进学术发展的一个重要因素,因为,在当前学术职业化程度较高的情况下,人们从事学术活动不再是单纯出于"闲逸的好奇",而是更多作为谋生的一种手段或途径。他们在从事各种类型的学术活动时都"希望科学能对有益的或有利可图的所有事情做出比以往任何时期都大的贡献"③。换言之,学者们希望通过学术研究,不仅能实现学术的发展,同时也能获得个人的利益的满足。

(三)从两者关系看,"无私利性"规范与利益冲突问题并不矛盾

很明显,当前"大科学"时代的学术活动愈来愈关注现实利益,那么在这种背景下,是否默顿的"无私利性"规范已经失效,不再适用于现行的学术体制呢? 诚如约翰·齐曼所言:"在后学院科学研究中,'无私利性'已经无立足之地,客观性的理想也没有生存的空间,如果要求后学院科学家在他们的工作中采取什么科学态度毫无用处,他们既没有无私利性行为的范例来效仿,也没有遵守社会客观性的正式标准。"④笔者以为,即使在利益冲突明显突出和加剧的时代,"无私利性"规范仍有其存在的价值与空间,两者并不存在矛盾。

首先,虽然利益冲突一词近乎贬义,但其存在本身并不一定就会导致学术不端行为的发生。它只有在学者,如评议专家在评议活动中将个人利益的追求凌驾于公众利益之上时,才会发生相应的学术不端现象。因此,只要我们有良好的制度设计以及较高的学术职业道德,利益冲突的存在是无大碍的。当然,无论如何,从现实情况看,利益冲突的境况的确易引发学术不端行为,因而需尽量通过相关措施(比如利益的披露、回避等)进行防范与规避。除此之外,同行评议专家通过正当手段追寻个人私利则属正常现象,也是人类自身的合理需求。

其次,倘若我们把"无私利性"规范当作一种控制学术活动中利益冲突的制度性要素或规范,而非纯粹对学者的伦理性要求时,它恰恰能够以某种制度安排的形式对学者形成相应的约束,"特别是当出现以不正当的方式追求个人私利时,这种制度性要求就成为一种禁令"⑤,以尽可能杜绝利益冲突及其不端行为的发生。比如,若将"无私利性"规范设计为一种刚性的制度安排,同行评议专家的评议行为也就必须遵从"无私利性"原则。此外,对"无

① 马克思恩格斯全集(第2卷)[M].北京:人民出版社,1957:103.
② 曹南燕.论科学的"祛利性"[J].哲学研究,2003(5):63-69.
③ [英]约翰·齐曼.真科学[M].曾国屏,匡辉,张成岗,译.上海:上海科技教育出版社,2002:89.
④ [英]约翰·齐曼.真科学[M].曾国屏,匡辉,张成岗,译.上海:上海科技教育出版社,2002:220.
⑤ 王蒲生.科学活动中的行为规范[M].呼和浩特:内蒙古人民出版社,2006:114.

私利性"规范的强调也同样可以对当代的科学家起规范与约束作用。因为,"在'无私利性'规范被内在化的情况下,违背它的人将承受心理冲突的痛苦"①。

三、大学学术同行评议中引进利益冲突协调机制的意义

同行评议在大学学术评价中应用相当普遍,可以说几乎所有的评价活动都涉及同行评议机制。比如,大学教师科研成果的评价、各级各类学术项目的申报与审批、年度科研成果的评审与奖励、科学研究论文的投稿与发表、学术职务的晋升与考核(职称评聘)、学位点的申请、学术研究机构的考核与评优,甚至是大学综合实力的排名等。上述这些评价活动无一不与大学教师的学术职业发展息息相关,并且占据重要地位,教师们对这些评价活动寄予较高的期望。因此,一个客观、公正的评价活动不仅是维护大学教师学术研究积极性的重要影响因素,也是维护大学学术共同体公信力,促进大学学术活动良性发展的关键举措。然而,现实中由于受到诸如有限资源的激烈竞争、"人情关系"的干预等因素的影响,同行评议活动的客观、公正性大打折扣,也遭到不少的质疑与非议。2001年,清华大学STS中心承担的国家科技部的基础研究评价课题调查报告显示,认为同行专家评议"存在问题且问题比较严重"的占了被调查者的93.7%。② 在这种情况下,我国的很多学者进行了大量研究与分析工作。诚然,这些研究对于同行评议的改进具有一定的指导意义。但是从总体上看,同行评议的问题并未得到有效的解决。究其原因,不仅在于我们以往所做的工作尚处于初步阶段,更重要的是未将"利益冲突"作为同行评议出现的问题的关键点加以考虑。鉴于此,笔者以为,在大学学术同行评议中引进利益冲突概念具有很重要的意义。

(一)有利于廓清同行评议中纷纭复杂的不客观与不公正现象

论及学术同行评议,其公正性问题是一个绕不开的话题。而自同行评议诞生至今,公正性问题就一直是困扰其前进与发展的焦点因素,学界也对此诟病甚众。国外自默顿对科学奖励系统的开创性研究开始,针对同行评议尤其是同行评议中的公正性问题进行了大量的研究,不少研究涉及专家的选择、评审程序的改良以及心理、经济、社会等诸因素的影响作用。我国近10多年来,就学术同行评议中的"程序公正与程序正义、评议人道德水平、评议人偏见问题"等也给予了极大的关注,相关研究有不断增多的趋势。比如,有学者针对国家自然科学基金委的项目评审影响同行评议公正性的因素分为制度性因素与非制度性因素两大类。③ 然而,这些研究大都将同行评议的公正性问题归结为评议专家的"伦理道德问题"或放之于大范围的"学术不端行为"之列。这样的归类并非错误的,却是不科学的。

笔者以为,导致同行评议不客观与不公正的原因是多方面的,有同行评议制度本身的原

---

① R.K.Merton.The Sociology of Science:Theoretical and Empirical Investigations [J]// 曹南燕.论科学的"祛利性".哲学研究,2003(5):63-69.

② 吴彤.国家科技部基础研究评价调查报告[D]// 周颖.同行评议中的利益冲突.北京:清华大学,2003:13.

③ 龚旭.科学政策与同行评议——中美科学制度与政策比较研究[M].杭州:浙江大学出版社,2009:189-197.

因,也有评议专家自身的原因,还有评议环境等方面的原因。从制度方面看,有诸如具有相当大弹性的评议准则以及评议专家对评议准则的理解与把握上的差异性、评议人的打分方式、投票规模与方法上的差异性等因素。从评议专家个人层面看,有评议人的道德水平、人际关系、个人偏见等因素。而评议成本、评议组织者的行为等则是评议环境层面的因素。很明显,这些因素中有些并非利益冲突问题,比如,评议专家对评议准则的理解差异、评分方式的差异及评议成本等导致的同行评议不公正问题。确切地说,利益冲突是属于评议专家个人层面上的影响因素。因此,如果简单地将所有引起不公正性现象的因素都归至"伦理道德问题"就无法具有针对性地找出相关的防范与治理的策略,人们往往只是简单地采取"提高评议专家的伦理道德水平",或者通过制定某些制度来防止某些不道德行为的发生。

(二)有利于借鉴国外有关利益冲突问题的成熟治理方略

尽管利益冲突问题在我国还没有得到足够的重视与关注,但在西方国家,"利益冲突"是一个比较成熟的概念,对该问题的研究也有数十年的历史。大多学术研究机构、科研基金组织、期刊、大学及医学院都对利益冲突问题有了较为明确的规定,也逐渐形成了一套在实践中较为有效的治理方法。虽然这些有关"利益冲突"的规定或政策所涉及的是整个大范围的科学活动,但由于同行评议属于科学活动范畴,因而相关的利益冲突文件也有较强的借鉴意义。除此之外,有些基金组织,如美国国家科学基金、美国国立卫生研究院、美国心脏学会、德意志研究联合会、澳大利亚研究理事会等都有专门的对同行评议中利益冲突问题的治理措施。比如,美国心脏学会对同行评议中利益冲突有非常详细的指导,主要包括在 11 种利益冲突境况下如何处理的措施。[①] 另外,国际上有众多的科学期刊,如《新英格兰医学杂志》《美国医学会期刊》等也都有专门对同行评议中利益冲突的政策。这些规定、措施、文件或政策主要涉及评议人个人利益的披露、评议人的回避、被评议人申诉、专家轮换制度等。

相比较而言,我国在这方面的政策或措施显得极为薄弱,就大学而言,"大部分大学甚至没有一个全面的'行为守则'和'道德规范',更遑论对利益冲突的界定和管理"[②]。其他的如国家自然科学基金、国家社科基金、"863"基金组织虽然有所涉及,但总体上看,也仅是粗线条或抽象层面上的勾勒,操作性不是太强,并且在配套措施上也不尽完善,因而所起到的作用或效果也不明显。因此,笔者以为,把利益冲突概念引入我国的大学学术同行评议中,将有利于有针对性地借鉴国外较为成熟的治理方略,并在此基础上,根据我国的国情与大学学术活动的实际,制定并完善我国大学学术同行评议的利益冲突政策。

---

① American Heart Association.Conflict of Interest Situations and Policies Related to Peer Review[J]//王蒲生,周颖.美国科研机构的利益冲突政策的缘起、现况与争论.科学学研究,2005,23(3):372-376.
② 周颖.同行评议中的利益冲突[D].北京:清华大学,2003:21.

第二节　大学学术同行评议利益冲突的内涵解析

　　研究某一事物,首先必须了解该事物的内涵,这是研究的起点和基础,大学学术同行评议中的利益冲突也莫不如是。当前学术界有关利益冲突和科学活动中的利益冲突的内涵已有较多的论述,然对大学学术同行评议中的利益冲突的内涵的论述却鲜有见之。笔者以为,大学学术同行评议属于科学活动的范畴,因此,大学学术同行评议利益冲突是科学活动利益冲突的下位概念,两者在内涵上既有共性也有差异性。本节将对以上相关概念的内涵进行一番解析。

一、利益冲突与科学活动中的利益冲突

(一)利益与利益冲突

　　利益在英文中有 benefit、interest、gain 等几个解释,通常意义上,我们习惯于使用 interest 一词。而《现代汉语词典》给出非常简洁的解释,即"益处,好处"。日常生活中,我们也常常涉及"利益"的概念,它一般包括物质利益与精神利益两种。

　　"利益"首先是一个哲学上的概念,历史上哲学家们对"利益"概念有过不少的阐述。在马克思看来,利益是一种社会关系的范畴,是人类社会物质活动、思想活动的基础,因为,"'思想'一旦离开'利益'就一定会使自己出丑"[①]。因此,我们可以说,利益贯穿于人类社会生产生活的一切活动中,不管这些利益以何种形态表现出来,它确实是无处不在,无时不有的。其次,有学者认为,"利益概念不是对社会存在的一般性说明,利益所突出的,是人类社会存在的主体性层面"[②]。换句话说,利益总是与人需要的满足息息相关,因为人类社会的活动不可能外在于主体人而自我地运转发展,它总是要在主体人的参与下,由人的主观能动性的活动来完成。这表明,利益概念具有主体性的特征,研究利益问题,不可不涉及利益主体的问题。最后,就利益概念来说,它具有自然与社会的双重属性。作为主体人的利益首先表现为对物质和精神对象的需要,如吃、穿、住等,即利益的自然属性层面。但仅有这种需要并不能构成利益,利益本身还包括主体人为了满足物质需要而进行的社会交往、交换的活动,即利益的社会属性层面。这表明,利益的社会属性是一种根本上的属性。

　　由此,我们可以给利益下一个定义:利益是人们在社会生产生活中,通过社会交往或交换的形式所获取的满足人物质或精神上需要的事物。当然,必须强调的是,利益是一种抽象化的人类需要的表达,因而当涉及不同的社会生活领域时,利益的具体内容指向也会多种多样,不一而足。

　　那么,什么是"利益冲突"(conflict of interest)呢? 从上文可知,社会性是利益的根本属

---

　　① 马克思恩格斯全集(第2卷)[M].北京:人民出版社,1957:103.

　　② 张晓明.论利益概念[J].哲学动态,1995(4):21-23.

性,利益的这种属性决定了利益矛盾或利益冲突产生的可能性。马克思曾指出:"世界并不是某一独特利益的天下,而是许许多多利益的天下。"①现实中我们也经常可以见到关于利益冲突的种种事例,有些甚至还引发更为严重的利益斗争。诚如美国社会学家累文(Leaven)明确指出的:"无论我们注重群体生活的什么部分,不管我们是考虑国家和国际的什么政策,还是经济生活……种族或宗教组织……工厂或劳资关系……我们都可以发现一个复杂的利益冲突网。"②然而,作为一个术语,它出现的历史并不长,1949年出现第一个引用利益冲突的法院案例,1951年第一次被正式收录到英语词典中。1953年美国国会反对艾森豪威尔(Dwight Eisenhower)总统任命威尔逊(Charles E.Wilson)为国防部长,其反对的理由是威尔逊作为政府合约商——前通用汽车公司的总裁,有可能会因存在潜在的利益冲突而损害公众的利益。③ 后来,《大美百科全书》(*Encyclopedia Americana*)和《布莱克法律词典》(*Black's Law Dictionary*)都对利益冲突做了相关的界定。比如《布莱克法律词典》做了如下解释:"公职人员或受委托人职责与其私人利益,或获取私人利益之间的关系。"④从其界定来看,笔者以为,他们所探讨的利益冲突是一个适用于诸如政治、经济、文化等广阔领域的概念,且主要指向于私人利益的存在有可能损害公众的利益。实际上,上述1953年的国会反对案就充分说明了这一点。

(二)专业智识领域与科学活动中的利益冲突

尽管自此以后,利益冲突这个术语已经在西方的许多词典中不断出现,但是这种宽泛意义上的界定在复杂具体的各个实践领域中指导意义较弱,因而,利益冲突也并未引起人们足够的重视。20世纪80年代后,伴随着生物医学领域学术不端行为的出现,利益冲突在学术界再度引起人们的关注,尤其是出现在专业智识领域与科学活动中的利益冲突现象,吸引大批的相关学者对其进行研究,也形成了丰富的理论成果。这期间,瑞曼(A.S.Relman)、罗得温(M.Rodwin)、凯斯勒(J.P.Kassirer)以及汤普逊(D.F.Thompson)等人都是研究中的典型代表人物。其中汤普逊的观点较具有代表性。他认为,"利益冲突是一类状况,在该类状况下,与某个主要利益(例如病人的福利或者研究结果的有效性)相关的专业判断,有可能会不恰当地受到某个次要利益(例如私人的经济所得、学术声望、友情亲情、地位提升等)的影响"⑤。很显然,汤普逊的定义强调的是"主次利益"之间的冲突。而卡尔松(T.Carson)则认为,只有当私人利益影响或干扰其作出公正的专业判断时,私人利益才具备了可能导致利益冲突的消极因素,并列出两种干扰的情境:第一,在个人利益与其所属组织P应有的利益之间存在(或个人认为存在)实际的或潜在的冲突时;第二,个人I有促进或阻碍X利益的企图(X指非I的某一利益主体),并且促进或阻碍X的利益与P的利益之间存在(或个人I认为存在)实际的或潜在的冲突。⑥ 此外,我国学者如邱仁宗、赵乐静、曹南燕、魏屹东等也对科

---

① 马克思恩格斯全集(第1卷)[M].北京:人民出版社,1957:165.

② [美]刘易斯·科塞.社会冲突的功能[M].孙立平,译.北京:华夏出版社,1989:11.

③ Grolier.Encyclopedia Americana [Z].Encyclopedia and Dictionaries,1999:538.

④ Bryan A.Garner Editor-in-Chief.Black's Law Dictionary[Z].7th ed.Wets Publishing Co.,1999:295.

⑤ Dennis F. Thompson.Understanding Financial Conflicts of Interest [J].New England Journal of Medicine,1993(329):573-576.

⑥ 赵乐静.科学研究中的利益冲突[J].自然辩证法研究,2001(1):36-40.

学活动中的利益冲突概念进行了界定,如邱仁宗认为:"利益冲突是一种境况,在这种境况下一个人的某种利益具有干扰他代表另一个人合适作出判断的趋势。更为形象化地说,利益冲突是一种境况,在这种境况下某人 P(不管是个人还是法人)有利益冲突。P 有利益冲突,当且仅当(if and only if)P 与另一个人处于要求 P 代表他作出判断的关系中,且 P 具有某种(特殊的)利益,这种利益具有干扰他在这个关系中合适作出判断的倾向。"①

以上国内外各专家学者的观点表述尽管不尽相同,且其定义的利益冲突所适用的场景也有所区别,然而各家观点也存在着一些共同点:第一,利益冲突所涉及的主要是医院、医学院中的医生或研究者、学术研究机构的专家学者以及大学从事学术研究的教师们,换言之,主要研究的是智识阶层的利益冲突状况,因而更强调了专业领域(包括科学活动)上的"专业判断"。第二,利益冲突指的是单个体内部的冲突,并非利益主体之间的外部冲突。换言之,一个人自身拥有两种及两种以上的利益,其中一种是职责利益(如委托人的利益或公众利益),又称为主要利益;另外一种就是私人利益(如个人经济利益、人情关系、学术声望等),又称为次要利益。利益冲突指的就是一个人自身的主要利益与次要利益之间的冲突与矛盾。第三,利益冲突被界定为一种客观的境况,并非一种已经发生的利益冲突行为。即,如果当事人处于一种利益关系的处境中,这种处境有可能会导致该当事人作出违背其职责利益的行为,但在实际上也许并未真的作出。然而,不管其最终的专业判断结果是否违背了职责利益,或者该当事人千方百计地保证自己不会违背职责利益,但这种"可能会"的境况存在,会引起人们的猜疑与不信任感,因为,从某种程度上讲,"利益冲突现象是不依赖于事实的公众理解"②。因此,只要该当事人处于这种"可能会"的境况下,那么就认为他有利益冲突。

然而,利益冲突究竟是否要将"主观行为"排除在外,而只是表明一种"客观境况"呢?很显然,像汤普逊等人所描述的只是一种"静态"(描述客观境况)的利益冲突。当然,这样的界定也是有其合理性的,毕竟人们的某些利益关系是难以揣测和捉摸不定的,而这种捉摸不定的利益关系会给利益冲突的理解与认定带来困难。比如,在学术同行评议中,某评议人是否具有某些利益关系,特别是那些极为隐秘的利益只有评议人自身才知道,外人是难以轻易观测到的。例如,评议人的某些深层次的人情关系、评议人的专业倾向性以及评议人的某些经济利益等。而这些难以由外人观测到的个人利益也有可能导致某些利益冲突行为的发生。因此,汤普逊等人所界定的只描述客观境况的静态利益冲突,显然是为了"将当事人的主观意志从被动的巧合之中剥离出来,以便更好地排除复杂和不可知的主观意志的因素,以求问题的简单化"③。但从另一方面讲,现实中的很多利益冲突往往是离不开主观意志的。比如,同行评议中,评议专家因受"熟人"的请求委托,在评议时有意拔高对该熟人学术成果的评价,从而偏离了评议的客观性。很明显,这里公众的利益(评议人的职责利益)与评议人自身的"人情"利益之间的冲突无疑也应当归入利益冲突的范畴。因此,笔者以为,科学活动中的利益冲突不仅应包括汤普逊所认为的"客观境况",也应包括"主观行为"。

鉴于此,我们可以给科学活动中的利益冲突内涵作出如下的解释:所谓科学活动中的利

---

① 邱仁宗.利益冲突[J].医学与哲学,2001(12):21-24.

② 魏屹东.科学活动中的利益冲突及其控制[M].北京:科学出版社,2006:22.

③ 王蒲生.科学活动中的行为规范[M].呼和浩特:内蒙古人民出版社,2006:90.

益冲突，是指科学家们在从事科学活动的过程中所处的某种客观境况或主观行为。在这种客观境况或主观行为下，科学家自身所负的职责利益（主要利益）有可能不恰当地受到了其个人自身利益（次要利益）的影响，从而有可能影响他们在科学活动中客观、公正的专业判断活动。

二、大学学术同行评议利益冲突及其特征

无疑，大学学术同行评议中的利益冲突从属于科学活动中利益冲突的范畴。但宽泛的概念并不利于我们深入考究某一事物的实质与特征，发现其存在的问题。况且，学术评价中的同行评议涉及有限学术资源或荣誉的分配，处于学术制度的基础地位，竞争的剧烈性不可避免会引发一系列利益冲突问题。因而，在此有必要对大学学术同行评议利益冲突的内涵、特征进行专门的阐释。

（一）大学学术同行评议利益冲突的内涵分析

根据前面对利益冲突及科学活动中利益冲突内涵的分析，所谓大学学术同行评议利益冲突，主要指在有关大学学术同行评议的活动中，评议者的职责利益（委托人利益）受到或有可能受到其私人利益的影响。更形象地说，大学学术同行评议利益冲突是一种境况或行为，在这种境况或行为下，某评议专家 E 存在利益冲突。评议专家 E 有利益冲突，当且仅当评议专家 E 与另一个（些）人处于要求评议专家 E 代表他作出专业评鉴的关系中，且评议专家 E 也有自身的个人利益，这种利益具有干扰与影响他在这个关系中作出专业评鉴的趋势或行为（图 3-1）。

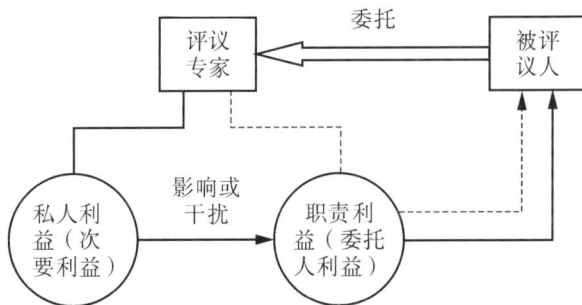

图 3-1　大学学术同行评议利益冲突内涵

在这个图中，被评议人委托评议专家对其学术事务（成果）进行专业评鉴或判断，两者之间构成了委托代理关系。虚线条所代表的是评议专家能够客观、公正地进行评议活动。换言之，评议专家所具有的私人利益并不会影响或干扰其评议活动，即评议专家不存在利益冲突。其最终所作出的评价结果是在职责利益（委托人利益）的原则上进行的。粗线条代表评议专家处于利益冲突的境况或行为中。换句话说，评议专家的私人利益会影响或干扰其评议活动，无论这些私人利益是否真的导致评议专家不端行为的发生。为了更好地理解大学学术同行评议利益冲突的内涵，我们可以对其做进一步的具体分析。

处于利益冲突中的评议专家与另一个（些）人具有一种委托代理或信托关系。比如在有

关大学教师的学术论文投稿的评议中,作者与编辑部将论文评审的权力委托给相关的评议专家,由评议专家作为代理人对该论文的质量与水平作出客观、公正的评价。在这里,作者或编辑部与评议专家之间构成了直接或间接的委托代理关系。"委托"行为中本身内在包含了作者或编辑部对评议专家品质与能力的信任,相信评议专家会遵循有关学术评议规范进行客观、公正的评议。此外,这种关系可以是很正式的,如可以签订相关合约,也可以是非正式的,仅以书面通知或电话告知的方式成立。如果不存在这种委托代理关系,评议专家就不负有委托人的利益(职责利益),进而也就不可能产生职责利益与个人利益之间可能的冲突。

评议专家不仅负有委托人的利益,而且自身也有其他的私人利益。具体来看,委托人的利益主要指被评议人或评审管理机构的利益乃至学术共同体与公众的利益。比如,在期刊论文的投稿评审中,委托人的利益不仅包括作者论文公正性评价的获得、期刊的质量维护,也包括了整个学术共同体学术的健康发展,甚至还包含公众与读者能阅读到高水平论文的利益。评议专家要维护委托人的利益,就必须客观、公正地进行评价活动。而评议专家的私人利益则涵盖较多的内容。按伯纳德·巴伯(Bernard Barber)所言:"事实上,科学家动力的一览表实际上会包含人类需要与渴望的整个范围。"[1]然而,在现实中,谈到"利益",人们首先想到的是"经济利益",即可以还原为金钱的利益。但大多学者认为,私人利益还应包括除经济利益之外其他对评议专家有价值的东西。换句话说,除物质利益之外,精神利益也是私人利益的范畴。比如,与评议专家有关的"爱情、友谊、同乡、老同学、感激、报答等可以是一种利益。同时,个人关系、与专业有关的偏好、个人历史偏见、政治倾向、宗教热情、政府的要求等也可以成为一种利益"。[2]

评议专家的私人利益具有影响或干扰其职责利益的倾向或行为。换句话说,同行评议中利益冲突的出现还必须具备这一条件:评议专家自身的私人利益对其职责利益具有干扰的倾向或行为。反之,若评议专家的私人利益不存在影响或干扰其职责利益的倾向或行为,利益冲突的境况或行为就不会发生。举一例来说,在某次科研项目评审活动中,评议专家 A 评议的是外地大学教师 B 的科研项目,虽然教师 B 申报的科研项目与评议专家 A 最近的一项课题同属一个领域,但因研究的方向与视角都不同,不存在竞争矛盾,且教师 B 与评议专家 A 互不认识,也没有亲自或委托其他教师或领导帮自己"打招呼"。在这种情况下,评议专家 A 尽管也有一系列诸如友情、学派、组织等方面的私人利益,但这些利益不会影响其对教师 B 的科研项目申请进行客观、公正的评议。反之,若教师 B 是评议专家 A 本单位成员,或即使不是本单位成员,却是同学关系或其他亲密关系等,那么评议专家 A 的这些私人利益就具备了影响或干扰职责利益的倾向性,利益冲突的境况或行为就会发生。

(二)利益冲突与义务冲突

笔者曾在网上搜索国外各大高校主页,发现众多国家的大学的利益冲突政策往往包含两个方面:一是以经济利益冲突为主的利益冲突;二是与教职员的时间和忠诚度相关的义务冲突或责任冲突(conflict of commitment)。例如美国斯坦福大学的政策规定:当一名教职员工的校外咨询活动(其定义见斯坦福大学《校外咨询政策》)超过允许的时间限制(一般来

---

① [美]伯纳德·巴伯.科学与社会秩序[M].顾昕,译.北京:生活·读书·新知三联书店,1991:63.

② 邱仁宗.利益冲突[J].医学与哲学,2001(12):21-24.

说13天/学季)时,就可认定是产生了责任冲突。① 这表明在当前情况下,大学并没有一个专门针对学术同行评议方面的利益冲突政策,而是辐射大学的整个学术活动方面的政策。此外,大学所关注的利益冲突是一种宽泛意义上的利益冲突,即把教职员的义务冲突涵盖在利益冲突范畴之内。笔者以为,利益冲突与义务冲突是既有区别又有联系的一对关系体。

具体而言,如果从广义角度看,利益冲突是包含义务冲突的。因为,利益是一种普遍的社会现象。"人们奋斗所争取的一切,都同他们的利益相关。"②换句话说,"人们的各种社会活动,基本上都是出于谋利意识的求利活动"③。大学教职员的义务冲突是指身兼两职或数职时,无法满足这两职或数职的义务下产生的冲突。很显然,这些兼职其实仍是大学教职员们追求利益的结果,比如获取兼职而来的经济利益、社会地位、名望等。因此,从这一层意义讲,义务冲突最终也可归入利益冲突的范畴。曾任斯坦福大学多年校长的唐纳德·肯尼迪也将大学教职员的义务冲突归入利益冲突范围内,并在其《学术责任》一书中指出:"近些年,学术领域的利益冲突问题以一种非常公开的方式暴露出来,焦点是大学里的科学家,他们在被大学全时雇佣期间参与了私人和营利性企业的活动。"④

但从狭义上看,利益冲突与义务冲突又是有很大不同的。利益冲突主要指个人私利影响其有关的专业判断,确切地说,这种冲突是指"教师个人私益,有可能是以损害学校利益方式(往往不是经济上)进行的"⑤。这里有一个很明显的特征,即个人利益是否影响了教师们的专业判断。而义务冲突则主要指大学教师们在时间或精力上的冲突。比如,过多兼职使其对大学教学、科研等工作的投入时间与精力减少,或者对学校的忠诚度降低。因此,尽管有时义务冲突与利益冲突可能会交织在一起,但总体上而言,义务冲突并不会影响其对学术问题作出合适的专业判断。举一例来说,某一大学教师被安排今天上午参加年度科研成果的评审会,但同时其所兼职的校外企业要求他为员工做一场培训讲座。这就是典型的义务或角色之间的冲突,但这种冲突并非利益冲突,因为时间或精力上的冲突并不意味着会影响他合适地作出相关的专业判断(例如科研成果评审)。但是,倘若让他参加与该企业产品相关的学术论文评审就会有利益冲突了。毕竟他与该企业之间的兼职关系是一种利益关系,这种个人私利的存在就很有可能影响其对该篇学术论文作出客观、公正的评价。

因此,笔者以为,大学学术同行评议中的利益冲突是一种狭义上的利益冲突,即不包含评议专家义务冲突等方面的内容。它所指的仅是评议专家的个人利益具有影响其在评审工作中作出客观、公正的专业判断的可能性或行为。由于当前国内外大学中有关的利益冲突政策基本上都是指一种广义上的利益冲突,我们在使用大学学术同行评议利益冲突概念时应注意区别对待。

(三)大学学术同行评议利益冲突的特征

为了实现防范和治理大学学术同行评议利益冲突的目的,我们必须对其特征进行分析,

① NC State University.Policies,Regulations and Rules:Conflict of Interest [J]//彭熠.美国大学教职人员责任冲突与利益冲突的政策分析.大学教育科学,2008(4):95-97.

② 马克思恩格斯全集(第1卷)[M].北京:人民出版社,1957:103.

③ 王孝哲.论人的利益及利益追求[J].江汉论坛,2010(7):52-56.

④ [美]唐纳德·肯尼迪.学术责任[M].阎凤桥,等译.北京:新华出版社,2002:305.

⑤ [美]唐纳德·肯尼迪.学术责任[M].阎凤桥,等译.北京:新华出版社,2002:298.

因为只有了解了某一种事物的特征,才能对症下药,找到较为有效的策略。前面通过对大学学术同行评议的形成历史及概念的分析,结合笔者在实践中的访谈,大学学术同行评议的利益冲突大致呈现如下几个方面的特征:

1.普遍性

这个特征实质上是从利益冲突在大学学术同行评议中存在或发生的概率角度来描述的。大学是以学术为本,从事知识的生产和再生产活动的场所,作为一种重要的学术评价机制——同行评议几乎贯穿于大学学术活动的始终。比如,教师的业绩考核、科研能力的鉴定与评比、职务的晋升与聘任、学位的评定与授予、基金项目的申请与鉴定等无不需要各色同行专家们进行科学、客观、公正的评价。一般来说,在早期,尤其是在中世纪及"小科学"时代,大学的学术研究尚处于封闭式的象牙塔里,那时候的同行评议利益冲突是不明显的,即使有也一般仅限于"优先权"方面的争夺而引起的,如牛顿与莱布尼茨(Gottfried Wilhelm Leibniz)的"微积分"优先权之争问题,牛顿最终以英国皇家学会会长的身份指定了一个由自己朋友组成的审查委员会,最后牛顿获胜,取得了微积分的发明权。① 然而,随着大学的发展及其功能的不断演化,大学的学术活动也日益功利化和具有外部性特征,在这样的背景下,作为一种资源配置的有效手段,同行评议中的利益冲突也越来越具有发生的较大可能性。特别是进入"大科学"时代以来,"无论是发达国家还是在发展中国家,同行评议中的利益冲突问题都引起了越来越多的关注"②。而在我国,大学的学术同行评议中也存在着诸如缺少严格回避、行政干预造成同派评议、非理性拔高等方面的问题。③ 可见,同行评议利益冲突问题是很普遍的。笔者以为,大学学术同行评议利益冲突的普遍性特征至少源于以下两个方面的原因:

其一,同行评议利益冲突存在的普遍性是大学学术研究职业化的必然产物。为什么这么说呢?在学术职业化之前,大学的学者们从事学术研究往往是出于一种天然的兴趣和对未知领域探索的好奇心。人们以"闲逸好奇"的精神自由选择研究的问题,自由支配时间,并自由地决定研究成果的公开或发表。在他们看来,"探索广袤而永恒的自然界是超然于旅游和冒险之上的更高境界,它不但可以强身健体,还可以强化追求自由的道德理想,展示绅士的崇高情感与浪漫情怀"④。换句话说,当时的"人们还不习惯把科学研究当作养家糊口的职业,支撑科学职业的社会条件远不成熟"⑤。除此之外,这些自由的学者们基本上要么自身经济实力雄厚,要么拥有某社会团体的资助,无须考虑研究的经费问题,因此,也不屑于竞争或角逐大学中收入相当微薄的教授职位,不希望从学术研究中获得利益回报。在这种淡化学术研究功利性目的的背景下,人们对于研究成果的同行评议始终能够较好地坚守"质量

① [美]史蒂芬·霍金.时间简史——从大爆炸到黑洞[M].许明贤,吴忠超,译.长沙:湖南科学技术出版社,1996.85.

② 龚旭.科学政策与同行评议——中美科学制度与政策比较研究[M].杭州:浙江大学出版社,2009:196.

③ 蒋国华.科学计量学与同行评议[C]// 胡显章.国家创新系统与学术评价.济南:山东教育出版社,2000:139-141.

④ Roy Porter.Gentlemen and Geology:The Emergence of a Scientific Career(1660—1920)[J].The Historical Journal,1978,21(4):809-836.

⑤ 王蒲生.论英国地质学的职业化[J].科学学研究,2001(2):1-8.

至上"的准则,尽管由于评价规范及体系的不甚完善仍会有些许不客观现象的发生,但从总体上而言,不至于引发普遍性的利益冲突问题。然而,随着学术的不断向前发展、大量科学社团的建立、期刊与出版物不断成长以及以大学为中心的学术研究基地的发展,大学的学术研究对社会政治、经济、文化和人们的日常生活产生了越来越重大的影响,人们逐渐认识到学术研究的社会性特征,也因此最终使得大学的学术研究活动从自由散漫的行业向组织化的职业转变。人们从事学术研究不再仅以兴趣或好奇为动力,而更多的是为了追求诸如荣誉、地位、权力、金钱等利益元素,学者们为了获得这些利益元素,常常会在学术研究活动中受到众多利益关系的影响,进而不免引发利益冲突现象。因此,可以这么说,学术研究的职业化程度越高,大学的学术研究越是受到利益关系的影响,同行评议中的利益冲突问题就越具有其普遍性特征。

其二,大学学科的不断分化与综合也是导致同行评议利益冲突普遍存在的重要因素。在大学学术同行评议中,选择合适的同行评议专家是至关重要的。一般而言,同行评议专家的选择往往以学科的划分作为标准,据此,从逻辑上推理,每一种学科都必须是成熟的,否则就不具有理想的挑选空间。但当前大学的学科一方面不断地分化,另一方面又不断走向综合(跨学科),而无论是分化还是综合,最终导致该学科领域内同行评议专家的可选择范围在不断缩小。就学科的分化而言,学科的分化导致从事该领域的同行们比从事原本大学科的学者们的数量少得多,比如,按普赖斯的估计,有些学科形成的"无形学院"可能至多只包括大约100人。在这个只有少数同行的狭窄领域内,同行之间的关系自然有可能会更加熟络与紧密,这就给同行评议专家的挑选工作增加了更大的难度。同理,学科的综合所体现出来的跨学科特征,也导致合适的同行评议专家来源在日益窄化,因为,学科的交叉处总是比某一单纯的学科在同行方面显得凤毛麟角。因此,这种由于学科的分化与综合而造成的学术同行的减少,使得同行评议专家的选择变得那么不具有"选择性",进而也就难免地会造成利益冲突现象的普遍存在。诚如达里尔·E.楚宾所言:"在最糟糕的情况下,合适评议人的来源可能缩小到只包括那些很可能存在利益冲突的人,因为他们与申请者(如作为合作者和同事)的关系如此之密切。……从这个来源之内遴选评议人的话,朋友关系、竞争对手和职业关系将会危及评议的特征和质量。"①

2.主体性

大学学术同行评议利益冲突的主体性特征实质上包含两个方面的内容。一是指利益冲突是"主体人"的利益关系的冲突;二是指利益冲突具有"单个体性"特征。从第一个方面讲,我们知道,利益是对人的"有用性",当我们说某种利益时,它是相对于主体人来说的,不存在脱离人之外的"真空"状态的利益。马克思(Karl Heinrich Marx)也认为:"凡是有某种关系存在的地方,这种关系都是因我而存在的。"②换句话说,利益总是附在主体人身上的,离开了主体人,一切利益将不再是利益。因此,由"人"的利益关系而引发的利益冲突自然也就是"人"的利益冲突,体现在大学学术同行评议中,就是指评议专家的利益冲突。这给我们的启发是,在研究大学学术同行评议利益冲突时,最关键的是不能离开对评议专家这个"主体人"

---

① [美]达里尔·E.楚宾,爱德华·J.哈克特.难有同行的科学:同行评议与美国科学政策[M].谭文华,曾国屏,译.北京:北京大学出版社,2011:73.

② 马克思恩格斯全集(第1卷)[M].北京:人民出版社,1957:81.

要素的考量,一切有关利益冲突的政策或防范措施始终都必须建立在对评议专家"主体人"的激励与约束的基础之上。因为作为"主体人"的评议专家具有"一般人"的人性缺陷,在面对各种复杂的利益关系时,难免会存在"利益冲突"现象。就连汉密尔顿(Alexander Hamilton)在《联邦制拥护者文集》(*The Federalist Papers*)中也这样写道:"要是人是天使,将不会需要政府。同样,要是教授是天使,将不会需要道德规则。"①从第二个方面讲,大学学术同行评议利益冲突具有很明显的"单个体性"。具体来说,这个"单个体性"也有两层意思:第一,大学学术同行评议中的利益冲突不是发生在两个利益主体之间,而是单个利益主体的不同利益之间,如某评议专家自身的利益与其职责利益之间的冲突。第二,利益冲突在不同的评议专家身上会有不同的表现,如在某次科研成果鉴定会上,对评议专家 A 可能是一种因同业竞争而引起的冲突,而对评议专家 B 可能是一种因裙带关系而引起的冲突等。此外,利益冲突的强弱程度在不同的评议专家身上也可能会有所区别。利益冲突的"单个体性"特征也给我们一种启发:在治理大学学术同行评议利益冲突时,不可盲目地搞"一刀切",要注意分析不同评议专家的不同情况,方可对症下药,以达到最为科学的治理效果。

3.客观性

尽管大学学术同行评议中的利益冲突是一种由评议专家的不同利益之间主观引发的冲突,但冲突的内容在本质上却具有客观性。究其原因,首先在于利益本质上是客观的。普列汉诺夫曾经指出:"利益是从哪里来的?它们是人的意志和人的意识的产物吗?不是的,它们是由人们的经济关系造成的。"②换言之,利益是一种客观的存有物,无论是物质利益还是精神利益,它所反映的是人与人之间的关系,而经济的、物质的关系居首位,其次才是有关精神方面的关系。此外,利益的客观性还在于它所体现的需要是人与生俱来的"内在的必然性"③。由客观的利益而引起的矛盾与冲突自然在内容上也具有客观性。因此,在大学学术同行评议中,因评议专家不同客观利益引发的冲突在内容上就具有了客观性。比如,在某大学某次科研成果的鉴定会上,评议专家 A 的朋友的科研成果在他手里评议,这时,该评议专家就存在一种"裙带关系"冲突。在这个冲突中,评议专家 A 的"友情"利益与评议的结果的"公正性"利益产生冲突。很明显,冲突的内容是客观而实际的,并非模糊不清或虚无缥缈的。大学学术同行评议利益冲突的客观性特征给我们的启发是:要重视大学教师、研究者的各种利益关系,要正视作为评议专家的学者们的具体而实在的利益内容。如果忽视了这些客观的利益关系而大谈教师的学术职业道德,这对利益冲突的治理是无益的。

4.交叉性

人的需求具有多样性,因而人的利益也具有多样性。此外,每一个社会中的成员由于角色的多元化,其所形成的社会关系是多元的,因而在利益问题上也就有了错综复杂的利益关系网。反映在大学学术同行评议利益冲突中,由于评议专家具有多种内在需求,且评议专家充当或扮演着多重的社会角色,因而就有了多重的利益需求和多元的利益关系。而"评委扮

---

① [美]克拉克·克尔.高等教育不能回避历史[M].王承绪,译.杭州:浙江教育出版社,2001:159.
② 许征帆.马克思主义在当代[M].北京:中央编译出版社,1987:34.
③ 马克思恩格斯全集(第 42 卷)[M].北京:人民出版社,1979:129.

演的社会角色越多,角色互动对角色的各种期望差别就越大,从而导致了角色冲突"①。这种因多重的利益需求和多元的利益关系而引发的利益冲突就有可能具备了一种交叉性的特征。具体来说,在大学学术同行评议利益冲突的表现上可能不止一种形式,而是多重交叉地呈现出来。比如,在某一次教师职务评审中,评议专家 A 与被评议人 B 是好朋友的关系,与被评议人 C 是同学关系,并且,评议专家 A 与被评议人 C 还是某学术组织的共同成员,而被评议人 B 与评议专家 A 除朋友关系之外又曾在近年中有过项目上的合作关系。由此,该评议专家 A 身上的利益冲突就呈现出多重、复杂、交叉的特征。笔者以为,大学学术同行评议利益冲突的交叉性特征是一种客观存在的社会现象,也给利益冲突的防范与治理增加了难度。理解了利益冲突的这个特征,可以使我们更好地分析同行评议活动的复杂性,也能为我们在选择同行评议专家时提供更多的借鉴。

5.隐秘性

大学学术同行评议利益冲突的隐秘性特征是指利益冲突的内容、冲突的方式以及冲突的结果都是隐蔽的,难以为其他人所知晓。在很多情况下,如果评议专家自身不披露,外人往往无法正确判断该评议专家是否存在利益冲突现象。比如,前斯坦福大学校长唐纳德·肯尼迪也表达了同样的观点:"在评审过程中,评审人员如果盗用申请人的思想和方法是不对的。遗憾的是,真实的情况是无人知晓的。"②笔者以为,大学学术同行评议利益冲突的隐秘性源自同行评议活动是评议专家个体主观行为的产物。而评议专家个体的私人利益是一种个人隐私,其本身就具备了极强的隐蔽性。因此,私人利益的隐蔽性导致了利益冲突的隐秘性。尤其是评议专家在价值观、学识等方面的偏见,外人更是难以掌握。因为"这是一种更微妙的冲突,即源于对自己思想和立场的那类冲突……这种冲突只能靠学者们自己去解决,他们的责任就是对自己的行为提出挑战"③。鉴于大学学术同行评议利益冲突的隐秘性特征,我们在防范与治理利益冲突时应注意到:评议专家自身私人利益的披露是很重要的一项措施。在现实的工作中,不仅应加强评议专家学术职业道德水平的建设,同时也要进行利益冲突相关方面的培训,将利益冲突对学术评议的影响与危害告知评议专家,使评议专家能够坦然面对出现的利益关系,并诚实地公开与披露这些利益关系。

三、对大学学术同行评议利益冲突内涵的再思考

影响大学学术同行评议公正性的因素是多方面的,除同行评议自身固有的制度性缺陷之外(如评议准则、评议规范,评议程序或评议方法等),涉及评议专家主观性行为导致的非制度性因素也不少。无疑,利益冲突是属于非制度性因素范畴的。然而,若从广义的角度去理解利益——对人具备价值,那么,我们是否可以这样理解:凡是可以影响评议专家在评议时发生客观性偏向的因素都可以归入利益冲突范畴。比如,常见的"马太效应"。笔者以为,尽管许多非制度性因素也在某种程度上或多或少地涉及利益问题,但如果就此

---

① 钟书华.同行评议:科学共同体的民主决策机制解析[J].社会科学管理与评论,2002(1):40-46.

② [美]唐纳德·肯尼迪.学术责任[M].阎凤桥,等译.北京:新华出版社,2002:193.

③ [美]唐纳德·肯尼迪.学术责任[M].阎凤桥,等译.北京:新华出版社,2002:319.

将所有来自评议专家个人主观行为的非制度性因素都纳入利益冲突范畴,并运用利益冲突理论框架来加以考量分析,可能会造成利益冲突外延的无限扩大,反而不利于对其进行防范与治理方面的建设。鉴于此,在本书中有必要对以下两个方面的问题加以思考与分析。

(一)关于"马太效应"

"马太效应"(Matthew Effect)是一项十分重要的自然法则,当前被广泛应用于经济学、科学学、社会学、教育学等众多领域。这个名称源自《圣经·马太福音》第 25 章的一句话:"因为凡有的,还要加给他,叫他有余;没有的,连他所有的也要夺过来。"[①]该法则反映的是"强者愈强,弱者愈弱"的现象。按汉英词典的解释,一个人所拥有的成就和声望会像滚雪球一样,越滚越大,而只拥有贫乏的成就或声望的人在未来获取成就或声望的道路上会碰到很大的困难。1968 年,美国社会学家默顿首次将其应用于科学评价与奖励机制中,并以此来描述一种社会心理现象:"著名的科学家获得了与他们的科学贡献不相称的太多荣誉,而那些相对不知名的科学家总是获得与其贡献相比相对较少的荣誉。"[②]同样地,在大学学术同行评议中,"马太效应"所导致的"扶强抑弱"现象也相当普遍。比如,在科研项目的申请中,来自较好大学或科研机构以及拥有较高声望的研究者们往往获得更多的资助,或得到更高的分数。根据科尔的调查,美国国家科学基金会项目的申请者若在声望较高的单位,其资助率为 75%,反之则仅为 39%;在过去五年内曾获国家科学基金会资助的申请者再次申请的资助率为 70%,而首次申请者的获资助率则为 40%。[③] 而我国的国家自然科学基金委员会在 1993 年也曾做过类似的调查,其中,在所调查的 76 名同行评议专家中,有 70 人(占 92.2%)认为申请人的科研业绩对于评议结果有较大影响。[④] 由此可见,"马太效应"的确会导致大学学术同行评议专家的主观判断发生偏向。那么这种"偏向"是否可以列入利益冲突的范畴呢?笔者以为,"马太效应"不应列入利益冲突的范畴。

事实上,大学学术同行评议的"马太效应"是评议者的主观认识偏向上的结果,并非其私人利益与职责利益之间产生了某种冲突。因为,在评议者看来,那些来自著名高校的著名学者的论文、项目申请书等自然具备更高的水平,而这种"自然具备"无非是评议者受到了"光环效应"或"累积优势效应"影响的结果。实际上,在这当中,评议专家本身并无自身的私人利益,因而,也就谈不上利益之间的冲突。倘若一定要把评议专家的这种主观认识上的偏向也当成其私人利益,这似乎是说不通的。因为"利益"就是对人的价值或有用性,而这种假定"私人利益"的实现,会存在两种可能的影响:一是可能影响了一批有潜力但还没有声望的年青学者,另一个是使资源得到了真正的优化配置。而无论是哪一种影响都与评议专家个人的利益无太大关联。

(二)关于学者的"智力激情"

"智力激情"是 intellectual passion 的中文解释,有学者也把它称为"解决问题的理论

① 《圣经·马太福音》第 25 章,第 25-29 页。
② [美]罗伯特·默顿.科学社会学[M].鲁旭东,林聚任,译.北京:商务印书馆,2003:610-611.
③ 吴述尧.同行评议方法论[M].北京:科学出版社,1996:26.
④ 郭碧坚,韩宇,赵艳梅.同行评议中的"名人效应"[J].科技导报,1994(7):47-49.

框架"。这种智力上的激情有可能会影响知识的客观性(包括同行评议中判断的客观性)。要理解这个问题,我们先要追溯有关"知识客观性"观点的历史。自启蒙运动以来,人们认为,"真实的世界是独立于我们有关它的知识而存在的,通过逐渐接近的过程可以获得这一真实世界的知识;而这种知识之所以是真实的,在于它接近于或类同于实际事物的结构"①。然而,自20世纪中叶以来,人们发展了科学哲学的知识体系,比如,汉森(Henson)提出了"观察渗透理论",换句话说,就是任何来自人类观察的知识都有一定程度的主观性的涉入,不存在绝对的客观性。而后来的波普尔(Karl Popper)又做了进一步的发展,他"虽然坚持知识是客观的,科学的目的是追求真理或逼真性,但他已看到经验证实的局限性"②。因此,在他眼中,任何理论都是可证伪的,而这种证伪的过程就是"假设—证伪—假设"的循环往复的过程。换言之,每一个科学家在面对任一理论时都预先存在一个假设,即理论框架。体现在大学学术同行评议中,就是指评议专家有其自身的对某一问题的预先认知范式,或解决问题的理论框架,而这种理论框架有可能影响判断的客观性与公正性。

　　或许,在人们眼中,评议专家们总是保持着沉着冷静的大脑,用一种中立、客观的态度去从事同行评议的工作。然而,评议专家——有主观能动性的"人"又如何能摆脱预先存在的理论框架,他们会为了证实或证伪这个理论框架表现出一种独有的"智力激情",从而有可能影响评议的客观性。诚如唐纳德·肯尼迪所言:"和其他人一样,政治和学术责任在深层次影响着学者的行为,但没有一个比他们自己钟爱的理论或喜欢的成果对他们的影响更深。对于他们的执着可能使教师很难公正评价他人的工作。甚至也许可以证明,曲解甚至篡改自己的发现几乎是不可抵御的诱惑。"③这表明,在大学学术同行评议中,"智力激情"导致的同行评议的客观性的偏离是一种实际而普遍的现象。

　　然而,评议专家们的"智力激情"是否可以归属到利益冲突中来? 国外有些研究者,如美国学者麦克尼什(Richard Macneish)就把"智力激情"作为利益冲突的重要来源。④ 但在笔者看来,评议专家们的"智力激情"是一种无意识的偏见,并非一种明显的或有意的因计较个人利益得失而产生的冲突状况或行为。换言之,这种"智力激情"所产生的偏见并未与评议专家的私人利益产生多大的关联,它充其量只是辅助性地证实或证伪了评议专家对某理论的预先假设。而如果一定要把此辅助性功能作为评议专家的私人利益,这明显又是将利益冲突中"利益"的概念拖回到广义的角度来理解,进而不免会使得利益冲突的外延无限扩大化。因此,笔者以为,在本书中,学者的"智力激情"不应归入大学学术同行评议利益冲突的范畴。

---

　　① [美]迈克尔·马尔凯.科学与知识社会学[M].林聚任,等译.北京:东方出版社,2001:29.

　　② 曹南燕.科学研究中利益冲突的本质与控制[J].清华大学学报(哲学社会科学版),2007(1):124-129.

　　③ [美]唐纳德·肯尼迪.学术责任[M].阎凤桥,等译.北京:新华出版社,2002:317.

　　④ Richard Macneish.When Does Intellectual Passion Become Conflict of Interest? [J].Science,1992(257):620.

第三节　大学学术同行评议利益冲突的表现形态

在现实中，由于评议对象、内容、程序、专家等各因素的不同，大学学术同行评议利益冲突的具体形式也复杂多样，难以一概而论。一般来说，我们往往只知道存在利益冲突，但无法具体地、明确地说出有哪些或什么样的利益冲突，这对于我的研究与分析是不利的。因此，为了更好地理解与分析大学学术同行评议中的利益冲突，需对其表现形态做一番思考与阐述。

一、分类的意义及困难

讨论大学学术同行评议利益冲突的表现形态，实质上就是对大学学术同行评议中可能产生的利益冲突进行分类学式的剖析。笔者以为，对其在理论上进行分类是有必要的。因为，"人们几乎是自发性地对其所经验的自然和社会现象进行分类和安排，分类是建立认知、产生意义甚或走向科学的第一步"①。况且，作为一项研究，从理论上建立对研究对象的某种更为明确与具体的认知框架也是我们科学研究的重要任务。诚如现代分类学家森姆帕逊（G.G.Simpson）所言："科学家们对于怀疑的挫折是能容忍的，因为他们不得不如此。他们唯一不能而且不应该容忍的就是无秩序。……理论科学的整个目的就是尽最大的可能自觉地减少知觉的混乱。"②因此，研究大学学术同行评议利益冲突并试图获得对该事物更为深刻的认知，就必须在分类的基础上研究其具体的表现形态。具体而言，至少存在如下两个方面的意义与价值：

其一，有利于比较全面和系统地认识大学学术同行评议中的利益冲突。何谓大学学术同行评议中的利益冲突？单靠一个高度概括性与抽象性的概念或定义有时难以让人准确地把握该事物的内涵。因为即使有概念作为理解的指引准则，但实际上我们仍对其处于一种较模糊、较感性的认识层面，或者即使我们能举出某些具体的事例，但总的来看，仍是片面而不系统的。换句话说，要准确理解某一事物，建立某事物的较为明朗的"内部秩序"是很关键的，因为"这种对于秩序的要求是一切思维活动的基础"③。笔者在对大学教师的访谈过程中也亲身感受到这一现象。比如，笔者曾以这样的方式提问："您对大学学术同行评议中的利益冲突有何看法？"大部分被访者通常无法直接作出回答，因为，所谓的"利益冲突"在那时的被访者心中是不明确的，他要回答该问题，必须首先清楚存在哪些利益冲突，然后才可根据自己的所见所闻或亲身实践作出某种判断。从另一层面看，大学学术同行评议中的利益冲突是发生在评议专家身上的利益冲突，即与人的主观性思维或行为分不开。而人的主观性思维或行为往往是难以让外人描测和把握的。这就从某种程度上增添了我们认识大学学

①　周星.文化自觉与跨文化对话[M].北京:北京大学出版社,2001:404.

②　[美]森姆帕逊.动物分类学原理[J]//张爱冰.分类的意义 安徽教育学院学报,1998(4):12-15.

③　[法]克洛德·列维-斯特劳斯.野性的思维[M].李幼蒸,译.北京:中国人民大学出版社,2006:10.

术同行评议利益冲突内涵的难度。因此,建立大学学术同行评议的某种分类体系,从理论上研究与分析其表现形态,必将有助于我们更为全面和系统地理解大学学术同行评议利益冲突的内涵。

其二,有利于"对症下药",找到针对性较强的治理措施。按照森姆帕逊的观点,分类的目的是对某事物建立一种认知上的秩序。而某事物具备了认知上的秩序就意味其具备了较为明确的概念体系。在这种情况下,当我们要为该事物寻求问题的解决之道时,也就更具有针对性了。大学学术同行评议中的利益冲突在具体的场域中是复杂多变的,但如果我们对其复杂多变的现象进行某种归纳与分类,总结出若干种表现形态,然后针对这些表现形态,制定相关的政策与治理策略,就有可能更好地做到"对症下药",达到较为科学的治理效果。如果要作一比喻,我们可以将大学学术同行评议利益冲突当作某种疾病,但要治疗这种疾病,需首先诊断该疾病的具体症症。换句话说,就是要摸清什么因素导致了该疾病的产生,然后再根据该病症开处方,提出治疗的方案与策略。比方说,我们可以将同行评议中的师生关系、亲属关系、朋友关系等引起的冲突都归至"熟人关系"冲突一类,然后就"熟人关系"冲突制定相关的防范与治理措施。

综上所述,对大学学术同行评议进行分类是有其意义与价值的。然而,要实现较为科学的分类是存在困难的。这些困难一是源自评议专家私人利益及其关系的复杂性与隐蔽性,人们无法完全通晓与掌握,尤其是涉及评议专家主观世界的隐私,除非评议专家本人,外人如何知晓? 况且在不同的评议环境或场域下,其私人利益关系具有无限复杂多变的可能性。此外,如果往更深的层次去探讨,分类的困难还源自人类认识水平的有限性。因为从大量复杂的同行评议利益冲突现象中总结出不同的类属需要运用归纳能力。而归纳本身就是一种内含局限性的方法。英国哲学家大卫·休谟(David Hume)对归纳法进行了反思,认为"过去的经验只限于我们所认识的那些物象和认识发生时的那个时期,但是这个经验为什么可以扩展到将来,扩展到我们所见的仅在貌相上相似的别的物象,这正是我所欲坚持的一个问题"①。换句话说,"归纳法没有逻辑必然性,归纳推论在逻辑上也不能得到证明"②。因此,在笔者看来,任何一种分类标准下的归纳总结似乎都无法完全涵盖利益冲突的所有内容,它只是在某一侧面来体现该事物的整体面貌。然而,困难的存在并不意味我们对此无所作为,因为,在施特劳斯(Claude Levi-Strauss)看来,"不管分类采取什么形式,它与不进行分类相比自有其价值。……任何一种分类都比混乱优越,甚至在感观属性上的分类也是通向理性秩序的第一步"③。因此,为了更好地理解大学学术同行评议中的利益冲突,我们仍然需要对其表现形态进行分析与研究。

二、科学活动中利益冲突的分类

大学学术同行评议活动是属于整个科学活动范畴的。大学学术同行评议中的利益冲突与科学活动中的利益冲突具有共性。因此,下面首先对科学活动中利益冲突的表现形态进

---

① ［英］大卫·休谟.人类理解研究［M］.关文运,译.北京:商务印书馆,1972:33.
② 江易华,徐力.论归纳问题的核心——关于归纳的不合理性［J］.现代商贸工业,2011(23):62.
③ ［法］克洛德·列维-斯特劳斯.野性的思维［M］.李幼蒸,译.北京:中国人民大学出版社,2006:10.

行一番梳理分析。

从笔者搜集的资料来看,科学活动中的利益冲突表现形式不一,各学者的归纳与阐述也有所差异。国外的学者在这个问题上主要从三个关键领域来进行阐述:"经济收入、工作职责、学识上与个人关系上的事务。"①就国内的学者来看,有的将其进行"管理冲突、真实和潜在冲突、直接和间接利益冲突、委托事项冲突"等四方面的分类。②这种分类的目的是突出利益冲突的形成因素,并借此对与利益冲突类似的概念进行必要的界定与辨析。也有的将利益冲突分为"科学共同体的利益冲突、科学研究过程中个人与社会的利益冲突、科学研究者个人与个人之间的利益冲突"③。当然,这种分类主要是从利益主体的承担者视角来进行的。但大多学者还是喜欢从科学活动的不同阶段或形式角度来进行划分。比如,国内学者赵乐静、王蒲生等将利益冲突划分为研究过程中的利益冲突、咨询过程中的利益冲突、研究结果的利益冲突、成果发表时的利益冲突、同行评议中的利益冲突和科学研究机构或科学研究者的广告行为等六种。④同行评议中的利益冲突的分类我们在后文中会着重探讨,下面主要对该分类中的前四种利益冲突做一简要介绍。

所谓研究过程中的利益冲突,主要是指科学研究者在进行学术探索时,因过分地追求自己的利益而违反了自己应当遵循的道德规范、行为准则的现象。在这类利益冲突中,学者所追求的自己的利益主要以经济利益为主。比如,台湾"国立"大学的学者谢弗(Scheffer C.G. Tseng)"治疗眼睛干涸的眼膏案"就是具有代表性的一个例子。谢弗先用兔子做实验初步验证了维生素 A 对治疗眼睛干涸症产生了效果,然后就扩展到了人体试验,并在哈佛麻省眼耳科医院人体实验委员会的批准下,对 25～50 名病人进行试验。但是,后来谢弗擅自扩大人体试验对象,并违背"知情同意"的原则欺骗性地在数百名病人的身上进行试验。除此之外,还有意挑选有利于维生素 A 疗效的病例进行论文的撰写与发表。⑤

咨询过程中的利益冲突主要指科学家们在承担相关的评审、仲裁或咨询服务时,有可能会受到某种利益的影响而作出倾向性的判断。从这个角度看,同行评议中的利益冲突有部分也可归入这类范畴中。比如,根据克里姆斯凯(Sheldon Krimsky)的研究,1997 年,他在所研究的 800 篇学术论文中发现,有大约 34％的论文作者所持有的研究结论与其所拥有的股票或担负顾问的公司有关。⑥

研究结果的利益冲突是指科学研究者在得出研究结论时会受到某些利益因素的影响,从而背离了客观、公正的原则。这样的例子很多,上述谢弗的案例中有选择性地挑选病例,并以此撰写与发表论文就是其中之一。再如哈特金斯(L.F.Hutchins)等学者对美国癌症患者临床化学治疗的调查,在美国 65 岁以上的癌症患者占 63％,然而参与临床试验的 65 岁以上的患者则不到 25％。对试验对象进行这样的挑选是因为化疗对高年龄患者效用较差,

①　[美]尼古拉·斯丹尼克.科研伦理入门——ORI 介绍负责任研究行为[M].曹南燕,等译.北京:清华大学出版社,2005:64-73.

②　魏屹东.科学活动中的利益冲突及其控制[M].北京:科学出版社,2006:22-25.

③　张纯成.科学活动中利益冲突的形式、诱因、控制和防范[J].河南大学学报(社会科学版),2009(5):73-77.

④　王蒲生.科学活动中的行为规范[M].呼和浩特:内蒙古人民出版社,2006:90-95.

⑤　Deny Elliott.Research Ethics [M].Hanover:University Press of New England,1997:165-166.

⑥　Tinker Ready.Science for Sale [J].The Boston Phoenix,1999(6):36-50.

因而有意排除高年龄患者作为试验对象，是为了让实验新药的疗效显得更好一些。[①]

成果发表时的利益冲突主要是指科学家们有可能会因为自身的某些利益而延迟成果的公布时间，从而违反了学术上的职责利益乃至公众的利益。这种利益冲突现象在现实不少见。许多研究都证实了这结论。比如，根据布鲁门特尔（W.M.Blumenthal）对大学的调查研究，自 1993 年以来在获得美国国立卫生研究院资助最多的前 50 名大学 2167 个生命科学院中，19.8％的研究者承认在过去的三年间曾因为申请专利而延迟发表科学成果 6 个月以上。有 8.1％的学者承认在过去的三年里拒绝与其他大学的研究者分享成果。[②]

上述各学者对科学活动中利益冲突类型的不同划分都在不同的侧面说明了利益冲突的一些问题。然而，笔者以为，无论何种划分，其最终都离不开表现为经济收入上的物质利益与表现为社会关系上的精神利益两大类。因为，人对利益的追求主要包含物质与精神两大方面。

三、大学学术同行评议利益冲突的表现形态

大学学术同行评议中的利益冲突与科学活动中的利益冲突既有共性，也有各自的特殊性。况且，前者所涉及的范围与后者相比更加具体化与具有针对性。因而，大学学术同行评议利益冲突的表现形态也会有所不同。

（一）大学学术同行评议利益冲突的多样化表现形态

从以往的研究看，涉及同行评议利益冲突类型划分的研究不多。2004 年第 5 期《辽宁科技信息参考》杂志刊登了《科学技术评价知识问答》一文。文中认为同行评议中的利益关系主要由两个方面组成："一方面是评价专家与被评价者之间有同学、师生、同事、合作、亲属等人际关系……另一方面是评价专家与被评价者之间有明显的'学派隔阂'或'人际隔阂'……这种'人情'和'隔阂'关系统称为同行评议中的利益关系或利益冲突。"[③]从该文来看，同行评议的利益冲突可以分为"人情关系"冲突和"隔阂关系"冲突两类。但从某方面讲，它们或许可统一划归到"关系冲突"这个大类中，只不过，这个关系冲突有正面关系和负面关系之分。那么该如何对大学学术同行评议中的利益冲突进行类型上的划分呢？笔者以为，这并不存在固定和唯一的模式，它会随着不同分类标准而呈现不同的形态，研究者可以根据不同需要采取不同的分类模式。

以大学学术同行评议的任务为标准，可以划分为科研项目评审中的利益冲突、学术论文投稿评审中的利益冲突、科研成果奖励评审中的利益冲突、教师职务与晋升评审中的利益冲突等若干种类型。但笔者以为，这种分类在实际的应用中并没有多大的价值，因为分类结果并未体现相互之间的差异性，而且更关键的是，该分类并未突现"利益"一词的地位，尤其是利益冲突的来源或冲突形成因素的重要性。

---

① 　L.F.Hutchins，J.M.Unger，J.J.Crowley，et al.Underrepresentation of Patients 65 Years of Age or Older in Cancer-Treatment Trials［J］.New England Journal of Medicine，1999(341)：2061-2067.

② 　Richard Florida.The Role of the University：Leveraging Talent，not Technology［J］.Issues in Science and Technology［J］// 赵乐静.论科学研究中的利益冲突.自然辩证法研究，2001(8)：36-40.

③ 　马伟群.科学技术评价知识问答［J］.辽宁科技信息参考，2004(3)：44.

　　以大学学术同行评议利益冲突由何种风险内容引起为标准,可以划分为道德风险形态、关系风险形态、情感风险形态等方面。所谓道德风险形态是指大学学术同行评议中评议者的道德水平引起的利益冲突。比如,评议者既充当"运动员"又充当"裁判员"的角色,自己评自己的学术成果;评议者由于可能是潜在的项目申请者而无理由打压申请者;评议者可能会窃取被评议者的学术成果信息为己所用,等等。所谓关系风险形态是指大学学术同行评议中评议者的人际关系网络引起的利益冲突。这种形态的利益冲突在大学学术同行评议中占很大比例。作为掌握学术资源配置权力的评议专家,可能的情况下会出现权力的"寻租"现象,或照顾自身的各种社会人际关系。换句话说,"通过关系来分配和获得学术资源是大学学术研究评价中发生利益冲突的重要根源"①。而由评议者的价值观、政治或宗教信仰、伦理观念等类似的情感因素引起的利益冲突是一种情感风险形态的表现。这类形态的利益冲突在国外存在的概率较高,而在中国,由于政治或宗教信仰及意识形态较为单一,因而存在的比例也相对要少得多。

　　若根据利益冲突的严重程度,可分为"一般冲突"(轻度冲突)与"核心冲突"(重度冲突)。在实践中,对利益冲突的严重程度进行估量,并采取妥当的治理措施具有很强的实践意义。当然,在利益冲突"严重程度"的衡量上并没有一个绝对的标准,而且不同场合、不同任务或目的的同行评议,具体的衡量标准也有所区别。国外的做法一般是由同行评议中的管理组织或机构作出最终的裁决。比如,美国心脏学会将利益冲突分为两个等级,较强的利益冲突会把项目申请转交给另外一个评议小组;如果利益冲突不算严重,那么发生利益冲突的同行评议组成员评议该项目时离开房间即可。② 这里需要强调的是,既然利益冲突的严重程度是由同行评议的管理机构主观上裁决,那么这些管理机构首先必须具备客观、公正的道德品质。

　　按利益冲突的可能结果趋向来分,可以分为"正向利益冲突"和"负向利益冲突"。正向利益冲突也可称为趋向于作出正面判断的利益冲突,比如,评议专家在遇到自己的亲戚、朋友或学生的科研成果时,其在评议中就有可能有意拔高这些人的科研成果的水平,倾向于打出高于客观、实际的分值。负向利益冲突也可称为趋向于作出负面判断的利益冲突。比如,评议专家在评议与自身有竞争性的科研成果时,或者评议与自己有私人恩怨的学者的科研论文时都可能会有意压低其科研成果的水平,倾向于打出低于客观、实际的分值。笔者以为,无论是正向的还是负向的利益冲突,其实质都是一样的,即违背了默顿所提倡的"普遍性"③规范。若利益冲突的行为真实发生,其造成的直接后果便会形成所谓的"劣币驱逐良币"局面,影响了学术事业的健康发展。

　　此外,按利益冲突主体的远近或亲疏关系可以将大学学术同行评议中的利益冲突分为"直接利益冲突"与"间接利益冲突"两类。说得通俗些,就是评议专家与被评议者之间利益关系的远近决定了利益冲突的"直接或间接性"。比如,评议专家与被评议者是师生、亲属、

　　① 彭江.中国大学学术研究制度变革[M].武汉:华中师范大学出版社,2009:154.
　　② American Heart Association. Conflict of Interest Situations and Policies Related to Peer Review [J]//周颖,王蒲生.同行评议中的利益冲突分析与治理对策[J].科学学研究,2003(3):298-302.
　　③ 默顿的"普遍性"规范是其提出的四大规范之一。"普遍性"规范指的是科学的真理标准是客观的,与个人的种族、国籍、宗教信仰、阶级和品质等社会属性无关。体现在大学学术同行评议中,"普遍性"规范要求评议专家不能因被评议者的身份、机构从属、声望大小、亲疏关系等特征进行特殊化评议,而是要做到任何时间、任何地点的"一体公正"。

同门、同机构成员的关系,或者说被评议内容与评议专家自己的研究内容形成直接的竞争关系等。在这类关系中,被评议者与评议专家之间形成的就是直接的利益冲突。一般而言,直接利益冲突也是较为严重的利益冲突,因而,评审管理机构应在这方面花大力气加以防范与治理。但倘若评议专家与被评议者之间并无直接的利益关系,而是通过若干层次的中介而形成的利益关系就是一种间接的利益冲突。比如,评议专家的亲属在被评议人的单位工作,或是被评议者的下属;评议专家与被评议者并无直接关系,但评议专家受自己同学所托与被评议者形成关系;被评议内容与自己的研究内容无直接关系,但可能与自己的学生或要好的朋友所研究的方向形成竞争关系,等等。一般而言,间接的利益关系总是能分解为多个直接的利益关系,而且,评议专家与被评议者之间的中介关系越是多层,其形成的利益冲突可能就越弱。但作为一个"重人情"的国家,我们在实践中也不可忽视这类利益冲突。事实上,在当前的大学学术同行评议中,"很多利益冲突关系就是拐弯抹角、交错攀结而成的,不可一概而论说间接利益冲突的后果就不严重"①。

以上对大学学术同行评议利益冲突的各种分类,充分说明了大学学术同行评议利益冲突的多样化表现形态。然而,在笔者看来,上述的分类都未能充分地体现"利益"因素的重要性,或从另一层面讲,以上分类还不能在最广泛的程度上为大学学术同行评议的治理提供较有针对性的指导意义。鉴于此,以下笔者将从利益冲突的来源视角阐述大学学术同行评议利益冲突的表现形态。

(二)利益冲突来源角度的七种形态划分

所谓利益冲突的来源,简单来说,就是导致或引起冲突的利益因素。一般而言,最经常的或最根本的就是经济利益。然而,除经济利益之外,还有其他的非纯粹以经济形式表现的利益,如人际关系、学术声望、地位、政治或宗教信仰等。这些复杂多样的利益因素都可能在大学学术同行评议中导致利益冲突的产生。笔者以为,从利益冲突来源的角度来分,大学学术同行评议中的利益冲突可以表现为如下七种形态:

1.纯粹经济利益冲突

这类冲突指的是同行评议专家们与被评议者、被评议对象(项目、论文等)或被评议者的单位之间有直接或间接的利益关系。这里强调经济利益的"纯粹性",主要指该冲突直接由经济因素引起。因为大多不同形式的利益都可还原或转化为经济利益,即从广义上讲,大多利益冲突都是与经济利益分不开的。因此,采用这种表述是为了与其他非纯粹以经济形式表现的利益冲突有所区别。那么这些经济利益因素包括哪些?美国卫生和福利部认为有三类:有货币价值的任何东西(如薪水、服务酬金等)、资产净值利益(如证券、优先认股权或其他所有权利益)、知识产权(如来自这些权利的专利、版权和特许使用权等)。② 当然,美国卫生和福利部所指的经济利益是涵盖整个学术研究的范围的。就大学学术同行评议而言,笔者以为,至少有如下几种:评议专家所可能得到的以货币形式表现的评审费、咨询费、有价证券等;评议专家所可能获得的以非货币形式表现的谢礼、馈赠等相关的有价物品;评议专家

---

① 周颖,王蒲生.同行评议中的利益冲突分析与治理对策[J].科学学研究,2003(3):298-302.

② [美]尼古拉斯·斯丹尼克.科研伦理入门——ORI介绍负责任研究行为[M].曹南燕,等译.北京:清华大学出版社,2005:67.

所可能获得的以货币形式或非货币形式表现的"请客送礼""贿赂收买"等方面的经济利益。有时候,这些经济利益形式表现得极为丰富多样和隐秘,比如,以高额课金邀请评议专家开讲座,高额报销评议专家的差旅费,高额聘请评议专家为客座、兼职教授等形式。再如,被评议者向所投稿的期刊编辑部支付高额"版面费""发行赞助费""专家劳务费"等。总之是为达目的,各显神通,形式多样,不一而足。

湖南省高校评职称黑幕在网上被传得沸沸扬扬,《中国青年报》记者叶铁桥在报道这一评职称内幕时发现,对于湖南省高校评职称时的黑幕早有人举报,只是举报未果而已。笔者以为,这些黑幕反映的就是同行评议中的经济利益冲突现象,故转述此案例如下:

> 2009 年湖南娄底职业技术学院的教师吴辉申评副教授,因为其条件过硬,所以没有去给评议专家送礼,结果这年他没评上。2010 年他再度申报,他说:"我 10 月 28 日下午入住长沙华达宾馆,看见到处都是赶来送礼的人。29 日早晨 7 点,天刚蒙蒙亮,我们几个人去科长的房间,我第一个看到了评委名单。赶紧,我托关系找到了一个朋友,认识了其中的一位评委,送了 5000 元礼金。"吴辉还告诉记者:"我认为自己条件不错,2009 年没通过是因为我没有送礼,所以他们压根没有看我的材料。2010 年我只需要找一个人,让他们都看我的材料,那么我必通过无疑。"然而,出乎吴辉意料的是,2010 年 11 月 8 日,评审结果出来了,他还是没通过。后来他了解到,收了礼的那位评委确实尽力了,而且还将他的申报材料向其他评委推荐,然而最后的投票,7 个评委,他只得 1票。这就是说,其他 6 位没收到礼的评委依然没有投赞成他的票。①

上述案例中体现的就是大学学术同行评议中的经济利益冲突现象。评议专家们的职责利益(客观、公正的评议)与其自身是否收到评议人送来的礼金等方面的经济利益产生了冲突。该案例很典型地反映了经济利益冲突在同行评议中的严重性。没送礼,通不过,没送全,也通不过。类似的事件在现实中很多,有的在现实中被曝光,有的没有被曝光。而且,在笔者看来,被曝光的只是冰山一角。总之,经济利益冲突在大学学术同行评议中也是较为常见的利益冲突,"利益的驱动"使众多的评议专家丧失了学者的道德与良知。诚如美国的尼古拉斯·斯丹尼克所言:"经济利益能够为过分强调或贬低研究发现提供一种强烈的诱因,甚至卷入研究中的不端行为。经济利益冲突是在个人经济收入和对诚实、精确、效率和客观等基本价值的坚持之间产生意识中或实际上的张力情况。"②

2.权威压力冲突

大学学术同行评议中的权威压力冲突主要指评议专家因受到有形或无形的权威的压力而影响评议的客观或公正性。这里的权威包括了行政权威与学术权威两类。所谓有形的压力是指行政或学术权威的主动施压或主观决定,而无形的压力是行政或学术权威本身并未主动施压,但评议专家因怕得罪这些权威而在评议时出现了客观性的偏离。行政权威也称行政权力,行政权威的施压就是一种行政干预或俗称的学术评议行政化。这种现象在国外

---

① 叶铁桥.湖南高校职称评审黑幕被揭 事件引发呼吁[EB/OL].(2012-05-09)[2012-07-15].http://www.yangtse.com/system/2012/05/09/013299673.shtml.

② [美]尼古拉斯·斯丹尼克.科研伦理入门——ORI 介绍负责任研究行为[M].曹南燕,等译.北京:清华大学出版社,2005:65.

的大学中是不常见的,而在我们国家的大学中却相当普遍,大学的"泛行政化"现象自然也渗透进学术同行评议中。笔者在访谈过程中,时常听到受访者说道:"大学里的很多评价工作,领导说的话最有用,谁能被评为名师、谁能被评为先进工作者,甚至谁能顺利拿到职数,评上职称,领导的看法和决定是很关键的。"①学术权威是指那些在本学科领域内最杰出的精英分子,他们掌握着大量的学术资源,容不得其他的学术人员不跟从。况且,就中国而言,学术权威往往与行政权威二者合一,因而在同行评议时,这些学术权威所说的话自然就影响了评议专家们的评议方向,左右着评议的结果。

笔者曾在网上看到一篇博客《副教授是怎样评不上教授的》,该文中所提到的一则案例体现的就是同行评议中的权威压力冲突:

> 某副教授多次申报教授不果,便找到主管校长诉由。校长问他有哪些科研成果,答曰出版过两本著作呢! 校长问:"是哪年出版的呢?"副教授答:"一本是前年出版的,一本是去年出版的。"校长是行家,再问:"发行量怎么样?"答:"一本出了三万册,一本出了二万五呢。"校长点头道:"那可够畅销的了!"副教授得意地跟上话茬:"可不是么! 去年出版的那本,当年就再版了! 出版社说今年还想再出第三版呢。"校长对副教授说,我清楚了,你先回去,我会向评委会反映你的情况的。副教授走后,主管校长在他递交的申报材料上,只写了一条个人意见:"学术是象牙塔里的学问,发行量这样大的畅销书,意味着专业外的读者都看得懂,以这样的书参评教授,是不是没有学术的专业性? 我提请各位评委们审慎考虑。"后来的评审结果是,这位副教授当年没评上正教授。②

很明显,该案例中主管校长的话虽然没有明确道明这位副教授不能被评为正教授,但是其所写的个人意见就是一种行政权威(力)的施压。暂且不说该主管校长所说的这番话是否是正确的,但作为其下属职员的评议专家们自然明白主管校长这番话的"弦外之音",因而这位副教授最后的评审结果也就可想而知了。因此,在我国当前大学"泛行政化"的背景下,由权威压力而引起的大学学术同行评议中的利益冲突也是普遍存在的。

3.人际关系冲突

由错综复杂的人际关系而引起的冲突也是大学学术同行评议中利益冲突的重要且普遍的来源之一。中国可谓一个超级的人情大国,所谓"亲情重于理法,实用重于公理,一份人情,一份延伸人情的义气,既要吃掉半个民主也要吃掉半个法治"③。以往的学者如王平、叶波、古继宝、陈进寿等人在这方面做了许多的研究,"相关研究普遍认为人情关系是同行评议制必须超越却又难以超越的一道坎"④。既然人际关系是中国人难以逾越的一道坎,那么在大学学术同行评议中也就不可避免会碰到这个问题。就评议专家而言,具体有哪些人际关系影响评议的客观性呢? 笔者以为,主要由三个方面组成:一是由血缘或姻亲纽带结成的裙带关系,比如亲属、子女、配偶以及由这些关系而成的家庭成员等;二是由学习或工作任务而

① 笔者在 H 大学访谈时,其中 H1 教师在被问到"你认为我国大学行政权力的泛化对同行专家在学术评审中的影响表现在哪些方面?"时所作的回答。文中所引只是该教师回答的一段话。

② 高蒙河.副教授是怎样评不上教授的[EB/OL].(2009-12-02)[2012-07-15].http://gaomenghe.blog.sohu.com/138436014.html.

③ 韩少功.人情超级大国(一)[J].读书,2001(12):85-91.

④ 陈进寿.从人际关系谈同行评议制的改进[J].中国科学基金,2002(3):182-184.

形成的人际关系,比如师生、同学、同事、上下级等关系;三是其他非常要好的朋友关系,比如在开学术会议时认识的学术同行等。一般而言,人际关系冲突是一种正向的利益冲突,换言之,若在大学学术同行评议时有这些人际关系的存在,评议专家会倾向于作出高于客观性的评价。此外,这里所指是纯粹的一种人与人之间的关系冲突,至于涉及机构或地区之间的关系问题,尽管也与人际关系有所关联,但主要将其放到"本位主义冲突"中,此将在后面阐述。

在大学学术同行评议中,人际关系引起的冲突事例很多,笔者仅摘取其中一二作为案例。比如,美国的尼古拉斯·斯丹尼克曾在《科研伦理入门——ORI 介绍负责任研究行为》一书中提供了这样一个案例:

> Sung L.博士正在进行着思想斗争,考虑是否答应对另外一所大学高年级研究生的研究工作进行评议,审定其论文能否发表在他所在领域的重要期刊上。他了解这个学生的研究工作,并且还在几个月前召开的一次会议上聆听了该学生一个简要的研究工作报告。他和这名学生的研究有不少共通之处,这也正是他被邀请为评审者的原因之一。Sung L.博士深知自己具备评审资格,而且相信自己能够对这名学生的工作给出客观、富于建设性的判断。但是,由于他的学生也正在研究类似的课题,他不得不考虑可能会出现的利益冲突。而且,他不能肯定是否要在自己的研究发表之前更多地了解该领域的工作,以免日后有不公正地采用学生的一些观点的嫌疑。[①]

该案例中,Sung L.博士的思想斗争实际上就是担心引起不必要的利益冲突。因为,他所要面对的被评议人与自己的学生所做的课题相似,若去参加评议工作,尽管自己确信能够做到客观公正,但因为存在某种"人际关系"(师生关系)因素,而这种人际关系因素有可能会潜在或无意识地影响其评议的客观性。因此,他对于是否参加此次评议活动左右为难,存在激烈的思想斗争。

此外,美国学者达里尔·E.楚宾曾经调查过美国国立卫生院补助金同行评议的情况,在访谈时一位受访者这样说道:

> 我的补助金被完全拒绝。它是一个后续申请。原来的申请得了不超过 1.2 的分数,并获得了充分的资助。提交的"新"研究已接近完成。在原来的资助覆盖期间,已有 4 或 5 篇论文发表了——后续申请是在第二年最后一个月撰写的,还有一年多的时间去做。所有的证据均表明,我们将成功并将完成"目标"部分的各项指标。在那个时期,机构内部的"老相识俱乐部"施加压力,以支持同一个领域的一个小组的工作,但是该小组没有任何发表物支持他们提出的观点。与其说是一个补助金(实际上还未得到资助),不如说是与 NCI 签订了一份合同——做我的补助金中提出的相同的工作……那份合同得到了完全的资助。同时,我的后续申请却被完全冷遇!我工作的结果从那以后全部发表了……我将永远不再申请 NIH 的补助金。那里不存在同行评议。[②]

---

① [美]尼古拉斯·斯丹尼克.科研伦理入门——ORI 介绍负责任研究行为[M].曹南燕,等译.北京:清华大学出版社,2005:137-138.

② [美]达里尔·E.楚宾,爱德华·J.哈克特.难有同行的科学:同行评议与美国科学政策[M].谭文华,曾国屏,译.北京:北京大学出版社,2011:64.

案例中的受访者为什么最终没有获得补助金项目？从其所谈的话中,我们可以看出,主要是由于美国国立卫生院机构内部的"老相识俱乐部"施加压力所致。而这个"老相识俱乐部"说穿了就是一个"熟人关系网络"。因此,受访者最终没有通过申请,而与"老相识俱乐部"存在人际关系因素的"同一个领域的一个小组"的申请却获得了批准就能够被理解了。

4.竞争冲突

所谓竞争冲突,是指大学学术同行评议中,评议专家与被评议者之间存在竞争关系,从而引起的冲突。这些竞争关系有多种表现形式,笔者以为大体包括两个方面:一是业务方面的竞争,比如,类似的研究方向或内容,申请同一笔项目经费等;二是待遇方面的竞争,比如,在同一部门的工资、职称、奖金等方面的竞争。此外,这种竞争关系还有现实的竞争与潜在的竞争之分。比如,评议专家所评议的内容与当前正在做的课题或论文属于同一方向,两者之间形成了现实的竞争关系;但倘若被评议的内容与评议专家当前所研究的内容或方向无太大关联,但该研究内容在后续的研究中可能会与评议专家自身的研究产生"撞车"现象,这就是潜在的竞争关系。

总之,无论是业务方面还是待遇方面,现实的或是潜在的竞争,只要存在这种竞争关系,就有可能会使评议专家在评议过程中发生偏离客观性倾向的行为。尤其是在学术资源(职数、经费、名额)有限的情况下,这种竞争关系会体现得更为激烈。通常情况下,由竞争引起的冲突往往会使被评议者处于不利的境况,即"负向利益冲突"。此外,这种冲突大多出现在同行"通信评议"中,"评议者事先并不知道被评议人论文或课题情况,如果恰好自己手头正在做与被评议人相同或相近的课题,就会陷入竞争冲突的尴尬境地"[①]。由此可见,竞争冲突有时难以控制,评议专家与被评议者都是同行,而同行就很有可能存在某方面的"竞争"关系。对于竞争冲突的防范,除了可能的披露与回避措施外,就只能靠评议专家个人的良好职业道德来加以科学处理了。

在这方面,由中国科学技术部科研诚信建设办公室编写的《科研诚信知识读本》提供了这样一个案例:

2007年哥伦比亚大学的 Martin Leon 博士作为评议人被指控,他在一项名为"血运重建和加强药物治疗的临床转归"(COURAGE)的研究预定发布时间之前,在一次会议上泄漏了该研究的细节,而该研究结果原本是要在美国心脏学会的会议上呈交并同时在《新英格兰医学杂志》上发布的。该研究发现,对于稳定型心绞痛而言,支架与药物治疗在本质上是共同的。《新英格兰医学杂志》曾发给 Leon 博士一份有关该研究结果的出版前手稿供其进行审阅。Leon 博士在审阅了这份未出版的研究手稿后,意识到这项成果对自己的不利之处。于是 Leon 在会议上暗示了试验的结果,批评了这一试验的设计,想通过先发制人的批评来削弱这一研究的结论。Leon 还透漏了他是一个同行评议者。《新英格兰医学杂志》认为,他们的同行评议是在严格保密下进行的,在稿件封面印有"机密,请在评议结束后销毁"的提示,意味该稿件不得影印,未经编辑同意不得向他人展示,不得就评价和建议与作者或他人进行讨论,评议者的身份也不得泄漏。Leon 博士违反了这一协定。杂志社对 Leon 博士作出了严厉制裁:在未来5年内,

① 周颖.同行评议中的利益冲突研究[D].北京:清华大学,2003:16.

Leon博士不再担任该杂志的稿件评审人,同时禁止其在该杂志上发表任何文章。[①]

案例中的Leon博士被人指控就是因为其违反了利益冲突的原则,因为,他看到"血运重建和加强药物治疗的临床转归"研究与自己形成竞争关系,并意识到该项成果对自己有不利之处。因此,他违反了保密原则,在某些场合泄露了该项尚未发表的成果,并进行了先发制人的批评。像这种因竞争关系而对竞争对象的学术成果进行批评,或无理由地加以否定的案例也不少。比如,另外一则案例也体现了同行评议的竞争冲突现象:

> 索曼(V.Soman)是耶鲁大学医学院的研究人员,在医学院副院长、著名科学家费里格(Philip Felig)手下工作。他的一篇往《美国医学杂志》投稿的论文在评审时被发现有剽窃行为。而费里格不仅是这篇论文的合作者,还曾作为《新英格兰医学杂志》的同行评议专家评议过被剽窃的论文。费里格为了让在同一领域的索曼能有时间超越,在评审时违心地拒绝了该篇论文。费里格因此事也被迫辞掉哥伦比亚大学前不久提供的巴德讲座一职。[②]

案例中,费里格是索曼的论文的合作者,曾共同剽窃了另外一篇论文,他为了能让自己与索曼合作的论文抢先顺利发表,就在同行评议过程中,拒绝和否定了被他们剽窃的论文。很显然,费里格的做法就是因同行的业务竞争而引起的冲突行为。此外,该案例还体现了"剽窃"这一学术不端行为,在此不再赘述。

5.私人恩怨冲突

在大学学术同行评议中还存在着因评议专家与被评议者之间的私人恩怨引起的利益冲突。私人恩怨分两种:一是由于学术观点上的分歧而产生的私人怨愤,另外一种就是由其他的私人感情而产生的恩怨矛盾。由私人恩怨而引起的利益冲突一般是一种"负向利益冲突",即评议的结果可能会不利于被评议对象。现实中常见的例子也不少。比如,拉帮结派,打压异己,一些评审专家"看人下菜",对于"自己人"百般呵护,对于学术上有异己者、生活中有仇怨者则落井下石,不予通过。[③] 当然这里的私怨也可分为直接私怨与间接私怨两种。直接私怨是指被评议人与评议专家有直接的个人矛盾仇隙,而间接私怨则是指被评议人与评议专家的关系密切的成员或机构之间的矛盾仇怨。比如,被评议人与评议专家的亲属、子女、配偶之间的仇怨或者与评议专家所属学派之间的仇怨冲突。有学者将这类冲突归入人际关系冲突范畴,从广义上讲,也不是不可以。但笔者以为,如此归类无法突出"私怨"这一特征。因此,笔者将由"私怨"引起的利益冲突单独列为一类。

美国学者唐纳德·肯尼迪在《学术责任》一书中记录了这样一则事例:

> P教授是美国一所州立大学的神经生物学教授,他向国家健康研究所递交了一份经费申请书,其课题内容是为了验证一种假设,这个假设与人们一般接受的染色体结合传输理论是相悖的。而R教授是一位重要人物,他的研究结果是该假设理论成立的支点之一。同时R是一个可能性极大的潜在同行评议专家。由于R与P过去曾经在刊

① 科学技术部科研诚信建设办公室.科研诚信知识读本[M].北京:科学技术文献出版社,2010:80.
② 赖鼎铭.科学欺骗行为[M].台北:唐山出版社,2001:159-161.
③ NSFC同行评议手册调研组.NSFC同行评议手册调研报告[D]//周颖.同行评议中的利益冲突研究.北京:清华大学,2003:16.

物上就一些学术问题进行了辩论。根据国家健康研究所的相关规定,P 考虑到 R 对他可能所持的敌意,他提出申请,建议不让 R 作为他项目评审组成员。但是不知什么原因,国家健康研究所还是将 P 的项目建议书交给了 R,结果得到了很低的评价。并且在之后的不久,在一次两人都出席的学术会议上,P 听到 R 在一篇正式论文中提到了他在项目建议书中设计的一个实验。P 立即与评审机构研究小组的执行官员取得了联系,并讲述了这种情况。①

案例中的 P 教授与 R 教授之间存在因学术上的分歧而形成的私人恩怨,因而 P 提出在评审中让 R 回避的要求。但美国国家健康研究所仍然让 R 参与了 P 的申请项目的评审,结果便产生了私人恩怨冲突,冲突的结果是:R 对 P 的项目书作出很低的评价。

6.良心冲突

良心冲突是一个很隐秘,也较为抽象的利益冲突类别,指的是当评议专家在同行评议中碰到的评议内容与其个人坚守的某(种)些信仰背道而驰之时,良心冲突便产生了。此时,评议专家一般会倾向于反对,因为评议专家所坚守的那种信仰必定是其精神依托与支柱所在,很少评议专家会宽容地去对待。因此,从这个意义上讲,良心冲突也是一种"负向利益冲突"。这种冲突有时并不涉及评议专家个人的实际收益,或者与其教学和科研工作任务并不违背。那么,良心冲突到底指的是什么样的冲突? 具体来讲,主要是评议专家的某些伦理观念、宗教信仰以及政治意识形态等方面的因素,影响了其在同行评议过程中客观、公正的职业判断。比如,信奉基督教新教伦理的科学家,由于其持有"上帝创造所有物种"的信念,在面对其同行关于物种克隆或转基因技术等方面的评价时,就会倾向于反对,无法做到客观与公正。再如,"一个讨厌流产和胎盘组织使用的科学家对那些使用胎盘组织的申请报告和稿件难以保持冷静;一个反对所有使用实验动物研究的科学家或许找不到任何从事这些研究的价值"②。

此外,良心冲突一般发生在文化复杂多元、政治与宗教信仰比较自由以及社会制度较为开放的民族与国家中,如美国等西方国家。而在文化传统较为单一、信仰较为一致、种族较为单纯的国家中,良心冲突一般很少发生。比如,在我国的学术同行评议中,良心冲突发生的事例几乎是不存在的。

7.本位主义冲突

所谓本位主义冲突,是指评议专家在同行评议过程中往往体现"本位主义"的特征,而这种"本位主义"的思想倾向就容易影响其在评议过程中的客观与公正的态度。有些学者可能会认为"本位主义冲突"实际上可以归入"人际关系冲突"范畴。的确,所谓"本位主义"在广义上理解也是一种"关系主义"。但从狭义上讲,"人际关系"更多的是描述评议专家个人与被评议者之间的"人-人"之间的关系。而"本位主义"则侧重描述评议专家与组织、地域或认知上的自然倾向性。换句话说,两者所强调的侧重点是不同的。因此,本书将"本位主义冲突"作为独立的一类单列出来。

那么,评议专家的"本位主义冲突"包括哪些方面的内容? 笔者以为,至少可以表现为三个方面:一是组织方面的本位主义冲突。体现在同行评议中,就是评议专家会对自己所从事

① [美]唐纳德·肯尼迪.学术责任[M].阎凤桥,等译.北京:新华出版社,2002:193-194.
② 张九庆.自牛顿以来的科学家——近现代科学家群体透视[M].合肥:安徽教育出版社,2002:78.

或曾经从事的组织以及该组织的成员有自然倾向性,从而评议时给出高于客观的评价结果。二是地域本位主义冲突。与组织本位冲突类似,即评议专家会对与自己同地区的被评议人有自然的倾向性,并给出高评价结果。三是认知本位主义冲突。按特拉维斯(G.D.L.Travis)的观察,主要指"评议者往往对自己研究领域有相似性的项目书更容易形成积极的评价,反之,对超出他们学科或专业边界的跨学科、前沿学科、有争议的领域以及带有风险性的新开辟领域的研究,抱以漠视的态度"①。由此可见,本位主义冲突也是一种"正向利益冲突"。

笔者在访谈过程中,C 大学的 C2 教授参加过去年的副教授评审工作,他的谈话内容刚好印证了大学学术同行评议中的"本位主义冲突"现象。现将其谈话内容整理如下:

> 在评审时很难控制个人的主观意志,毕竟我们(评议专家)也是人嘛!人是个有血有肉有感情的动物。在(职称评审)最后一轮投票时,到我手上的材料中有三位(被评议人)是我们学校的,至于我怎么知道的,在这里不便明说。我就想,这几年我校正在大力进行(这门)学科建设,需要一些高职称、高学历的教师作为后备人才。所以,我当时很自然地就出现了倾向于保护本单位人员的动机。于是不管(他们的)材料如何,只要还过得去,我就都投了赞成票。并且内心还担心,其他专家不知道是怎样投的,是否也跟我一样。说句实话,其实我跟三位老师本身不熟悉,平时在学校时也没见过面,我并没有从他们三个人身上捞到什么现实的好处。但是,考虑到学校学科建设的发展问题,我就投了他们的赞成票。②

从以上的访谈内容可以看出,C2 教授在学术同行评议中就存在"组织本位主义冲突"现象。C2 教授对同一大学的三位被评议教师的材料作出这样的处理:不管材料如何,只要还过得去,我就都投了赞成票。

此外,"本位主义冲突"不仅在大学学术同行评议中常见,在其他的组织,比如期刊的同行评议中也是大量存在的。笔者在此提供另外一则案例:

> 赖特(I.C.Wright)在《英国精神病学杂志》(The British Journal of Psychiatry)上发表通信文章说,制药商惠氏(Wyeth)公司赞助了精神病学教育组织 Neurolink,结果Neurolink 的教育材料上不恰当赞扬了惠氏制造的某种抗抑郁药 Venlafaxine。而《英国精神病学杂志》的编辑正好是 Neurolink 的主要顾问委员会成员之一,结果该杂志上也刊登了来自惠氏公司雇员蔡斯(M.E.Thase)等人写的文章,上面得出了 Venlafaxine表现优于其他抗抑郁药的结论,此文章被引用到惠氏公司对 Venlafaxine 的宣传材料中。文章刊登引起一系列反响,蔡斯和《英国精神病学杂志》的编辑等都发表文章,展开了对此事的大辩论。③

案例中,由于制药商惠氏公司与精神病学教育组织 Neurolink 之间是赞助与被赞助的

---

① 阎光才.学术共同体内外的权力博弈与同行评议制度[J].北京大学教育评论,2009(1):124-138.

② 来源于笔者的访谈资料,是笔者在 C 大学访谈时,一位曾经参加过高校教师职称评审的 C2 教师对"请你谈谈你在过去的同行评议中有哪些利益冲突"问题的回答。文中内容是其中回答的一部分。

③ I.C.Wright.Conflict of Interest and the British Journal of Psychiatry [J].The British Journal of Psychiatry,2002(180):82-83.

关系,而《英国精神病学杂志》期刊的编辑又是精神病学教育组织 Neurolink 的顾问委员之一。因此,该编辑受到了 Neurolink 利益主体的影响,在其评议来自惠氏公司雇员蔡斯等人的文章时,自然会倾向于维护 Neurolink 的利益,最终刊登了蔡斯的文章。暂且不说蔡斯的文章质量的好坏,单就该期刊编辑的身份——Neurolink 顾问,他作为评议专家时就存在"本位主义冲突"的状况了。因此,蔡斯的文章一发表就引起了一系列反响。

第四章 大学学术同行评议利益
冲突的多元理论分析

认识某一事物,除了对事物自身的特质加以界定之外,从事物之外来探寻该事物的特征也是重要甚至是必要的手段。所谓"横看成岭侧成峰,远近高低各不同",便是这个道理。美国高等教育学家伯顿·克拉克在论述"多学科视角的高等教育时"认为,"没有一种研究方法,能揭示一切;宽阔的论述必须是多学科的"。[①] 因为这种多学科的研究能够给我们一种新的思维方式,即"从单义性到多义性、从线性到非线性、从绝对性到相对性、从精确性到模糊性、从单面视角到多维视角,如此等等"。[②] 鉴于此,本章试图从人性假设理论、委托代理理论以及科学场域理论等不同的学科与理论架构,对大学学术同行评议利益冲突进行一般意义上的分析,以期有利于我们更加清晰地领悟与解读该事物的本来面貌,尽可能在一个立体的视线通道中,获得对大学学术同行评议的利益冲突更为丰富与整体性的认识。

第一节 人性假设理论与大学学术同行评议利益冲突

人性假设理论是管理学中一个重大的基本理论问题,也是管理实践活动开展的必要前提。诚如美国行为科学家道格拉斯·麦格雷戈(Douglas M. McGregor)所言:"每一管理决定或行动背后都隐藏有关于人的本性和行为的假设,尽管这些假设通常是隐含的、没有被意识到的、自相矛盾的,但它们决定着人们的预测活动。"[③]大学学术同行评议在本质上是一种承担着大学学术价值判断功能的评价活动,也是大学管理活动中的重要组成部分。按照人性理论,人性假设问题也是大学学术同行评议活动开展的重要前提。其中,关于大学学术同行评议专家的人性假设是重中之重。本节对人性假设理论的分析,必将为我们诠释大学学术同行评议专家的内涵、解读同行评议利益冲突的产生、防范与规避同行评议的利益冲突等提供新的视角。

---

① [美]伯顿·克拉克.高等教育新论——多学科的研究[M].王承绪,徐辉,郑继伟,等译.杭州:浙江教育出版社,1988:2.

② 潘懋元.潘懋元文集(卷二·理论研究上)[M].广州:广东高等教育出版社,2010:216.

③ [美]道格拉斯·麦格雷戈.企业的人性面[M].韩卉,译.北京:中国人民大学出版社,2008:33.

一、人性假设理论分析

从历史上看,1957 年道格拉斯·麦格雷戈在《企业的人性面》一书中第一次提出了"人性假设"理论。自此以后,西方众多的管理学家与心理学家们相继提出和发展了各种人性假设理论。诸如,道格拉斯·麦格雷戈的 X－Y 理论、威廉·大内(William Ouchi)的 Z 理论、摩尔斯(J.J. Morse)和洛什(Jay W.Lorsch)的超 Y 理论、埃德加·沙因(Edgar H.Schein)的四分法理论等。应该说,各种人性理论从不同的观测点对人性问题作出了理解与判定。其中,沙因的四分法理论是目前最广泛接受的观点。

(一)"经济人"假设分析

"经济人"假设的提出与古典管理理论在内涵上具有一致性,在这种理论支撑下,人被认为是一种受物质力量驱使的,被动接受的"经济动物"。而且,基于"经济人"假设的 X 理论也把自私自利当成人的本性。归纳起来,"经济人"假设大抵包含这几个方面内涵:一是以经济利益作为行为的动机;二是受组织的控制与驱使;三是应防范感情对人的干扰。由此可见,"经济人"假设明显是一种对人性的消极、悲观的判定,以至于一直以来该理论饱受人们的批评与指责。笔者以为,客观来讲,"经济人"假设的确有理论上的偏颇与缺憾方面。尽管在现实世界中存在符合此假设理论的真实"人",然而,我们通常也能找到与之相悖的反例。就连沙因也认为,这一假设的主要问题"倒不在于根本没有人符合这种假设,而是在于它把人们的行为过于一般化、简单化了"①。另外,"经济人"假设也并非毫无道理的荒唐的绝对性观点。因为,人首先是作为生物学意义上的人而存在的。人的生存需要必需的经济物质条件,因而,人们通过劳动获得经济收益和改善经济条件是人之常情。马克思也曾指出,"任何人如果不同时为了自己的某种需要和为了这种需要的器官而做事,他就什么也不能做。"②因而,一味地否定"经济人"假设则是一种对人性无知的表现。

(二)"社会人"假设分析

"社会人"假设是在批判"经济人"假设的基础上产生的。20 世纪 30 年代梅奥(George Elton Meyao)的"霍桑实验"提出了著名的"人际关系学说",这为"社会人"假设的诞生奠定了理论基础。"社会人"假设关注的是人的社会性需要,认为驱使人行为的动力并非来自经济物质,而是人的情感、态度、价值观、人际关系、群体心理等社会方面的因素。相对而言,"社会人"假设认为人是一个社会人,关注人的心理与精神上的需求,这明显是对人性问题认识的一大进步。然而,"社会人"假设同样具有不可避免的理论缺陷,即,在强调人的社会与心理需要的同时却自觉或不自觉地忽视了人的最基本需求——生存的经济物质需求。因而,它只能在一定程度上为管理实践活动提供有限的指导意义。

---

① [美]埃德加·沙因.组织心理学[M].余凯成,李校怀,何威,译.北京:经济管理出版社,1957:64.
② 马克思恩格斯全集(第 3 卷)[M].北京:人民出版社,1995:286.

(三)"自我实现人"假设分析

在"社会人"假设理论提出之后,马斯洛(Abraham Harold Maslow)在此基础上提出了人的"需要层次理论",并认为"自我实现"需要是人的最高级需要。由此便产生了"自我实现人"假设理论。按马斯洛的说法,这就是隐藏于"……去成就一个人有能力成就的一切事"背后的需要。① 从宽泛的意义上来说,"自我实现人"假设与"社会人"假设同属一个范畴,都是人的社会性需要的表征与反映。然而细究起来,"社会人"假设是较低层次的需要,而"自我实现人"假设则是最高层次的需要。在这种理论前提下,人在行为活动中是具有自主性与自觉性的,并赖于此取得行动目标的实现。因而,"管理者既不是生产任务的指导者,也不是人际关系的调节者,而是一个采访者",②需要为人们创造工作环境,寻找工作机会,创设各种有利人们实现自我的工作条件与氛围。

应该说,"自我实现人"假设把关于人性问题的认识在"社会人"假设基础上又向前推进了一大步,尤其是强调了人的自主性与自觉性对于行为活动的重大意义。然而,这种以人的自主与自觉意志为前提的"自我实现人"假设又难免陷于过于理想化的状态之中。因为,人的"自主性不是绝对的可能的,而是有条件的和相对的可能的"③。笔者以为,人要成为具有自主意识的人,至少必须具备这样的条件:其一,较高的学识修养与思想深度。其二,身处良性的组织环境或氛围中。而这两个条件的达到并非轻而易举之事。因而,总体上来说,"自我实现人"假设存在对人性认识过于乐观、期望过高的缺陷。

(四)"复杂人"假设分析

继前三种人性假设理论提出之后,管理学家又提出了"复杂人"假设。这是在对前三种人性理论批判的基础上产生的。在沙因看来,前三种人性假设都在一定程度上或在某一侧面是正确的,但都无法完整地认识人性问题。因为,"人们的需要与潜在欲望是多种多样的,而且这些需要的模式也随着年龄与发展阶段的变迁,随着所扮演的角色的变化,随着所处境遇及人际关系的演变而不断变化"④。因而,"复杂人"假设的提出在某种程度而言是对前三种人性假设缺陷的弥补,并强调,在工作中,应考虑到人的需要之复杂性、难度量性而实行权变的管理方略,即在实施管理策略时,要根据所面对的情境脉络(context of situation)而定。⑤ 笔者以为,"复杂人"假设的提出的确能够为我们对人性的认识提供新的分析视角,避免出现线性与单一的思维方式。然而,"复杂人"假设过于强调人的复杂性,并认为很难有一种理论或制度能够适用所有人、所有组织,而这又未免陷入一种"自绝死路"的理论境地。理论的最高境界是运用于实践并指导实践,倘若理论研究最终是一种对实践无益的自我否证,理论就失去了其存在的意义。

---

① Abraham H. Maslow. Motivation and Personality [M].New York:Haperand Row,1954:68.
② 赵本全.人性假设理论基础上的高等学校管理[J].内蒙古师范大学学报,2007(1):35-37.
③ [法]埃德加·莫兰.复杂性理论与教育问题[M].陈一壮,译.北京:北京大学出版社,2004:215.
④ [美]埃德加·沙因.组织心理学[M].余凯成,李校怀,何威,译.北京:经济管理出版社,1957:116.
⑤ J. Lorsch,P. Lawrence. Studies in Organizational Design [M].Homewood:Irwin and Dorsey,1970:94.

二、人性假设理论下的同行评议专家

在大学学术同行评议机制的运行中,同行评议专家起了关键和核心作用,无论是同行评议的有效性还是同行评议公正性的维护或提高,都必须最大限度地依赖同行评议专家的水平。因而,分析人性假设理论下同行评议专家的表征,将有利于我们更准确地把握评议专家的角色与内涵。

(一)同行评议专家是社会普通人

所谓同行评议专家,实质上就是指具备某一专业知识并行使学术同行评议职责的群体。因而,在一般人眼里看来,专家扮演的是一种高深莫测的角色,具有神秘性与不可触摸的特征。诚然,这种理解或识读并非毫无道理。因为,高深的专业知识与能力只有受过特殊教育与训练的人方能掌握。正如布鲁贝克所言:"既然高深学问需要超出一般的、复杂的甚至是神秘的知识,那么,自然只有学者能够深刻地理解它的复杂性。"①然而,仅仅将同行评议专家的本征做此单一的判断未免过于简单与粗糙了。必须清楚的是,同行评议专家首先是一个人,不仅是生物学意义上的人,也是社会学意义上的人。因而,对于同行评议专家的人性的判定,不可忽略的一点是,他们首先是一个社会人,社会中的普通人。做此判定的目的主要是消弭人们对评议专家的神化与绝对道德化,使人们把评议专家当作一个社会普通人来看待。我们知道,在现实的社会中,由于人们常常认为专家学者是绝对道德的化身,是不食人间烟火、超凡脱俗的世外高人,因而,一旦这些专家学者在工作中有所偏颇与失误就大加谩骂与指责。实际上,这并非对专家学者们的敬重,反而给他们造成了异于一般人的无形压力,最终对他们的工作是极为不利的。因此,笔者认为,应首先将同行评议专家定位为社会的普通人。其一,在其个体的生存与发展中,存在多种不同的需要,如经济物质的需要、精神层面需要等。其二,作为普通人意义上的同行评议专家也同样为社会的各种制度所约束,并非特权阶层或享有绝对自由和自主的群体。

(二)同行评议专家是学术人

除却社会普通人这一层面,同行评议专家是一个地地道道的学术人。所谓学术人,简单来说就是学者。在《现代汉语词典》中,学者是指"做学问的人或在学术上有一定造诣的人"。在刘易斯·科塞(Lewis A.Coser)的理想中,学者是一群不以实用为目的,甘愿抛却物质利益的群体,他们"不追求实用目标,他们是在艺术、科学或形而上的思考中,简言之,是在获取非物质的优势中寻求乐趣的人"②。然而,不以实用为目的的学术研究,并不意味着学术研究的无用性。随着学术与社会关系愈加密切,学术研究的社会功用也自然显现出来。因此,布鲁贝克认为,"学者乃是献身于学术并主动地以自己的学术去关注现实,影响社会的人"③。到了

①　[美]约翰·S.布鲁贝克.高等教育哲学[M].郑继伟,张继平,徐辉,等译.杭州:浙江教育出版社,2001:31.

②　[美]刘易斯·科塞.理念人——一项社会学的考察[M].郭方,等译.北京:中央编译出版社,2001:1.

③　[美]约翰·S.布鲁贝克.高等教育哲学[M].郑继伟,张继平,徐辉,等译.杭州:浙江教育出版社,2001:113.

1942年，洛根·威尔逊(Logan Wilson)第一次为学术人进行了界定，他在其著作《学术人》(*The Academic Man*)一书中，将大学教师称为学术人，并认为，"作为学术人的大学教师应该具有学术地位，并应该为学术的发展做出自身的贡献，体现其学术职业的价值"①。然而，威尔逊并未在真正意义上提出"学术人"假设理论，但其相关论述为我们对学术人的识读提供了理论基础。有学者在此基础上提炼了学术人的特征。诸如，以追求学术知识为理想，具有坚定的学术立场、严谨的治学态度、良好的学术人格、渊博的学术知识以及良好的学术道德等。②

笔者以为，从以上对学术人概念及特征的理解，作为学术守门人的同行评议专家具备了学术人的特征。但必须注意的是，在当前功利主义泛滥、无序竞争充斥学术市场以及行政权力泛化的环境下，同行评议专家的学术人品质遭到了严重的侵蚀，并有逐渐扩大与蔓延之势。因此，笔者以学术人定位同行评议专家的本征，一方面是为了区别于社会上的普通人，他们有较高的学识修养与学术智慧；另一方面是为了重申专家们应有的地位、权力与自由。只有保证其应有的地位、权力与自由，他们才能真正开展高质量的同行评议活动。

(三)同行评议专家是精英人

所谓"精英"，在《现代汉语词典》中的解释为"精华或出类拔萃的人"。换言之，精英就是优秀分子、杰出人员或超出一般群体具备卓越品质或水平的人。意大利著名社会学家、精英理论的开创者维弗雷多·帕累托(Vilfredo Pareto)认为，从广义来看，精英"是指那些在人类活动的各个领域里取得突出成绩的冒尖人物"③。从这点来看，精英不是某一领域专属的名词，各个领域中都有属于自己的精英，比如政治领域的精英、经济领域的精英、学术领域的精英等。无疑，同行评议专家属于学术领域的精英范畴。

同行评议专家之所以具有精英人的本征，是由同行评议活动的本质与功能要求决定的。同行评议活动是某一领域的专家对该领域一项工作的学术水平或重要性的评判与鉴定，而这种"学术水平"或"重要性"的判定并非一般的人员所能胜任。正如布鲁贝克所言："学术界不是人人平等的民主政体，而是受过训练的有才智的人的一统天下。"④因此，承担学术评判或鉴定的专家学者必定是该领域中的优秀或精英分子。笔者以为，同行评议专家的精英性主要表现在两个方面：其一，学有专长，是本领域学术研究的佼佼者。其二，在道德品质与精神操守方面也应该是优秀的、杰出的。比如，具备正义感、责任感、公正性、相容性等。

三、人性假设理论下的同行评议利益冲突的产生与规避

当前，"利益冲突在各个领域凸显出来，在科学领域的同行评议活动中也不例外"⑤。这

---

①　Logan Wilson.The Academic Man [M].New Brunswick and London,1995:15-243.

②　李志峰,杨开洁.基于学术人假设的高校学术职业流动[J].江苏高教,2009(5):14-16.

③　徐小龙.帕累托的精英理论评析[J].理论观察,2007(5):77-78.

④　[美]约翰·S.布鲁贝克.高等教育哲学[M].郑继伟,张维平,徐辉,等译.杭州:浙江教育出版社,2001:42.

⑤　龚旭.同行评议与科学基金政策研究[J],中国科学基金,2007(2):91-94.

表明,同行评议中的利益冲突不仅是一种普遍现象,而且有愈来愈明显的趋势。从人性假设理论视角对同行评议中利益冲突的产生进行解读并就如何规避问题进行探讨,或许能获得新的启发与借鉴。

(一)同行评议利益冲突产生的人性假设理论诠释

学术活动中的利益冲突,是指"科学家(科研机构)的次要利益与其职责所代表的主要利益之间的冲突"[①]。按照此定义,同行评议中的利益冲突,简言之,就是指同行评议专家的私人利益与其职责所代表的主要利益之间的冲突,进而有可能不恰当地影响了评议的公正性或有效性。很明显,同行评议中的利益冲突的产生主要是由评议专家处理其私人利益与职责利益之间关系不当而引起的。造成这种现象的原因是多方面的,不仅有个人道德方面的原因,也有社会环境及组织制度方面的因素。而从人性假设理论来看,主要表现在如下几个方面:

1."趋利避害"的人性基本假设引发同行评议利益冲突

无论是旧的人性假设理论还是后来新发展的人性假设理论,都是从人性的某个侧面或某方面的需求角度出发进行分析的。然而,在众多人性假设理论的背后,存在一个人性的基本假设。社会心理学家们将社会交换中的"趋利避害"作为对人性基本假设的理论规定。美国社会学家霍曼斯(G.C.Homans)在其社会交换理论的"成功命题"[②]中就充分体现了人具有"趋利避害"的倾向。此外,精神分析学派、行为主义学派以及人本主义学派也都在不同角度论证了这一观点。比如,行为主义学派指出,"人的行为在得到奖赏后就受到正强化,得到惩罚后就受到负强化,由此呈现出趋利避害"[③]。

在同行评议活动中,评议专家也具有"趋利避害"的人性基本假设特征。并且,这种"趋利避害"直接或间接地影响其对主要利益与次要利益关系的处理。当评议专家对其私人利益的关注度超过了职责利益,利益冲突现象便产生了。比如,当某一评议专家的人情利益大于评议的职责利益,评议专家就可能因趋"大利益"而引发利益冲突的现象;或当所评议之论文或项目与其自身的研究内容具有竞争性,评议专家可能因"避其害"而引发利益冲突的现象。

2."经济人"假设的泛化引发同行评议利益冲突

在西方人性假设理论的发展过程中,"经济人"假设是经济学和管理学的一个奠基性的理论前提。然而,正由于"经济人"假设的奠基性、合理性不断强化着人们的观念,以至于出现"经济人"假设的泛化现象。即,"经济人"假设被运用于非经济领域并解释非经济行为。考察其泛化的内涵,具体可表现为如下两个方面:其一,人们在活动中,以"经济人"自居,掩盖其他的人性本征,一切以追求自身利益的最大化为目标。即如亚当·斯密(Adam Smith)所言:"每一个人都不断地竭力为他所能支配的资本找到最有利的使用方法。"[④]其二,"经济

---

①　文剑英.科学活动中利益冲突的公开[J].科学技术哲学研究,2010(6):93-97.

②　霍曼斯的"成功命题":一个人的某种行为能得到相应的奖赏,他就会重复这一行动;某一行动获得奖赏愈多,重复活动的频率也随之增多;获得的奖赏愈快,重复活动的可能性就愈大。(参见:乐国安.社会心理学理论[M].兰州:兰州大学出版社,1997:270.)

③　李磊.关于人性假设的理论思考[J].天津社会科学,2002(6):64-66.

④　[英]亚当·斯密.国富论[M].谢宗林,李华夏,译.西安:陕西人民出版社,2001:500.

人"假设的泛化还表现在将其他的人性特征都纳入"经济人"假设的效用内涵范畴。即"凡是能给效用人带来正效用的一切因素,都要进入其收益函数。……如追求生理需要、安全需要、社交需要、尊重需要和自我实现(含利他主义)需要的满足,都能给自身带来正效用"①。

"经济人"假设的泛化同样也体现在同行评议专家身上,并因此可能引发利益冲突现象的产生。尤其是在当前的社会大环境下,"过渡时期的社会背景和新旧社会规范交替的约束'软化'滋生了'见利忘义'的'经济人'"②。比如,在评议过程中,评议专家坚持"利己排他"的原则,一切以是否有利于自身利益作为行动的出发点。同时,将评议专家自身的其他人性特征都"经济人"化,如将评议专家的尊重需要、自我实现需要、道德需要等都纳入"经济利益"范畴。在这种情况下,利益冲突存在与发生的可能性大大加强。

3."学术人"精神的式微引发同行评议利益冲突

"经济人""社会人""自我实现人"等不同的人性假设虽然都从某一侧面揭示了人性的本质特征,但都有各自不可避免的局限性。同行评议专家在本质上是从事学术活动的学者,所从事的职业是学术性的职业。因而,运用"学术人"假设来解释并指导同行评议专家的行为活动是最为贴切与科学的。然而,从现实的角度看,真正的以"学术人"假设来指导同行评议专家的活动常常只能是一种理想状态的目标。因为,"学术人"所具有的各种禀赋与特征,如良好的学术道德、坚定的学术立场、严谨的治学态度等正逐渐消退。作为"学术人"的同行评议专家,他们本来是"可相对游离于各利益集团的控制之间或之外,在文化人格上基本属于相对的'自由独立型'"③。然而,在当前"学术人"精神正渐趋式微的背景下,他们"已经不再是良知和道义的社会形象代言人,他们已放弃了谦谦君子的精神追求,在专业化发展的过程中遁入了思想的空门"④。因此,在这种情况下,同行评议专家在评议活动中极有可能因"学术人"精神式微而动摇本应坚守的学术道德与学术立场,从而引发各种各样利益冲突的现象。

(二)人性假设理论下的同行评议利益冲突规避

通过对人性论分析、同行评议专家的人性论解读以及同行评议利益冲突产生的人性论诠释,笔者以为,对于防范与规避同行评议中的利益冲突,应遵循以下几条分析思路。

1.以"社会普通人"精神坦诚公开私人利益

一般而言,人们对利益冲突往往投以贬抑的眼光,认为一个人在工作中有利益冲突是不道德的,因而在谈起利益冲突时会有一种愧疚感。从事同行评议活动的评议专家们也不例外,并在现实中对利益冲突常常讳莫如深或刻意隐瞒存在的种种利益冲突。这其实是对利益冲突的歪曲或矫枉过正。事实上,利益冲突是再普遍和正常不过的现象了。但必须清醒地认识到,利益冲突的存在并不一定会导致利益主体不端行为的发生。它只是表明存在某些影响人们行为的因素而已。尽管如此,利益冲突情境的存在会使引发不端行为的可能性

① 贺卫,王浣成.从经济人到效用人——经济学中人性假设的飞跃[J].山西财经大学学报,2000(3):1-6.

② 李桂君."经济人假设"泛化的不合理性刍议[J].中共四川省委党校学报,2002(4):97-101.

③ 王全林.知识分子视角下的大学教师研究[D].南京:南京师范大学,2005:31.

④ 车丽娜.教师文化的嬗变与重建[D].济南:山东师范大学,2007:146.

更大,最起码,也会使公众对利益主体的行为产生信任危机。因此,防范与规避利益冲突是必需的。

从人性假设的角度,要规避同行评议中的利益冲突问题,首先要让评议专家们以"社会普通人"精神来坦诚公开私人的利益。评议专家不是圣人,不是不食人间烟火的世外高人,他们是活生生的社会普通民众的一分子。他们也有七情六欲,也有各种生存与发展需要的利益。坦言与公开自己的私人利益并不丢脸,也不是不道德的表现。相反,若因评议专家隐瞒与忽略私人利益而导致不端行为的发生才是违反职业伦理的表现。因此,就连《英国医学杂志》为了改变人们对利益冲突内涵的看法,也把"利益冲突"的表述改为"相互抵触的利益",并指出:"我们希望看到,这将会减少人们的过失感并鼓励他们公开(disclosure)自己相互抵触的利益。"①评议专家对私人利益的坦诚公开至少有两个方面的好处:一是将自己置身于一个开放的公众监督平台环境下,从而产生了一种自我的约束力;第二,评议专家私人利益的公开有利于评审机构的管理者在权衡利弊的基础上对评议专家的选择与组织作出科学、合理的决策。

2.以"复杂人"假设指导同行评议专家的选择

在同行评议活动中,一个重要且关键的环节就是如何科学、合理地选择同行评议专家。通常情况下,评审机构的管理者一般会考虑诸如学术水平、职业道德、地区分布、年龄结构等方面的因素。我国学者吴述尧在调查的基础上对我国国家自然科学基金委员会的评议专家除了基本修养之外,还提出了独特的包括5种修养、15种能力的修养指标。②而美国国家科学基金会在选择评议专家时,除了上述条件外还考虑到了专家们的社会影响力、任职期限、机构分布、利益冲突等方面。然而,从人性假设理论角度看,为了防范与规避利益冲突,笔者以为,应以"复杂人"假设来指导同行评议专家的选择。"复杂人"假设理论强调人的需求与欲望是动态的、发展变化的,会随着时间、空间及其他要素的变化而变化。比如,同一位评议专家因时间的改变、被评议者的改变、自身阶段性需求的改变等因素,在某次评议活动中是合适的,但在另一次同学科或研究方向的评议活动中可能是不合适的,评审机构的管理者必须敏锐地感知到这一点,并在选择评议专家时作出正确的决定。此外,以"复杂人"假设指导同行评议专家的选择还须遵循以下两个原则:一是坚持全方位、多角度地考察候选专家,防止出现"一叶障目,不见泰山"的现象;二是要权衡利弊,对候选专家自身的各种复杂性需求进行必要的预测性风险评估,从而作出合理的选择,以免因吹毛求疵而出现无人可选或延误选人时机等方面的问题。

3.着力培养同行评议专家的"学术人"人格

从人性假设理论视角防范与规避同行评议中的利益冲突,除了上述两点之外,还有一个重要的思路就是着力培养同行评议专家的"学术人"人格。通过前面的分析可知,一个真正意义上的"学术人"具有坚定的学术立场、良好的学术道德、严谨的治学态度等方面的优良品质。具体来说,同行评议专家具有坚定的学术立场,就能够在同行评议中始终站在学术的角度考虑问题,不为外界的其他因素所左右,如行政权力因素的干扰等。因为,"在知识问题

① Richard Smith.Beyond Conflict of Interest:Transparency Is the Key [J].British Medical Journal,1998(317):291-292.

② 吴述尧.同行评议方法论[M].北京:科学出版社,1996:116.

上,应该让专家单独解决这一领域中的问题,他们是一个自治团体"①。而拥有良好学术道德和严谨治学态度的评议专家必定能始终以客观、科学的眼光来审视学术问题,不会弄虚作假、自我偏见或充当"老好人"等。然而,反观现实,当前的许多评议专家的"学术人"的角色名不副实。从他们在评议活动中的表现来看,与其说是"学人",毋宁说他们是"商人"。即在强大的私人利益面前,所谓的学术立场、职业道德及治学态度等皆居于从属地位。因此,对于同行评议利益冲突的防范不仅要在具体的策略上下功夫,还应从更宽泛的视角做努力,如在同行评议专家的"学术人"人格养成方面做文章。

第二节　委托代理理论与大学学术同行评议利益冲突

大学学术同行评议是一种涉及价值判断的评价活动,更具体来说,是对大学教师(某项)学术工作(如学术论文、著作、申请项目等)的水平或重要性的鉴定。承担此评价工作的主体是学术共同体内部从事相同或近似该学术工作的专家。换言之,教师某项学术工作水平的裁定并不能由自己完成,它依赖于学术共同体内部的其他同行专家们。按照普拉特(David Platt)和泽克豪瑟(Richard Zeckhauser)的观点,"只要一个人依赖另一个人的行动,那么委托-代理关系便产生了,采取行动的一方即代理人,受影响的一方即委托人"②。这表明,大学学术同行评议活动中也存在着一种委托代理关系。即某一学术共同体或被评议人委托适当的同行专家作为代理人对某一学术工作的水平或重要性作出科学、公正的评议。鉴于此,本节对委托代理理论及其在大学学术同行评议中的体现进行阐释与分析,或许为对理解大学学术同行评议机制及其利益冲突的产生有所启迪,也能为我们治理与规避大学学术同行评议中的利益冲突问题提供一种重要的分析思路。

一、委托代理理论的内涵

所谓委托代理理论,从其本质上讲,"就是用来解释和处理各种委托-代理关系中出现的诸多矛盾和冲突,使其利益关系得以协调,以促进委代双方利益增进的理论"③。它是信息经济学的基本分析框架,也是法人治理理论中的核心议题之一。它的出现是随着代理人问题的产生而产生的。

早在亚当·斯密时代,这位西方经济学界前辈就以其敏锐的洞察力,开始研究企业的所有者与经营者之间的关系问题。在他看来,"在钱财的处理上,股份公司的董事为他人尽力,而私人合伙公司的伙员,则纯是为自己打算"④。然而,从西方企业的发展史来看,这时期的企业组织形式仍然是以个人独资或合伙的方式为主。与此相适应的是,企业的组织形式基

---

① [美]约翰·S.布鲁贝克.高等教育哲学[M].郑继伟,张维平,徐辉,等译.杭州:浙江教育出版社,2001:28.
② 张万朋.高等教育经济学[M].南宁:广西师范大学出版社,2004:120.
③ 王振贤.委托-代理理论及其借鉴价值[J].天津党校学刊,1998(1):23-27.
④ [英]亚当·斯密.国富论[M].谢宗林,李华夏,译.西安:陕西人民出版社,2001:303.

本上是所有者与经营者合一。因而,尽管亚当·斯密已经开始在理论上研究,但在现实中却很难找到实践的原型。随着西方资本主义经济的发展,企业的组织形式也出现很大的变化。其中,公司制的出现逐渐占据主导地位。而公司的规模和经营业务范围的扩张最终导致了企业所有权与经营权的分离时代的到来。20世纪30年代美国的经济学家贝利(Adolph Berle)和米恩斯(Gardiner Means)对此进行了考察,并在其出版的《现代公司与私有财产》(*The Modern Corporation and Private Property*)一书中认为,在当时的股份公司中,"大多数管理者不再是主要的所有者,说得更确切些,没有主要的所有者,管理在很大程度上是脱离所有权而存在的"[①]。此后,西方的众多学者开始掀起了企业的所有者与经营者之间的委托代理关系问题,并最终形成较为成熟的委托代理理论。比如,20世纪60年代末的威尔逊、70年代的莫里斯(James Mirrlees)以及80年代的格罗斯曼(Sanford Grossman)等。

委托代理理论认为,企业中的所有人员都是追求个人私利的"经济人"。代理人存在机会主义的倾向,在某些情况下有可能因个人私利而做出对委托人不利的行为。归结起来,委托方与代理方因目标上的不一致、责任上的不对等、信息上的不对称等诸多原因,可能会导致一系列冲突与矛盾的产生,主要体现在"逆向选择"与"道德风险"两个方面。因此,建立有效的激励与约束机制是处理委托代理问题的必要手段。大部分学者认为,提高约束成本、重视非正式的软约束力量、建立有效的信息传播机制是重要的途径与措施。

总之,委托代理理论的提出最初是为了解决股份公司所有权与经营权分离后产生的种种问题。它是现代企业制度发展的必然产物,也是企业发展的重要组织形式。有效地处理好委托代理关系可以为企业经济的发展带来良好的收益。然而,倘若打破企业组织的视域,就整个大范围的社会组织而言,社会上许多甚至是任何组织中都存在着委托代理关系。因为,社会组织越是精密化、规模化、专业化就越需要分工合作,而分工合作中必然存在一方委托另一方代理的关系问题。因此,随着多学科研究理念的形成,委托代理理论也逐渐应用于文化学、教育学、社会学等领域。

二、同行评议的委托代理关系结构分析

关于委托代理之间的关系,主要指"委托人授权代理人在一定范围内以自己的名义从事相应活动、处理有关事物而形成的委托人和代理人之间的权能与收益分享关系"[②]。体现在同行评议活动中,就是被评议人或评审管理机构委托同行评议专家代理他们行使评议的权力,并由此形成委托代理关系。

(一)嵌套式的委托代理关系结构

大学的学术同行评议中,涉及被评议者、评审管理机构和同行评议专家三类人,并且这三类人之间的关系相互制衡与约束。根据委托代理理论,笔者以为,大学学术同行评议形成了一种嵌套式的委托代理关系结构,见图4-1。

---

① Adolph Berle, Gardiner Means. The Modern Corporation and Private Property [M]. New York: Commerce Clearing House, Inc., 1932: 117.

② 陈敏,杜才明. 委托代理理论述评[J]. 中国农业银行武汉培训学院学报, 2006(6): 76-78.

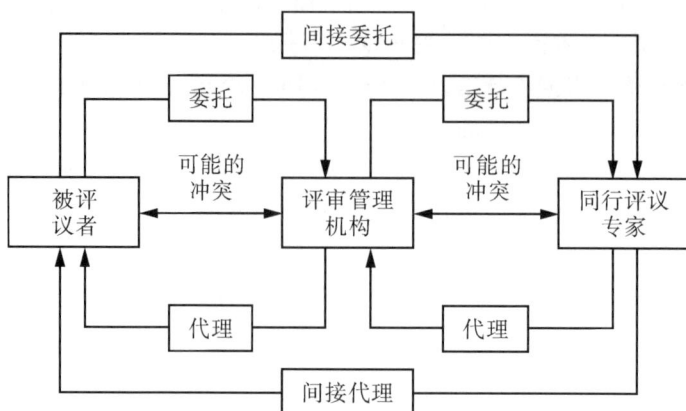

图 4-1　大学学术同行评议的委托代理关系结构

　　具体而言,首先是被评议者提交学术成果给评审管理机构,并委托其主持该评议活动,这构成了两者之间的"信任托管"关系;其次是评审管理机构根据待评内容的学科性质选择相应的专家组成同行评议专家组,并委托他们行使评议的权力,形成两者之间的委托代理关系。因此,在这种嵌套式的委托代理关系结构中,被评议者与评审管理机构是第一层级的委托代理关系,评审管理机构与同行评议专家是第二层级的委托代理关系,而被评议者与同行评议专家之间则形成了间接的委托代理关系。

　　1.被评议者与评审管理机构之间的"信任托管"关系

　　大学的学术评价活动,一般涉及有限资源的配置问题,比如,学术职务的晋升、科研成果的奖励、基金项目的申请以及学术论文的发表等方面。在这种情况下,学术评价活动必然是以一种竞争性的评议方式出现。而同行评议便是竞争性评议(competitive review)的范畴,"科学家们用它来证明程序正确性、确认结果合理性及分配稀缺资源(诸如期刊篇幅、研究资助、认可以及特殊荣誉等)"①。同行评议的竞争性特征必然要求当事人对评议活动实行回避。比如,不能由被评议人自己选择评议专家进行评议。因此,一般来说,被评议者首先被要求将待评内容提交给相应的评审管理机构,并委托其管理待评内容的评议活动。这样,被评议者与评审管理机构之间就形成第一层级的委托代理关系。更确切地说,是一种"信任托管"关系。

　　2.评审管理机构与同行评议专家之间的委托代理关系

　　同行评议中最重要、最核心的委托代理关系,是评审管理机构与同行评议专家之间形成的第二层级的委托代理关系。我们通常所说的同行评议委托代理关系一般也指这一层级的关系。在这一层级中,评审管理机构是委托人,同行评议专家是代理人。比如期刊论文的投稿评议中,期刊编辑部是委托方,而被选择的评议专家是代理方。形成该层级的委托代理关系主要有如下两个方面的原因:其一,大学学术是一门高深学问,具有较强的专业性特征,不是任何人,甚至任何学者都能准确、科学地进行评判与鉴定的,除非是本专业的同行们。因

　　① ［美］达里尔·E.楚宾,爱德华·J.哈克特.难有同行的科学:同行评议与美国科学政策［M］.谭文华,曾国屏,译.北京:北京大学出版社,2011:1.

而,委托同行专家行使评议职能是唯一途径。其二,即使委托方存在相关的同行专家,但限于时间与精力的因素,不可能独立完成全部评议活动。况且在笔者看来,在一个评审管理机构中,存在适合所有专业方向的同行专家似乎不太可能。因而,依赖其他同行专家进行评议是一个合理的选择。

(二)同行评议委托代理关系中的博弈模型

博弈理论,简言之,就是"研究各方策略相互影响的条件下,理性决策人的决策行为的一种理论"[①]。它与委托代理理论具有相同的理论前提,即都是基于"理性经济人"假设前提下的人类行为活动方式。在委托代理关系结构中,由于存在信息不对称等原因,委代双方有可能会产生利益上的矛盾与冲突。因而,观测委代双方的行动策略——博弈模型,对于解决委代双方的矛盾与冲突具有积极的意义。

在大学学术同行评议的委托代理关系中,作为委托方的评审管理机构与作为代理方的同行评议专家之间存在着博弈行为。根据博弈理论,我们假设评议专家有两种行为策略:违规与守规。评审管理机构也有两种行为策略:与评议专家共谋或揭发评议专家的行为。

假设评审管理机构通过与评议专家共谋可获收益 $I_1>0$,且共谋成功,可获额外收益 E,成本为 $C_1>0$。通过揭发评议专家行为可获得收益 $I_2>0$,成本为 C_2,且 $C_2>C_1$。假设评议专家通过违规可获益为 $B_1>0$,承担的风险成本为 RC,且 $RC>B_1$。通过守规可获收益为 $B_2>0$,且 $B_1>B_2$。基于上述假设,我们可以建立两者之间的博弈模型。

表 4-1　评审管理机构与同行评议专家的博弈矩阵

委托人	代理人	同行评议专家行为策略	
		违规	守规
评审管理机构	共谋	I_1+E-C_1,B_1	I_1-C_1,B_2
	揭发	I_2-C_2,B_1-RC	I_2-C_2,B_2

根据上述模型我们可以看出,如果评议专家知道评审管理机构会与之同谋,则其会选择"违规"操作。若评议专家知道评审管理机构会揭发其行为,则其会选择"守规"操作。然而在上述的模型中,由于,$I_1+E-C_1>I_1-C_1$,且在一般情况下,$I_1+E-C_1>I_2-C_2$,因此,无论评议专家选择违规操作或守规操作,对于评审管理机构来说,共谋是最优策略。在此情况下,若评议专家知道评审管理机构采取的是最优策略,那么评议专家就会因 $B_1>B_2$,且在不需支付 RC 的条件下,选择"违规"操作作为行动的最优策略。因此,该博弈的纳什均衡解是共谋、违规,即 I_1+E-C_1,B_1。由此可见,在同行评议的委托代理关系中,基于委代双方皆为"理性经济人"的假设前提,评审管理机构与评议专家很有可能因各自私人利益产生矛盾与冲突,并进而损害被评议人及整个学术共同体的利益。

三、委托代理理论下同行评议利益冲突的产生与规避

尽管委托代理理论源自企业管理的实践,并主要适用于经济领域内所有权与经营权分

---

① 郭磊.博弈论简介[J].山东经济,1999(6):17-19.

离后产生的矛盾与冲突问题。但随着社会分工的不断发展,社会组织规模的扩大与专业化程度的提高,委托代理关系与问题也不断在非经济组织(如政治、文化、科学等)中出现。甚至可以说,在现代社会,"委托-代理关系存在于一切组织、一切合作性活动中,存在于各种组织的每一个管理层次。高等教育领域也不例外"①。其中,在大学学术同行评议中,因委托代理关系的存在也产生了相应的委托代理问题,并主要表现在"利益冲突"产生的问题上。

(一)同行评议利益冲突产生的委托代理理论解释

从委托代理关系的自身来看,委代双方的信息不对称、激励不相容以及契约不完备是其无法逾越的三种自然性缺陷。由此,产生了一系列表现为"道德风险"和"逆向选择"等方面的矛盾与冲突。此理论同样适用于解释大学学术同行评议利益冲突产生的问题。

1.同行评议委代双方的信息不对称催生利益冲突

"在信息经济学文献中,常常将博弈中拥有私人信息的参与人称为'代理人',不拥有私人信息的参与人称为'委托人'。"②换言之,在委托代理关系中,委代双方具有信息不对称的特征,且在一般情况下,代理人比委托人掌握更多、更为全面的相关信息。而这种非对称信息情况的存在,使代理人有可能出现机会主义的倾向,在适宜的时空条件下,就有可能产生一系列利己行为,从而背离代理人应尽的职责和义务。

同行评议中,作为委托人的评审管理机构,与作为代理人的评议专家之间也同样存在信息不对称的问题,并因此可能催生利益冲突。具体主要表现在如下两个方面:其一,同行评议专家自身信息的隐秘性,如评议专家的个人禀赋、道德水平、学缘关系、个人背景、专业水平等方面的信息,评审管理机构不可能完全掌握。由此可能造成遴选评议专家时无法排除具有利益冲突境况的人选,出现所谓的"逆向选择"现象,从而为代理人在评议活动中产生利益冲突行为提供了可能性。其二,评议专家评议活动信息的不可觉察性。由于同行评议活动的专业性很强,在具体的评议活动中,专家们的评议行为或决定(无论客观还是不客观)往往不是评审管理机构所能预料或提出质疑的。有学者认为,"代理人行为的这些性质称为不可观察性和不可证实性"③。比如,如何对一篇待评论文打分,如何写评语等都是专业性极强的活动,委托人要获得此评议信息往往只能被动地依赖评议专家们。在这种情况下,评议人有可能会产生"道德风险"问题,即为追求私人利益的最大化,在可能的范围内与委托人产生利益冲突。

2.同行评议委代双方的激励不相容催生利益冲突

在委托代理关系中,由于"委托人与代理人的预期目标不一致,从而导致两者的行为准则、价值取向不和谐甚至相互冲突"④。换言之,在以"理性经济人"假设为前提时,无论委托人还是代理人都是以追求个人效用的最大化为行动目的的。而这种个人效用函数的不一致,便天然地产生了委代双方激励不相容的问题。这样一来,代理人就有可能因追求个人效

① 周伟,李全生.基于委托-代理理论中国高等教育评估问题[J].华东经济管理,2008(12):121-124.

② 张维迎.博弈论与信息经济学[M].上海:上海人民出版社,1996:398.

③ 蔡文兰.防范与矫正教师"道德风险"的有效机制——基于"委托-代理"理论视角[J].教育科学论坛,2008(4):21-23.

④ 陈敏,杜才明.委托代理理论述评[J].中国农业银行武汉培训学院学报,2006(6):76-78.

用最大化而损害委托人的利益,从而催生委代双方的利益冲突。

同样地,在同行评议活动中,委代双方也存在个人效用函数不一致的特征。具体来讲,作为委托方的评审管理机构,如期刊编辑部,其追求的个人最大效用是评议活动的公正性、有效性与客观性。因为,它需借此获得优秀的、高质量的稿件,借此获得应有的收益,如期刊杂志的良好声誉,以及由此带来的其他种种物质的或非物质的利益。然而,作为代理方的评议专家,从"经济人"假设出发,他们对期刊是否能获得高质量的稿件抱着无所谓的态度,甚至根本不关心期刊是否可以获得良好声誉。他们追求的个人最大效用是在评议活动前后获得物质或非物质的利益。比如,理想的审稿费用、得到的学习机会、融洽的人际关系甚至是意想不到的礼物等。这样一来,在契约不完备、信息不对称等情况下,评议专家就极有可能对评议内容作出不客观、不公正的判断。由此可见,同行评议中委代双方的个人效用函数的不一致,也是催生利益冲突的可能因素之一。

3.同行评议委代双方的契约不完备催生利益冲突

委托代理关系,是基于现代企业的契约制度而形成的。因此,从其本质上讲,"它既是一种分工关系,又是一种契约关系"[①]。而这种契约,"在新制度经济学中,是指一种显明或隐含的契约"[②]。通过契约,委托人可以制定相关的规则与条例来约束或激励代理人的行为。然而,任何一种契约(无论是显明的还是隐含的)都不可能完美无缺。况且,在委代双方信息不对称的情况下,制定一个相对完善的契约并非易事。契约的不完备,为代理人偏离委托人的目标与利益的活动提供了可乘之机。诚如美国宏观经济学大师曼昆(N.Gregory Mankiw)所言:"如果委托人不能完全监督代理人的行为,代理人就倾向于不会像委托人期望的那样努力。"[③]

在同行评议活动中的委代双方,应该说,也存在相关的契约。尤其是在西方发达国家,众多科研机构或大学都有关于利益冲突的相关政策。比如,美国国家科学基金会、国立卫生研究院等机构不仅制定相关利益冲突政策,而且还要求评议专家在行使评议职能之前填写相关的"利益冲突与保密声明"[④]。然而,这种契约的功能却发挥得不尽如人意。因而,来自公众以及科学家自身对同行评议的批评从未中断。楚宾在对美国补助金同行评议实证调查的基础上,作出了有关同行评议利益冲突不可避免的推论。他认为,因利益冲突的存在,"提供一个客观的、无私的、合理的评议,这一伦理上很困难的工作也许实际上是不可能完成的"[⑤]。由此可见,契约在同行评议的委托代理关系中并没有达到预期的效果。究其原因,笔者以为,同行评议委托代理关系中的契约不受重视或尚不完备仍是主要方面。比如,当前在世界范围内,除以同行评议活动为重心的基金组织有专门的同行评议利益冲突政策,大部分科研机构(包括大学在内)都只有宽泛意义上的覆盖整个科学活动的利益冲突政策。而在

①　李必强,刘运哲.西方国家委托-代理理论评析[J].武汉汽车工业大学学报,1998(5):56-60.

②　陈磊.委托代理理论对我国高校管理体制改革的启示[J].成都大学学报(社会科学版),2007(1):82-83.

③　[美]曼昆.经济学原理(第三版)(下册)[M].梁小民,译.北京:机械工业出版社,2005:78.

④　NSF.Conflict-of-Interests and Confidentiality Statement for NSF Panelists, NSF-Form-1230P (8/97),2002.参见:美国国家科学基金会网站 http://www.nsf.gov/eng/iip/sbir/peer_review.jsp/.

⑤　[美]达里尔·E.楚宾,爱德华·J.哈克特.难有同行的科学:同行评议与美国科学政策[M].北京:北京大学出版社,2011:73.

我国,相关情况更是乏善可陈。

(二)委托代理理论框架下同行评议利益冲突的规避

在大学学术同行评议活动中,利益冲突问题正日益显现出来,并严重威胁公众对科学乃至科学家的信任感。因此,必须加以防范与规避。反观企业对委托代理问题的解决,一般是以制度建设为重心,主要是激励和约束机制,包括加强监督、实行效率工资制度等。① 因此,从委托代理理论视角出发,笔者以为,防范大学学术同行评议中的利益冲突应秉承以下一些思路:

1.增加信息成本以防范利益冲突的可能性

根据委托代理理论,委托代理问题的产生主要源于委代双方的信息不对称,从而导致委托人利益的损失,即所谓的"代理成本"。而为了降低代理成本就必须从增加"信息成本"入手,尽可能地改变"信息不对称"现象。由此可见,代理成本和信息成本是呈相反方向变动的。换言之,"契约关系中确定的约束规则越是完整、明晰,越能约束代理人的机会主义行为,代理成本就会降低"②。

在大学学术同行评议中,要规避利益冲突,也必须提高信息成本以降低代理成本。笔者以为,可以从如下两方面入手:其一,评审管理机构应采取多种策略,尽可能地了解评议专家的各项信息。比如,评议专家的个人禀赋、道德水平、学术专长等。其中,应着重了解影响评议专家客观、公正评议的某些次要利益。当前学术界称为利益冲突的公开或披露,即"同行评议专家有义务根据评议委员会提出的利益冲突标准将自己可能涉嫌有利益冲突的社会关系与经济关系告知评议委员会"③。然而,当前的评议专家对于个人利益的公开状况仍然很不理想,这就需要评审管理机构设计相关制度加以解决。其二,评审管理机构应在可能的情况下,提高对评议过程信息的了解。尽管由于同行评议活动的专业性和主观性等特征,评审管理机构要获得这些信息的难度很大。然而,通过采取相关的某些措施仍是有所帮助的。比如,可派选评审管理机构的代表列席评议活动,也可在评审后通过公开评审专家的名单等措施来实现民主监督。

2.注重职业伦理的"软"约束力作用

在贝克尔(Gary S. Becker)看来,"政客也罢,知识分子也罢……各种人的各种活动的目的只有一个,那就是追求效用最大"④。根据此理论,委托代理关系中的代理人,倘若出现违规行为的收益大于所支付的成本,其违规行为一般会发生。然而,从现实的角度看,我们仍然能在实践中找到不少的反例。究其原因,笔者以为,并非贝克尔理论的失灵,而是代理人自我内在的道德约束力量所致。换句话说,职业伦理的"软"约束力也是抑制代理人违规行为发生的一个重要方面。

为规避同行评议活动中的利益冲突,也应该尽可能地加大评议专家职业伦理的"软"约

---

① 陈通.宏微观经济学[M].天津:天津大学出版社,2006:162.

② 童亚宾,谢芳.委托代理理论在高校内部管理中的应用探析[J].当代经济管理,2006(3):30-32.

③ 周颖,王蒲生.同行评议中的利益冲突分析与治理对策[J].科学学研究,2003(3):299-302.

④ [美]加里·S.贝克尔.人类行为的经济学分析[M].王业宇,陈琪,译.上海:上海人民出版社,1995:4.

束力作用。具体来说,就是要对评议专家加强科学家"精神特质"方面的教育。在默顿看来,"精神特质"是"具有感情情调的一套约束科学家的价值和规范的综合"①。当这种"精神特质"内化为科学家的科学良心后,它就是学术工作中的超我,在道德层面形成内在的自我约束。正如英国学者齐曼所言,"一个职业科学家必须熟悉科学家的行为准则,并且必须准备在实际中遵守这些准则"②。这种道德层面的内在自我约束体现的是一种"知识的良心",是雅斯贝尔斯心中所坚持的"直觉、喜好所需要的自由和有意识的控制,使灵感具体成形的坚持之间的统一"③。它使得评议专家们在评议活动过程中坚持学者应有的道德良知和道德规范,自始至终扮演"理性代言人"的角色,不受现实利益的诱惑。

3.建立以奖惩机制为基础的同行评议反评估制度

从同行评议委托代理关系中的博弈模型可知,若评议专家知道评审管理机构会揭发其评议行为,则其会选择守规操作。且在一般情况下,由于信息不对称,委代双方的纳什均衡解是共谋、违规。因此,为规避同行评议中的利益冲突,建立相关的制度法规,加强对评议人的行为的监督是重要且必不可少的举措。况且,作为解决委托代理问题的激励与约束机制,仅靠代理人内在的道德约束是远远不够的。因为,"没有外部约束的内部约束是高层次的约束,但不是全部意义上的约束,更何况内部约束的价值观标准已被污染"④。换句话说,纯粹柔性的道德约束在外部强大的利益诱惑面前,有时会显得相当薄弱,外在的制度建设则体现出相对的刚性与强制性,它可以弥补道德层面内在约束的不足与缺陷。

笔者以为,在大学学术同行评议活动中,应建立以奖惩机制为基础的同行评议的反评估制度。当然,评估并非为了分等分级,而是为了激励或约束。评审管理机构可以在一项评议活动结束后,选择适当的时间,重新组织评估专家,对该项评议专家的评议行为(包括评议人的利益冲突行为)进行评估,并以此评估结果为标准,实施奖优惩劣活动。比如,"通过评估可以定期公布优秀的评议人名单并给予精神和物质上奖励;同时,对于在同行评议中有违规行为的评议专家实行必要的惩戒,如取消其未来几年之内申请科研经费和不得担任评议专家的资格等"⑤。此外,必须强调的是,对于反评估制度及其奖惩机制应注意以下两个方面的问题:一是不能流于形式,即评估应切实到位,力求科学、客观,不可泛泛而评,做"老好人",出现不切实际的多奖少惩现象;二是对惩罚应达到一定的强度。否则,当违规成本(惩罚力度小)远远小于违规收益时,代理人的违规行为仍有发生的较大可能性。

①　[美]罗伯特·默顿.科学社会学——理论与经验研究[M].鲁旭东,林聚任,译.北京:商务印书馆,2003:350.

②　[英]约翰·齐曼.元科学导论[M].刘珺珺,译.长沙:湖南大学出版社,1988:120.

③　[德]雅斯贝尔斯.什么是教育[M].邹进,译.北京:生活·读书·新知三联书店,1991:151.

④　魏江.浅谈学术规范:软性约束与硬性约束并举[C]//李醒民.见微知著——中国学界学风透视.开封:河南大学出版社,2006:187.

⑤　林培锦.权力与利益视角下的学术同行评议制度优化研究[J].科技进步与对策,2011(11):99-102.

第三节　科学场域理论与大学学术同行评议利益冲突

从本质上看,大学学术同行评议属于大学学术(科学)活动的范畴。承担评议工作的评审专家们都来自大学学术共同体,他们有着共同的学术信念、学术态度和行为方式。这与布尔迪厄眼中所称的"场域"有共通之处,即,"由社会成员按照特定的逻辑要求共同建设的,社会个体参与社会活动的主要场所"①。因而,从某种程度上来说,大学学术共同体也是一种特定的场域。即,"那种相对自主的空间,那种具有自身法则的小世界,决定有所为或有所不为的人之间的'客观关系的结构'"②。人们把这种场域称为学术场域或科学场域,大学学术同行评议活动就是在科学场域中运行的。笔者以为,科学场域是布尔迪厄的社会学场域论在科学界的具体运用,它是一种具有普遍性意义的分析工具。科学场域理论的内涵及其关系特征必然对大学学术同行评议活动产生相应的影响与制约。因此,运用科学场域理论对大学学术同行评议进行分析,或许能为我们理解大学学术同行评议活动及其利益冲突现象的产生与防范提供一个新的思维框架和操作性范例。

一、场域与科学场域理论的内涵

除福柯(Michel Foucault)之外,法国的布尔迪厄由于其在社会学研究上的理论贡献,人们把他与德国的哈贝马斯(Jürgen Habermas)、英国的吉登斯(Anthony Giddens)并称为欧洲的社会学三大巨匠。布尔迪厄在社会学研究上的最大成就就是场域理论,并且将其运用在各个领域中,比如文化教育界的科学场域。

(一)场域理论

场域(field),从字面上理解,指的是某一空间或位置。法国的布尔迪厄最早将其作为社会学上的一种理论加以研究。当然,布尔迪厄的"场域"理论的提出得益于其早年的人类学研究,尤其是运用人类学方法对阿尔及利亚原始部落所进行的分析研究。不过,在这一点上,他与列维-施特劳斯发生了分歧。在施特劳斯看来,人类学方法只能适用于历史较短,分化程度不高的"冷社会",对于现代社会(热社会)的研究却不适用。然而,布尔迪厄却与之意见相左,他认为,"没有什么能阻止我们将人类学的方法应用于现代社会中"③。此后,他又受到了拉宾诺(Paul Lapinot)的影响,最终提出了"场域"概念。布尔迪厄认为,"在高度分化的社会里,社会世界是由具有相对自主性的社会小世界构成的,这些社会小世界就是具有自

---

①　李全生.布尔迪厄场域理论简析[J].烟台大学学报(哲学社会科学版),2002(4):146-150.

②　[法]皮埃尔·布尔迪厄.科学的社会用途——写给科学场的临床社会学[M].刘成富,张艳,译.南京:南京大学出版社,2005:30-31.

③　R.Harker,C.Mahar,C.Wikes.An Introduction to the Work of Pierre Bourdieu[M].The Macmillan Press Ltd.,1990:75.

身逻辑和必然性的客观关系的空间,而这些小世界自身特有的逻辑和必然性也不可化约成支配其他场域运作的那些逻辑和必然性"①。而这些相对独立的"社会小世界"实际上就是各种场域。场域不仅是社会学上的一个理论,也是社会学分析与研究的一个最基本的单位。因为,在布尔迪厄看来,对于社会学的研究,推行个体主义或整体主义都是不恰当的,从中间层次进行观测才是最明智的选择。即"社会科学的真正对象并非个体,场域才是基本性的,必须作为研究操作的焦点"②。

　　布尔迪厄从其关系主义的思维视角出发,将"一个场域定义为位置间客观关系的一个网络或一个形构,而这些位置是经过客观限定的"③。场域是一个社会空间,它具有相对的独立性,并且场域中存在着复杂多变的关系,为了争夺这些位置,场域内充满着矛盾与斗争,斗争的结果决定了场域内的位置与关系的安排。此外,布尔迪厄又进一步提出了与场域关系密切的"资本""惯习"概念。资本是一种具有累积性的资源,它的类别和多寡决定了场域内竞争的逻辑。布尔迪厄非常形象地把社会竞争与赌场竞争进行分析比较,认为两者之间的区别在于是否拥有累积性资本的资源。赌场中的竞争是完全性的、机会均等的、不受已有财富的影响,而社会中的竞争是"参加者以异质性的身份参与的,这异质性主要表现为他们拥有不同质与量的资本"④。换句话说,社会中的竞争是一种起点不平均的不平等的竞争。因此,在笔者看来,资本概念的提出更加丰富了场域理论的内涵,它为场域内的矛盾与斗争找到了解释的依据。同时,也充分体现了布尔迪厄的社会学研究准则。诚如其所言:"社会学家和历史学家的职责在于对社会的运作进行科学分析……就社会学来说,它就不可避免地要发掘隐秘,特别统治者不愿看到的被揭露的隐秘。"⑤惯习也是场域理论中非常重要的一个概念。所谓惯习,是指"一种可持续、可转化的定势系统,它作为结构化的、客观统一的实践的发生基础而发挥作用"⑥。换言之,惯习就是一系列定势组成的禀性系统,它在潜意识中发生作用,维持着场域活动的正常运转。它"首先表达的是一种组织化行为的结果,与结构意义接近;它也指一种存在方式,一种习惯性的状态(尤其是身体的状态),特别是一种嗜好、爱好、秉性、倾向"⑦。可以说,没有惯习,社会将无法正常运转,场域亦如此。

　　总之,场域、资本、惯习是布尔迪厄场域理论中不可或缺的三个概念。单独讲任何一个概念都是片面的,只有将这三个概念有效地融合在一起,并通过内在的科学逻辑关系进行联系,才能更好地理解场域理论的内涵。

---

　　① [法]皮埃尔·布尔迪厄,L.华康德.实践与反思——反思社会学导论[M].李猛,李康,译.北京:中央编译出版社,1998:134.

　　② [法]皮埃尔·布尔迪厄,L.华康德.实践与反思——反思社会学导论[M].李猛,李康,译.北京:中央编译出版社,1998:145.

　　③ L.D.Wacquant.Towards a Reflexive Sociology:A Workshop with Pierre Bourdieu [J].Sociological Theory,1989(7):28-39.

　　④ 李全生.布尔迪厄场域理论简析[J].烟台大学学报(社会科学版),2002(2)146-150.

　　⑤ [法]皮埃尔·布尔迪厄,[美]汉斯·哈克.自由交流[M].桂裕芒,译.北京:生活·读书·新知三联书店,1996:53.

　　⑥ Pierre Bourdieu.Algeria [M].Cambridge:Cambridge University Press,1979:7.

　　⑦ Pierre Bourdieu.Outline of a Theory of Practice [M].Cambridge:Cambridge University Press,1977:214.

(二)科学场域理论

从场域理论出发,布尔迪厄分析了社会上很多的子场域,如经济、政治、文化、科学的场域等。其中,他认为,科学场域是自主性最强的场域,它与其他场域一样,都是一种客观关系的结构。"科学场域的结构在任何时候都是由科学斗争的先导者之间的力量关系的态势来定义的。"[①]布尔迪厄科学场域理论的提出并非凭空地套用社会学中的场域理论,而是基于其对法国的科学传统与科学史的批判。尤其是对存在主义、经验主义和实证主义的批判,使他找到了科学场域的概念。换言之,科学场域理论的提出,"就是反对所谓的'纯粹科学'和'奴性科学'的选择,前者把科学看成圣徒传记式的描述,后者是一种大而化之的犬儒主义的描述,将科学与政治、宗教、艺术等混为一谈"[②]。在布尔迪厄眼中,科学场域具有与其他场域一样的共性,也有其自身的特殊性。其共性表现在都是一个充满生气、力量与斗争的社会小世界。场域中的不同主体都依靠惯习与资本决定着场域竞争的逻辑。科学场域的特殊性则表现在多个方面。比如,科学场域的资本具有"科学资本、世俗资本和符号资本"之分,科学资本不同于其他场域的资本,是一种象征性资本。此外,科学场域的"入场费"比其他场域要高,因此也就决定了其独立性较强的特征。

笔者以为,科学场域是一个较为特殊的场域,科学场域理论是科学理论与场域理论的有机结合。科学场域不仅具有其自身的特殊性,也具有与社会其他场域的共同性。因而,科学场域理论的提出,能够有效地将社会学理论与科学理论相互贯通,尤其是在分析科学场域中的理论与实践问题时,能够有效地避免研究视角的单一性。布尔迪厄 1981 年在法兰西学院的就职演说也谈到,"教育场域——和知识分子的研究一样——在他的研究中处于根本地位"[③]。

二、同行评议的科学场域理论解释

从科学场域理论的视角分析,大学学术同行评议也形成了一个场域,我们把它称为"同行评议场域"。在该场域中,评议专家、评审管理人员、被评议者是主要活动者,必然会受到场域的影响与制约。此外,布尔迪厄曾经提出了场域实践的分析模式:[(惯习)(资本)]+场域=实践。[④] 将此公式运用于大学学术同行评议中,便是同行评议的评议专家带着各自的惯习和各种不同的资本,在权力场域中斗争,从而形成同行评议场域。

(一)科学场域理论对同行评议的适用性

既然场域是社会学研究的基本单位,那么,对于大学学术同行评议活动的社会学分析当

---

① [法]皮埃尔·布尔迪厄.科学之科学与反观性[M].陈圣生,涂释文,梁亚红,等译.南宁:广西师范大学出版社,2004:98.

② 朱彦明.布尔迪厄的"科学场"观念[J].自然辩证法研究,2007(1):18-21.

③ 宫留记.论布尔迪厄的高等教育理论[J].现代大学教育,2008(4):12-16.

④ Pierre Bourdieu. Distinction:A Social Critique of the Judgment of Taste [M].Trans.Richard Nice. Translation of La Distinction:Critique Sociale du Jugement.Cambridge,Mass:Harvard University Press,1984:101.

然也可以借鉴场域理论。事实上,同行评议活动就是一个相对独立的场域。场域理论对同行评议的适用性表现在如下几个方面:

其一,承担同行评议活动的评议专家都来自学术共同体,而学术共同体是一种具有共同研究范式的学者团体,它与社会中的其他团体或组织具有不同的逻辑和不同的客观关系。20世纪40年代波兰尼提出学术共同体就是为了将学者团体与社会上的其他团体区别开来,以体现科学的自主性。换句话说,同行评议作为一种场域有其自身的逻辑、规则与常规。

其二,同行评议中存在一系列特定的客观关系的系统,如评议专家之间的关系、评议专家与被评议者之间的关系、被评议者之间的关系以及评审管理机构与评议专家或与被评议者之间的关系等,并且这些关系是被客观限定的,是"马克思所谓的'独立于个人意识和个人意志'而存在的客观关系"①。而这些客观关系的结构或位置取决于场域中活动主体的权力或资本分配。显然,同行评议中,评议专家或被评议者的这种结构或位置关系是由于不同的资本(主要体现为科学资本)的分配而形成的。一般来说,之所以他是评议专家,原因在于其拥有较高的专业知识(科学资本)。

其三,同行评议也是一个充满矛盾与斗争的空间或场所。场域绝不是静止的空间,而是充满生气与活力、矛盾与斗争的空间。布尔迪厄认为,"作为包含各种隐而未发的力量和正在活动的力量的空间,场域同时也是一个争夺的空间,这些争夺旨在继续或变更场域中这些力量的构型"②。而资本是场域斗争最重要的动力,由于拥有不同质与量的资本,"场域中不同的行动主体凭借不同的资本实力和权力,以竞争、冲突的方式不断巩固已有的资本并争取更多的资本"③。在大学学术同行评议中,各行动主体由于所拥有的资本(主要体现为学术资本,还包括其他的世俗资本)不同,也充满着竞争与冲突,比如,评议专家与被评议者之间的竞争、被评议者之间的竞争以及评议专家的竞争等。

其四,同行评议场域的界限取决于评议作用停止的地方。按布尔迪厄的观点,场域的界限很难确定,因为,"尽管各种场域总是明显地具有各种或多或少已经制度化了的'进入壁垒'的标志,但它们很少会以一种司法限定的形式(如学术机构录取人员的最高限额)出现"④。因此,布尔迪厄认为应靠经验上的研究来加以确定。同理,作为在科学场域下运行的同行评议活动,其边界问题也不是完全明朗的。事实上,我们知道,大学中的所有成员都可能潜在受到同行评议的影响。并且,进入同行评议场域并没有一个限额的制约,一般来说,只要你积累了足够的科学资本,获得了同行的认可,便有可能进入该场域。因此,其界限只能如同布尔迪厄所说的一样,在其作用停止的地方。

---

　　① 　[法]皮埃尔·布尔迪厄,L.华康德.实践与反思——反思社会学导论[M].李猛,李康,译.北京:中央编译出版社,1998:133.
　　② 　[法]皮埃尔·布尔迪厄,L.华康德.实践与反思——反思社会学导论[M].李猛,李康,译.北京:中央编译出版社,1998:139-140.
　　③ 　郭海青.试述布尔迪厄关系主义视角下的场域惯习理论[J].湖南文理学院学报,2008(5):45-48.
　　④ 　[法]皮埃尔·布尔迪厄,L.华康德.实践与反思——反思社会学导论[M].李猛,李康,译.北京:中央编译出版社,1998:138.

(二)科学场域理论下同行评议的运作模式

科学场域理论中,资本、惯习、场域三者之间是一种密不可分的关系,而场域的实践也由这三个因素共同起作用。如前所述,布尔迪厄曾经提出了场域实践的分析模式,按照这个分析模式,同行评议也形成了自身独特的运作模式。具体来讲,一是同行评议的评议专家带着各自不同的资本(科学资本、世俗资本)进入同行评议活动场域中。资本的拥有决定着其作为评议专家的资格,同时,不同的资本分配决定着相互之间的冲突与斗争。二是同行评议专家在长期的学术活动与学术评价活动中建构起了一定的定势系统,即惯习。而惯习的存在不仅使评议专家集体出现相应的评价行为,而且还在评议专家个体身上体现不同的思维倾向性。三是同行评议专家共同在一个具有相对独立性的场域空间进行着学术上的价值判断活动。这种场域总是由一定的时间和空间组成结构,在时间上表现为累积而成惯习因素,而在空间上表现为文化氛围下的评议规范因素。总之,场域理论下的同行评议运作是在[(惯习)(资本)]+场域=实践的模式下进行的(图 4-2)。

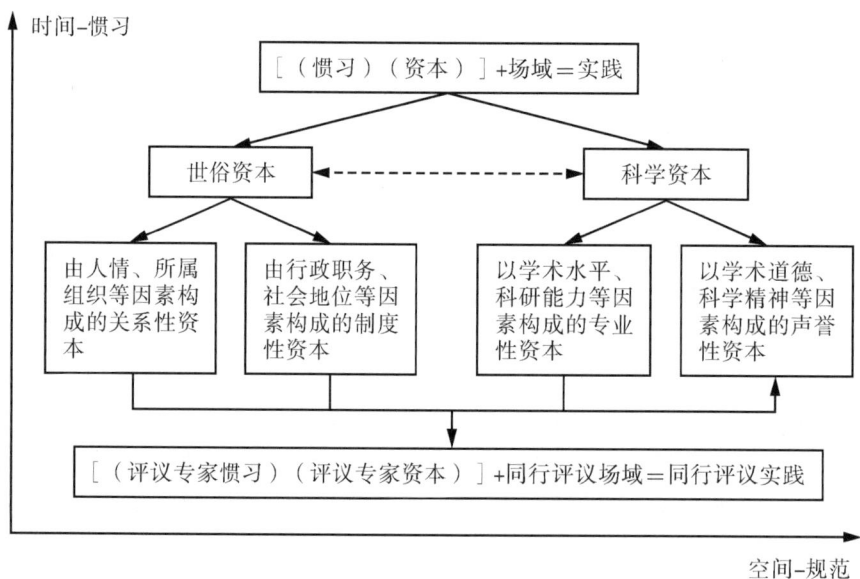

图 4-2　科学场域理论下同行评议运作模式

图 4-2 表明,在科学场域理论下,大学学术同行评议形成了自身的场域,而这种场域是发生在一定的时间和空间状态下(纵坐标表示时间,而时间的累积则形成了评议专家的评议惯习;横坐标表示空间,而空间是指一定的文化氛围下的评议规范或准则)。大学学术同行评议中的评议专家总是带着两种资本进入评议场域中。第一种为非学术性的世俗资本,这种资本也可称为一种权力。在布尔迪厄看来,"这种权力是与科学机构、实验室或行政部门的领导者及各种分委会和评审委员会等的下属机构所占据的优势位置紧密联系在一起的"[①]。笔者以为,就大学学术同行评议而言,世俗资本由两部分组成:其一是由人情、所属组织等因素

---

① ［法］皮埃尔·布尔迪厄.科学的社会用途——写给科学场的临床社会学[M].刘成富,张艳,译.南京:南京大学出版社,2005:38.

构成的关系性资本,这种关系性资本在某种状态下也可以表现为一种权力;其二是由行政职务、社会地位等因素构成的制度性资本。第二种是学术性的科学资本,这种资本主要体现为一种学术上的权威性的资本。一是由学术水平、科研能力等因素构成的专业性资本;二是由学术道德、科学精神等因素构成的声誉性资本。

理想状态下,最好的大学学术同行评议运作方式是在学术性的科学资本影响下进行,但这仅仅是一种理想。大学学术同行评议作为一种社会学机制,不可避免会受到世俗资本的影响。诚如布尔迪厄所言:"由于科学场的自律性从来都不是完全的,而且处在该场中的行动者的策略都既是科学的又是社会的,两方面的性质不可分离,因此,该场域是两个种类的资本并存的场所。"①此外,图中虚线表示两种资本在适当的时候可以转化。但从现实的情况来看,由非学术性的世俗资本转化为学术性的科学资本要更为迅速与容易,而由学术性的科学资本转化为非学术性的世俗资本则要困难得多。

三、科学场域理论下同行评议利益冲突的产生与规避

布尔迪厄眼中的场域是一个充满矛盾与斗争的空间。同理,在科学场域理论下,大学学术同行评议场域也因行动主体的资本分配结构与惯习差异等因素而产生各种矛盾与斗争。笔者以为,这些矛盾与斗争集中体现在大学学术同行评议中的利益冲突现象上。因而,从科学场域理论的视野来观测大学学术同行评议利益冲突的产生及其防范与规避,或许能为我们提供一个新的理论解释框架和思维模式。

(一)同行评议利益冲突产生的科学场域理论解读

从科学场域理论看,场域自主性不强,同一资本间的争夺以及不同资本之间的冲突是场域运行的原动力。此外,场域中行动主体的惯习所体现出来的性情倾向也在适当的时候加剧了场域的矛盾运动。同样地,在科学场域中,场域的自主性、资本、惯习等是大学学术同行评议利益冲突产生的重要影响因素。

1.科学场域自主性的弱化引发利益冲突

从场域的角度看,大学学术同行评议是在科学场域中运行的,因而,必然受到科学场域特性的影响与制约。诚然,从一般意义上讲,科学场域与社会中的其他场域一样是一个相对自主的小世界。并且,布尔迪厄在研究政治、经济等其他场域之后认为,"自主性最强的场域是科学场,其次是高层次的艺术场,相形之下,法律场域较少自主性,而自主性程度最弱的是政治场域"②。正因为如此,布尔迪厄接着说:"处于一个科学场域,也就是处于一个对无功利的目标感兴趣的条件下,尤其是这种无功利的目标可以得到回报……凡是参与科学场域中的人都对真理感兴趣,而不是像其他场域中人认为个人的兴趣才是真实的。"③然而,在今天来看,布尔迪厄的观点似乎不再那么具有说服力。换言之,科学场域的自主性正不断

---

①　[法]皮埃尔·布尔迪厄.科学之科学与反观性[M].陈圣生,涂释文,梁亚红,等译.南宁:广西师范大学出版社,2004:95.

②　李全生.布尔迪厄场域理论简析[J].烟台大学学报(哲学社会科学版),2002(2):146-150.

③　Pierre Bourdieu.The Peculiar History of Scientific Reason [J].Sociological Forum,1991(1):1-22.

弱化,独立性在消减。尤其是在我国具有"官本位"与"人情关系"传统的国度中,科学场域的自主性就更为弱小。有时,在某种程度上它与社会的其他场域(如政治场)的自主性差别不大。导致这种现象的原因至少有如下两个方面:其一,随着社会的发展,科学不再绝缘于社会,纯粹在自我的"真理小世界"中自得其乐,自我发展,而是与社会的发展紧密相连,尤其是科学技术在经济发展中体现出强大功能,更加强化两者之间的关系。而作为科学研究的重镇——大学,也不再是自我封闭的象牙塔。甚至在现代社会中,"大学被誉为人类社会发展的'动力站'"①。很显然,大学或科学与社会的关系密切就必然会导致科学场域自主性的弱化。其二,任何场域都是社会大场域中的子场域,必然会受到社会文化的影响。比如,在我国,"官本位"与"人情关系"的文化传统也自然会影响到科学场域,并导致其自主性的弱化。

根据场域理论,一种场域越是自主就越能按照自身的逻辑运行,外界的干扰就越少,反之则不然。诚如布尔迪厄所言:"场域越缺乏独立性,其竞争就越不完善,活动者也就越容易在科学斗争中自主地引入非科学的力量。相反,场域越独立,其竞争就越近似纯粹和完善,审核性工作就越能排除社会力量的干扰,变得更科学化。"②这样一来,由于科学场域自主性的弱化,大学学术同行评议中非学术性的世俗资本就会渗透进来,并与学术性的科学资本形成矛盾与冲突的境遇。作为同行评议专家,身处非学术世俗资本与学术性科学资本的矛盾与冲突的场域中,自然有可能引发各种形式的利益冲突现象。

2.学术性科学资本的严重失衡引发利益冲突

在科学场域中,所谓学术性的科学资本,"它是一种特殊的权力,一种或多或少独立于制度化的权力的个人'声望',这种个人声望,几乎完全建立在所有同行或他们中最神圣的那一部分人认可的基础之上"③。在大学学术同行评议中,笔者以为,作为行动主体的学术性科学资本可以体现在两个方面:一是代表学者学术水平与科研能力方面的专业资本,另一种则是代表学者的学术道德、科学精神方面的声誉资本。一般来说,若行动主体之间的学术性科学资本保持一种较为平衡的状态,则场域的运行会更加有序与健康,若严重失衡,则有可能给场域的运行带来无序与混乱。因为,从场域理论来看,"资本是历史积累的结果,是一种排他性资源,同时又是新一轮社会活动的起点。资本的总量和结构在很大程度上决定着资本持有者在场域中竞争时所采取的策略"④。具体来看,一方面,若代表学者学术水平与科研能力方面的专业资本失衡,则容易造成学术性科学资本上的两极分化,并使部分学者产生急功近利的思想。表现在同行评议中,部分专业资本薄弱的被评议者为了追寻与获得这些资本便有可能采取一系列不正当的手段(如使用人情关系)对评议专家施加"压力",影响评议行为。另一方面,若代表学者学术道德与科学精神方面的声誉资本失衡,则有可能出现学术上的违规现象。表现在同行评议活动中,如声誉资本薄弱的评议专家可能会为了自己的个

① [美]亚伯拉罕·弗莱克斯纳.现代大学论——美英德大学研究[M].徐辉,陈晓菲,译.杭州:浙江教育出版社,2001:1.

② [法]皮埃尔·布尔迪厄.科学的社会用途——写给科学场的临床社会学[M].刘成富,张艳,译.南京:南京大学出版社,2005:36.

③ [法]皮埃尔·布尔迪厄.科学的社会用途——写给科学场的临床社会学[M].刘成富,张艳,译.南京:南京大学出版社,2005:38.

④ 李全生.布尔迪厄场域理论简析[J].烟台大学学报(哲学社会科学版),2002(2):146-150.

人私利而罔顾其职责利益,出现利益冲突现象或行为。

此外,科学场域中,非学术性的世俗资本与学术性的科学资本可以互相转化。尽管相形之下,后者转化为前者比前者转化为后者要难得多,但一旦转化成功,便可获得很大利益,甚至是意想不到的收益。因此,这也成了一种现实性的诱惑,尤其是在后者严重失衡的情况下,这种诱惑引发的动力更为强大。体现在大学学术同行评议中,这种诱惑也是引致利益冲突发生的原因之一。

3.评议专家的惯习潜沉引发利益冲突

大学学术同行评议活动是同行评议专家依靠自身的专业知识,遵循一定的评议准则对被评议者的学术成果所做的一种价值判断的过程。这种价值的评判过程尽管有较为客观的评议标准、评议规范,但作为行动主体的评议专家的个人主观性也必然渗透其中。从场域理论的角度看,就是评议专家的惯习也是同行评议活动的影响因素之一。场域理论中的惯习指的是一种由历史而累积起来的禀性系统。而禀性在菲利普·柯尔库夫(Philippe Corcuff)看来,是一种"以某种方式进行感知、感觉、行动和思考的倾向,这种倾向是每个个人由于其生存的客观条件和社会经历而通常以无意识的方式内在化并纳入自身的"[①]。布尔迪厄反对社会学的主客二元对立观,认为绝对的主观或绝对的客观都是对社会事物的一种极端的看法,场域理论也不例外。因此,布尔迪厄提出了与场域有密切关联的惯习概念,并把惯习当作理解场域实践非常特有的方法。在他看来,"性情倾向一词,非常适于表达惯习概念(定义为性情倾向系统)所涵盖的内容"[②]。它由场域实践和历史而产生,同时又在场域实践中不断发挥着作用。用布尔迪厄的话来说,至少体现为两个方面的内涵,即"结构化了的结构(structured structures)和结构化的结构(structuring structures)"[③]。此外,惯习体现为一种主观与客观相结合的产物。所谓主观,是指惯习表现为一种主观的性情倾向体系,既表示个人的主观性,也表示场域集体的主观性。"我们提惯习,就是认为所谓个人,乃至私人,主观性,也是社会的、集体的。惯习就是一种社会化了的主观性。"[④]所谓客观,是指惯习并非凭空和随意产生的,它是场域实践的产物,是场域实践经过长时间的累积而成的,并内在到场域的行动主体身上。笔者以为,既然惯习表现为一种主观性的性情倾向体系,那么在具体的场域实践中,这种主观性的性情倾向就有可能会影响到行动主体的心理与行为,并最终可能引发矛盾与冲突。

在大学学术同行评议场域中,评议专家们也存在自身的主观性情倾向体系,即惯习。这种惯习在某种状态下,体现为评议专家的某种思维或行为的定式。比如,对青年学者学术科研能力的怀疑或轻视,对处于低层次的大学学术人员学术能力的怀疑或轻视,对与自身相同研究内容或课题的偏爱,对同乡、同学、同单位学术人员的学术成果倍感亲切,对学术权威的学术成果的膜拜,等等。可以说,在这种思维定式的影响下,评议专家很有可能会缺乏客观、

①　[法]菲利普·柯尔库夫.新社会学[M].钱翰,译.北京:社会科学文献出版社,2000:36.

②　Pierre Bourdieu.Outline of a Theory of Practice[M].Cambridge:Cambridge University Press,1977:214.

③　See D. Swartz.Culture and Power:The Sociology of Pierre Bourdieu[M].Chicago:The University of Chicago Press,1997:103-144.

④　[法]皮埃尔·布尔迪厄,L.华康德.实践与反思——反思社会学导论[M].李猛,李康,译.北京:中央编译出版社,1998:170.

公平评价的心态,尤其当这些所谓的定式在一些外力的作用下,就有可能会引发利益冲突现象或行为。此外,评议专家们的惯习还体现为对评议过程特征的定式。当然,这种惯习是同行评议场域长期实践积淀而成的产物。比如,评议过程中的"打招呼"现象(包括物质上打招呼也包括精神上的打招呼等),假如评议专家存在这种惯习,那么在具体的评议过程中,打过招呼的自然会区别对待。但那些没有打招呼的,即使你的成果确实不错,但也会因为惯习而出现"马虎应对""草率打分"的现象,或者出现所谓的"老好人"现象。显然,同行评议中这些现象或行为,就是因惯习而产生利益冲突问题。

(二)科学场域理论视角下同行评议利益冲突的规避

通过以上分析,我们了解到,大学学术同行评议中利益冲突的产生也受到场域中某些因素的影响。因此,要防范与规避利益冲突现象,也必须去场域理论中寻找答案。对此,笔者以为可以从以下几条思路加以分析:

1.加强学术共同体建设,提升科学场域的自主性

对于任何一个场域来说,场域的自主性是相当重要的。因为只有自主性强的场域才能真正将自己与其他场域区分开来,并始终按自身的逻辑有序地运行。而自主性弱的场域则会使外场域的力量或资本介入并干扰本场域的实践活动。诚如布尔迪厄所言:"令我们确信无疑的是,'场域'获得的独立性程度越有限、越不完全,世俗等级和特定等级之间的差别就越显著,世俗权力就能够接替外部权力,并介入特殊的斗争。"[①]当然,大学学术同行评议所属的科学场域也不例外。因此,要规避利益冲突的发生,首先一点就必须提高科学场域的自主性,使科学场域中的大学学术同行评议活动能够尽可能地排除外界非学术性资本的干扰,按照自身学术性资本的逻辑运行。

那么,该如何提升科学场域的自主性?笔者以为,加强学术共同体的建设是一个最为重要的途径。具体来讲,可以从下面两个方面着手:其一,合理协调好大学学术权力与行政权力的职责分工,防止行政对学术过多干预,避免非学术性的世俗资本在学术共同体中占据主导地位。当前我国的学术共同体建设中,这一点不仅是重点也是难点。因为,行政权力泛化、行政力量过度干预学术事务的现象一直以来都困扰着我国大学的管理与发展。如何创设一种良性的机制,使行政与学术各司其职、相互协调、共同发展,是我们必须加以研究并得到有效解决的一个紧迫性课题。其二,除了行政权力之外,避免人情资本的过多侵扰也是学术共同体建设的一个关键点。我国是一个有深厚人情文化的国度,我们必须承认,完全杜绝人情的影响是不可能的。但是不能完全杜绝并不代表我们不能加以预防或控制。事实上,就大学学术同行评议中的利益冲突而言,采取预防性措施的意义非同寻常。这样一来,建设好一个健康、生态的学术共同体,就意味着具备了一个自主性强的科学场域,而科学场域的自主性越强,大学学术同行评议活动就越能以学术性为目标,确保评议活动的客观与公正。

2.以制度建设为抓手,改革学者间学术资源的分配格局

在科学场域中,学术性科学资本之间的严重失衡是一个能够极度催生行动主体功利主

---

① [法]皮埃尔·布尔迪厄.科学的社会用途——写给科学场的临床社会学[M].刘成富,张艳,译.南京:南京大学出版社,2005:41.

义思想的影响因子。所谓"患均不患贫"便是这个现象的生动写照。试想,在一个大学中,教授与助教或讲师之间所持的有学术性科学资源(有形的和无形的)若严重失衡,那么处于低层次的教师必然会想努力获得这些资源,因为学术资本有很大的诱惑性。而当自己的正当性努力在现实中困难重重或阻力甚大之时,正当性努力就可能会变质,甚至会以歪力的方式呈现,出现手段与目的相背离的问题,体现在大学学术同行评议中,就是一种利益冲突现象。因此,为规避同行评议中的利益冲突现象,应尽可能地平衡科学场域中学术性科学资本的结构,减少场域中行动主体急功近利的思想意识。

笔者以为,要做到这一点,必须以制度建设为抓手,改革学者间学术资源的分配格局。具体可以表现为如下两个方面:其一,以制度的方式,给低层次的科研人员提供有利的学术活动平台,比如,在课题申报、成果奖励等方面为处于低层次的年轻科研人员创造更多的机会,从而维持年轻科研人员做学问的积极性与热情。其二,改变科研人员业绩考核的某些方式。比如,在学术成果的奖励上可以实行"低层高奖""高层低奖"的方式。即假如低层次学者与高层次学者在同一级别的成果奖项上,给予低层次学者更高的回报,而给予高层次学者较低的回报等。当然,还可以再探索其他的改革措施以平衡学者之间的学术资源分配格局。在此不再赘述。此外,为了达到学者消除功利主义思想的目的,还有一个措施便是追加科学场域中符号资本的潜在价值。符号资本又称象征性资本,指的是一种诸如声望、荣誉等方面的资本。倘若大学的学者们能够将眼光更多地聚焦于符号资本,那么就易形成非功利主义的思想。总之,当科学场域中的行动主体变得不再那么急功近利,而是对学术保持一份冷静、坦然、诚实的态度,那么其作为大学学术同行评议专家时,也能保持冷静与诚实的心态。

3.培养学者学术品格,克服评议中的不良惯习依赖

在场域理论中,惯习是一种客观与主观相结合的产物,它作为一种性情倾向系统,对场域的实践产生潜在的作用。一般来说,良性的惯习产生积极的作用,而不良的惯习则产生消极的作用。从当前我国的大学学术同行评议来看,不良惯习远远多于良性惯习。而这种不良惯习的存在,往往会给同行评议实践带来许多问题,其中较为突出的就是利益冲突问题。比如,在期刊投稿论文的评审中,评议专家的某些连贯性因素会被带进评判过程之中,"由于他们所受过的学术训练的影响,编审会对那些自己所受过相似专业训练的投稿人在方法论、理论取向和表达方式上有所青睐"[1]。这种"青睐"就是利益冲突产生的原因。

鉴于此,笔者以为,要在惯习层面规避大学学术同行评议的利益冲突问题,就必须使评议专家在评议过程中克服对不良惯习的依赖。换句话说,就是要尽量避免惯习对评议专家的消极性影响。那么该如何克服呢?既然场域中的"惯习属于'心智结构'的范围,是一种'主观性的社会结构'"[2];再者,作为建构惯习的场域历史是不可更改的,那么,对于不良惯习依赖性的克服就需从评议专家入手,即通过培养学者们的学术道德、学术良知等方面的品格,从而使评议专家主动地、有目的地克服。为什么要通过培养学术品格来有目的地克服不良惯习的影响?原因在于惯习总是客观存于每个评议专家身上,无论承认还是不承认,它就

①　Crane D.The Gatekeepers of Science [J].American Sociologist,1967(2):195-201.

②　毕云天.布尔迪厄的"场域-惯习"论[J].学术探索,2004(1):32-35.

是一种主观世界中的客观存在。而对于这种现象,强制的外力是无法起到作用的,人的内在世界还需由人的内心去解决。因此,培养学者们的学术品格,甚至使良好的学术品格也成为一种良性的惯习,然后通过这种良性惯习去克服那种不良的惯习。这样一来,随着良性的学术品格惯习的增强,不良惯习对大学学术同行评议的消极影响就会变得越来越小,其所可能引发的利益冲突现象也就会大大减少。

第五章 我国大学学术同行评议利益冲突的实证分析

大学是一个学术性机构,大学的发展离不开学术的发展。而学术评价在学术活动中起着激励、检测、调节和控制等功能,是大学学术发展与繁荣过程中不可或缺的重要手段。并且,学术评价的结果也是衡量大学办学水平的重要指标之一。因此,打造一个健康、生态的学术评价机制是大学学术发展的有力保障。同行评议——作为对学术内容的水平或重要性的实质性评价——从来都是大学学术评价中最基础性的评价方式。换言之,任何形式的评价都必须以同行评议的结果作为基础。否则,评价就失去了事实的支撑点,丧失了存在的价值与意义。但纵观今天我国大学的学术评价实践,一方面,量化评价占据半壁江山,学术评价活动在某种程度上变成了"做算术题";另一方面,同行评议也自身难保,因种种问题而备受争议,诟病甚众。其中,利益冲突现象就是同行评议中挥之不去的阴霾。因此,为了更为深入地了解大学学术同行评议及其利益冲突现象,本章将从质性访谈、问卷调查等视角对大学学术同行评议及其利益冲突状况进行实证性的调研与分析。

第一节 大学学术同行评议利益冲突状况的质性访谈

大学学术同行评议中的利益冲突是评议专家自身的利益冲突,是评议专家的私人利益与其应尽的职责利益之间产生冲突的境况或行为。在笔者看来,利益冲突在很多情况下表现为一种评议专家自身的"心理上的冲突",即如唐纳德·肯尼迪所说的"源于自己思想和立场的冲突"①。它具有较强的"个体性"与"隐秘性"特征。换言之,如果评议专家自己不说,外人一般难以真正地了解。鉴于此,笔者以为,要了解同行评议利益冲突的情况,若能与身处大学之中的教师们进行沟通是较为妥当的。为此,笔者设计了访谈提纲(访谈提纲见书后附录),试图从质性的视角对大学学术同行评议利益冲突状况进行实证性的分析。

由于主客观条件的限制,笔者根据自身的高校资源选取了浙江、江西、广西、福建、广东、江苏6省的10所大学20名教师作为访谈对象。为了使访谈对象凸显区别性,这20名教师中包括科研管理部门的管理者、学报编辑部的编辑、学校学术委员会的成员及一般教师等。

---

① [美]唐纳德·肯尼迪.学术责任[M].阎凤桥,等译.北京:新华出版社,2002:319.

一般是每所学校各选 2 名,有个别学校有所不同。此外,由于访谈对象时间、地域上的限制,笔者在访谈中采取了面谈、电话访谈、网络访谈三种方式(访谈对象简况见书后附录)。访谈结束后,笔者对访谈的内容进行了整理,结果大致呈现为以下几个方面:

一、"剪不断,理还乱"的同行评议实践

为了从较为宽泛的意义上了解当前大学教师们对大学学术同行评议的整体性认识,本书的访谈设计遵循了"由泛到详,由浅入深"的原则。就像人物肖像画一样,总是先有一个整体的轮廓形象,然后才是具体的眼睛、鼻子、耳朵等。因此,笔者设计的第一个访谈题目便是"请您谈谈你对当前大学里的学术同行评议的总体看法,并请你给出一个总体感受"。在访谈过程中,为了使访谈对象不感到突兀,并且使其对大学学术同行评议概念有一个更为明确的把握,笔者并没有原原本本地按照访谈提纲的题目进行提问,而是把这个题目进行了细化。[①] 不同的访谈对象的谈话内容真是五花八门,角度也各有不同,但万变不离其宗。笔者有一个总体的感受,就是"剪不断,理还乱"。

(一)同行评议:备受指责的"孩子"

从现实来看,大学中的学术同行评议机制历来就不完美,虽然一直存在,但问题众多,备受指责。这在 D1 老师的叙述中可以表现出来:

> 要我说啊,一两句话说不清楚。总之,存在很多毛病。远的不说,就在上星期我碰到我的一位同乡,也是该校的老师,他今年报省级哲学社会科学课题没中,在我家里发牢骚呢! 我跟他说,没中就没中,不必生气,明年再报嘛! 他说,我花了这么多时间写立项申请书,还请了我以前的导师、博士同学帮忙看,前前后后修改了近一个月,整天忙写课题,家里的事都没管了。我的前期成果也不错啊,我查了一下我们学校那些中了的老师的材料,前期成果也没有我多,题目也不是好到哪里去,真是奇了怪了,不让我上没关系,至少要让我知道问题出在哪里,我也好在以后的申报中进行修改。就这样"死"得不明不白的,很难受! 你说这样的课题评审一点问题没有? 你说明年再报,如果还是按这样的写法,我看还是会"死掉"。

后来 D1 老师跟我说,那个晚上他陪着他聊了不短时间,并且告诉我他那位同乡后年要申报副高职称,而他那个学校评职称有文件规定,需要省级课题作为"硬件"材料。今年没中,就又少了一次机会。笔者当时想 D1 老师的同乡也是位不错的访谈对象,想让 D1 老师介绍给我认识,并想请他也来谈谈,但 D1 老师说他这几天刚好出差在外,这件事就作罢了。

同样,来自另外一所高校的 C1 老师也表达了他对当前大学学术同行评议的抱怨之情。C1 老师是位被学校公认的科研骨干,副教授,长得很有学者风范。他在近 5 年来申请了两项教育部课题,省级课题已有好几项,也在核心期刊上发表了近 10 篇论文,真是让人妒忌,

---

① 比如,我会这样开始提问:您近几年申报课题了吗?(你近几年发表学术论文了吗?)如果访谈对象作出正面的回答,我会接着问下个问题:课题评审(投稿论文评审)你感觉公正吗? 如果访谈对象作出否定的回答,我会再请他以旁观者的角度谈谈看法等。

也让人佩服。我本以为,他已取得了较多较好的科研成果,对同行评议不会有那么多的抱怨。但访谈内容却出乎我意料。

> 其实不用我多说,几乎大家都有一个总体感受,今天的学术同行专家的评价制说没问题是没人相信的。我虽然已取得了一定的成果,但要我说实话,它就是一个需要门票的有规则的"游戏",当然这个门票要怎么获得,门道就多了。哎!我自己也为了这张可以入门的门票费尽了心思。

讲到这里,C1老师停了一下,似乎不想再说下去了。但我对C1老师说的这个"门票"很感兴趣,就想请他再说下去,但又不好意思。心想或许再聊下去,是不是会涉及一些隐私问题。然而,当我准备换一个问题提问时,C1老师接着说:

> 我以前的性格不像现在这么爱聊,要是换到以前,你问我这个问题,我一两句就完了,呵呵!我跟你说,我刚研究生毕业到这里(C1老师的学校——笔者加)工作,很勤奋的,不怎么跟人交流,没课的时候一般待在宿舍里看书,我那时很相信自己的能力,总想着自己只要努力,不怕苦,把论文写好一点,发表肯定没问题,然而好几年我的结果都不怎么理想。我当时还是科研秘书,每次看着别人的论文一直出来,而自己却……我有段时间怀疑自己是不是很笨,根本不是做学问的料。后来有一位前辈跟我说,你努力没错,但要"多方"努力,并且告诉我一些当前潜在的现象。我当时听完之后如"醍醐灌顶",觉得自己真是"实力-关系,关系-实力,傻傻分不清楚"。哈哈!后来,我把精力分为两半,一半积累人脉,一半用来用功学习。当然这个过程是不容易的,具体我就不说了,反正每个人如果要经历这个过程,情形应该不会有太大差别。不过,有些人可能不会觉得这样的过程很艰辛,反而可能会乐在其中,而我个人不知道是不是性格原因,反正是不太习惯做这样的事,但为了生存,我也只好硬着头皮去做。总之,像这样的评价体系是不太好的,最起码它会形成一种不良的做学问的风气,大家只专于人事,把学问事丢一边了。

我感谢C1老师能跟我谈这么多,还有他自己的一些经历。感觉C1老师在现实中尽管也不能出淤泥而不染,但从其谈话中却感觉到他还有学者应有的学术良知。

美国达里尔·E.楚宾说过,"同行评议的实践为人们所熟悉,但并不让人产生好感"[①]。当然这是美国的同行评议,我们国家大学的学术同行评议呢?我想情况不可能会更好,甚至由于文化、制度等方面的原因会比美国更差。在访谈过程中,其他的一些访谈者也道出了他们的心声:

> 要我看,同行评议看似合理,但实际上存在严重的学术阶层上的不平衡性。这种评价制度只是对中间部分有效,对两头——高居顶端的"学术大佬"和位居底层的"学术蚂蚁"都是无效的。(B2)

> 我看那些发了不少所谓"好文章"的人,有一部分其实也不见得有多高的学术水平,我都懒得去读,还不是那些陈词滥调!我不羡慕他们的科研能力,倒是相当佩服他们的

---

① ［美］达里尔·E.楚宾,爱德华·J.哈克特.难有同行的科学:同行评议与美国科学政策［M］.谭文华,曾国屏,译.北京:北京大学出版社,2001:1.

公关能力。(J1)

有一次,我收到一个编辑部给我论文的退稿信,并附有相关意见,就说我忽视了某某重要的文献资料,其他有关专业上的理由一点没说。你既然都退稿了,说我忽视了某重要文献资料,可以直接告诉我。我很纳闷,难道是怕打击我,伤害到我的自尊心。呵呵!根本没有必要,要退稿不是不可以,但"输"也要让我心服口服嘛!是不是?所以我猜测,退稿的原因有两点:一个就是审我论文的专家不是我这个领域的,搞不太清楚我写的内容,不敢说具体,怕说错。还有一个就是编辑部压根儿不想让我上,因为篇幅有限,其他的稿件太多,我这个无名小卒根本排不上号。(H2)

(二)同行评议:不好中的"最好"

虽然同行评议在实践中备受指责,但人们从来没有放弃过它,一直还在实践中使用这一评价方式。刘明说:"在这个学者和学术屡遭磨难的世界上,各色各样的学术评价形式都试过了,而且还要再试下去。没有人以为同行评议是完美无疵的。说实在的,倒是有人说同行评议是最坏的学术评价方式,只不过要除掉不断试验过的所有其他一切的评价形式。"[①]笔者在访谈过程中,深刻感受到老师们对大学学术同行评议机制的无奈之情。所谓"无奈"就是明知它有问题,却又不能不用它。换言之,即不好中的最好。

在受访过程中,E2老师是某大学的科研处副处长,他谈道:

同行专家评议是有这样那样的问题,但它其实是很重要的。也就是因为它很重要,大家都盯着它,使用各种手段对付它,想借它获得好处。但是你还能找出更好的一个方法来代替它吗?这就像"考试制度"一样,大家都在说考试的种种坏处,不好的地方,但是又不得不通过考试的筛选、过滤来选拔人才。凡事都有缺点,不要总是碰到问题就认为一无是处,这容易走极端……

说到这,E2老师的手机响了,他说声"对不起",就去接听电话了。我起身看了看E2老师的办公室,两排大书柜里面除了一些文件之外,都是一些厚厚的书。其中有几本是关于大学科研评价方面的书籍,我出于好奇就拿出来翻了翻。"怎么样,小林,我刚说到哪?"E2老师打完电话了。他接着说:

所以,我说……对了就像你刚才看到的那本书,是有关大学科研管理方面的。现在大学的科研评价肯定是问题很多的。就我熟悉的工作来说,我们一般每学年都要对全校各专业教师发表的论文进行汇总,只要是我们学校认定的期刊,我们就认,并且按期刊级别来定论文的层次。发得越多越好,因为我们学校的科研津贴是按你论文的篇数来给的。比如一篇B类核心期刊论文600元,A类核心1000元……有人说,这样的方法不好,但是我们也没有办法,还好,级别高一些的期刊论文质量也一般会好些,但是并不代表都很好。这个问题就需要同行评议来保证,最好在发表之前就要把好关。还有,现在的大学里要评职称,要申报课题,靠的是什么?还不是要靠小圈内的同行来运作。我觉得,用同行评议可能不一定都能很客观、很科学,但如果不用同行评议,靠领导拍

---

① 刘明.学术评价制度批评[M].武汉:长江文艺出版社,2006:73.

板,或者其他方法,就一定是不客观、不科学的。

为了更多地了解大学教师们对同行评议的看法,笔者尽可能找到不同类群的教师进行访谈,希望能从不同的视界和侧面看到同行评议的面貌。大学里的学报是一个论文发表的"集中营",学报编辑几乎都能了解一些同行评议的情况。接下来要说的就是 E 大学里的 E1 老师表达的看法。E1 老师是 E 大学学报哲社版的副主编,他的专业是历史学。我以前曾是 E1 老师的学生,他总是认为我做这样的论文很难,我之前跟他聊过这样的问题,不过这次算是正式的了。

> 你让我说这个问题,我还是以前的看法。就是"再怎么不好,也是不好中的最好"。学报每一期要发表二三十篇论文,但是每一期我们都会收到要发稿稿件数量的 2 倍多。我们编辑部对文章一般有三个原则:一是要过政治关,就是不能有反政治的言论;二是要过质量关,就是论文内容写得对不对,好不好;三是要过编辑关,对遣词造句、体例格式方面进行把关。第一个和第三个原则我们编辑部自己可以搞定,但是第二个原则,我们就不行了,除非刚好是"历史学"的,而且最好是我这个研究方向的。像其他专业比如经济学,里面有些公式、图表,我看都看不懂得,我怎么判断好还是不好,你不靠经济学同行还能靠谁?如果我做副主编时学报上的论文出现了这样或那样的问题,甚至是很低级的问题,那不是让人笑掉大牙。况且学报的声誉也上不去,我的饭碗恐怕都会搞砸的。

此外,其他的老师对同行评议也表示了类似的看法。

> ……我从没有质疑同行评议的合法性,只是对它的科学性与公正性产生怀疑。(B2)

> 每门科学都有自己的"套路",有不同的方法和专业用语。就像武术门派一样,"少林"与"武当"尽管有共同点,但它们的同时存在是基于两者之间的差别。要真正看懂,知道好不好,非得要有深入了解和认识的"同门师兄弟"才可能做到。因此,或许同行评议在实践中有很多问题,判断可能受到很多人的主观因素影响,但是你放弃同行判断,让外行人判断,就更荒唐了。这就是同行评议的合法性地位。问题不在于要不要使用同行评议,而在于怎样使用同行评议。(A1)

二、利益冲突:同行评议"乱象丛生"的"祸首"

大学学术同行评议活动为什么会出现"剪不断,理还乱"的现象呢?往大的方面说,这是整个学术体制或学术管理体制出现了问题。但如果仔细分析同行评议中的各种"乱象",我们就会发现,利益冲突是一个根本性的原因。当然,这里所说的利益冲突是指同行评议中的评议专家因个人的利益与职责利益发生抵触或矛盾的现象。通过与样本高校教师的访谈,笔者将这些访谈资料进行整理,大致表现为如下几个方面:

(一)评审权力的"寻租"

"寻租"原本是经济学中的一个专业词语,现在广泛应用于各个领域。在大学的学术同行评议中也出现了评审权力的"寻租"现象。所谓"权力寻租"就是"公共权力的拥有者以其所掌握的权力为筹码谋求获取自身不正当利益的一种非法行为"①。说得更直白些,就是把权力商品化,进行权学交易。笔者在访谈中遇到了 H 大学的 H1 老师。她说道:

> ……权力可以帮你得到一切,你只要小心爱护好自己的"权力"就行了。大学里也一样,你做学问累死累活,甚至不睡觉,挑灯苦读,读尽天下书,你也拼不过"学官"。我说这个想必你也一定知道,也理解。你问我的同行评议,谁做评议专家?一是那些有"官职"的教师自己弄到的,另外是别人看中你的"官职"给你的。这些评议专家拥有了评议的权力,就会按照"官"的思维来进行权力寻租行为。在现实中就有可能出现"官官相护""要钱要物要礼品"的现象。你说利益冲突,这不就是利益冲突嘛。

而另外一所大学(G 大学)的 G2 老师也有同感。在他看来,要想取得学术上的优秀成绩,做官是一种捷径。尽管 G2 老师的观点有些偏激与片面,大部分行政人员还是很忠于职守的,但多少有些道理,让我们有所启发:

> ……我好歹也是名牌大学毕业的博士,以前学习也很用功,专业功底应该来说算是很扎实的了。但是我发现最近一两年来,我感觉很不爽,我现在的科研成果竟然比不了一个整天忙于行政事务的××人。他一个处长,成天不是开会,就是出差,不用说也知道,他哪有时间和心思做研究啊!除非他是天才。后来,我发现他在做处长以前成果也不多,但荣升处长后马上飙升。有些论文看起来就很平凡,没什么创见,但是就能在核心期刊、CSSCI 什么的上面发表。我呢?投一篇没声音,投两篇还是没声音,发愁得要命……

当然,在采访中,有相当多的老师对此发表了看法,限于篇幅,无法一一叙述,仅摘录其中一二呈现:

> A2:"在大学里,有官位就有机会接触那些掌握评审权力的人,因为那些评审专家基本也是各个大学的有官位的老师,官与官之间自然互相帮忙喽!今天你帮我评审,明天我帮你评审,帮来帮去帮成了一个很强大的'利益集团',外人想要插进去很难。"

> F1:"权力的拥有者通过权力让自己在各种学术评审中一路'绿灯',畅通无阻。另外,权力的拥有者还可以通过权力让自己稳坐评审专家'钓鱼台'的位置,并且把权力当成可以获取金钱、财富和其他一些无形利益的资本。"

(二)关系情感的"漩涡"

大学学术同行评议中充斥着错综复杂的人情世故和纠缠不清的人际关系从来都不是什么秘密,无论是国外还是我国的大学里都存在,只不过相对而言,我国在这方面会表现得更加突出。笔者在访谈中也得到这方面较多的材料。其中有一些受访者的谈话较为典型。

对于刚参加工作不到两年的年轻教师 I1 老师来说,社会关系是较缺乏的,在跟他谈话的过程中,他向我道出了他的无奈之情:

---

① 王华生.权力场域的强势存在:学术腐败的深层制度诱因[J].河南大学学报(社会科学版),2010(5):25-29.

　　我原本以为,只要论文写得好,就不怕没有期刊要。但是经过屡投屡败之后,我很受伤。后来我师兄告诉我说可以托人跟编辑部的主编"交代交代",但关键是我自身并没有什么关系,跟那些期刊的人员也没有往来,托谁帮忙说话我也不知道。哎……反正现在我都不太在乎了,我一个没权没势的人,本来想通过比别人更加勤奋地学习取得相应的成绩,现在看来希望渺茫得很啊!

　　而 C2 老师一向从容淡定,年届不惑的他已是博士和教授双身份。也许他"久经沙场",在这方面已是一员"老将"了。当问到他时,他对于当前大学学术同行评议中的人情关系冲突表现出很练达的心态:

　　我参加过类似的评审活动。人情关系的确无处不在,哪怕再严密的评审程序,也有人情在。我感觉"关系、人情"像一个大"漩涡",几乎把所有的东西都吸进去了,我也不能置身事外。现在这种事情一般不会说,其实大家都心知肚明,说破了也没意思,这就是"潜规则",没人不懂。

　　大学里"要做学问,先学做人"。所谓"关系圆通,事事顺溜"就是这个道理。我觉得现在同行评议中的同行除了是专业同行,更是一种关系同行,课题不是"报"来的,而是"跑"来的;论文不是"写"来的,而是"买"来的;科研奖励不是"质量高低的分配",而是"关系亲疏的分配"。(F2)

　　上面这段话是接受采访的 F2 老师所说的。F2 老师长期从事科研工作,他在大学里是科研系列岗位的专职教师,比教学系的教师要做更多的科学研究工作。也许正因为他是专职的科研人员,因而感慨也多。不过,F2 老师的谈话饶有趣味,说话时常有很多颇具押韵的词汇。虽说是这样,却在一定程度上反映了当前大学学术同行评议利益冲突的实际现状。

　　来自 J 校的 J2 老师对于大学学术同行评议中的人情关系冲突也表达出自己的看法。J2 老师曾经参加过大学教师的职称晋升评审活动,下面是我与 J2 老师的一段网络谈话:

　　…………

　　我:"××老师,你觉得现在的学术评审中人情关系成分有多大?"

　　J2:"这个……实际上这是一个众所周知的问题,其实到处都夹杂着人情、关系、面子。不过我们也不是随便关系都会给面子。我们还会有自己的原则。"

　　我:"哦,什么原则?"

　　J2:"比如,如果被交代的教师的成果实在'不堪入目',达不到基本的标准,其他评议专家我不太清楚,就我来说,我是无法做得太过的。自己过不了自己这一关。"

　　我:"也就是说,在都达到标准的情况下,如果谁打招呼了、有交代,情况是不一样的?"

　　J2:"是啊,这是人之常情嘛。评议专家也是人,不可能脱离现实社会而独立存在。我们其实最愿意做的就是顺水人情,既不完全违反学术的基本原则,又能照顾到各种关系。"

　　我:"对,这个我也能理解。"

　　J2:"当然我们还有一个问题,其实这个问题我们也是很苦恼的,就是有时不同的被评审人都有人来打招呼,如果都达到基本学术标准,我们对于这方面的抉择感到很为难。"

我:"就你来说,一般会怎么做?"

J2:"呵呵,自然是看哪一个关系更亲密,或者对我们自身利益关系最大的,要特别照顾喽! 这还是人之常情嘛!"

我:"嗯! 还有,他们一般怎么交代呢?"

J2:"这个问题不太好讲,牵涉到很多问题……一般来说,是电话上交代。还有就是交代的人很多时候都不是被评议人本人,尤其是被评议人目前可能还处于人微言轻的阶段,一般是托更高层次的人来说情。总之,我感觉间接打招呼比直接交代要多。"

我:"好,感谢您在百忙之中抽空接受我的访谈,谢谢!"

…………

(三)物质的现实"诱惑"

除了权力寻租、人情漩涡之外,一些物质的现实诱惑同样也是大学学术同行评议利益冲突的一种重要来源。马克思认为,人首先是一个"自然人",其次才是"社会人"。人的生存所需的物质因素对于评议专家来说同样是具有诱惑力的。在采访过程中,由于涉及物质、金钱或财富问题,通常都比较敏感,因此所谈也的确无法非常具体深入。但是各位受访对象的闪烁其词多少也能反映出一些当前的现状。

G1 老师是一个不苟言笑,说话很严谨的人,他目前已经是副教授,但未担任行政职务,今年年底准备申报正高职称。下面是我与 G1 老师的一段谈话:

…………

我:"××老师,听你说你今年准备要申报正高职称了,我看到你发了不少学术论文,课题也有好几个,不用担心了,肯定能评上。"

G1:"谢谢! 但不敢说,还没到的事是确定不了的。科研成果我是不太担心,但我担心不知道到时候论文会送到谁手里,最后投票的有哪些人。看来到时得跟踪一下,该打的得打个招呼……"

我:"除了找关系之外,还需不需要做点其他的工作? 比如有关物质等什么的?"

G1:"……呵呵! 这一般来说是需要的,但这其实也不是什么秘密,经历过的人都懂,我感觉就是'行规'。在很多情况下,光打招呼是不行的,得有些实际的行动,这样才显得你有诚意。"

我:"你说的'行动'是指?"

G1:"就是你刚才说的物质上的东西。"

我:"哦,那么一般要多少这样的物质?"

G1:"这个就不太好说了,具体也说不清楚,反正……它也是有一定规矩的,这里我就不说了。而且这个最关键的是,越秘密越好,毕竟这也不是什么光明正大的行动。"

…………

从 G1 老师的谈话中可以看出,这个"物质"是被评议者"诚意"的体现,常常伴随着"关系"一起成为同行评议利益冲突的影响因素。笔者以为,在这个问题上"关系"或许是第一位的,否则这个所谓的物质因素就无法真正起作用。

在大学学术同行评议中,物质利益是一种很现实的利益,在一定的情况下,它带来的影响力是较大的。有学者认为,"跑项目、要项目是要进贡的……拿到项目的人一定要返还一部分钱给审批项目的人"[①]笔者在采访中,来自 I 大学的 I2 老师,就从另外一个角度给我们诠释了同行评议中的物质利益冲突:

> 据我了解,这个跟被评审的东西有很大关系,较小事情的评审,这种物质利益冲突也小;较大事情的评审,这种冲突就比较大了。比如,一篇刊物的投稿论文评审就属于比较小的事情,再怎么说还不就是一篇论文是否可以发出来的问题。无论是被评议者还是评审人都不会太在意。但是要是评审更大事情的时候,情况就不同了。比如说,评审一个国家级的重点课题,经费涉及几十万甚至上百万。再比如说评审一个学校的博士点,涉及这个学校以后较大的财政拨款什么的。像这些评审活动,涉及的现实物质利益比较大,作为被评议者一方面很渴望被评过,而作为评议者也希望能从中捞到一些好处。在这种情况下,"公关"的可能性就大大加强了,"公关"的手段也五花八门,有时候让你想都想不到,非常厉害。自然,这样一来,同行评审中的物质利益冲突的可能性也就变得更加大了。

(四)看不见的"思想"

傅旭东认为,"学术评价指向的不仅是简单的静态的物,更主要的是复杂的变化的人"[②]笔者以为,不仅被评议者是复杂变化的人,评议专家也是个复杂变化的人,而且每一个评议专家自身都是一个复杂的个体,在具体的评审活动中,他的这种看不见的复杂变化的"思想"影响着评审的结果,并有可能导致利益冲突的发生。在采访过程中,有些受访者谈到了这种现象。

比如,D2 老师,他曾经担任过各种学术活动的评议专家,在他看来,评议活动中很多因素会导致不客观,其中就包括评议者自己的某些思想:

> 对科研成果的评审确实很难做到客观,比如,在评审过程中,如果被评议的成果符合自己的"胃口",那么自然就会把分打得高些,如果发现比较不对自己的"胃口",自然就在无意识的状态把分打低一些。呵呵,这也是没有办法控制的,就像碰到好看的书会一口气把它看完,而不好看的书,随便瞟一眼便从此不再翻开一样。

D2 老师的观点表面上看起来是人的一种无法控制的本能,并且似乎与利益冲突没有多大关系。但是,如果将利益的概念放在更加宽泛的意义上看,那么,这种认知层面上的矛盾与冲突也算一种利益冲突。毕竟符合自己的观点可以算作符合自己的"认知利益"。

此外,评议专家除了对被评议内容有倾向性,对被评议者也可能存在倾向性。这一点在J2 老师的谈话中可以得到印证:

> 在有些时候,当我们知道被评议人是谁时,如果在印象中这个人还不错,性格较好,

① 李健.院士痛陈学术腐败　亿元经费浪费无追究[EB/OL].(2005-01-28)[2012-03-25].http://www.edu.cn/20050128/3128127.shtml.
② 傅旭东.学术评价绩效的影响因素分析[J].中国科技论坛,2005(2):105-109.

一般也会倾向性地对他的学术成果评得高一些。但如果这个人比较令人讨厌，就会自然地压低一些。而如果这个人在印象中是个"不痛不痒"的感觉，则一般会照原则进行，公事公办。

而 C2 老师的谈话则体现了一种评议中"老好人"的现象，它也是一种看不见的"思想"。表面上看，"老好人"与实际利益无关，但不可否认的是，"老好人"现象的产生也是因为评议专家怕"得罪人"，进而可能损害到自己当前或未来的某些利益而引起的。

> 现在的评议活动很难，不仅被评议人在等待结果，或要搞什么"公关"手段，评议专家也不容易。比如，在很多时候我们都不敢真正做到公正，因为害怕自己信息可能会被暴露，怕得罪人。我们参与评议活动又不是能够得到如何如何多的好处，犯不着得罪人嘛！如果被得罪的人哪一天反过来评审自己的东西，那不是自己给自己种下了"祸根"？所以，一般情况下，怕信息泄露，会得罪人，就会采取"老好人"的原则。在两种情况下例外，一种是水平实在差非常多，另一种是领导所持的是否定的态度。

三、不求完美，但求更美

大学学术同行评议是大学学术评价中的重要的方法或机制之一，它在学术活动中有着不可替代的地位。利益冲突的存在也是一种普遍却无法彻底根除的弊端。从访谈的情况看，大部分教师对于这个问题，基本上抱着"不求完美，但求更美"的态度。一方面，认为利益冲突的存在是可以理解的。另一方面又认为，利益冲突不可任其泛滥，应当通过各种手段对其进行治理，尤其应当注重在制度上下功夫。

(一)可以理解的"错误"

由于同行评议是一种主观的评价方法，因而，在访谈过程中，笔者了解到，很多老师对于大学学术同行评议中存在的利益冲突现象表示可以理解。比如 E2 老师从同行评议的主观性特征出发，认为评议专家也是人，不是神，利益冲突的存在是人性的缺陷或劣根性所致。他谈道：

> 同行评议毕竟是一种主观上的价值判断，评议专家作为人也自然有普通人都有的弱点与缺陷，除非你去设定一个标准，让机器去评判，但这又是行不通的。因为这个标准本身就很难设定，机器是死的东西，人是活的，人可以有机器没有的主观理解能力，可以将标准个体性内化。但也正因为是人的主观性就可能导致评议活动中出现这样或那样的不客观、不公正问题。

I1 老师则从文化传统的背景出发，认为同行评议中出现利益冲突非特殊现象，而是社会环境下的必然产物，它同社会中的其他活动一样是人情社会里的人之常情：

> ……是啊，这也是没有办法的事，毕竟在中国这种注重"人情、关系、面子"的国度里，什么东西可以幸免？要是让我去做评议专家，也可能会犯这样的"错误"。哎！文化传统的力量很大的，一时间哪里能够改变。现在在各种评价活动中出现的人情问题，虽然知道它不好，但是好像也没有办法"恨"起来，毕竟真的是人之常情嘛！换其他的评审

专家其实也不见得就会有改变。……有时想想,发现自己好像是"吃不到葡萄说葡萄酸"啦！……

此外,其他老师也发表了类似的看法,现摘录一二如下:

B1:"人情社会里必然就会存在'人情评审'喽,人又不是没感情的动物,又不是在真空状态下评审。不过,理解归理解,但不代表这样做就是对的,为了学术事业的发展,这种现象还是能控制就要去控制。不然泛滥成灾,大学怎么发展?"

D1:"……人的固有的劣根性是无法根除的,如果制度上有漏洞,或设计不合理,人的劣根性就会自然而然地表现出来。还有我们的这种文化传统,包括'官本位'与'人情关系'也是一种强大的惯性,如果不能有效地进行防御,也会在评审活动中体现出来。"

(二)环境＋道德＋制度,改善同行评议

对于大学学术同行评议的改革与治理,从访谈的资料上看,基本上都离不开三个因素:社会环境、道德水平、制度建设。笔者以为,这三个方面的确无论从理论上还是从实践上来看,都是治理同行评议利益冲突的重要措施。

比如,F1老师谈道:

改变这一现象要做的方面很多,虚的方面除提高整个社会风气,提高学者自觉意识之外,更重要的是要给普通学者以地位,进一步去大学行政化。具体来讲,就是大学中的学术权力不能由行政权力霸占,例如尽量让普通的教授学者有自己的话语权,这种话语权不是说说算了,而是要有一个制度、一个平台让他们拥有真实和较大的权力。如类似西方高校的教授评议会制度等。我国的复旦大学准备建立一个基本上由普通学者、教授组成的学术委员会就是一个较好的做法。真正的教授有了真正的权力,这些专家才可能会少考虑一些自身的利益,而看重学术自身的含量;如果一个教授老是被其他人所控制,怎么可能不去考虑自身的利益。

A2老师言简意赅,但基本上也离不开这三个方面:

要治理利益冲突,改善同行评议,首先在于评议专家的道德自觉。当然,精细的制度约束很重要,其中,制度执行和程序公正是关键。但有第三方组织来实施相关的措施应该是不错的。这样可以披露出一些不端行为,惩戒一些有不良行为的人。当然这样的成本也是很高的,特别是在中国情境下,很难有权威的部门或个人能够做到这点。因此,还是需要在理论上继续探讨与研究。

其他一些老师也都在谈话中体现了类似的观点,由于观点基本相似,在此限于篇幅,就不再一一罗列,仅摘录一二:

A1:"我个人以为,学者的道德水平是重要的,但制度上的设计就更重要了,毕竟道德水平是一种摸不着的东西,也没有强制力。而制度却具有一种外在的强制力量,如果执行有力,有很好的防范功能。当然,这需要制度设计者花费心思:一是要真正把制度的设计点放在以学术发展为本的位置上,不能有利益上的倾向性。因为现行很多其他方面的制度都或多或少体现出一些利益团体的倾向性。二是要重视制度执行机制的建

设,因为没有强有力的执行机制,再好的制度文本也只是空中楼阁。"

C1:"现在的大学有时看起来跟社会上其他部门没有什么太大区别,社会上很多不良风气在学校里也基本上都能找到。比方说,功利主义、拜金主义、造假、贩假啊什么的。要治理利益冲突,除了学校自身的改革外,社会也有一定的职责。社会应当不断地净化环境氛围,尽可能树立高尚一点的文明气象。当然最重要的还是大学和大学里的老师们,具体的我就不多说了,反正无非是提高学者的道德水平,以及通过制度的建设来治理。"

第二节　大学学术同行评议利益冲突状况的问卷调查

为了进一步从现实的角度来研究大学学术同行评议利益冲突的情况,笔者在本节对 10 所样本高校的教师进行了抽样问卷调查。由于利益冲突问题较为复杂,不仅涉及的因素较多,同时也是一个涉及教师或评议者个体较为敏感的话题,且学术界至今也尚未有一个较为明确与规范的框架体系。这使得我们对于利益冲突问题的某些方面难以深入地进行设计。相对来说,对于利益冲突问题的调查,访谈方式会显得更好。因此,本书中调查问卷的设计将从较为一般性的角度进行分析,其目的主要是从大学教师眼中获得对大学学术同行评议的一般性的认识。内容大约包括五个方面:一是对利益冲突的基本认识与态度;二是利益冲突与同行评议公正性的关系;三是利益冲突的分类;四是利益冲突的产生;五是利益冲突的治理。数据处理使用 SPSS 16.0 软件,使用频数分析等基本的描述性统计分析对调查数据进行统计与分析。

一、调查研究样本的分布情况

本研究是研究大学学术同行评议中的利益冲突问题。因此,无论是作为评议者还是被评议者,大学教师都是调查的主要对象。本问卷发放高校与第一节访谈调查中的 10 所样本高校相同,在此不再赘言。学科主要分为两大类:(大)文与(大)理。(大)文包含人文学科、心理学科及社会学科等;(大)理包含纯理科、工科等。考虑到对教师的问卷调查的困难,每所学校调查 60 名教师,并在发放问卷时尽可能考虑到性别、学科、学历、职称等的结构情况。调查于 2011 年 5 月至 7 月进行,共发放问卷 600 份,收回有效问卷 512 份,有效回收率为 85.3%。大部分问卷在 2011 年 7 月底收回,个别学校在 9 月初收回。

(一)性别、学科层面的分布

从本次抽样调查的结果看,在性别层面上,男教师共有 292 人参加了调查,占有效比例的 57.0%,女教师共有 220 人参加了调查,占有效比例的 43.0%,男教师略高于女教师(见表5-1)。而在学科层面上,被试主要集中在文科,共有 314 位教师参加了调查,占有效比例的 61.3%,理科共有 198 位教师参加了调查,占有效比例的 38.7%,文科与理科比例约为 3∶2(见表 5-1)。

表 5-1　性别、学科分布情况

性　别		频数	百分比	有效百分比	学　科		频数	百分比	有效百分比
有效	男	292	57.0	57.0	有效	（大）文	314	61.3	61.3
	女	220	43.0	43.0		（大）理	198	38.7	38.7
	合计	512	100.0	100.0		合计	512	100.0	100.0
缺失		0	0	0	缺失		0	0	0
合计		512	100.0	100.0	合计		512	100.0	100.0

（二）职称、学历层面的分布

一般来说，对于大学学术同行评议的感受，职称与学历的结构可能会有些影响。因此，笔者在发放问卷时尽可能地照顾到这方面的分布情况，力求问卷能辐射各层次的教师。从调查的结果看，在职称方面，分为初级、中级、副高、正高四级。其中，初级共有 29 位教师参加了测试，占有效百分比的 5.6%；中级共有 242 位教师参加了测试，占有效百分比的 47.2%；副高有 101 位教师参加了测试，占有效百分比的 19.7%；正高有 140 位教师参加了测试，占有效百分比的 27.5%。中级＞正高＞副高＞初级（见表 5-2）。在学历方面，分专科、本科、硕士、博士四级。其中，博士共有 116 位教师参加了测试，占有效百分比的 22.7%；硕士共有 224 位教师参加了测试，占有效百分比的 43.8%；本科有 154 位教师参加了测试，占有效百分比的 30.0%；专科共有 18 位教师参加了测试，占有效百分比的 3.5%。硕士＞本科＞博士＞专科（见表 5-2）。

表 5-2　职称、学历分布情况

职　称		频数	百分比	有效百分比	学　历		频数	百分比	有效百分比
有效	初级	29	5.6	5.6	有效	专科	18	3.5	3.5
	中级	242	47.2	47.2		本科	154	30.0	30.0
	副高	101	19.7	19.7		硕士	224	43.8	43.8
	正高	140	27.5	27.5		博士	116	22.7	22.7
缺失		0	0	0	缺失		0	0	0
合计		512	100.0	100.0	合计		512	100.0	100.0

（三）是否担任过评议专家层面的分布

所谓是否担任过大学学术同行评议活动的评议专家，是指大学教师是否曾经担任过诸如大学的科研成果评奖、教师的聘任评审、职称晋升中的评审、学报或学术期刊的投稿论文评审、各级科研项目申报中的评审等同行评议活动的评议专家。从调查的结果看，有近 4 成的被试回答曾经担任过，即有 202 位教师曾经担任过，占有效百分比的 39.4%，有近 6 成的被试回答没有担任过，即有 310 位教师未曾担任过，占有效百分比的 60.6%（见表 5-3）。

表 5-3　是否担任过评议专家分布情况

是否担任过评议专家		频　数	百分比	有效百分比
有　效	担任过	202	39.4	39.4
	未担任过	310	60.6	60.6
	合　计	512	100.0	100.0
缺　失		0	0	0
合　计		512	100.0	100.0

二、调查结果的呈现与分析

如前所述,本问卷调查主要为了从大学教师角度获得对同行评议及其利益冲突的一般性认识,并且将内容大体分为五个方面。一般来说,在被试的背景资料中,职称结构与是否担任过评议专家两项因素可能会导致被试对同行评议利益冲突的认识有较大差异。因而在下面的结果呈现中,重点将从这两个因素角度进行阐释。

(一)对大学学术同行评议利益冲突的基本认识与态度

从调查的结果看,关于大学教师对同行评议利益冲突问题的了解情况,有 41.5% 的被调查者认为"比较了解",33.8% 的被调查者认为"比较不了解",认为"很不了解"的被调查者占 15.5%,而只有 9.2% 的被调查者认为"很了解"(见表 5-4)。从总体情况看,认为"了解"的与认为"不了解"的情况基本持平。原因可能与被调查者的职称结构及是否担任过评议专家有关。一般来说,职称较高的教师基本上处于"比较了解"和"很了解"层面。同样地,曾经担任过评议专家的教师基本上处于"比较了解"和"很了解"层面。

表 5-4　您是否了解大学学术同行评议利益冲突问题

	初级	中级	副高	正高	合计	担任过评委	未担任过评委	合计
很不了解	7	68	4	0	79	0	79	79
	1.4%	13.4%	0.7%	0%	15.5%	0.0%	15.5%	15.5%
比较不了解	22	108	40	4	174	0	173	173
	4.2%	21.1%	7.7%	0.7%	33.7%	0.0%	33.8%	33.8%
比较了解	0	62	54	97	213	162	50	212
	0.0%	12.0%	10.6%	19.0%	41.6%	31.7%	9.9%	41.6
很了解	0	4	3	40	47	40	7	47
	0.0%	0.8%	0.7%	7.7%	9.2%	7.7%	1.4%	9.1%

从表 5-4 中可以看出,不同职称的教师之间存在着差异性。认为"很了解"的 47 位教师中,高级职称共有 43 人(副高 3 人,正高 40 人),占该选项的 91.5%,而认为"比较了解"的 213 位教师中,高级职称共有 151 人,占该选项 70.9%。相比之下,中级和初级层次的教师

大部分处于"比较不了解"和"很不了解"层面。其中,176 位中级层次的教师认为"不了解"(很不了解为 68 人,比较不了解为 108 人)。此外,教师们是否担任过同行评议专家对于利益冲突问题的了解程度也存在着较为明显的差异性。表 5-4 中,担任过评议专家的教师没有选择"很不了解"选项,而选择该选项的 79 位教师全部都未担任过评议专家。在选择"很了解"选项的 47 位教师中,担任过评议专家的共有 40 人,占该选项的 85.1%,未担任过评议专家的只有 7 人,占该选项的 14.9%。而在选择"比较了解"选项的 213 位教师中,担任过评议专家的共有 162 人,占该选项的 76.1%。

　　而当问及"您怎么看待学术同行评议中存在的利益冲突现象"时,在 512 位抽样教师中,有 270 位教师认为是"比较正常"的现象,占样本总数的 52.7%,认为"很正常"的教师有 29 人,占样本总数的 5.7%;认为"比较不正常"的有 152 位教师,占样本总数的 29.7%;认为"很不正常"的教师有 61 人,占样本总数的 12.0%(见图 5-1)。总体而言,认为"正常"的教师占了近 6 成,而另外近 4 成的教师认为"不正常"。笔者以为,认为"不正常"的教师一般是从学术评价的理想角度思考的。因为,学术是一种探求真理的活动,对于学术的评价应当遵循默顿所言的"普遍主义"和"无私利性"规范。认为"正常"的教师一般是从学术评价的现实角度思考的。因为,学术评价活动跟其他社会活动一样会受到诸多因素的影响,而且这些因素是难以避免的。尤其是在中国重人情、关系,"官本位"观念盛行以及学术功利主义的环境下,学术同行评议活动出现利益冲突现象是一种正常现象。

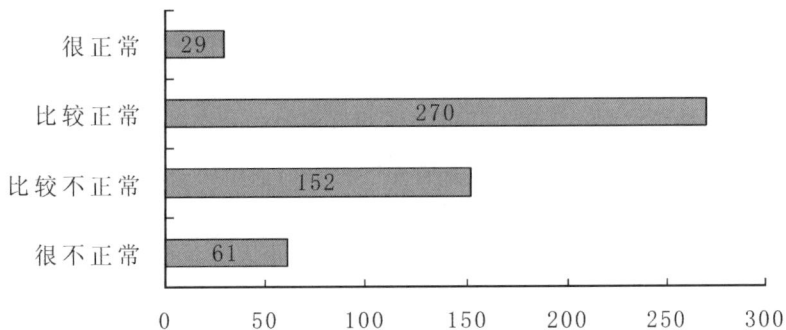

图 5-1　对同行评议利益冲突的看法

　　然而,根据调查结果可以看出,尽管大部分教师认为同行评议中的利益冲突是一种较为正常的现象,但是当问及"你对评议专家存在利益冲突的态度"时,教师们的态度还是比较鲜明的。有 296 位教师认为"比较气愤",占样本总数的 57.8%;有 65 位教师认为"很气愤",占样本总数的 12.7%;有 122 位教师认为"比较不气愤",占样本总数的 23.8%;有 29 位教师认为"无所谓",占样本总数的 5.7%。可见,有近 7 成的教师对利益问题是持"气愤"态度的。此外,在这个问题上,不同职称的教师之间存在着差异性。一般来说,职称较高的教师持比较温和的态度,有可能是因为对同行评议及其利益冲突比较了解。另外,也不排除另一种原因,即职称较高的教师一般掌控着较多的学术资源,并且也掌握着同行评议的权力,因而态度较为温和。表 5-5 中,在选择"比较不气愤"的 122 位教师中,高级职称(副高+正高)共有 79 人,占该选项的 64.8%,并且正高比副高的比例要大得多。而中级与初级层次的教师由于掌握的学术资源不多,利益冲突对于他们学术上的进步是一种阻力,因而,态度较为激烈。

就中级来说,选择"比较气愤"的就有 137 人,占该选项总人数(296 人)的 46.3％;选择"很气愤"的有 50 人,占该选项总人数(65 人)的 76.9％。见表 5-5。

表 5-5 您对大学学术同行评议利益冲突持怎样的态度

	初级	中级	副高	正高	合计	担任过评委	未担任评委	合计
无所谓	0	15	11	3	29	11	18	29
	0.0％	2.8％	2.1％	0.7％	5.6％	2.1％	3.5％	5.6％
比较不气愤	3	40	7	72	122	75	47	122
	0.7％	7.7％	1.4％	14.1％	23.9％	14.8％	9.2％	23.9％
比较气愤	22	137	76	61	296	112	184	296
	4.2％	26.8％	14.8％	12.0％	57.8％	21.9％	35.9％	57.8％
很气愤	4	50	7	4	65	4	61	65
	0.7％	9.9％	1.4％	0.7％	12.7％	0.7％	12.0％	12.7％

此外,从表 5-5 中我们还可以看出,教师是否担任过评议专家也存在着差异性。担任过评议专家的教师选择"比较气愤"与"很气愤"的人数共有 116 人,占样本总数的 22.7％;而未担任过评议专家的教师选择"比较气愤"与"很气愤"的人数共有 245 人,占样本总数的 47.9％。但是,从总体上来说,无论是否担任过评议专家,教师们都倾向于持"气愤"的态度。

(二)利益冲突对同行评议及其公正性的影响程度

研究大学学术同行评议中的利益冲突问题,其原因就在于利益冲突的存在有可能会影响同行评议的客观与公正性。因此,本调查的第二方面的内容便是要了解利益冲突对同行评议及其公正性的影响程度。笔者为此设计了三个小问题:一是请被调查者就利益冲突对同行评议的影响程度作出直观感性的判断;二是请被调查者对利益冲突是否是影响同行评议公正性的主要原因作出判断;三是请被调查者对利益冲突的存在导致同行评议不公正的可能性作出判断。

关于利益冲突对同行评议影响程度的直观感性判断情况,有 382 位被抽样的教师选择了"比较严重",占样本总数的 74.6％。另外,有 115 位教师选择了"很严重",占样本总数的 22.5％。剩下占样本总数 2.9％的教师选择了"比较不严重",而"很不严重"选项则没有教师选择。根据样本调查的结果,利益冲突对于同行评议的影响程度是较大的。如图 5-2。

另外,在利益冲突对同行评议的影响程度判断上,被调查的教师在职称结构及是否担任过评议专家上有些差异,但差异不显著。详见表 5-6。

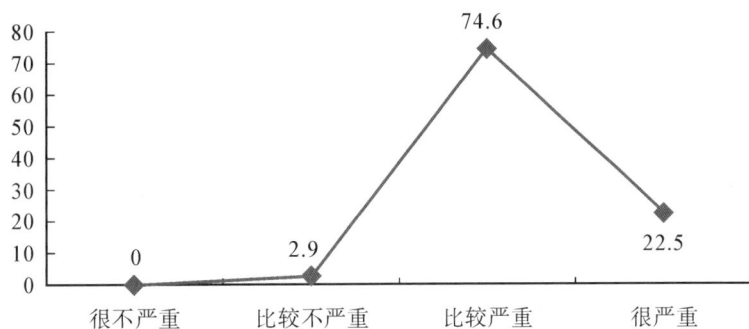

图 5-2　利益冲突对同行评议的影响程度

表 5-6　您怎样评价利益冲突对大学学术同行评议的影响程度

	初级	中级	副高	正高	合计	担任过评委	未担任过评委	合计
很不严重	0	0	0	0	0	0	0	0
比较不严重	0	4	8	3	15	8	7	15
	0.0%	0.7%	1.5%	0.7%	2.9%	1.5%	1.4%	2.9%
比较严重	25	170	61	126	382	162	220	382
	4.9%	33.1%	12.0%	24.6%	74.6%	31.6%	43.0%	74.6%
很严重	4	68	32	11	115	32	83	115
	0.7%	13.4%	6.3%	2.1%	22.5%	6.3%	16.2%	22.5%

就利益冲突是否是影响同行评议公正性的主要原因的情况,选择"比较同意"的有 364 人,占样本总数的 71.1%;选择"完全同意"的有 83 人,占样本总数的 16.2%;选择"比较不同意"的有 65 人,占样本总数的 12.7%;而被调查的教师无一人选择"完全不同意"选项。从调查结果来看,大部分教师认为利益冲突的存在将对同行评议的公正性产生较大的影响。并且,在职称结构和是否担任过评议专家方面有些差异,但差异性不显著。比如,在"比较同意"选项中,初级与中级共有 169 人选了该选项,而高级(副高+正高)共有 195 人,相差不大;担任过评议专家的共有 169 人选择了该选项,未担任过评议专家的有 195 人选了该选项。而在其他选项差异性会大些。见表 5-7。

表 5-7　您是否同意利益冲突是影响同行评议公正性的主要原因

	初级	中级	副高	正高	合计	担任过评委	未担任过评委	合计
完全不同意	0	0	0	0	0	0	0	0
比较不同意	11	40	7	7	65	7	58	65
	2.1%	7.8%	1.4%	1.4%	12.7%	1.4%	11.3%	12.7%
比较同意	18	151	69	126	364	169	195	364
	3.5%	29.6%	13.4%	24.6%	71.1%	33.1%	38.0%	71.1%

续表

	初级	中级	副高	正高	合计	担任过评委	未担任过评委	合计
完全同意	0	51	25	7	83	26	57	83
	0.0%	9.9%	4.9%	1.4%	16.2%	4.9%	11.3%	16.2%

就利益冲突的存在导致同行评议不公正的可能性情况,调查结果显示,利益冲突的存在不是绝对就会导致评价的不公正现象,但倾向于会导致不公正的教师数量居多。这表明利益冲突存在本身会使同行评议的公信力下降,它就像一颗"定时炸弹",随时都有可能"爆炸"。此外,若评议专家知道或主观判断利益冲突不会被发现或揭发,则利益冲突导致同行评议不公正的可能性就比较大。见表5-8。

表 5-8 利益冲突的存在导致同行评议不公正的可能性

Q8		频数	百分比	有效百分比	Q9		频数	百分比	有效百分比
有效	绝对不会	6	1.2	1.2	有效	非常小	7	1.4	1.4
	应该不会	219	42.8	42.8		比较小	25	4.9	4.9
	应该会	260	50.8	50.8		比较大	343	66.9	66.9
	绝对会	27	5.2	5.2		非常大	137	26.8	26.8
缺失		0	0	0	缺失		0	0	0
合计		512	100.0	—	合计		512	100.0	—

注:该表包含了问卷中 Q8 与 Q9 问题的调查结果。
Q8:"您认为学术同行专家存在利益冲突是否一定会导致评价的不公正现象?"
Q9:"若利益冲突不会被揭发,利益冲突问题导致同行评议不公正的可能性大吗?"

从表 5-8 中,在问及"利益冲突的存在是否一定会导致评价的不公正现象"时,被抽样的教师选择"绝对不会"和"应该不会"的共有 225 人,占样本总数的 44%;而选择"应该会"和"绝对会"的共有 287 人,占样本总数的 56.0%。可见,有 4 成多的教师认为是"不会的",而另外 5 成多的教师认为是"会的",但认为"会的"比认为"不会的"人数多。在问及"若利益冲突不会被揭发,利益冲突导致同行评议不公正的可能性大吗"时,共有 480 位教师选择了"比较大"和"非常大",占样本总数的 93.7%。这个比例是明显的,进一步验证了利益冲突对于同行评议及其公正性存在着较大的影响。

(三)同行评议中利益冲突的分类情况

大学学术同行评议利益冲突是一个涉及因素众多的复杂现象。要较好地达到治理的目的,有必要对利益冲突的类别(表现形态)有所了解。因为对某事物的类别掌握得越充分,就越能有针对性找到治理的措施。鉴于此,笔者在问卷调查中也涉及该问题。主要分为三个小问题进行了解:其一,请被调查者就同行评议利益冲突分类的必要性作出判断;其二,请被调查者对同行评议利益冲突分类情况的了解程度作出判断;其三,请被调查者就列出的 7 种利益冲突类型的重要性进行排序。

从表 5-9 中可以看出,有 292 位样本教师认为"比较有必要",占样本总数的 57.1%;有

119 位样本教师认为"很有必要",占样本总数的 23.2%;而剩下的 19.7% 的教师认为"比较没必要"和"完全没必要"。

表 5-9　您认为对同行评议利益冲突进行分类是否必要

	初级	中级	副高	正高	合计	担任过评委	未担任过评委	合计
完全没必要	0.0%	4.9%	0.0%	0.7%	5.6%	0.7%	4.9%	5.6%
比较没必要	1.4%	10.6%	2.1%	0.0%	14.1%	0.7%	13.4%	14.1%
比较有必要	3.5%	18.3%	9.2%	26.1%	57.1%	29.6%	27.5%	57.1%
很有必要	0.7%	13.4%	8.5%	0.6%	23.2%	8.2%	15.0%	23.2

注:表中的百分比是各类抽样教师在各选项中的人数与问卷样本总人数的比值。

关于当前大学教师对同行评议利益冲突分类的了解程度,有 71.1%、26.1% 的被调查者认为"比较不了解""完全不了解"。这就是说,从样本的情况来看,有绝大多数教师(498 位样本教师)对同行评议利益冲突处于"不了解"的状态,占样本总数的 97.2%。只有 14 位教师选择了"比较了解",占样本总数的 2.8%。至于"很了解"选项则没有样本教师选择(见表 5-10)。此外,从表 5-10 还可以看出,该问题在样本教师的职称结构以及是否担任过评议专家上有些许差异,但这种差异并不显著。换句话说,对于利益冲突分类情况,教师们一般会有些模糊的认识与了解,但具体包含哪些内容,并不完全清楚。尤其是对职称较低,且未担任过评议专家的教师来说,就更不了解了。

表 5-10　您对同行评议利益冲突分类情况的了解程度

	初级	中级	副高	正高	合计	担任过评委	未担任过评委	合计
完全不了解	11	87	32	4	134	33	101	134
	2.1%	16.9%	6.3%	0.7%	26.1%	6.4%	19.7%	26.1%
比较不了解	18	144	69	133	364	166	198	364
	3.5%	28.2%	13.4%	26.1%	71.1%	32.4%	38.7%	71.1%
比较了解	0	11	0	3	14	4	10	14
	0.0%	2.1%	0.0%	0.7%	2.8%	0.7%	2.1%	2.8%
很了解	0	0	0	0	0	0	0	0

根据笔者在本书第二章对大学学术同行评议利益冲突做的 7 种分类,笔者在问卷调查中,也设计了这个题目(问卷中第 22 题:"请您对下面 7 种利益冲突类型按重要性程度从高到低进行排序。"),请被调查的教师按照重要性程度对这 7 种类型的利益冲突进行排序。然而,对于排序问题,很难简单地使用频数及百分比来表示。因而在本问题上,笔者选用 SPSS 中非参数检验(nonparametric tests)部分的秩和检验来进行分析。

笔者先对该题的调查结果进行录入与处理,比如某被试者作出 BACGEDF 的排序,在录入时,要把它先拆分为 7 个变量,然后对它们分别进行赋值后再录入。按排列的先后顺序从大到小赋值,即第一个被选的利益冲突类型赋值为 7 分,第二个为 6 分,依此类推,最后一个被选的是 1 分。比如上面的例子中,B=经济利益=7 分,A=裙带关系=6 分……最后一个是 F＝良心冲突＝1 分。然后再进行非参数秩和检验分析(本书选用 Friedman 检验)。从统计的结果看,Kendall 显著性水平为 0.126,大于 0.05,属于大概率事件,这表明各种利益冲突类型的重要性是有区别的,但区别程度不确定。再看 Kendall 协和系数为0.101,相关性水平较低,表明各种利益冲突类型的重要性的一致性水平是较低的(见表 5-11 与表 5-12)。另外,从表 5-12 中可以观察到各种利益冲突类型的秩平均数的大小。从结果来看,本位冲突(5.36)＞裙带关系冲突(5.19)＞权威压力冲突(4.49)＞同行竞争冲突(4.03)＞经济利益冲突(3.32)＞私人恩怨冲突(2.66)＞良心冲突(2.08)。

表 5-11　Kendall's W 协和系数检验

N	512
Kendall's W(a)	0.126
Chi-Square	854.064
df	6
Asymp.Sig.	0.101

a.Kendall's coefficient of concordance.

表 5-12　7 种利益冲突类型重要性的秩平均数

	Mean Rank
裙带关系	5.19
经济利益	3.32
权威压力	4.49
私人恩怨	2.66
同行竞争	4.03
良心冲突	2.08
本位冲突	5.36

从表 5-12 中,我们可以看出,在西方国家的同行评议利益冲突中非常受重视的"经济利益冲突"在我们国家被排在第 5 位。反而因我国的"人情关系"传统以及"官本位"思想的盛行,导致"本位冲突""裙带关系""权威压力"排在前 3 位。这给我们的启发是,在今后我国的大学学术同行评议利益冲突问题的治理上,应着重关注这 3 个方面的问题。另外,还有一个就是"良心冲突",即因价值观、信仰、宗教等的不同引起的冲突,在西方国家由于政治及文化的多元性以及宗教较为自由而较受重视,而在我国文化传统较单一、信仰较为一致、种族较为单纯的国度里则较少受到重视。

(四)同行评议中利益冲突的产生情况

对同行评议利益冲突的产生情况的调查,当问及"同行评议利益冲突的现象可以避免吗?"一题时,绝大多数教师是持不可避免的观点的。有 328 位被调查者认为"不可避免",占样本总数的 64.1％;有 69 位被调查者认为"完全不可避免",占样本总数的 13.4％。认为"可以避免"的有 90 人,占样本总数的 17.6％,只有 4.9％的人(25 人)认为"完全可以避免"。另外,该问题

在被调查者的职称结构和是否担任过评议专家方面没有明显的差异。(见表5-13)

表 5-13　同行评议利益冲突的产生是否可以避免

	担任过评委	未担任过评委	合计	初级	中级	副高	正高	合计
完全可以避免	0	25	25	4	14	7	0	25
	0.0%	4.9%	4.9%	0.7%	2.8%	1.4%	0.0%	4.9%
可以避免	21	69	90	7	51	18	14	90
	4.2%	13.4%	17.6%	1.4%	9.9%	3.5%	2.8%	17.6%
不可避免	137	191	328	18	152	76	82	328
	26.8%	37.3%	64.1%	3.5%	29.6%	14.8%	16.2%	64.1%
完全不可避免	44	25	69	0	25	0	44	69
	8.5%	4.9%	13.4%	0.0%	4.9%	0.0%	8.5%	13.4%

此外,就同行评议利益冲突产生的原因,笔者在问卷中设计了一个题目(问卷第21题:"请您对下面4条利益冲突的产生原因按重要性程度从高到低进行排序。"),试图通过调查获得人们对利益冲突产生原因的不同关注度。分析方法与排序题一样,选用SPSS中的非参数检验部分的秩和检验进行分析。首先笔者将所得的调查数据拆分为4个变量,排在第一位的赋值为4分,排在第二位的为3分,排在第三位的为2分,排在第四位的为1分。然后,录入数据并选用Friedman的双向方差分析和Kendall的协和系数检验。

从结果来看,Friedman的双向方差分析显示,4种利益冲突产生原因的重要性的平均秩分别为:人性的弱点 $=1.58$,人情传统 $=2.80$,资源竞争 $=2.77$,行政干预 $=2.86$;$\chi^2 = 346.246$,$P=0.007$,表明有较好的显著性水平。而Kendall的协和系数检验,4种利益冲突产生原因的重要性的平均秩分别为:人性的弱点 $=1.58$,人情传统 $=2.80$,资源竞争 $=2.77$,行政干预 $=2.86$;Kendall's协和系数 $W=0.227$;$\chi^2=346.246$,$P=0.007$(见表5-14和表5-15)。这表明各种利益冲突产生原因的重要性之间存在着较为明显的差异性,且相互之间的一致性水平不高,即抽样教师对于利益冲突产生原因的关注度之间的相关性是较差的(协和系数0.227处于较低水平)。4种利益冲突产生原因的重要性从高到低分别为:行政权力过度干预(2.86)>重视人情关系的文化传统(2.80)>有限学术资源的激烈竞争(2.77)>人性的弱点(1.58)。可见,在大学教师心中,大学行政权力对于学术事务的干预以及重视人情关系的文化传统是影响学术活动的重要因子,要改革同行评议,治理利益冲突,协调好大学内部行政权与学术权的关系,并就人情关系传统的弊端设计一个良性的制度框架是很重要的手段。

表 5-14　Kendall's W 协和系数检验

N	512
Kendall's W(a)	0.227
Chi-Square	346.246
df	3
Asymp.Sig.	0.007

a.Kendall's coefficient of concordance.

表 5-15　4 种利益冲突产生原因的重要性的秩平均数

	Mean Rank
人性弱点	1.58
人情传统	2.80
资源竞争	2.77
行政干预	2.86

(五)同行评议利益冲突的治理情况

研究大学学术同行评议中的利益冲突问题,最终都必须回归到它的治理层面,然而对它的治理并非易事。为此,笔者在问卷调查中也涉及这一块内容。主要通过三个方面进行了解:一是请被调查者对利益冲突治理的难度大小作出感性认知判断;二是请被调查者对制度建设及提高评议专家道德水平对治理的作用大小作出判断;三是请被调查者对当前大学中的利益冲突政策完备情况及领导的重视程度作出判断。

就利益冲突治理的难度大小感性认知层面,绝大多数被调查者都认为是有较大难度的,这个结论也符合当前我国大学同行评议中利益冲突一直难以控制的现象。由表 5-16,占样本总数 64.1％的 328 位样本教师认为"比较有难度",占样本总数 30.3％的 155 位样本教师认为"难度很大"。剩下 29 位被调查者选择了"比较没有难度"和"完全没有难度",总共只占样本总数的 5.6％。此外,从表中可以看出,该题在职称结构和是否担任过评委层面不存在明显的差异性。

表 5-16　您认为治理大学学术同行评议利益冲突的难度大吗

	初级	中级	副高	正高	合计	担任过评委	未担任过评委	合计
完全没有难度	0	0	0	4	4	4	0	4
	0.0％	0.0％	0.0％	0.7％	0.7％	0.7％	0.0％	0.7％
比较没有难度	7	14	4	0	25	4	21	25
	1.4％	2.8％	0.7％	0.0％	4.9％	0.7％	4.2％	4.9％
比较有难度	18	155	51	104	328	133	195	328
	3.5％	30.3％	9.9％	20.4％	64.1％	26.1％	38.0％	64.1％
难度很大	4	72	47	32	155	61	94	155
	0.7％	14.1％	9.2％	6.3％	30.3％	12.0％	18.3％	30.3％

而对于在治理过程中,评议专家道德水平的提高与通过制度建设的作用大小的情况的调查结果见表 5-17。

表 5-17　评议专家道德水平与制度建设对利益冲突治理的作用

评议专家道德水平		频数	百分比	有效百分比	制度建设		频数	百分比	有效百分比
有效	非常小	87	16.9	16.9	有效	非常不重要	0	0	0
	比较小	194	38.0	38.0		比较不重要	36	7.0	7.0
	比较大	166	32.4	32.4		比较重要	299	58.5	58.5
	非常大	65	12.7	12.7		非常重要	177	34.5	34.5
合计		512	100.0	—	合计		512	100.0	—

从表 5-17 可以看出,有 166 位样本教师(占样本总数的 32.4％)认为作用"比较大",有 65 位样本教师(占样本总数的 12.7％)认为作用"非常大"。但同时,在所有 512 位样本教师中,共有 281 位(占样本总数的 54.9％)认为作用"比较小"和"非常小"。从总体上看,样本教师对于评议专家的道德水平在同行评议利益冲突治理中的作用大小的判断基本持平,"喜忧参半"。造成这种现象的原因,我们给出的解释是:一方面,评议专家的道德水平从原则上来说是很重要的,如果能够得到有效的提高,对于同行评议利益冲突的治理可以发挥很大的作用。但从另一方面看,道德水平是一种"软"约束,本身不具有强制性,尤其是在社会大环境的影响下,要提高道德水平具有较大的难度。因此,在问卷抽样调查中,对其作用的看法出现持平的现象是可以理解的。

而在制度建设的作用层面,样本教师的认知具有较大的一致性。由表 5-17 可知,认为"比较重要"和"非常重要"的人数比例高达 93％。其中,58.5％(299 人)的教师认为"比较重要",34.5％(177 人)的教师认为"非常重要"。而认为"比较不重要"的只有 36 人,占样本总数的 7.0％。由此可见,在教师们心中,相对评议专家的道德水平而言,制度建设的作用大得多(见图 5-3)。

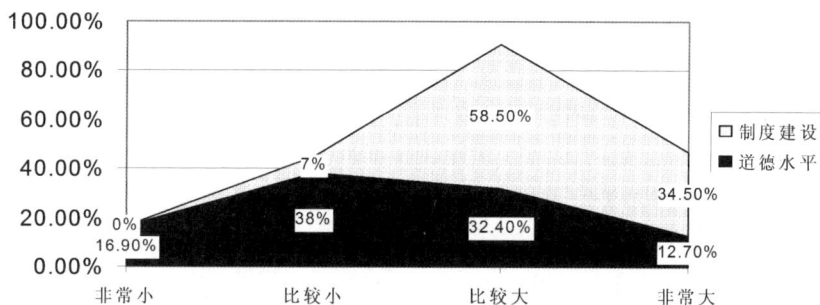

图 5-3　道德水平与制度建设对同行评议利益冲突治理的作用大小对比图

关于当前大学学术同行评议利益冲突治理的现状情况,被调查者普遍认为还存在着较多的问题。当问及"你所在大学相关部门的领导是否重视同行评议中的利益冲突"时,被调查者中 48.1％的教师认为"比较不重视",30.9％的教师认为"比较重视",17.5％的教师认为"非常不重视",3.5％的教师认为"非常重视"。从整体情况看,认为"不重视"的占了 6 成多,剩下 3 成多的教师认为"重视"(图 5-4)。可见,对于大学学术同行评议利益冲突的问题,大学的相关部门及领导虽有加以关注,但关注度还是不够的,需要在今后的实践中不断加强。造成这种现象的原因很复杂,很难一概而论。比如,有个人的因素,有社会的因素,但笔者以为,最重要的是现实学校管理体制、学术体制的因素。因为在既定的学术体制下,学术活动中的任一环节都会受到该体制的影响。

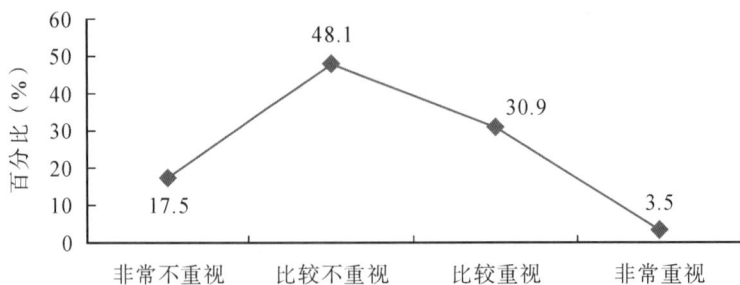

图 5-4　大学相关部门及领导对同行评议利益冲突的重视程度

而当问及"您所在大学的有关利益冲突的政策或制度完备吗?"一题时,绝大多数的被调查者是持否定意见的(表 5-18)。

表 5-18　您所在大学有关利益冲突的政策或制度完备吗

	初级	中级	副高	正高	合计	担任过评委	未担任过评委	合计
非常不完备	7	109	14	14	144	25	119	144
	1.4%	21.2%	2.8%	2.8%	28.2%	4.9%	23.2%	28.2%
比较不完备	18	122	80	126	346	177	169	346
	3.5%	23.9%	15.6%	24.6%	67.6%	34.5%	33.1%	67.6%
比较完备	4	11	7	0	22	0	22	22
	0.7%	2.1%	1.4%	0.0%	4.2%	0.0%	4.2%	4.2%
非常完备	0	0	0	0	0	0	0	0

由表 5-18,认为"比较不完备"的占样本总数的 67.6%(346 人),认为"非常不完备"的占样本总数的 28.2%(144 人),两项合起来占了样本总数的 95.8%(490 人)。而认为"比较完备"的只有 22 人,占样本总数的 4.2%,并且在样本教师中无人选择"非常完备"一项。这个结论是比较符合当前我国大学的现状的。由此可见,对于大学学术同行评议利益冲突的治理,制度建设是一个具有相当迫切性的课题。

三、对调查结果的识读

(一)对同行评议中存在的利益冲突持否定态度

从利益冲突的概念来看,它不仅指一种冲突的境况,也是一种行为。从原则上看,当作为境况时,利益冲突并不一定就会造成同行评议实际的不端行为。但尽管如此,利益冲突的存在确已让公众产生不信任感。人性的缺陷和现实制度约束机制的匮乏,会使评议专家利益冲突的境况转化为不端行为的概率大大提高。尤其是在我国当前学术道德、环境以及制度缺失的背景下,这种转化的概率会更高。大学教师们正是基于这些原因对同行评议中存在的利益冲突基本持否定态度。调查的结果,一是体现大学教师们对利益冲突影响同行评议的程度作出严重性的判断;二是同意利益冲突是影响同行评议公正性问题的主要原因;三是对利益冲突的存在持气愤的态度。

(二)行政权力干预与人情关系是利益冲突中的重头戏

导致利益冲突产生的因素很多,有社会层面的,有个人层面的;有制度层面或文化层面,有政治或经济层面的;有物质层面的,也有精神层面的。但无论怎么划分,其最重要的仍然是行政权力干预与人情关系的文化传统这两个方面。这与国外的利益冲突存在不同的地方。国外特别强调"经济利益冲突",大学所制定的利益冲突政策,各期刊的利益披露条款也基本以"经济利益冲突"为主。为什么在我国这两方面是重头戏呢?这当然跟我们国家大学管理体制、学术体制以及社会中"人情文化"的悠久历史是分不开的。并且,其中的"人情关系冲突"千丝万缕、十分复杂,而这也是与国外的"关系冲突"有所区别的地方。因为在国外利益冲突中的"关系冲突"往往要单纯得多,主要体现在学缘关系、亲属关系以及机构从属关系方面。而我们国家的"关系冲突"中除这些之外,还包括很多说不清楚的、拐弯抹角的间接的人情关系。从调查结果中看,一是教师们将这两项因素作为导致利益冲突产生的最重要原因,二是在利益冲突类型的重要性排序上也将这两项因素排在前 3 位。

(三)对利益冲突的治理前景表示担忧

从调查结果看,大学教师们对我国同行评议利益冲突的治理前景表示担忧,期望值不高。原因在于同行评议利益冲突的治理涉及众多因素,而每一项因素要改善都是有相当难度的。比如,前面所述的"人情关系冲突",由于我国的人情关系不仅复杂多样,难以具体化,而且作为一种文化传统已扎根于国人的内心深处。换句话说,就是社会公众对人情关系传统有很高的心理认同度和较强的依赖感。这样一来,要处理这类冲突的确相当困难。另外,行政过度干预引起的利益冲突方面也是很棘手的问题,因为大学学术同行评议是在特定的大学管理体制下进行的,如果大学的管理体制没有得到改革与完善,利益冲突治理就会举步维艰,甚至只能是"镜中花""水中月"而已。在问卷的抽样调查中,一是有 6 成左右教师们认为学校相关部门的领导者对利益冲突及其治理问题的重视程度不够,二是绝大多数的样本教师对利益冲突的治理难度作出了"比较有难度"和"很有难度"的判断。

(四)制度建设是防范利益冲突最关键的措施

治理同行评议中的利益冲突问题,环境、道德、制度是必经的途径。但其中最为关键的还是制度建设。因为无论是环境还是道德,都不具有制度所拥有的强制性约束力量,因而往往最具效力的就是制度建设了。换言之,在今后的大学学术同行评议利益冲突的治理实践中,制度建设应当放在首位。因为制度的刚性特征有其特殊的作用。当然,制度建设从来都不是一件容易的事情。笔者以为,一方面,应当学习与借鉴国外或境外大学的一些成功经验,再结合我国大学的实际进行扬弃;另一方面,我国大学的相关部门及领导人要意识到治理利益冲突问题的重要性,因为学术评价是学术活动中的关键环节,在某种意义上讲,完善了学术评价机制,也就完善了整个学术体制。从调查结果看,高达 93% 的样本教师肯定了制度建设在大学学术同行评议利益冲突治理中的重要性作用。

第六章 大学学术同行评议利益
冲突产生的根源剖析

任何事物的产生都有其内在必然性，而"内在必然性"就是我们通常所说的"根源"，即"事物产生的根本原因"。法国作家莫泊桑（Guy de Maupassant）曾言："自然的一切都是按照固有的逻辑发生的，每问一个'为什么'，都有一个'因为'来回答。"①因此，我们可以说，探寻事物产生的根源，是科学研究的一项重要课题，只有了解了事物产生与发展的根本原因，才能从事物的表象深入事物的内在，从而找到改造事物的途径与方法。同理，大学学术同行评议利益冲突的产生亦不外如是。分析大学学术同行评议利益冲突产生的根源，有利于加深与丰富我们对利益冲突问题的认知，并提升我们解决利益冲突问题的智慧，因为"智慧是对一切事物及产生这些事物的原因的领悟"②。那么，该如何对大学学术同行评议利益产生的根源进行剖析？笔者以为，不能仅从引起利益冲突的表层因素上寻找，而应该将视野放在更为广阔的大环境中去考察。鉴于此，本章试图从社会、经济、文化、制度等四个角度对大学学术同行评议利益冲突产生的根源进行剖析，力求在广阔的环境和场域中寻求利益冲突产生的根本原因。

第一节 大学学术同行评议利益冲突产生的社会根源

探寻大学学术同行评议利益冲突产生的根源，社会方面是一个不可或缺的视角，原因在于利益冲突是一种普遍存在的社会现象。可以说，有人类社会便存在利益冲突问题。离开人类社会的生产、生活环境，利益冲突便没有了存在的土壤与空间。再者，人作为一种社会存在物，其行为方式总是不可避免地会受到当时社会各因素的影响。尽管，从相对的环境空间看，大学学术同行评议中的利益冲突是一个特殊的社会现象，但大学同样也是重要的社会组织形式，大学的教师与学者们也是社会广大成员的一分子，其活动与行为总是在社会大环境下发生与运行。因此，孤立地在象牙塔中寻找答案难免偏颇，或失之科学性。换句话说，

---

① 柳毅.领导思维原理之八：运用创造思维的九条准则［EB/OL］.（2012-02-21）［2012-07-18］.http://blog.sina.com.cn/s/blog_743b3e71010136by.html.

② ［古罗马］西塞罗.西塞罗三论［EB/OL］//平和.阅读与获取人生智慧.（2007-08-20）［2012-07-18］.http://blog.sina.com.cn/s/blog_4e2568a0010009oj.html.

从社会的视角分析大学学术同行评议利益冲突产生的根源不仅是可能的,更是必要的。然而,就学术界而言,长期以来,尤其是科学作为一种社会建制之前,人们将学术活动描绘成价值无涉的理想家园,在那里,学者们可以"远离喧嚣的尘世,躲开浮躁的人海,拒绝时尚的诱惑,保持心灵的高度宁静和绝对自由"①。但是社会的发展,使得学术不再仅仅止步于孤立的象牙塔中的自我成长,学术活动的价值评判(包括大学的学术同行评议)标准也随之发生了改变,即除了内在标准(知识的逻辑性),还被赋予了外在标准(社会的应用性)。换句话说,社会的各种复杂因素正不断影响着大学学术活动及其评价行为。当前,我国正处于社会转型时期,社会的转型导致了人们价值观、所扮演的社会角色以及对社会权力资源的掌握与运用方式发生了极大变化,而这些变化正是引发大学学术同行评议利益冲突的重要根源。

一、社会转型期的价值观多元化

在分析与研究当代社会的发展问题时,经常使用的一个词就是"社会转型"。所谓社会转型主要指"构成社会的诸要素如政治、经济、文化、价值体系在不同的社会形态之间的发生的质变或同一社会形态内部发生的部分质变或量变过程"②。社会结构是转型的主体与核心,即从一种类型的社会结构向另一种类型的社会结构转变。这种转型是全方位的、复杂而艰巨的,同时也是漫长的。从最广泛的意义上讲,社会转型主要表现为"从传统的自给自足自然经济社会、农业社会、乡村社会、封闭半封闭社会向现代的市场经济社会、工业社会、城市社会、开放型社会转化"③。当然,这种转型从近代社会以来就已经开始,然而,在其漫长的岁月中,转型的速度始终是缓慢的,只有在新中国成立以来,尤其是 1978 年改革开放以后,这种社会转型才真正以较快的速度进行。当前,从整体上来看,我国的社会转型进入了一个大发展的时期,而社会的转型意味着社会发生深刻的变革,其中不仅是社会结构、经济方式的转变,也包括人们的思想意识、价值观念以及文化信仰等的波动与多元化。

"价值"在经济学上体现为"对人的有用性",而从哲学上看,则是涵盖社会各领域的是非、善恶、美丑等一系列要素的本质内涵。基于此,所谓"价值观",简单来说就是人们对这些社会各领域的是非、善恶、美丑等一系列要素进行评判时内心所持有的标准。因而,"就其功能而言,价值观念起着评价标准的作用,是人们心目中用以评量事物之轻重,权衡得失的'天平'和'尺子'"④。换言之,价值观在某种程度上而言,是一种"内心思想上的指针",它深植于人的心中,强调人应该做什么,不应该做什么,在最具体的范围内体现为社会成员对同一社会事物的共同价值评判。并且,在一定的或者正常的社会中,人们的社会价值观念也具有一定的稳定性。

然而,在社会转型时期,社会结构的急剧变革导致人们的价值观念也发生剧烈的变化,人们不再单纯坚守较为单一的价值体系,而是呈现复杂化、多元化趋势,即"一个社会系统中

① 李醒民.科学的精神与价值[M].石家庄:河北教育出版社,2001:1.
② 王永进,邬泽天.我国当前社会转型的主要特征[J].社会科学家,2004(6):41-43.
③ 阎志刚.社会转型与转型中的社会问题[J].广东社会科学,1996(4):86-92.
④ 宋旭红.学术职业发展的内在逻辑[M].武汉:华中科技大学出版社,2008:163.

特定民族的社会关系、文化系统和观念意识形态的离散、混乱、分化、瓦解的状态"①。人的价值观多元化的原因从总体上来看是旧的社会秩序被打破,而新的社会秩序尚未形成所致。具体而言,有两个方面的影响因素:其一,个体成员价值观念的多样性与差异性在社会转型期会因社会主体价值观统摄力的减弱而突现出来。虽然在一定的社会时期,存在一个主体的价值观观念,这个社会主体的价值观起到统合个体丰富多样价值观的作用。但是,社会的转型使得社会主体价值观处于分化、混乱的状态,这样一来,个体成员的多样化价值观就突现出来了。其二,社会的转型,使得某些社会制度、政策变得松动,制度的松动或政策上的放宽会进一步导致不同利益主体的利益竞争渐次浮现出来,从而引发价值观念的多元化。多元的价值观不仅体现为一系列新的价值观的出现,而且不同的价值观之间也发生冲突。就第一方面而言,比如,功利主义的价值观、竞争的价值观等。从第二方面看,比如,功利主义价值观与伦理价值观的冲突,群体主义价值观与个体价值观的冲突,东方价值观与西方价值观的冲突等。在这种情况下,"多元的价值观支配人们按各自的准则行事,社会按哪种价值来进行制度化无法确立"②。

毋庸置疑,多元化的价值观也充斥着学术领域,学者们在从事各种学术活动的过程中也明显地受到了多元化价值观的影响。旧有的"为学术而学术"的价值观或信仰已不再起唯一或决定性的作用,取而代之的是复杂多样的价值体系。在这种情况下,自然会引起一系列学术越轨、学术失范、学术不端或学术腐败现象的发生。尤其是在当下,学术领域中的功利主义价值观正不断侵蚀着学术活动的理性价值观。尽管有些"学者、理论研究者、文艺批评家们往往都过高地估计自己,把自己看成一个精神上的自由人,但实际上总是某种利益的俘虏"③。学者们乐此不疲地追求着学术的功利价值,逐渐淡忘了学术的最本原的价值内涵,甚至将人的自身的目的与价值也弃如敝屣。德国学者马克斯·韦伯曾言:"……人竟被赚钱的动机所左右,把获利作为人生的最终目的。在经济上获利不再从属于满足自己物质需要的手段了。这种对我们所认为的自然关系的颠倒,从一种朴素的观点来看是极其非理性。"④换句话说,当学者们需要为某种学术活动或成果作出某种价值判断时,多元的价值观便会产生冲突,从而最终引致利益冲突的发生。比如,在大学学术同行评议中,面对一项学术成果的价值评判时,评议专家的"内心思想上的指针"不再仅仅是"为学术而学术"的单纯价值体系,而是有多种多样的相互冲突着的多元价值体系,如学者的学术功利主义价值观与学术的理性价值观之间的冲突。冲突的结果之一是发生同行评议中的学术越轨现象,或者即使不发生越轨现象,但这种冲突的存在,也会引发人们对大学学术同行评议乃至整个学术共同体的信任危机,从而最终导致大学学术同行评议公信力的下降与削弱。

当然,必须承认的是,学术中的功利主义价值观并非一无是处。事实上,它在很多情况下,也大大刺激或促进了学术研究活动的发展。因为,在我们的科学研究事业处于初级阶段,需要大跨度、跳跃式发展的时期,这种追求功利的思潮能够成为一种强大的动力因素,在

① 林伯海.社会转型期价值观念多元化及其整合[J].自贡师范高等专科学校学报,1999(1):30-35.
② 王恩华.学术越轨批判[M].长沙:湖南师范大学出版社,2005:67.
③ 徐英.学术研究:功利性抑或超功利性[J].广播电视大学学报(哲学社会科学版),2000(4):107-109.
④ [德]马克斯·韦伯.新教伦理与资本主义精神[M].于晓,陈维纲,译.北京:生活·读书·新知三联书店,1987:37.

一定程度上将"有助于学者醉心于学术研究,早出成果、多出成果、出好成果以获得社会承认及学术共同体的声誉"①。然而,正如罗尔斯(John Bordley Rawls)在《正义论》中所说:"功利主义在某种意义上并不把人看作目的本身……在一个公共的功利主义社会里,人们发现将较难胜任自己的价值。"②换言之,对功利主义的过分追求必然会使学者们出现非理性的行为,并在从事的某些学术活动中发生利益冲突或越轨行为。体现在大学学术同行评议中,评议专家们由于过分追求学术的功利主义,就会以市场的关系来替代学术共同体内部成员之间的良性竞争或合作的关系,"利"字当头,以个人私利作为活动的出发点,难免会引发一系列利益冲突。诚如艾伦·布坎南(Allen Buchanan)所言:"假如全部人类关系都变成市场关系,人类生活的价值就会大大降低。"③因此,在社会转型时期,原有的社会价值观已经礼崩乐坏,处于离散、混乱状态,人们的社会价值观呈现复杂多元的特征,大学的学者们也不能幸免于外。尤其是学术功利主义价值观的泛滥,不可避免地导致大学学术同行评议中利益冲突现象的发生。

二、人的多重社会角色之间的冲突

除了社会转型时期价值观多元化之外,人的多重社会角色以及角色之间的冲突也是大学学术同行评议利益冲突产生的社会根源之一。大学是社会的组成部分,是社会的重要组织之一,置身于其中的科学家们自然也是社会的一分子。然而,"科学家们在实践的舞台上,并不像戏剧中的演员那样只扮演一个角色,而常常扮演多个角色"④。这种社会角色的多重性必然带来不可避免的冲突,体现在同行评议中,便是利益冲突的产生。

"角色"一词原本是戏剧中的专业名词,指的是演员根据剧本要求扮演的一种特定的人物形象。美国社会学家米德(H.G.Mead)为了说明人的社会化行为,在20世纪二三十年代首次将"角色"概念介绍到社会学中。此后,蒂博特(J.W.Thibaut)、凯利(H.H.Kelley)、戈夫曼(E.Goffman)、帕森斯、达伦多夫(Ralf G.Dahrendorf)等学者相继对"角色"理论进行多方面的研究,最终使"角色"理论发展成社会学的基本理论之一。社会学中的"角色"是指"个体在特定社会团体中所处的社会地位及与之相联系的符合社会期望的一套行为模式,每一种社会角色都代表着一套行为及行为期望"⑤。换言之,不同的社会角色有不同的角色规范与角色期望,从而带来不同的角色压力。

社会中的任何一个成员都不可能是单纯的单个角色的扮演者。社会越是多元化、人与人之间的关系越是复杂化、人类需求越是多样化,人的社会角色就越具有多重性特征。同理,大学的职能越是多元化、学术活动越是多样化,学术职业角色就越朝着分散化与多元化方向发展。当科学作为社会的一种独立建制形成以后,"科学家"就成了一种重要的社会角

① 王恩华.学术越轨批判[M].长沙:湖南师范大学出版社,2005:69.

② [美]约翰·罗尔斯.正义论[M].何怀宏,何包钢,廖申白,译.北京:中国社会科学出版社,1988:173.

③ [美]艾伦·布坎南.伦理学、效率与市场[M].廖申白,谢大京,译.北京:中国社会科学出版社,1991:143.

④ 张彦.科学价值系统论[M].北京:社会科学文献出版社,1994:61.

⑤ 薛桂波.从角色理论谈科学家的伦理困境[J].兰州学刊,2008(12):20-22.

色。尽管根据"科学家对其工作所持有的很强的个人责任感,以及他们通常所具有的很高的教育程度,可以认为科学能被更专门地划归为一种'专门职业'类型的职业角色"[①],但这并不意味着,科学家只扮演这种单纯的唯一角色。事实上,"作为社会角色的一种特殊形式,科学家的角色具有自身动态的演变过程,并在社会中具有'角色丛'的特点"[②]。大学学术同行评议专家在本质上是"科学家"的身份,因而,从社会学的角度看,大学学术同行评议专家们也具有"角色丛"的特征。具体来讲,评议专家既是科学家,也可能是其他诸如研究生导师、行政管理人员、企业的顾问、作家、多所大学的兼职教授、某宗教成员等。正如齐曼所言:"现代科学家除了扮演家庭成员、纳税、拥有财产、守法的公民这些正常角色,他也许还需要在科学界或在社会中,充分地扮演几种截然不同的职业角色。"[③]总之,每一位同行评议专家在社会中都是一个"角色丛",其具体扮演哪些社会角色以及扮演多少种社会角色又是不尽相同的。

大学学术同行评议专家为什么具有多重的社会角色?寻找其原因或许可以从以下两个方面着手:一是人类社会活动的必然结果。拥有科学家身份的同行评议专家不是超越社会、不食人间烟火的"神仙道士",他与普通人一样也是社会的成员之一,有着广泛的社会活动和复杂的社会关系。"科学家"不过是其扮演的众多社会角色中的一种而已。二是大学已经不再是单纯的自我封闭的象牙塔,它与社会的联系是那么紧密和不可或缺。因而,大学的学术活动逐渐向社会上其他行业的领域延伸、扩展,从事学术活动的科学家的角色变得更加多元和富于社会性。

此外,人们所扮演的多重的角色间并非总是相安无事、和谐共处的,相反,往往处于"角色冲突"的境地。现实中,我们常常在面临某些行为或目标的决策时陷入左右为难的困境。我们并不能总是做到满足各种角色的期望与要求,在很多时候,往往是以牺牲某种角色期望以满足另一种角色期望的。大学学术同行评议专家的"角色丛"之间也不例外。"评委扮演的社会角色越多,角色互动对角色的各种期望差别就越大,从而导致了角色冲突。"[④]因为,同行评议专家扮演的每一种社会角色,都要求其遵循这些社会角色的行为规范,而当这些行为规范之间产生矛盾或不一致时,冲突就产生了。评议专家们这些多重角色之间的冲突必然会影响到他们在评议过程中的评议行为,而这就是产生同行评议利益冲突的根源之一。比如,在一次高校教师职称评审的同行评议中,某评议专家是 A 大学的一名教授(此时他至少扮演"科学家"和"A 大学职员"两种角色),而 A 校为了某些被评议人的利益,告知该评议专家(直接或间接的方式)要在评议时给予应有的"照顾"。这时候,该评议专家就陷入了"纯粹科学家"的角色与"A 大学职员"角色之间的冲突困境之中。若从"纯粹科学家"的角色出发,则应当公正评议,不能进行所谓的"照顾"行为;但若按"A 大学职员"角色出发,则应该遵循 A 大学提出的要求,否则就是一种"失职行为"。很显然,该评议专家角色之间的冲突引发了同行评议中的利益冲突现象。

① 李克特.科学是一种文化过程[M].顾昕,张小天,译.北京:生活·读书·新知三联书店,1989:33.

② 薛桂波.从角色理论谈科学家的伦理困境[J].兰州学刊,2008(12):20-22.

③ [英]约翰·齐曼.元科学导论[M].刘珺珺,张平,孟建伟,译.长沙:湖南人民出版社,1988:247.

④ 钟书华.同行评议:科学共同体的民主决策机制解析[J].社会科学管理与评论,2002(1):40-46.

三、社会权力的干预与渗透

大学的学术活动自其诞生以来就与"自由"联结在一起,从某种意义上讲,"学术"与"自由"就是一对孪生物,离开"自由",学术的本质就会变得不那么清晰和可靠。千百年来,无论是在理论还是实践领域,科学家们围绕着"学术自由"问题与世俗、宗教进行了不懈斗争与探索。可以说,"学术自由作为学术职业的生存与发展的必要条件,已成为不同时代、不同国家的学术职业共同争取和捍卫的古老信念和天然法则"[①]。换句话说,大学的学术活动不应该也不可被其他外在力量干预或渗透,学术上的事情必须由学者(科学家)说了算。大学的学术自由有广义和狭义之分,广义上是指大学应当有自治权,政府、宗教等其他社会团体或力量不宜过分干涉大学的事务;狭义上来看,是指大学的学术活动应当主要以学者为中心,其他力量不得实行过多的干预。柏林大学思想的先驱施莱尔马赫曾经指出:"大学要有一种精神上完全自由的气氛,科学要从对任何一种外来权威的屈从状态中解放出来。"[②]因此,笔者以为,无论是广义上还是狭义上的大学学术自由,如果得不到保障,大学学术活动将受到严重损害。

作为大学学术活动的重要环节与组成部分——同行评议也同样需要学术上的自由或学术自治。因为,"学术一经与权力挂钩,就不可避免地沦为'交易'之物,从而失去了它原有的那种圣洁与高雅,染上更多的俗气与铜臭"[③]。试想,如果同行评议中充斥着大量的非学术性力量,这种评议活动还能算作同行评议吗?从实践来看,我国大学的学术同行评议中,非学术性力量的干预与渗透是相当明显与普遍的。比如,在行政权力泛化的背景下,大学的学术同行评议中无不存在着行政力量的干预与渗透现象。华东师大的阎光才教授曾经对该类问题进行过调研,在"在高校中担任行政职务更有利于职称晋升"项目中,从表示完全认同到有点认同的比例高达80%。[④] 可见,大学行政权力干预学术同行评议活动的现象在今天的大学中依然严重,在某些时候它甚至完全主导了学术同行评议活动的过程。当然,必须说明的是,西方国家的大学也存在行政权力对同行评议活动的影响,但相较于我国而言,其程度要轻得多,甚至不太影响和左右评议结果的公正与客观性。毕竟,就学术自由或自治来说,西方国家从来就比我国要好得多。并且,在有效的制度框架下,行政权力对同行评议的影响只能是在有限的范围内实现。

笔者以为,行政力量对大学学术同行评议的干预与渗透主要有以下两种形式:一是担任行政职务的专家学者充当评议专家;二是行政权力对评议专家施加各种不同的压力,掌控着同行评议活动的全过程。但无论是哪种形式,其实质就是一种经济学上的"权力寻租"行为。究其原因,除了学术资源的过分集中,并基本由行政力量掌控之外,对行政权力的制约与监督机制的不健全也导致了寻租行为的泛化与失控。我们知道,从经济学的视野看,"权力寻

① 宋旭红.学术职业发展的内在逻辑[M].武汉:华中科技大学出版社,2008:164.

② 贺国庆.德国和美国大学发达史[M].北京:人民教育出版社,1988:41.

③ 王华生.权力场域的强势存在:学术腐败的深层制度诱因[J].河南大学学报,2010(5):25-29.

④ 阎光才.学术共同体内外的权力博弈与同行评议制度[J].北京大学教育评论,2009(1):124-138.

租活动是一种'负和游戏',就社会整体而言,寻租所造成的损失远远大于它所产生的利益"①。体现在同行评议活动中,行政权力的"寻租"所造成的损失也大于它所产生的利益。其中,最明显的便是导致利益冲突现象的产生。比如,大学行政官员担任同行评议专家,其在评议过程中,到底行使的是"行政权力"还是"学术权力"? 在笔者看来,这似乎不能成为一个问题。在绝大多数的情况下,这些拥有行政职务的评议专家会以行政的思维来代替学术的思维去参与评议行为。于是,当需维护组织利益或其自身仕途利益时,一般会以折损或贬抑学术利益为代价,从而导致同行评议中利益冲突现象的产生。

此外,除了行政权力,其他社会权力对大学学术同行评议也进行着干预和渗透。其中,市场的力量就是重要的代表之一。这种权力的渗透更多的是源于对"经济利益"的追求。当代大学不再是绝缘于市场的独立体,它的学术活动处处体现出市场的因素。尤其在当前,众多学术研究不仅与社会经济部门提供的庞大经费分不开,其学术研究内容的应用性也体现出与市场的不可分割性。由此可见,市场权力对大学学术同行评议的渗透与干预似乎也是不可避免的。市场力量的干预与渗透在西方国家的大学中也是很明显的,但它们有着较为良好的制度约束机制,在这方面,有许多宝贵的经验值得我们借鉴。就我国而言,市场体制和学术体制双重不成熟,使得市场力量对大学学术同行评议的干预处于失范和混乱状态。但从总体上说,当前,在我国的大学学术同行评议中,行政权力的干预与渗透恐怕是最为严重的,由此而引发的大学学术同行评议中的利益冲突现象也是最迫切需要关注与解决的问题。

第二节　大学学术同行评议利益冲突产生的经济根源

对于利益冲突而言,从经济上探寻其产生的原因似乎是最理直气壮和最理所当然的。因为,从最根本上讲,人类的绝大多数利益最终都可以追溯到或还原为经济利益。辩证唯物主义也认为,物质决定意识,经济基础决定上层建筑。"利益问题与人类生存息息相关,物质利益是人的一切利益的基础,只有物质利益得到保障,人才能去争取其他利益。"②尤其在我国当前功利主义盛行的社会大环境下,"拜金主义"与"金钱万能"的价值观充斥着人们的思想与心灵,人们的一切行为活动方式往往直接或间接地受到经济利益的影响与驱动。由此可见,从经济的视角来分析大学学术同行评议利益冲突的根源不仅有其必要性,而且也有逻辑上的合理性。大学的学术同行评议活动是大学学术活动的重要组成部分,评议专家们的评议行为必然会受到经济因素的影响。况且,同行评议活动在功能上体现为一种资源配置活动的竞争性评议,而激烈的竞争凸显了学术研究的利害关系。此外,当前大学的学术同行评议中,评议专家的利益冲突行为还具有低成本、高回报的特征。以上所有这些因素都可能引发大学学术同行评议中利益冲突现象的产生。

---

① 李孟,高希宁.转型发展时期"寻租"现象的社会学分析[J].消费导刊,2009(9):69.

② 陈昌荣.浅论马克思主义的利益分析方法的当代价值[J].四川文化产业职业学院学报,2009(1):43-46.

一、经济利益驱动下的学术研究

早期的大学学术活动是一种价值无涉的好奇心驱动下的研究,尤其是在 17 世纪以前,学术研究活动纯粹是一种为学术而学术的追求真理的活动。学者们是爱因斯坦笔下的"求智"者,[①]探究学术的目的是获得超乎常人的智力上的快感。所谓"子非鱼,焉知鱼之乐"便是这个道理"。纯粹的"求智"目的,使学者们不关心学术的财富价值,甚至于鄙视学术研究的经济利益。正如科尔所言:"在科学界金钱没有重要的象征意义……科学的价值体系排斥由赚钱的欲望所刺激的工作,正如收入不是科学家的重要差别一样,财富也不是。"[②]然而,这种局面并非恒久不变。随着社会的发展与进步,学术愈来愈走向社会,并为经济发展服务。学术由"闲散阶层的业余爱好逐步演化为一种职业,成为科研从业者们赖以谋生的手段"[③]。学者们对于学术的期望也随之发生了很大的改变,学术的财富价值逐渐凸显出来。特别是进入"大科学"时代以来,科学技术成果在经济生产领域中的转化的周期大大缩短,学术成果能够更加迅速地带来经济上的收益。在这种情况下,学者们对于通过学术手段而获得财富和金钱的渴望愈发的强烈。而对学术的财富价值的渴望与追求,必然会影响关于学术研究评价的活动——同行评议。换言之,大学学术同行评议活动也会因学术的经济与财富价值而引发一系列不客观与不公正的现象,其中,便包含利益冲突现象的发生。

由上述可知,学者们学术研究的动机大致经历了一个从弱功利性到强功利性的发展变化过程。同样地,这种动机的变化也相应地影响了大学学术同行评议活动。笔者以为,弱功利性动机下的学术研究,其同行评议也必然是弱功利性的。而学术研究动机的强功利性就必然会渗透到同行评议的活动过程中,从而有可能引发利益冲突现象。美国学者波特(Roger J.Poter)从功利性角度将科学家进行学术研究的动机分成三种:好奇心与利他主义、声誉与承认、财富或金钱,包括赠品、谢礼、差旅费、顾问费、专利、资产值等(图 6-1)[④]。

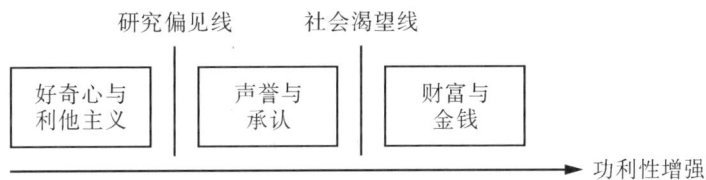

图 6-1　科学家研究动机的比较

好奇心与利他主义是一种纯洁动机。这种动机下的学术活动是最少功利和最少偏见的,学者们可以做到尽可能客观,包括在大学学术同行评议中,人们对学术成果的评判也会

---

① 张碧辉.科学社会学[M].北京:人民出版社,1990:136.

② [美]乔纳森·科尔.科学界的社会分层[M].赵桂苓,顾昕,黄绍林,译.北京:华夏出版社,1989:50.

③ 韩丽峰,徐飞.学术成果发表中不端行为的形式、成因和防范[J].科学学研究,2005(5):623-628.

④ Roger J.Poter.Conflict of Interest in Research:Personal Gain-The Seeds of Conflict[M]//Roger J.Poter,M.David et al.Biomedical Research:Collaboration and Conflict of Interest.The John Hopkins University Press,1992:135-136.

因此而做到最大程度的客观和公正。原因在于无论是被评议者还是评议专家，驱动他们从事学术活动的动力是弱功利性的，甚至是无功利性的。比如，闲逸的好奇心、智力快感上的追求等。既然纯粹是为了满足好奇心或获得智力上的快感，自然要求在学术研究成果的评价上保持真正的客观与公正。因为，只有客观公正的评价才能最大限度地反映所作研究的质量与程度，并进一步在真正意义上满足学者们（评议专家与被评议者）对学术的好奇心和智力上的快感。总之，在好奇心与利他主义的动力驱动下，无论是评议者还是被评议者皆不存在强功利性的私人利益追求，因而，也就很少或者几乎不会导致利益冲突现象的产生。

相对于好奇心与利他主义而言，追求学术上的声誉与承认的动机，其功利性色彩就更浓些。学者们往往由于极度地渴望学术上的声誉或承认，容易在具体的学术活动中走偏方向，从而可能导致一些偏见或冲突现象的发生。比如，在某大学学报的投稿论文评审中，评议专家发现某被评议者的论文与自己所研究的课题相近，且其研究结果对自己的课题有很大帮助，评议专家为了使自己的学术研究成果得到更快的承认（学术优先权），就可能会故意贬低或批判被评议者的论文，而这就引发了同行评议中利益冲突的现象。况且，追求学术上的声誉与承认还跟财富有一定的关联。"声誉能够导致财富，财富也能够增加声誉。追求声誉必然导致财富的增加。"[①]在财富的刺激下，学者们对获得学术上的声誉与承认的愿望更加强烈，评议专家与被评议者之间的利益竞争与矛盾更加剧烈，从而也随之提高了利益冲突发生的概率。

然而，对学术研究影响最大的应是"财富与金钱"动机。它是一种强功利性的动力系统，在这种动机驱动下，学者们最容易偏离学术本应遵循的客观性。尤其在今天这个时代，大学学者们的学术活动大都无法逃脱"经济"利益驱动力的影响。尽管现实中仍有些教授、学者是以好奇心和利他主义作为研究动力的，但总体上，不仅数量少而且稳定性不好，当面临强大的经济利益时，所谓的"利他主义"和"为学术而学术"的精神便会变得相当脆弱，经不起"财富与金钱"诱惑的考验。正如阿诺德·瑞曼所言："即使是最有意识的研究者，在他的工作中完全没有偏见是非常困难的，但是，当一个研究者在其工作的结果中包含经济利益时，保持客观性就更难了。"[②]特别是在社会差别扩大、利益分化加剧的背景下，从事研究的大学学者群中，有一小部分成为"富有的人"，而其他大部分仍在"穷人"行列徘徊。这种学术界中"富者"与"穷人"之间的差距使学者们格外关注学术的财富与经济价值。"与此同时，社会上'科学成就∝官职'（∝读作正比于，笔者加）'科学成就∝地位''科学成就∝金钱'这些公式一次又一次地被证实。"[③]

在大学学术同行评议活动中，经济利益的驱动不仅影响了被评议者，也影响了评议专家。一方面，被评议者为了追求自身的经济利益（直接的或间接的），比如，被评议者为了顺利评上正高职称（正高职称能够为他带来更多的财富和声誉），就会想方设法与评议专家"走关系""套人情"，利用多种手段干扰同行评议活动。另一方面，评议专家为了自身的经济利

① 郭贵春，成素梅.科学技术哲学概论[M].北京：北京师范大学出版社，2006：313.

② Arnold S.Relman.Economic Incentives in Clinical Investigation [J].New England Journal of Medicine，1989(320)：934.

③ 冯坚，王英萍，韩正之.科学研究的道德与规范[M].上海：上海交通大学出版社，2007：120.

益(直接的或间接的),如被评议者所送的礼金、礼品、差旅费或者其他变相的利益等,就有可能会在评议过程中产生倾向性,偏离客观与公正性的轨道,引发利益冲突。

二、资源的稀缺性与竞争的激烈性

一般来说,同行评议最理想的运行条件是:一是拥有科学、成熟的学术共同体(备选的专家库),二是学术资源较为丰富,不存在激烈的竞争环境。第一个条件在科学技术发达的国家及较为成熟的学科方面已经存在,我国相对不成熟;而第二个条件一直困扰着科学家与同行评议系统。无论在西方发达国家还是在我国,学术资源都处于稀缺的状态。比如,高校职称的职数的有限性、期刊论文的版面的有限性、各科学术成果奖的项数限制、课题申报的项数有限性等。几乎每一位从事学术研究工作的学者都会碰到上述的几个问题。就我国国家自然科学基金而言,从 2001 年至 2011 年 11 年间,受理的面上项目从 23636 项上升至 76062 项,每年的被批准资助的项目也从 4435 项上升到 15329 项。表面上看,这些数字的变化说明了我国的国家自然科学研究规模和研究人员都得到较大的发展。但从每年的资助率来看,基本上一直在 17%～20%之间波动,只有 2005 年达到24.8%,是 11 年来的最高水平(见表 6-1)。[①] 换句话说,国家自然科学基金项目平均每年只有大约两成的申请可以获得立项资助。这在某一层面可以体现出学术资源的稀缺性特征。

表 6-1　国家自然科学基金面上项目申请与资助结果(2001—2011 年)

年份	受理申请(项)	批准资助(项)	资助率(%)	年份	受理申请(项)	批准资助(项)	资助率(%)
2001	23 636	4 435	18.76	2007	44 907	7 713	17.18
2002	27 590	5 808	21.05	2008	49 309	8 924	18.10
2003	31 791	6 359	20.00	2009	57 533	10 061	17.49
2004	39 665	7 711	21.72	2010	65 136	13 030	20.00
2005	49 329	9 111	24.79	2011	76 062	15 329	20.15
2006	58 811	10 271	17.46				

资料来源:国家自然科学基金委网站 http://www.nsfc.gov.cn/nsfc/cen/xmtj/index.html。

学术资源的稀缺性不可避免地造成了学术资源竞争的激烈性,尤其是在当前的"大科学"时代,科学家对学术资源的需求激增,更加凸显了学术资源上的供求矛盾。例如,全国哲学社会科学规划办公室的材料显示:"2006 年 22 个学科共受理申请课题 15319 项,比上年增加了 2957 项,增长 24%。评出 1314 个立项资助课题。平均立项率为 8.6%(2005 年为9.7%)。"[②]此数据表明了当前学术资源竞争的加剧情况。当然,这种现象在国外也如此,楚宾调查了美国国立卫生院较早年份的项目申请与资助情况,发现从 1965—1985 年间,项目

---

① 数据来源于国家自然科学基金委网站 http://www.nsfc.gov.cn/nsfc/cen/xmtj/index.html 上的《资助项目统计报告》。笔者根据历年的数据整理而成。

② 李侠.过度竞争:消解学术责任的无形之手[EB/OL].(2007-03-29)[2012-07-13].http://news.sciencenet.cn/sbhtmlnews/200733001118699176094.html? id=176094.

的申请数从 8130 项上升到 15496 项,增加约一倍,然而,获资助的比例却在逐年下降,从 1965 年的 49.6% 下降至 1985 年的 32.4%。① 近几年来,美国国立卫生院的项目资助率仍在下降,据《科学》杂志报道,2008 年美国国立卫生院有 9460 项课题成功获得资助,资助率为 21.8%,2009 年下降至 20.6%,只有 8881 项课题获得资助。② 此外,学术界的"马太效应"也会加剧学术资源上的竞争程度。因为"马太效应"使得部分学者长期处于资源的贫乏状态,这些学者对学术资源的渴望和需求度是最高的。当他们意识到按正常途径无法获得学术资源时,便会铤而走险,动"歪脑筋",试图通过非正常手段实现目标。而这些非正常手段的"想法"便为利益冲突的产生埋下了祸根。

诚然,辩证地看,学术上竞争并非完全是坏事。事实上,在学术界引进市场经济中的竞争机制也是很有必要的,因为竞争的最大功能在于调动与激发人的积极性与潜能。通过竞争可以在某种程度上避免某些学术界的"慵懒"现象,也能够加快学术成果的产出速度,提升学术成果的质量水平。但这必须是在良性的竞争机制下方可实现。否则,恶性的竞争就可能导致学者们不顾学术伦理、精神或放弃应有的学术责任,为达目的不择手段,从而导致学术界一系列不端现象或行为的产生。正如唐纳德·肯尼迪所言:"(竞争)使得个人在追求最高标准过程中要保持客观性和正直性变得越来越困难……由此带来的最大风险可能是礼让的丧失。强化竞争带来的后果之一是对学院精神的礼貌作风的侵蚀。"③ 比如在大学学术同行评议中,评议专家与被评议者有学术上的竞争关系,评议专家为了自身的学术利益,就有可能会在评议中采取各种手段贬低被评议者学术成果的质量等,由此便引发了利益冲突现象的产生。

毫无疑问,在当前的学术界,学术资源供求上的突出矛盾以及由此而造成的激烈竞争就是一种恶性的竞争。因此,笔者以为,学术资源的稀缺性(供不应求)以及学者们对学术资源的激烈竞争是大学学术同行评议利益冲突产生的根源之一。具体来讲,可以表现为以下两个方面:

其一,评议专家与被评议者之间因学术资源上的竞争而产生利益冲突,从而有可能导致评议专家在评议过程中无法坚守客观与公正的原则。在这一点上,楚宾对美国国立卫生院补助金同行评议的调查提供了佐证。被调查的科学家都觉得经历了一个令人沮丧的对资金的竞争,并且对评议专家在激烈竞争时期进行评议的艰难也深表理解。其中一个受访者表达了自己的观点:"令人遗憾的是,这是一个不可避免的事实,即评议人经常与接受评议的申请撰写者在同一个日益减少的资金库中为资助展开竞争。在这些情况下,可以理解的是,甚至最公正的评议人要达到完全的客观性也是很难的。"④ 在我国,类似的现象在实践中也不少,如山东大学的马瑞芳教授在其《感受四季》一书中写过一个这样的故事:"女教师要评副

① 数据源于 NIH Peer Review Trends(1985)经计算得出。转引自:[美]达里尔·E.楚宾,爱德华·J.哈克特.难有同行的科学:同行评议与美国科学政策[M].谭文华,曾国屏,译.北京:北京大学出版社,2011:24.

② 谢文兵.美国国立卫生院资助率下降[EB/OL].(2010-04-21)[2012-08-02].http://news.sciencenet.cn/htmlnews/2010/4/231201.shtm.

③ [美]唐纳德·肯尼迪.学术责任[M].阎凤桥,等译.北京:新华出版社,2002:184.

④ [美]达里尔·E.楚宾,爱德华·J.哈克特.难有同行的科学:同行评议与美国科学政策[M].谭文华,曾国屏,译.北京:北京大学出版社,2011:66.

教授了,她的教研室主任害怕她评上副教授以后可能会威胁到他的学术地位和行政职务,于是他在同行评议过程中使用非正常手段使他的学生评不上副教授。"①

其二,被评议者之间因学术资源上的竞争而使用不正当手段,导致评议专家在评议时产生利益冲突。在学术资源处于"僧多粥少"的情况下,被评议者为了成功地竞争到学术资源便会采取一些不正当的手段,甚至为了实现目标"无所不用其极",由此便引发了大学学术同行评议中"拉关系""走后门"现象的发生。许多大学教师都知道,在当前的学术大环境下,纯粹"埋头"于学术,不问"关系",不屑"人际交往",不拜"官员",不使"票子"是一点好处都没有的,不仅不能凭学术而获得应有的物质利益,甚至连苦心经营的学术也可能无法得到社会应有的承认。于是教师们不仅应掌握学术能力,更要掌握公关能力,有时后者比前者更重要。当在项目申报、学术评奖、职称评定、论文发表等活动中,像"老领导、导师、同学、同乡、朋友乃至朋友的朋友,只要能为所用,对于评审工作有帮助,就都'一网打尽'"②。在这种情况下,评议专家也身陷其中,有时是受人之托,碍于情面,有时是"吃人嘴短,拿人手软",有时是慑于权威,不敢得罪等,面对如此处境,评议专家常常接受着学术良心的拷问,在维护公正与背离公正的两端左右为难,利益冲突现象时有发生。

三、利益冲突的低成本、高回报特征

除了经济利益的驱动、学术资源的激烈竞争之外,利益冲突的低成本、高回报特征也是大学学术同行评议出现利益冲突现象的经济根源之一。从经济学的角度看,社会中的人是以"理性经济人"为人性假设的。在这种人性假设前提下,人的行为活动以追求利益最大化为原则。英国古典经济学家亚当·斯密指出:"我们每天所需要的食品和饮料,不是屠夫、酿酒家或烙面师的恩惠,而是出于他们自利的打算。我们不说唤起他们利他心的话,而说唤起他们利己心的话。"③这就是说,人的行为活动受到该行为可能支付的成本与可能获得的收益之间的比例关系的制约。一般情况下,人总是希望以最小的成本获得最大的收益。作为社会成员中的一分子,大学学术同行评议中的评议专家也是符合"理性经济人"假设特征的。在这种情况下,如果同行评议中的利益冲突具备了低成本、高回报的特征,则利益冲突发生的概率就会比较大。

那么,大学学术同行评议利益冲突的成本与收益包括哪些内容?按照《经济大辞典》的解释,所谓成本,在经济学中是指产品生产中所消耗的生产资料价值和必要劳动价值的货币表现。而收益是指生产者以一定的成本生产并出售产品的收入。④ 由此,我们可以发现,大学学术同行评议利益冲突的成本包括评议专家个人成本(个人的物质成本、精神成本)和社会成本。个人物质成本主要指因利益冲突而可能受到惩罚的物质损失(包括"即时"惩罚成

---

①　刘海涛.教师的职称——教研创的故事九[EB/OL].(2005-12-01)[2011-09-04].http://blog.stnn.cc/lhtao/Efp_Bl_1000797689.aspx.

②　江新华.学术何以失范——大学学术道德失范的制度分析[M].北京:社会科学文献出版社,2005:57.

③　[英]亚当·斯密.国民财富的性质和原因的研究[M].北京:商务印书馆,1981:14.

④　于光远.经济大辞典[Z].上海:上海辞书出版社,1991:686.

本,如罚金;"未来"惩罚成本,如因停职、撤销职务以及名誉损失而带来的物质上的损失);个人精神成本主要指因利益冲突而可能受到惩罚的精神与心理上的损失(包括名誉损失而带来的心理压力、公众的指责、同行的不信任等方面)。社会成本包括因利益冲突而带来的学术资源的非优化配置、学术质量的"劣币驱逐良币"现象以及学术共同体公信力下降等方面。而大学学术同行评议利益冲突的收益也由两方面组成,即直接的"非法"物质收益和精神收益。直接的"非法"物质收益主要指因利益冲突而可能获得的诸如礼品、现金、资产增值等方面的收入;精神收益是指因利益冲突而可能得到的诸如朋友情、亲情、师生情等程度的加深以及由此而带来的心理的满足、慰藉与快感。总之,利益冲突的成本与收益在不同的评议场合、不同的评议专家个人身上又具有很多细节上的不同。上述对于利益冲突的成本与收益的分析只是从一般层面上进行的阐述。

为了更好地理解成本-收益理论对大学学术同行评议利益冲突的影响与作用,笔者试图对大学学术同行评议专家的利益冲突发生动机进行成本-收益分析。如前所述,大学学术同行评议专家也是一种"理性经济人"假设,因此,在同行评议中追求利益最大化的原则,之所以会出现利益冲突现象或行为,原因在于利益冲突的预期收益超过了可能的预期风险与成本。因此,一些评议专家在同行评议中出现利益冲突并不在于其动机与别人有什么不同,而在于利益冲突的预期收益与预期成本上的差异。因此,从经济学的视角来看,同行评议中的利益冲突现象不能仅仅诉诸评议专家的学术道德败坏、科学精神丧失等方面,它只是人类一般行为的一个方面。根据美国经济学家贝克尔的对犯罪与惩罚模型的分析框架①,我们可以得到这样一个利益冲突动机的简化式函数关系式:

$$Mc = f(Ii, Pi, Fi, Ui)$$

上式中,Mc 指大学学术同行评议专家利益冲突的发生动机;Ii 指因利益冲突而可能获得的预期"非法"收益;Pi 指利益冲突被揭发的可能性大小;Fi 指利益冲突被揭发后实际受到的惩罚力度;Ui 则指其他混合因素,比如评议环境、评议专家道德水平、评议专家所在大学的管理方式等。

一般来说,Ii 大小与 Mc 大小成正比关系,即利益冲突可能获得的预期"非法"收益越大,评议专家产生利益冲突的动机强度就越大。但在另外一方面,Mc 与利益冲突可能支付的成本成反比关系,而这个成本是由风险成本与实际惩罚成本组成的。换言之,Mc 大小与 Pi 和 Fi 的大小成反比关系。而 Ui 这个综合变量对利益冲突的发生动机影响方向不确定。即,这个变量中的某些因素在不同情况下有可能增强利益冲突发生动机的强度,而另一些因素可能降低利益冲突发生动机的强度,况且该函数关系式重点要说明的是成本-收益理论对利益冲突产生的影响。因此,根据以上分析,可以得到另一个简化的函数关系式:

$$Mc = \frac{\partial Ii}{\partial(Pi \times Fi)}$$

从上面的函数关系式可以看出,在 Ii 一定的状态下,Pi 与 Fi 起很大的决定作用。如果利益冲突不会被揭发,那么评议专家不需支付任何成本,且还会得到很大 Ii,在这种情况

---

① [美]加里·S.贝克尔.人类行为的经济分析[M].王业宇,陈琪,译.上海:上海人民出版社,1999:58-68.

下，评议专家产生利益冲突的动机强度很大。但倘若被揭发，则需支付 Fi。此时，一方面 Fi 很大，则评议专家利益冲突的动机强度很小；另一方面，Fi 不大或很小，则评议专家利益冲突的动机强度仍可能较大。这表明，Pi 与 Fi 任何一个因素的变化，都对同行评议利益冲突发生动机产生较大的影响。因此，要防范同行评议中的利益冲突，增加利益冲突的成本（Pi 与 Fi）是很重要的措施。

然而，综观大学学术同行评议中的利益冲突，其就是一种低成本、高回报的现象。究其原因，我们可以从以下几个方面加以分析：

其一，风险成本较低。即利益冲突被揭发的可能性（Pi）较低。大学学术同行评议中的利益冲突具有"隐秘性"特征。评议专家的私人利益涉及的是个人的"隐私"，除非评议专家自己公开，否则外人是难以知晓的。比如，评议专家的人际关系，即使外人会了解一些，但肯定无法完全知晓所有关系。尤其在我国，人与人之间的关系网络拐弯抹角，盘根错节。评议专家的思想意识、信仰与价值观等的差别就更是难以让人捉摸了。此外，即使是"由经济因素所引起的偏见与偏向，（也）是极其隐蔽的，除非科学家本人将其公开或通过诉讼进行公开之外，人们将永远不会了解科学结果背后的真相"[1]。然而，就利益冲突的公开状况来看，结果不尽如人意。比如，胡赛因（A.Hussain）等人曾对四个不同年份的五种顶尖医学期刊上的 3642 篇论文进行分析，结果发现，只有 52 篇（占总数的 1.4％）论文公开了。[2] 因此，笔者以为，在大学学术同行评议中，评议专家的利益冲突如果自身不公开的话，其被揭发的可能性较低，这也就是说，利益冲突所承担的风险成本是较低的。

其二，实际惩罚成本较低，即被揭发后评议专家受到的实际惩罚（Fi）力度不大。从总体上看，无论是在西方国家还是在我国，评议专家利益冲突被揭发后受到的实际惩罚力度都不算大。但相对而言，西方国家中以同行评议工作为核心的基金组织或科研机构，由于其利益冲突政策较完善，因而对利益冲突结果的处理也有其相关的惩治方式。比如，美国国家科学基金会出台的《利益冲突与道德行为标准》重视与法律的联结，对"违反利益规定可能造成的法律后果进行说明，例如指出如果违反回避原则可能会违反刑法；如果不执行财务申报要求可能会被处以最高达 1 万美元的民事违法罚款"[3]。但在大学中，因为较少有专门和独立的同行评议利益冲突政策，因而，大多数高校把同行评议利益冲突问题归入学术不端或学术诚信事务的处理办法中。尽管各高校的具体惩罚内容有些差别，但大同小异，无外乎撤销当前所担任的工作职务、调离工作岗位、警告处理。严厉一点的还会规定在未来的若干年不允许再担任同行评议专家等。我国的情况明显还相当不完善，尤其是大学的学术同行评议利益冲突政策目前基本处于真空状态，更不用说有关利益冲突不端行为的处置方面的政策了。

因此，从成本-收益的角度看，作为"理性经济人"假设下的同行评议专家，在利益冲突的

①　Krimsky S.Science in the Private Interest Has the Lure of Profits Corrupted Biomedical Research? [M].Lanham：Rowman & Littlefield Publishers，Inc.，2003：141.

②　Hussain A.，Smith R.Declaring Financial Competing Interests Survey of Five General Medical Journals[J].British Medical Journal，2001(323)：263-264.

③　陈敬全，吴善超，韩宇.美国国家科学基金会雇员利益冲突政策及思考[J].中国基础科学，2008(6)：42-45.

预期收益较高而其预期成本较低的情况下,利益冲突发生的概率就自然会较大。换言之,利益冲突的低成本、高回报特征是大学学术同行评议利益冲突产生的经济根源之一。

第三节　大学学术同行评议利益冲突产生的文化根源

探讨人类社会的各种现象,"文化"是一个不得不说的话题。因为任何人类社会现象皆非产生于真空的世界,而是一定社会文化背景下的产物。在庞朴教授看来,"文化是人的本质的展现和形成的原因,文化就是'人化'"①。也就是说,文化是人类实践活动创造的结晶,反过来又影响着人类的实践活动。尤其是那些经历长期历史积淀而成的传统,它"作为一个民族的文化在长期的历史发展过程中所形成的一种文化心理模式,是一种肇始于过去、融透于现在并直达未来的一种意识趋势"②,必然对人类的社会生活产生不可避免的影响。并且,从途径来看,它是通过作用于作为主体的人的思想意识来实现的。因此,在某种程度上,文化就是梁漱溟先生眼中的"人类生活的样法"③。

作为一种社会现象,大学学术同行评议中的利益冲突的产生必然也有其一定的社会文化因素。因为利益冲突的主体是作为主体人的评议专家们,他们是各种文化的载体,文化总是以或明或暗的方式,通过作用于评议专家们的思想意识而影响着评议过程。因此,要正确地理解大学学术同行评议中的利益冲突现象的产生,就必须解析评议专家们所属的文化。诚如怀特(Leslie A.White)所言:"个人——正常的、独特的、普通的个人的意识,乃是受他们自己所属的文化所制约的,要理解意识,人们也必定先理解文化。随着人们对人与文化之间关系的深入了解……越发使我们理解到文化在人的思维活动中所起的决定作用。"④笔者以为,传统文化中的某些消极因素以及文化转型期文化正功能的弱化等,都是影响大学学术同行评议中利益冲突产生的重要的文化根源。

一、封建传统文化的消极影响

在学术界,无论是东方还是西方,人们给出的文化定义多种多样,尤其是随着19世纪后期人类文化人类学的兴起,不同学科的学者都在自己的领域运用或阐发着不同的文化概念。这表明文化具有多义性特征。然而,学者们一致认为,"文化的基本核心由两部分组成,一是传统(即从历史上得到并经过选择)的思想,一是与他们有关的价值"⑤。换句话说,传统是文化影响力中一种非常重要的因素。那么何谓"传统"?在笔者看来,传统是一种文化的积淀,是人类社会历史长期发展的产物。传统并非纯粹是过去了的东西,事实上,传统文化也

---

① 庞朴.文化的民族性与时代性[M].北京:中国和平出版社,1988:69-70.
② 潘懋元.多学科观点的高等教育[M].上海:上海教育出版社,2001:138.
③ 梁漱溟.东西文化及其哲学[M].北京:商务印书馆,1999:60.
④ [美]莱斯利·A.怀特.文化科学[M].曹锦清,译.杭州:浙江人民出版社,1998:150.
⑤ 庄锡昌.多维视野中的文化理论[M].杭州:浙江人民出版社,1987:118.

具有超历史性的特征,它的相对独立性与发展的渐变性决定了其对人类社会影响力的深远性、持久性。然而,传统的这种影响力并非都是积极的,由于文化的发展往往缓慢于社会政治、经济的变化,因而,其辐射出的某些影响力在某些特定的领域往往体现为一种负面、消极的作用。比如,封建传统文化中的"官本位"文化、"人情关系"文化等,尽管辩证来看,其也有积极的一面,但就大学学术同行评议活动而言,更多的是体现为消极性的影响力。

(一)传统中的"官本位"文化与同行评议利益冲突

现实中,当我们在解释一系列社会现象时常常使用"官本位"这个概念,似乎它具有很强的适用性和很高的解释力。为什么会出现这种现象呢?弄清楚"官本位"的概念或许就能找到答案。"官本位"一词的提出是套用经济学术语"金本位"而来的。简单来说,就是一切以官为本,把"官"作为衡量价值的唯一尺度。具体来说,"是指以官为本、以权为纲,以仕途为个人事业的选择导向,一切服从于官级地位,把做官、升官看作人生的最高价值追求,同时又用做官来评判自己的人生价值"①。它是中国古代社会人们心中根深蒂固的思想观念,也是我国传统文化中一个非常重要的组成部分。并且作为一种文化传统,由于文化的惯性,它一直影响着人类社会(包括现代社会)的生活。以至于有学者认为,"不管哪个时代,人们如何划分职业,结果有何不同,但有一点,所有划分都是不谋而合,那就是无一例外地把'官'放在第一位"②。此外,从表现形式看,"官本位"文化可以表现为如下几个方面:一是体现在以"长官"意志或利益为核心的权力行使上;二是以"仕途"或官阶高低作为衡量事业发展水平的社会心理;三是在各种组织中以奉行严格的"科层制"为特征的等级制度。笔者以为,在这种"官本位"文化环境下,人们的任何实践活动都必然受其制约,无论主动还是被动、情愿还是不情愿,它总是以绝对的刚性发挥其影响力。

考察中国文化史,笔者以为,"官本位"文化的形成是有其深刻的社会原因的。在某种程度上可以说,"官本位思想是中国传统政治文化和政治实践的集中体现"③。具体而言,可以从如下几个方面去分析:

首先,"官本位"文化的形成是古代社会生产力低下时对权威绝对服从的历史积淀的产物。在古代社会,生产力水平低下,人们对生产、生活中碰到的难题无法像今人一样依靠科技,只能求助于那个时代具有丰富生产、生活经验的长者,而这些长者往往是拥有资源、控制资源的掌权者。人们对于这些掌权者是一种神秘主义的膜拜,从对其生产、生活经验的崇拜,慢慢地开始崇拜其所拥有的能力与权力、地位。其次,"官本位"文化的形成与封建社会中等级森严的官僚体制有莫大关系。我国的封建社会形成了一整套严密的等级制官僚体系。这种官僚体系最大的特点在于其高度森严的等级性,并且随着封建社会的发展,这种官僚体制越发完善与成熟。一般来说,官阶越高,拥有的权力就越大,所获得的社会利益也就越大,反之,则相反。显然,等级森严的官僚体制在制度上为"官本位"文化的形成与发展提供了一道合法的屏障。再次,以科举为核心的人才选拔机制是一种难以抵制的利益诱惑,它为"官本位"文化的形成提供了强大现实驱动力。在古代中国,"学而优则仕"思想源远流长,

① 张金明.论"官本位"思想对我国现代知识群体的影响[J].前沿,2011(11):33-39.
② 张平治,杨景龙.中国人的毛病[M].北京:中国社会出版社,1998:88.
③ 朱岚.中国传统官本位思想生发的文化生态根源[J].理论学刊,2005(11):113-116.

科举制是实现这一思想目标的重要途径。且科举制在社会民众中产生强大的诱惑力，无数学子埋头于故纸书堆里，"十年寒窗"只为"一朝得中"。所谓"书中自有黄金屋，书中自有千钟粟"便是最生动的写照。以至于自隋唐以后，中国的封建社会进入了一个"科举化"的时代。最后，"官本位"文化的形成还得益于以"礼"为尊的文化背景，即封建社会中的伦理纲常（如君臣、父子、长幼之间的尊卑秩序），并且，"礼"的整套伦理规范还通过教育（正规与非正规）对人们进行教化，以达到人人尊礼、人人知礼、人人守礼的社会秩序。

作为一种文化传统，封建文化中的"官本位"思想对大学学术体制及其同行评议活动也同样具有刚性的影响力。纵观当前的大学学术体制，"官本位"色彩相当浓厚。比如，学术评价中重数量、轻质量的评价方式；学术事务决策中的行政权力过度干预；还有所谓的"官大学问大""官大职称高""官大成果多"等现象不一而足。一项有关"官本位思想对学术界的影响"调查显示："科技管理的过度行政化，是科学家们关注的热点问题。有52.4％的科学家认为管理过度行政化导致科研人员缺乏主体地位。数十名副教授、教授竞聘学校的一个处级岗位，许多有潜质的青年科学家刚刚崭露头角就成了所长、院长……近年来，官本位思想在科技界日益泛滥，'研而优则仕'的现象日益突出。"[①]就大学学术同行评议而言，"官本位"思想的泛滥也是导致其产生利益冲突的原因之一。具体表现在以下两个方面：

第一，"官本位"思想必然导致大学的行政权力过度干预学术同行评议的事务。这种干预一般通过两种途径实现：一是拥有行政职务的专家、教授担任同行评议专家。这样一来，当在评审中碰到学术利益与行政利益发生矛盾时，就有可能会以牺牲学术利益为代价以保住行政利益。并且，更为重要的是，行政权力之间的资源交换也会引发同行评议中的利益冲突现象。比如，某拥有行政职务的评议专家为了与某拥有行政职务的被评议者实现资源上的交换（如你帮我评一个项目，我帮你评一篇论文等）就可能会偏离评议客观性原则，不管其成果的学术质量如何，尽可能打高分、写好评语就是，而这就是明显的利益冲突现象。中国人民大学的顾海兵教授曾经引进"官味度"概念，对"'宝钢教育奖评审工作委员会'的评委构成进行分析，将60位来自各高校的评委按其各级职务高低逐一赋值，最终得出结论：60位专家的官味度在7.7——高于副校长级。他因此将宝钢教育奖评审工作委员会戏称为'一个大学（新老）校长联合会'"[②]。另一种途径是以其行政权威的刚性对评议专家施加有形或无形的压力。在这种情况下，评议专家有时因慑于其行政力量有可能会引发利益冲突。比如，某评议专家与某一行政领导同属一个单位，当他在评议该行政领导的学术成果或是其所交代的人的学术成果时，就有可能引发利益冲突。因此，有学者认为，在某种程度上而言，"官本位效应使职称评定、学术奖励、课题评审等各种学术活动演变成职务占据者之间利益的再分配和利益平衡"[③]。

第二，"官本位"思想会使评议专家形成一种惯性的趋从思维，在评议过程中自然而然出现利益冲突现象。人民日报记者赵亚辉曾经对我国的几位拥有行政职务的大学教授和担任国家学术机构要职的专家进行采访。其中某研究所副所长说道："有领导的头衔，对申请项目有好处，在工程类项目里特别明显。项目评审时，有些评委一看你是所长、校长就高抬贵

① 赵亚辉.科学家为什么想当官[N].人民日报,2010-08-09.
② 沈亮."官味度"揭开教育科研官本位面纱[J].领导文萃,2009(4):42-44.
③ 上官子木.官本位是阻碍我国学术发展的制度因素[J].社会科学论坛,2009(5):54-59.

手,这是一种习惯行为。还有,领导往往在学术机构中兼任重要职务,最典型的是学会。中国的学会往往是纯基础研究,以会养会不可能,必须有单位来支持学会,包括资金、人员、活动等各个方面。单位支持学会,只有单位的行政领导有这个权力。领导为学会做了事,在行业中也有地位,评审的时候,适当被'照顾'是自然而然的。"[①]类似的现象在实践中不乏少数。限于篇幅,在此不再赘述。

(二)传统中的"人情关系"文化与同行评议利益冲突

从原则上看,大学学术同行评议应是重"学术",轻"人情"的。即,在同行评议过程中不应掺杂"人情关系"的因素。然而,现实的情况是,无论是我国还是西方国家,同行评议都受到了"人情关系"的影响。并且,相比之下,中国的情况更为严重。有学者认为,"从我国的国情出发,同行评议制存在的最大问题就是人际关系的影响,人情关系网是同行评议制必须超越却又难以超越的一道坎"[②]。2003年5月,国家科技部联合五部委颁布的《关于改进科学技术评价工作的决定》列数我国科技评价中存在的问题,其中"重人情拉关系、本位主义等现象,影响了评价工作的客观性与公正性"就列在了突出位置。[③] 原因是什么? 笔者以为,"人情关系"并非仅仅是一种特定时空下的局部现象,而是一种影响人们社会生活方方面面的文化。特别是我国,它是中华传统文化中的重要组成部分。它像其他文化现象一样,潜在地、持久地影响着人类的意识与行为。中国是一个深受"人情关系"文化影响的国度,人们办任何事、说任何话,首先考虑的便是"人情、关系、面子"。否则,往往什么事也办不成。

"人情",简言之,就是人和人之间的情谊或情感。但这种解释实在过于笼统和粗略,无法真正认识"人情"的内涵。对此,许多学者做了不少研究,也从不同的侧面提出了许多极具特点的"人情"概念,从而较大地丰富了"人情"的内涵。黄国光教授认为,人情不仅是人与人在社会交易时的一种资源,也是我国人与人相处的社会规范。[④] 翟学伟则认为,人情与人伦、人缘等词语有很大关联,在此基础上,提出"人情是中国人际关系中包含血缘和伦理成分的交换行为"的观点。[⑤] 此外还有些学者如冯友兰则从中国儒家思想出发,把人情看作一种基于儒家"礼尚往来"观念的正常的社会交换行为。而杨威、陈福胜等人则认为人情具有功利与非功利两种属性。可见,对人情概念的界定可谓纷杂,然所提观点各有道理。鉴于此,笔者以为,所谓人情,是指社会中人与人之间形成的表现为精神与心理层次的交换性资源。它最初以血缘关系和地缘关系为形成的基础,尔后逐步扩大其关系网络圈。

值得一提的是,中国的人情关系具有血缘性、家族性特征。换句话说,中国的人际关系是一种家庭网络。在这一点上,梁漱溟先生的观点很好地证明了这一点:"……为表示彼此亲切……则于师恒曰'师父',而有'徒子徒孙'之说;于官恒曰'父母官',而有'子民'之说;于乡邻朋友,是互以叔伯兄弟相呼。举整个社会各种关系而一概家庭化之,务使亲情益亲,其

① 赵亚辉.科学家为什么想当官[N].人民日报,2010-08-09.
② 陈进春.从人际关系谈同行评议制的改进[J].中国科学基金,2002(3):182-184.
③ 国家科技部.关于改进科学技术评价工作的决定[R].2003-05-07.
④ 黄国光,胡先缙.面子:中国人的权力游戏[M].北京:中国人民大学出版社,2005:103.
⑤ 翟学伟.面子·人情·人情网[M].郑州:河南人民出版社,1994:66.

义益重。……全社会之人,不期而辗转互相连锁起来,无形中成为一种组织。"①因而,中国的"人情关系"是最为复杂的,不但范围广,而且盘根错节,真是"剪不断,理还乱"。由此而形成的"人情关系"文化自然也复杂难解且根深蒂固。

中国传统文化中的"人情关系"文化容易导致"重情轻理""情大于理""关系大于原则"的思想观念,而这些在现当代社会中体现出很大的弊端性。尽管人情关系并非一无是处,它在维系家族情感甚至是民族的凝聚力方面有其积极的一面,但更为重要的是其所辐射出来的消极影响。诚如韩少功在《人情超级大国》一文中所言:"一份人情,一份延伸人情的义气,既要吃掉半个民主也要吃掉半个法治。"②就大学学术同行评议而言,其评议行为必然会受到"人情关系"文化的影响与制约,从而不可避免地引发一些利益冲突现象。具体来讲,人情关系对大学学术同行评议利益冲突产生的影响大致有两大途径:

其一,被评议人主动向评议人动用人情关系。这是一种常见的影响方式,也是使用最多的表现方式。当然,这一途径还可以再细分,有学者将它分为直接式(直接向认识的评议人施加影响)、间接式(通过认识的权威、专家、领导或评议人向其他评议人施加影响)、隐蔽式(在评议活动之前做好人情工作,比如,邀请评议人开讲座,变相地请客、送礼等方式)三种。③这些途径从某种程度上表明,我国的大学学术同行评议制度还较为不完善。因为,"在同行评议制度相对健全的国家,从程序上说,放任个人利好与人际关系对审议结果产生影响,在评议组里是完全非法的"④。

其二,评议人主动对被评议人的学术成果施以人情味的评判。当然这种"主动"仍然是基于"人情"基础上的情感倾向性,且这种人情味的评判还有亲疏程度上的差别。因为,在人际交往圈中,"对朋友、同事、同乡等人际关系也时常按彼此亲近的程度、交往的频率和利益的相关度分出人缘的深浅、关系的亲疏,人缘的深浅是中国人做人情的重要参考依据"⑤。比如,同样作为导师,但是否是自己所带的弟子就有亲疏差别。据江新华对大学学术道德失范的调查,认为在论文答辩的过程中,导师对自己的弟子和对其他导师弟子能一样对待的仅为17.2%,不能一样对待的人数为30.3%。⑥笔者以为,这种情感的倾向性在日常生活中是人之常情的表现,本不应该过多加以指责。但在学术同行评议中,其重要的是需运用同一评价的尺度来衡量所有被评议者的学术成果,否则,同行评议就失去了其原有的意义与价值。

综上所述,在"人情关系"文化的负面影响下,大学学术同行评议活动就有可能会产生利益冲突现象。尤其是在我国,人情关系更为错综复杂、盘根错节,其对大学学术同行评议活动的影响力更大。从某种程度上说,治理我国大学学术同行评议中的利益冲突问题,最需要防范的就是"人情关系"文化所产生的负面影响。

① 梁漱溟.梁漱溟全集(第3卷)[M].济南:山东人民出版社,1990:81-82.
② 韩少功.人情超级大国(一)[J].读书,2001(12):85-91.
③ 陈进寿.从人际关系谈同行评议制的改进[J].中国科学基金,2002(3):182-184.
④ [美]米歇尔·拉蒙特.教授们怎么想——在神秘的学术评判体系内[M].孟凡礼,唐磊,译.北京:高等教育出版社,2011:85.
⑤ 涂碧.试论中国的人情文化及其社会效应[J].山东社会科学,1987(4):69-74.
⑥ 江新华.学术何以失范——大学学术道德失范的制度分析[M].北京:社会科学文献出版社,2005:59.

二、转型期文化正功能的弱化

就文化本身而言,其具有一系列正向(积极的)影响人类与社会的作用与功能。比如,文化的享受与发展功能、文化的社会化功能以及文化的控制功能等。[①] 但这些正向功能必须在相对平稳与成熟的社会阶段或形态中才能得以真正有效地发挥。换句话说,功能的实现需有一定的良好的环境平台,否则,这些功能就会弱化,起不到应有作用。我们说,人类的意识与行为是受制于一定的社会文化背景因素的,当这些社会文化背景因素无法发挥其本应有的作用时,人类的言行必定会处于一个交叉的"十字路口",甚至手足无措,茫然行事。因此,注重培育良好的文化形成机制,发挥其应有的正向功能,是促进人类进步、社会文明的重要途径。

当前,我国正处于文化的转型阶段,是从传统的文化逐渐向现代文化转变的时期。但由于文化的形成是缓慢的,一旦形成便作为一种"社会心理模式"深深扎根于人们的思想意识中,难以快速地实现转变。这就意味着,文化的转型必然伴随着痛苦与代价。可以说,"无论哪一个时代的人们都没有像文化转型时期那样在精神生活上经历传统与现代性的激烈冲突和矛盾选择"[②]。在这种情况下,文化上原本的有序性被打乱,各种文化充斥着人类社会生活,而主流的规范文化却在某种状态下处于真空或冲突的状态中。原因在于作为文化核心部分的"观念文化"的转变速度是缓慢的。诚如有学者指出:"如果全部文化可以区分为技物层次、制度层次和观念价值层次的话,那么,一般来说,技物层次的文化变迁速度最快,制度层次的文化次之,而观念价值层次的文化变迁速度最慢。"[③]因而,无论是传统文化中的精华还是正在形成中的新的文化,其功能都不同程度地受到削弱,结果必然给人们的思想意识与行为实践带来负面的影响。笔者以为,就大学学术同行评议而言,在文化转型期,其本应发挥积极作用的文化功能正在弱化。具体而言,可以体现为如下三个方面:

其一,文化的价值导向功能弱化。所谓文化的价值导向,"是指文化以其科学的价值判断和先进的价值指向,在人和社会的全面发展中所具有的积极的引导与推动作用"[④]。一般来说,在一个文化相对平稳的社会发展时期,尽管文化多种多样,但其价值导向作用却发挥着巨大作用。然而在文化转型阶段,新旧文化的冲突、东西文化的碰撞使得人们对是非、美丑等一系列的判断标准变得模糊不清,当需要对某一社会个体或社会现象作价值判断时常常会茫然或者趋从于大众。对于大学学术同行评议来说,文化本应发挥其体现公正、无私、非功利性等正面的价值导向功能,但在转型时期这种功能明显弱化了。比如,我们都知道大学的学术评价活动(包括同行评议)不应以功利为目的,并且要求评判的客观性与公正性。但在社会实践中,人们的行为活动处处体现出其强大的功利性、不客观性与不公正性。比如,当前一系列以追求利润为终极目的的食品造假事件、药品造假事件等。可以说,社会文化中充斥着以"金钱论英雄",以"收入论地位"的思想观念。即使是在大学的学术管

① 陆小伟.文化功能的基本类型[J].社会,1988(11):8-10.
② 李钢.中国传统文化转型的代价沉思[J].学习与探索,2007(4):21-23.
③ 吕耀怀.越轨论[M].长沙:中南工业大学出版社,1997:192.
④ 艾斐.文化的价值导向与精神追求[N].人民日报,2009-06-26.

理活动中,也体现出很强的功利性。比如,以课题的级别、数量,刊物级别的高低,论文发表的数量等来衡量学者的科研水平,并为此制定了一系列的相关奖惩性措施,这实际上无形中助长了学者们科学研究的功利性特征。因此,一方面我们要求评议专家客观、公正地行使其评议的职能,另一方面社会的文化又没有真正起到这种价值导向的作用。这样一来,评议专家就会产生思想观念上的矛盾与冲突,体现在评议活动中,便有可能引发利益冲突现象。

其二,文化的行为规范功能弱化。所谓文化的行为规范功能,是指文化一经形成,会对社会成员的行为产生一种约束力,从而使人们在一定的模式下去思维与行动。如果违背这个模式,人们的思维与行动就会与社会文化相抵触,甚至格格不入,无法在社会立足。在文化相对稳定时期,"规范性文化为人们提供了各种准则,告诉人们什么行为是正当的,什么地方是通行的大道,什么地方是不能涉足的禁区"①。然而在文化转型期,文化的约束力越来越弱,以至于人们的行为即使超出原定的规范与原则,不按文化所形成的"游戏规则"行事也不会受到任何文化的惩罚。换言之,文化对于这些违反规范的人不再有任何的阻止性力量。具体表现为,人们在违反规范时不会感到羞耻、内疚或存在其他一些不良的心理与情绪反应。并且,社会文化似乎具有超强大的"宽容性",包容了这些思想行为。现实中,我们常常看到人们对许多不道德的行为现象不以为然,或者麻木不仁,甚至自身也趋从于这种行为。比如,学术活动中的诸如论文的抄袭、剽窃、篡改现象,尽管有良知的学者大声疾呼应大力整改这些学术不端行为,然而,从总体上看,学术界的不端行为似乎有增无减,愈演愈烈。究其原因,除了制度的因素之外,学者的学术品格、学术道德也是很重要的一方面,而这最终又落到文化问题上。笔者以为,从根本上讲,这是因为文化(包括大学文化)对学者们没有了约束力,文化的行为规范功能弱化所致。同样地,在大学学术同行评议中,由于文化对评议专家行为的约束力下降,作为学者的同行评议专家对于评议中的违规行为不会有非常强烈的羞耻感、负疚感。相反,久而久之,会习以为常,甚至趋之若鹜。因此,在评议过程中,当自身利益与职责利益出现矛盾时,便更有可能会助长利益冲突现象的产生。

其三,文化的心理凝聚功能弱化。对于一个组织而言,组织成员的心理凝聚力是非常重要的。而从组织行为学角度看,所谓凝聚力,是指"群体成员愿意在群体内活动和他们对群体活动赞助的强烈程度"②。由此可见,凝聚力强调的是一种心理或精神层次的因素,是组织内各成员对本组织的一种心理或精神上的认同程度,凝聚力强表明认同度高,反之,则相反。那么,依靠什么来促进人们对组织的认同呢?刚性的措施往往无法取得实质性的效果,而具备"软实力"的文化应该是不错的方法。一个组织拥有良好的文化氛围,可以有效地增强成员的心理凝聚力,并为实现组织的共同目标服务。大学作为一个学术性的组织,其成员的凝聚力同样重要。从事学术活动的学者群体对大学及其学术组织的认同度同样受到文化尤其是大学文化的影响。一般来说,优秀、健康的大学文化必定有助于大学的学者认识自己对大学应尽的义务和应负的责任,并通过自己的学术活动行为,体验到对组织的归属感。换句话说,大学文化应当是一种黏合剂,将所有极具个性的专家学者在思想与精神层面上黏合

---

① 陆小伟.文化功能的基本类型[J].社会,1988(11):8-10.

② 孙彤.组织行为学[M].北京:中国物资出版社,1986:195.

到一起,从而形成共同的高尚的学术宗旨、健康的学术品格与崇高的学术理想。然而,在文化转型期,文化的心理凝聚功能减弱,规范的文化体系被打乱,文化氛围变得无序与纷乱,起思想"黏合剂"作用的文化影响力减弱,学者们对于大学的学术目标变得模糊与摇摆不定,归属感渐渐消失,认同度逐渐下降。换言之,学者们可能不再会为了大学的学术目标而具有强烈的责任感与使命感,取而代之的是一系列的功利性目标,比如,金钱、地位、权力等。因而,在大学学术同行评议中,由于评议专家们的凝聚力降低,对大学的学术目标未能取得较高的认同度,导致评议专家们对于评议活动缺乏共同的学术信仰与学术宗旨。在这种情况下,倘若评议专家的私人利益表现出较大诱惑性,就容易造成评议专家的私人利益与其职责利益处于矛盾的状态之中,并最终有可能引发利益冲突现象的发生。

第四节　大学学术同行评议利益冲突产生的制度根源

一般而言,对于社会中反复出现的问题,需要从规律中寻找原因,而普遍存在的问题,则需要从制度中寻找原因。大学学术同行评议中的利益冲突现象是当前学术界普遍存在的问题,因此,除了在社会、经济、文化上找原因之外,还应在制度上寻找其产生的根源。何为"制度"? 不同的学者从不同的学科视角进行界定,因而,呈现出一种"宽泛"的特征。美国社会心理学家库利(Charles H.Cooley)认为,"制度是一种明确的、既定的公共心理状态,本质上与社会舆论没有区别"①。有的学者从人类文化学视角提出"制度是一种文化惯例"②。而社会学家们则更倾向于把制度看作"社会公认的比较复杂而又系统的行为规则"③。以上各种对"制度"概念的界定有一定共同点,即制度对人的思想与行为活动有约束作用,但对于如何约束却没有涉及。相比之下,新制度经济学的界定就更进了一步,它把制度理解为"人类相互交往的规则,抑制着人际交往中可能出现的任意行为和机会主义行为"④。

大学学术同行评议活动涉及评议专家与被评议人、评审管理者等多方面的相互交往的活动,在这些相互交往的活动中,必须有一套规范或准则对各行为主体加以约束,并且尽可能防止行为主体的任意行为或机会主义行为。如果制度存在缺陷,那么对行为主体的约束力就会失效,机会主义行为就有可能会出现,从而引发利益冲突现象的产生。笔者以为,就我国大学学术同行评议活动而言,学术制度中重自律轻他律的传统、约束学者的制度存在矛盾以及内外制度的供给不足等是同行评议利益冲突产生的重要根源。

一、重自律轻他律的制度传统

按新制度经济学的观点,"制度提供的一系列规则主要由社会认可的非正式约束、国家

①　张敦福.现代社会学教程[M].北京:高等教育出版社,2001:130.
②　北京大学社会学系社会学理论教研室.社会学教程[M].北京:北京大学出版社,1987:164.
③　孙本文.社会学原理[M]//庞树奇.普通社会学理论.上海:上海大学出版社,2000:307.
④　[德]柯武刚.新制度经济学[M].韩朝华,译.北京:商务印书馆,2001:89.

规定的正式约束等部分构成"①。正式制度包括政治规则、经济规则和契约等,它由公共权威机构制定或由有关各方共同制定,具有强制力;非正式制度主要包括价值观、道德规范、风俗习惯、意识形态等,它是得到社会认可的行为规范和内心行为标准。从制度执行的主体看,正式制度主要表现为一种外在的约束力量(他律),而非正式制度主要表现为一种内在的约束力量(自律)。纵观我国的学术活动的历史传统,一直以来都是重视学者们自我的道德约束,忽视外在制度的强制性约束。

北京大学的楼宇烈教授认为,"道德自觉与自律是维系中国家庭、社会的一个根本基点"②。这是中国的人文精神。人要在社会中立足,欲成就事业,一个最关键的点就是要提升个人的道德与品行。作为古代社会的学人,其身处如此的人文环境,在面对治学之道时,自我的道德自律便是首选的途径。所谓先"修身、齐家",然而再"治国、平天下"便是这个道理。换句话说,自身首先要成为一个有仁德的君子,才能真正成就大业。当然,对古代学人的约束并非完全没有外在力量的作用,但总体来说,自我的道德自律是核心所在。这种现象的形成主要源于当时占据社会主流地位的儒家文化的精神内核。具体来看,可以从以下两个方面分析:

其一,基于"性善"的人性假设。邓晓芒认为,"中国人历来重视的是人的'心性之学'或'性命之学',认为人性是生来就既定了的,只需对他做一个适当的规定就行了"③。因此,在中国历史上,一旦"性善论"成为当时社会的人性基本假设时,就不可能再更改了。无论是统治阶级还是平民百姓,对人性是抱着很大期望的。以孔孟为代表的儒家学者就是其中的典型代表。孔子提出"性相近也,习相远也"的命题(《论语·阳货》)。孟子认为,人皆有"恻隐之心""羞恶之心""辞让之心""是非之心"的仁、义、礼、智四种善端(《孟子·告子上》),没有这四种"心"的人就不是真正意义上的人。尽管孟子的人性"四心说"只是表明人具有向善的潜在特质与可能性,并未证明人已经是"善"的本质个体,"但作为一种人性预设是富有意义的,其价值在于为仁义礼智等社会伦理规范提供了道德心理依据,否定了任何外在于人的道德权威,相信人的向善趋向,尊重人的道德志向"④。因此,基于这种"性善"的人性假设,社会中的任何成员(包括从事学术活动的学者)强调道德自律,忽视外在制度的约束就再自然不过了。因为,每个人在潜在意义上都是"性善"的,只要我们给予适当的方法,就能让其"善"的本性发挥出来。

其二,儒家倡导"德治",主张"道德教化"的思想。中国古代的教育是一种以伦理道德知识为核心内容的教育。几千年的封建社会,其主流学术是儒家伦理道德内容。而儒家文化最核心的内容是"仁",即强调德治,试图通过道德的教化,使人、社会乃至国家获得成功。比如孔子提出,"道之以政,齐之以刑,民免而无耻。道之以德,齐之以礼,有耻且格"(《论语·阳货》)。其意在于说明在对人的教育、国家的治理问题上,道德比政令与刑律更为有效,社

---

① 江新华.学术何以失范——大学学术道德失范的制度分析[M].北京:社会科学文献出版社,2005:75.

② 楼宇烈.中国以道德和自觉、自律来维系社会和家庭[EB/OL].(2010-02-03)[2012-08-05].http://culture.people.com./GB/87423/10923514.html.

③ 邓晓芒.人之镜[M].昆明:云南人民出版社,1996:13.

④ 王恩华.学术越轨批判[M].武汉:华中师范大学出版社,2005:89.

会或国家只有通过道德的教化,真正使人人都具备仁德,国家才能强大起来。那么,要如何才能做到"仁"呢?儒家进一步提出了"克己复礼"的主张,所谓"克己复礼为仁,见贤思齐焉,见不贤而内省也",并要求通过"立志力行、克己反省、改过迁善"的途径使自己真正成为仁德君子。很明显,以孔子为代表的儒家学派将国家的治理建立在"德治"的基础上,并运用"道德教化"的手段使社会成员具备"仁德"品质,最终使国家在"礼"的范围内井然有序地运转。即使是在先秦时期,孔子所开创的儒家学说"基本上(也)是通过教育,通过思想的努力来发生极大的影响的,而不是通过实际的政权形式从上至下的控制来影响社会"①。可见,孔子所提的"道德教化"就是社会个体(包括从事学术活动的学者)内在的"反求诸己"的道德自律行为。

诚然,中国古代社会重道德自律的传统对于封建社会统治阶级的利益的保障具有很大的意义,即使到了今天的社会,这种道德上的自我约束仍有其不可替代的价值。但同时,强调"自律"也不可避免地带来了一些难以避免的隐患,即对人性自私自利品质的疏松防范。因为,重自律必然导致对外在他律的轻视。而这种轻视他律的行为在封建的"人治"社会尚可奏效,但是,随着社会意识形态的改变,纯粹强调道德上的自我约束明显是过于单薄了。从现实来看,由于文化制度传统的惯性,这种"重自律轻他律"的思想仍然影响着今天的社会。就大学学术活动中的同行评议而言,无论是国家政府层面,还是社会公众层面乃至学者群体,其思想意识中仍残存着过分信任评议专家自身的道德约束能力的问题。因此,一直以来,人们对于"科学家""学者"保持着一份最圣洁的信任感。再加上学术活动本身又是极具"自治、自主"性的活动,学术需要有宽松、自由的氛围与空间。因此,人们认为,对于评议专家而言,只要其具备较强的自我道德约束能力就能在评议活动中进行客观与公正的判断,而无须外在制度性力量的强制性约束。很明显,这种对评议专家的人性判断具有理想主义的成分。事实上,评议专家们除了拥有特殊的专业知识以外,其人性特征与社会其他成员具有共性。换句话说,追求个人利益不仅是正常的也是可以理解的。但由于受我国长期以来的重自律轻他律的制度传统影响,人们在约束评议专家评议行为方面未能作出及时有效的制度安排,也没有对评议专家在利益冲突方面进行强有力和针对性的培训与教育。这自然就为评议专家在评议活动中产生利益冲突提供了可能性。

二、约束学者的制度相互矛盾

如前所述,制度有正式(外在)和内在(非正式)之分。同样地,作为约束评议专家的学术制度同样也有内在与外在之分。就制度的约束力而言,其力量的消长是符合一般的物理学的力学原理的。即当内在制度与外在制度在约束目标上达到一致时,内外在制度就会形成一种合力,此时的制度总约束力最强。但当内外在制度在约束目标上互相矛盾时,两种力量会相互抵消,从而削减制度总约束力的强度。见图 6-2 和图 6-3。

---

① 杜维明.现代精神与儒家传统[M].北京:生活·读书·新知三联书店,1997:410.

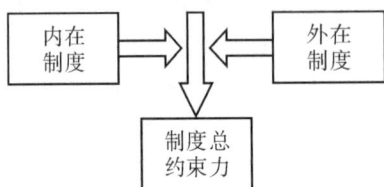

图 6-2　内外在制度约束力方向矛盾　　　　图 6-3　内外在制度约束力方向一致

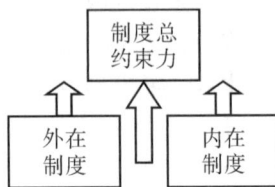

事实上,关于内在制度与外在制度的关系问题,新制度经济学也给予了明确的说明:"如果一个社会的文化传统、人们代代相传的行为习惯乃至社会意识形态与这个社会的正式制度和谐一致,则正式制度就可以顺利地发挥作用。相反,如果社会的文化传统、行为习惯、意识形态与正式制度不相契合,甚至处处冲突和矛盾,那么,正式制度再好,也未必能够有效地发挥作用。"①此外,诺贝尔经济学奖得主诺思(Douglass C.North)也认为,如果没有与非正式制度相融合,简单地"将成功的西方市场经济制度的正式政治经济规则搬到第三世界和东欧,就不再是取得良好经济实效的充分条件"②。这给我们的启发是:在建设外在制度时一定要注意其内在的非正式制度的传统性因素的影响,不要纯粹为制度建设而建设。比如,我们在引进国外的先进制度文化时,一定要注意与本国的包括文化传统在内的非正式制度相融合,切不可囫囵吞枣,犯拿来主义的错误。就大学学术同行评议而言,由于我国属于发展中国家,其"同行评议是发生在科学共同体内部的一种组织化程度相对较低的运行机制,在这种机制的运行过程中,关于信念、传统、文化等非正式制度发挥着重要的作用"③。当我们在引进西方国家优秀和成功的制度时,一定要注意不能照搬照抄,而要在借鉴的同时实现本土化,达到内外在制度有效融合与统一,如此方可实现制度的功效。

然而,现实的情况是,我国的内外在学术制度明显存在着相互矛盾的特征。这主要体现在内在制度的非功利性追求与外在制度的功利性追求之间的矛盾。我国传统的关于学术活动的伦理道德、价值观念或者文化风俗是不承认学术的功利性的。换言之,我国的非正式学术制度中,学术活动并不追求功利,而是出于一种闲逸好奇的探索,或者纯粹获得学术界的认可而已,比如,古代学者顾炎武的《日知录》、李时珍的《本草纲目》、宋应星的《天工开物》等都是很有影响力的学术著作,但当时这些学者在撰写学术著作时并非为了能获得多少的经济利益或其他的诸如权势、地位等功利性的东西。而且,很多学者不但没能从中获得利益,甚至还是在极其艰难的状态下进行学术上的探索。比如,《红楼梦》的作者曹雪芹、《聊斋志异》的作者蒲松龄等一生贫寒,穷困潦倒。因此,尽管时代变迁,但这种非功利性的学术价值观念仍作为一种学者的深层心理结构影响至今天。然而,纵观今天的外在学术制度,却处处体现出其功利性的因素。比如,大学学术管理中的科研津贴制度,以论文发表数量、课题批准数量、论文发表刊物的高低论科研水平等,并以此作为科研津贴分配的准则。甚至,有些大学规定教师每年必须发表的论文级别与数量。此外,评职称、涨工资、拿奖项也都与这些标准相关联。在这种情况下,大学的学者们在面对学术时自然无法完全超越功利而坚守学

---

① 王跃生.没有规矩不成方圆[M].北京:生活·读书·新知三联书店,2000:16.
② 卢现祥.西方新制度经济学[M].北京:中国发展出版社,1996:27-28.
③ 龚旭.科学政策与同行评议——中美科学制度与政策比较[M].杭州:浙江大学出版社,2009:54.

者应有的良知与道德。就大学学术同行评议而言,评议专家们也同样抱有功利之心,当被评议者通过各种手段对评议专家进行公关之后,评议专家就有可能会把私人利益凌驾于其职责利益之上,出现利益冲突现象或行为。因此,内外在学术制度上的矛盾会削弱学术制度的总约束力,而制度总约束力的下降就为评议专家们的机会主义行为提供了可乘之机与便利条件,换言之,利益冲突现象的产生就有更大的可能性。

三、内外在学术制度的供给不足

所谓制度供给,是指"为规范人们的行为而提供的法律、伦理或经济准则、规则"①。笔者以为,对于大学学术同行评议而言,充分有效的制度供给是必要的。倘若制度供给不充分或是无效供给,就容易引发同行评议中的利益冲突现象。因为,从人性假设的角度出发,评议专家们也是一种"理性经济人",其在评议活动中,也是以追求自我效用的最大化为目的的。因此,当学术的内在制度或外在供给不充分或无效时,就会助长评议专家的机会主义行为。在这一点上,诺思从新制度经济学的视角也认为,"制度供给之所以必要,就在于制度可以通过强制力来约束人的行为,防止交易中的机会主义行为,减少交易后果的不确定性,帮助交易主体形成稳定的预期,从而减少交易费用"②。

然而,从现实的学术制度(包含学术评价制度)来看,约束同行评议专家的学术制度存在明显的供给不足现象。具体表现在内在制度的供给不足与外在制度的供给不足两个方面。其中,外在制度的供给不足又可分为数量上供给不足(绝对供给不足)与质量上的不足(有效供给不足)两种。

(一)学者学术道德与良知的缺失(内在制度供给不足)

根据制度的分类,内在制度也称非正式制度,是指被社会认可的包括价值观、道德规范、意识形态在内的内心行为标准。因此,所谓的内在学术制度主要指影响学术活动的价值观、道德规范及风俗习惯等。其中,美国科学社会学家默顿所提的"四大规范"或"科学的精神气质"是最主要的组成部分。因为默顿所提的科学家应当遵循"普遍主义""公有主义""无私利性""有条理的怀疑主义"四条规范,是"具有感情情调的一套约束科学家的价值和规范的综合"③。当这种精神特质内化为科学家的科学良心后,它就是学术工作中的"超我",在道德层面形成内在的自我约束。这种道德层面的内在约束能使学者们在现实利益的诱惑面前仍自觉地坚持科学(知识)良心,始终以"理性代言人"的角色从事学术活动。

然而,纵观今天我国的学术界,从事学术工作的学者们大都将"科学的精神气质"抛置脑后,忘记了自己作为"科学家"的身份,忘记了自己身处"科学"的神圣殿堂。学术活动中充斥着尔虞我诈的谎言、欺骗、造假、抄袭、不公、权钱交易、人情交易等现象。所有这些都充分表明我国的学术道德水平严重下滑。近几年来频频见诸报端与网络媒体的"学术腐败"或"学术不端"事件让学者们乃至公众对学术界产生了信任危机。中国科协所做的"科技工作者状

①　江新华.学术何以失范——大学学术道德失范的制度分析[M].北京:社会科学文献出版社,2005:105.
②　江新华.学术何以失范——大学学术道德失范的制度分析[M].北京:社会科学文献出版社,2005:105.
③　[美]罗伯特·默顿.科学社会学[M].鲁旭东,林聚任,译.北京:商务印书馆,2003:350.

况调查"表明,超过六成的科技工作者认为科研道德水平下降,超过五成的研究生认为青年科技工作者是违背科研道德与诚信最严重的群体。[①] 由此可见,我国的学术道德问题已经到了危险的时刻,必须对此给予高度关注并加以大力整改,否则,学术界就不可能会出现"大师",也不可能会有高水平的学术成果问世。此外,关于学者学术道德与良知的缺失还可以从那些违反学术道德的学术人的言行中得到体现。比如,网上已吵得沸沸扬扬的"方舟子遇袭"案,有网友称,学术人因自身学术违规行为被揭发而蓄意伤害揭发人的行为,不仅是学术道德底线彻底沦丧,更是对社会正义的严重挑战。再如,2009 年被曝光的武汉理工大学校长及其博士生论文抄袭事件。论文明目张胆抄袭与剽窃当然是可耻的行为,但更可耻的是这名博士生在接受采访时的语言充分体现出了当前部分学术人的学术良知、学术道德缺失的严重程度。当被问及对论文抄袭的看法时,他说"没交注册费就不打算发稿",言下之意即"抄袭论文未发表就不算抄袭"。一口一个"不知道你有没有投过国际会议论文",一口一个"这个东西我就无法跟你详谈了"。最后还带着警告口吻告知记者,"我导师在其中起到什么作用你也应该清楚了,希望你能公平公正地把这件事还原出来"[②]。笔者以为,作为一名真正的学者,应该具备正直、正义、诚实等品质。即使犯了错误,也应该有最起码的羞耻之心,不仅要勇于承认错误,还应该勇于改正错误。同样地,在大学学术同行评议中,如果评议专家们缺乏良好的学术道德与学术良知,就易引发评议活动中的违规现象(包括利益冲突问题)。比如,2012 年曝光的湖南省高校教师职称评审中的黑幕等。

(二)外在学术制度在数量与质量上的供给不足

通常意义上,由于"内外因关系"原理以及"学术自由"的本质,我们常常把对学术规范实施的希望寄托在研究者个人和学术共同体的内在约束或彼此监督身上。因为只有研究者主动和自觉地遵循学术规范,才能真正形成自我鉴别和抵御不规范化因素的侵害能力。但是,纯粹柔性的约束在外部强大的利益诱惑及行政干预面前,有时会显得相当薄弱,外在的制度建设则体现出相对的刚性与强制性,它可以弥补道德层面内在约束的不足与缺陷。因此,外在的学术制度建设是很有必要的。然而,从现实的情况看,我国的外在学术制度在供给方面仍有很大不足。一方面是数量上的供给不足,即绝对供给不足;另一方面是质量上的供给不足,即有效供给不足。

其一,外在学术制度的数量供给不足。就学术同行评议而言,重点在学术评价制度或同行评议制度的数量供给不足,如对学术同行评议具有重要作用的评议专家遴选制度、利益冲突政策、评议专家的监督制度、回避制度或政策等。可以说,"在我国的学术界(包括大学)的各种评审活动中,基本不存在科学、统一的专家遴选制度"[③]。很多学术机构在学术评审活动中,在评议专家的组成上有任意的趋势与特征,有的出现不少的"外行",有些出现"官化"

① 刘莉,付毅飞.院士呼吁:学术道德维护到了最危险的时刻[EB/OL].(2010-11-01)[2012-08-05].http://scetech.peiple.com.cn/GB/13095887.html.

② 曹林.评论:学术界抄袭丑闻频曝表明已丧失基本耻感[EB/OL].(2009-08-05)[2012-08-06].http://www.chinanews.com/gn/news/2009/08-05/1804403.shtml.

③ 江新华.学术何以失范——大学学术道德失范的制度分析[M].北京:社会科学文献出版社,2005:127.

的特征。比如,原华中理工大学的王平、宋子良等曾"对 60 个鉴定委员会的 490 位签名委员逐个分析,发现行政人员占 38％,其中许多人根本没有专业技术职称,有的人虽有技术职称,但早已不从事学术研究了。统计结果表明,实际上平均每个鉴定委员会中只有 3 名真正的同行专家"①。再如,在湖北省社会科学(1994—1998 年)的评奖过程中,"评奖主持人和个别评委利用职权,在哲学社会学组把一场严肃的评奖活动变成了一场一手遮天、结党营私、瓜分利益的丑剧"②。像上述这样的例子就充分表明我国的学术评审制度中,专家遴选制度的缺位情况。试想,省级的评审活动都如此,那么,其他如大学、科研机构的情况就更不用多言了。此外,有关利益冲突政策,我国除了部分基金组织目前正在制定并完善过程中,大学里基本上就不存在。其他的如评议专家的监督制度、回避制度等也都存在数量上的供给不足。笔者在此不再赘述。

其二,外在学术制度的质量供给不足。这里所说的质量供给不足主要指制度的有效供给不足。具体体现在如下几个方面:第一,现有的制度大多过于笼统与抽象,操作性不强。制度如果过于抽象,就会使制度执行者在领会制度含义时产生不同的看法或者歧义,从而影响制度约束力的效果。同时,制度过于笼统,对于具体的学术事务指导意义不强,制度执行者无法确定是学术活动行为是在允许范围内还是允许范围之外,于是有可能会干脆放弃制度的约束标准,按照个人的主观意志来决定。第二,现行的学术评审制度存在评审程序的不合理、评价指标的不科学等方面的问题。因此,尽管存在像模像样的制度文本,但若制度本身就存在着这样或那样的缺陷,那么,约束效果就可想而知了。笔者以为,如果制度本身存在严重缺陷,与其有制度,不如无制度好。比如,学术评审过程中,若未给予评议专家充足的时间阅读被评材料,这样的评审程序就是不合理的。据刘爱玲等人的研究,在科技奖励评审中,有"33.5％的专家在评审会召开前 2～4 天收到报奖成果的材料,33.7％的人在评审会召开前 5～9 天收到报奖成果的材料,只有 31.2％的人在十天以前收到报奖成果的有关材料;有 53％的人回答'有时在评审会前一天或评审当天获得报奖成果的有关资料'"③。第三,制度执行不公也是制度有效供给不足的一大表现。制度具有法律意义上的效力性,制度一旦制定,就需要人们去公正地执行它,否则制度如同一纸空文,毫无用处。换句话说,我们不仅要做到"有法可依",也要做到"有法必依"或者"公正执法"。美国社会学家英克尔斯(Alex Inkeles)在《走向现代化》中指出:"如果执行和运用这些技术的人,自身还没有从心理、思想、态度及行为方式上经历一个向现代化的转变,失败和畸形发展的悲剧是不可避免的。再完美的现代制度和管理方式,再先进的技术工艺,也会在一群传统人的手中变废纸一张。"④比如,学术评审制度中,随意组阁或调整专家组成员,或将"权力""人情"等凌驾于现行的制度之上等都是制度执行不公的表现。

---

① 王平.同行评议活动中的制度性越轨行为[J].自然辩证法通讯,2000(4):9-10.

② 邓晓芒,赵林,彭富春.是可忍,孰不可忍——评湖北省社科成果评奖中的学术腐败[J].博览群书,2001(5):4-7.

③ 刘爱玲,王平,宋子良.科技奖励评审的过程研究[J].科学学研究,1997(1):49-55.

④ [美]英克尔斯.人的现代化[M].成都:四川人民出版社,1985:68.

第七章 国、境外学术同行评议及其利益冲突

考察大学学术同行评议中的利益冲突,其目的是更清晰地认识同行评议作为一种主观评价学术的方法所具有的种种弊病,进而加以管理、规避或改造。从国外和境外情况来看,尽管不同大学在文化与传统上呈现出相异性的特征,但由于同行评议在学术活动中使用的普适性与运用的广泛性,因此,对同行评议中的利益冲突问题进行政策上的规定、理论上的探讨、实践上的摸索业已成为国、境外学术界的普遍做法。基于此,介绍并分析国、境外有关学术同行评议及利益冲突的情况,或许能为我国大学学术同行评议利益冲突的管理与改造提供更为广阔的思维空间与分析路径。

本章选取美国的科研机构(含科研基金组织)的学术评审、大学职员的聘任、香港科技大学的学术评审、国际期刊的论文评审等作为研究的内容及个案,是基于以下几个方面考虑的:

第一,学术同行评议的应用范围已从最初的期刊论文评审(英国皇家学会《哲学学报》论文评审)发展到后来的项目资助评审、机构评审、科研奖励评审、人员招聘与晋升评审等众多领域。诚如约翰·斯科特(J. Scott Armstrong)所言:"正规的同行评议常常被用来决定谁应获得项目的基金,谁应被录用或晋升和哪些论文应被发表。"[①]而不管是何种活动的评价,其本质都是对学术某方面价值或重要性的一种判断。因此,考察不同学术活动的同行评议及利益冲突有其必要性,因为它能够从多个角度为大学学术同行评议提供有益的借鉴。

第二,从另一方面看,本章选取这几个方面来研究,严格来说并未超出大学学术同行评议活动的范畴。因为,大学教师的学术研究活动涉及众多方面,其中就包括教师的科研项目申请、科研论文的投稿与发表、职务聘任与晋升等。因此,有关基金组织、期刊界等的同行评议利益冲突政策不仅适用于非大学的科学研究机构,同时也适用于大学的学术活动。

第三,之所以选取美国而非其他国家作为个案,是因为美国不仅是科学研究机构最多、学术活动最为复杂的国家,也是研究利益冲突最多,管理成效最大的国家。因此,选取它具有较典型的代表性与统领性。

第四,之所以选取香港科技大学作为研究个案,是因为在亚洲地区,尤其是在中国,香港科技大学是一所"后发型"的成功大学,它在建校后十余年内就取得令人瞩目的学术成就。据报道,香港科技大学在"2005年的英国《泰晤士报》世界大学200强的评选中排名第43位,在科技领域名列全球第23位"[②]。因此,选取它也具有较强的典型性与较高的借鉴价值。

---

① J. Scott Armstrong. Peer Review for Journals:Evidence on Quality Control,Fairness,and Innovation[J].Science and Engineering Ethics,1997(3):63-84.

② 崔阳.如何创建世界一流大学——香港科技大学的探索[J].大学教育科学,2007(1):105-108.

第一节　美国科研机构中同行评议的利益冲突防范
——以 NSF 为例

同行评议机制自 17 世纪产生后，随着学术的不断发展与进步，逐渐受到各国学术活动机构的青睐，比如，在 19 世纪的英国，同行评议制度已广泛应用于伦敦动物学会、伦敦皇家天文学会以及伦敦地质学会等一系列的科研机构的学术活动中。然而，直到 20 世纪 30—50 年代，美国的癌症研究理事会、海军研究室及美国国家科学基金会（以下简称 NSF）才开始使用同行评议制度。应该说，美国不是最早在科研机构中使用同行评议的国家，但是它在同行评议体系的建设与发展、利益冲突问题的关注与治理方面却具有国际前沿性与先进性。尤其是 NSF 等机构对同行评议制度及其利益冲突政策的规范具有很典型的代表性。

一、美国科研机构中同行评议利益冲突政策概况

美国不仅是一个科学发达的国家，也是一个多元文化交汇融合的国家，再加上对科研机构利益冲突政策的制定并无法律上的强制性规定，因而讨论其科研机构利益冲突的政策必须注意这些方面的影响与特征。除此之外，值得一提的是，美国的科研机构中，只有部分将同行评议作为工作重点的基金组织（如 NSF、NIH、AHA 等）才有对同行评议进行专门的利益冲突的规定，大部分的科研机构都是对科学研究活动全面而整体的利益冲突规范，而不只是对同行评议的约束。鉴于此，我们可以把美国各科研机构的利益冲突政策作为同行评议利益冲突的母体来进行研究。

（一）各科研机构普遍制定了有关的利益冲突政策

从总体上来看，美国的科研机构（基金组织、学会、医学院、研究院等）基本都建立了较为完整的利益冲突政策。美国学者麦克莱（S.Van McCrary）在 2000 年选取了共 362 个科研机构作为样本进行了有关利益冲突政策的调查。[①] 调查结果显示，在给予回复的 250 所医学院和科研机构中，除 15 所尚未有相关的利益冲突政策外（占 6%），其余的 235 所皆有相关的利益冲突政策，约占 94% 的比例。而在所调查的 48 个期刊部门中，有 47 个给予了回复。其中，大约有 43% 的期刊（共 20 个）要求论文作者及评审者、编辑披露利益冲突。在所调查并予以回复的 17 所联邦机构中，只有约占 25%（4 所）的机构有相关的利益冲突声明或政策。[②] 此外，米尔德丽德·金·乔（Mildred K.Cho）也做了类似的调查研究。他所选取的

[①] 这些科研机构的选取以每年从国家科学基金会（NSF）和国立卫生院（NIH）获得 500 万美元以上的资助为参照。具体样本结构如下：127 所医学院＋170 所科研机构＋48 所基础科学及临床医学期刊部门＋17 所联邦政府部门。

[②] S.Van McCrary et al.A National Survey of Policies on Disclosure of Conflicts of Interest in Biomedical Research [J].New England Journal of Medicine,2000,343:1621-1626.

调查对象是 2000 年接受美国国立卫生院(以下简称 NIH)资助额度前 100 名的各科研机构。[①] 相比较而言,乔所做的调查不仅样本数更小,范围也较窄。但在 100 所科研机构中,剔除了 11 所无效样本后,其余的 89 所机构对利益冲突政策的调查给予了回复,约占整体样本的 90%。由此可见,利益冲突政策在美国的各科研机构中具有普遍性。

(二)各科研机构的利益冲突政策存在较大差异与分歧

尽管美国各科研机构几乎都有较为完整和成文的利益冲突政策或规定,并且在基本利益冲突方面,比如,关于经济利益冲突的数额标准、裙带人情关系的表现等方面的规定也能够保持相对的一致性。但仔细来看仍存在着较大的分歧与差异性。具体主要体现为以下几个方面:

第一,从政策的数量上看,联邦政府机构的利益冲突政策数量最少,其次是期刊部门,而最多的是医学院及其他相关科研机构。第二,从政策的详尽及严格程度看,有的机构从政策的目的、披露到审查以及管理等方面都规定得很详尽,而有的机构只停留在政策的一般规范层面,没有具体的执行和操作规范。单就政策的"披露"而言,各机构之间的规定也多种多样,各具特色,如,前面麦克莱的调查数据显示,在 250 所医学院及科研机构中,91% 的机构沿袭联邦政府的措施,即披露研究者的潜在利益冲突。9% 的机构超越了联邦政府的利益冲突政策,8% 的机构的政策要求向基金部门公开利益冲突声明,7% 的机构在制定政策时考虑到了期刊部门,只有 1% 的机构要求应向相关的学术评审机构进行利益冲突的公开。[②] 第三,从层次上看,美国的科研机构利益冲突政策大体上分为联邦级别(federal level)、州级别(state level)以及研究机构(institutional level)三个层次。从内容上看,这三个级别的利益冲突政策与一般性的法律法规的制定有类似的特征,即从上到下依次遵循从简到繁、从粗到细、从普适性到针对性等的原则。比如,联邦级别通过联邦法案的形式进行规范,州级别通过非营利组织立法的形式进行规范,而各科研机构则针对本机构的具体情况制定相应的利益冲突规范。[③] 此外,各科研机构所制定的利益冲突政策的分歧还表现在对利益冲突的范围、界定、申诉及对违反政策的惩罚措施等方面。

二、NSF 的同行评议及其利益冲突防范

成立于 1950 年的 NSF 不仅是全球最早确立以同行评议为运行机制的政府科学研究资助机构之一,也是联邦政府支持并资助全美高等学校及其他学术研究机构科学研究的重要机构。据统计,"1998 年美国国家基金会出资 20 余亿美元,资助 4 万余项科研项目,分布于 50 个州的 300 余所大学受益,93% 的经费用于大学研究院所"[④]。"2004 年 NSF 的年度预

① Mildred K.Cho et al. Policies on Faculty Conflicts of Interest at US Universities [J].The Journal of American Medical Association,2000,284(17):2203-2208.

② Barry L., Zaret M. D. Conflict of Interest [J].Journal of Nuclear Cardiology,2001(4):119-120.

③ Witt M.D. et al. Conflict of Interest Dilemmas in Biomedical Research [J].Journal of American Medical Association,1994,271(7):543-547.

④ 张济洲.美国国家科学基金资助大学科研的机制、特点及启示[M].教育与经济,2011(1):61-65.

算为 56.52 亿美元,占联邦 R&D 总经费的 4%,占联邦基础研究经费的 13%,占联邦高等学校基础研究经费的 21%。"[①]2010 年,随着《更新诺言》的出台,NSF 经费上升到 70.7 亿美元,并对美国各大学基础研究进行广泛的资助。可见,对高等学校(大学)的科研资助是NSF 的工作重心。本节选取 NSF 作为个案进行探讨,对于大学学术研究中同行评议利益冲突的研究是较有借鉴价值的。

(一)NSF 的同行评议体系

通过考察 NSF 对大学的资助活动发现,无论在资助的范围、内容、对象还是资助的方式上都显示出其多样性与广泛性的特征。然而,对这些资助活动进行受理、审核进而批准的核心机制就只有一个,即同行评议。NSF 在其半个多世纪的发展过程中,不断改革并完善着同行评议系统,至今已被国际公认为黄金标准。整体而言,NSF 的同行评议一直遵循着"科学家自主决定科学"的原则,力求资助活动的公平、公正与公开。它在评议程序上、评议组织者与专家、评议的评估与监督等方面形成了一套较为成熟、完善的系统。目前,NSF 的同行评议程序大致如图 7-1[②] 所示。

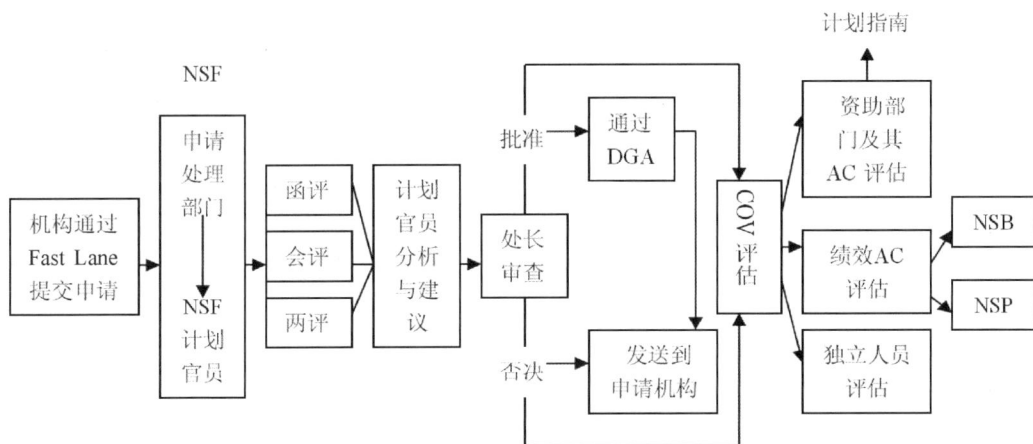

图 7-1 NSF 同行评议程序

注释:(1)Fast Lane(快速通道)是 NSF 项目受理与评议的电子系统;

(2)DGA 是预算、财务与资助管理办公室下属的项目与合同处;

(3)绩效 AC(AC/GPA)是预算、财务与资助管理办公室的咨询委员会,负责评估 NSF 是否实现了其绩效目标;

(4)COV 是 NSF 里对同行评议进行评估的审查委员会,其成员由 NSF 外的科学家、工程师和教育者组成,定期对 NSF 的同行评议活动进行评估。

---

① National Science Foundation,Science and Engineering Indicators 2006,National Science Board,2006.转引自:龚旭.科学政策与同行评议——中美科学制度与政策比较[M].杭州:浙江大学出版社,2009:94.

② 该图来源于美国国家科学基金会(NSF)2005 财年价值评议系统报告:National Science Board,FY 2005 Report on the NSF Merit Review System,NSB 06-21,March 2006:15.转引自:龚旭.科学政策与同行评议——中美科学制度与政策比较[M].杭州:浙江大学出版社,2009:110.

从图 7-1 可以看出,NSF 的评议方式主要有三种:函评,也称通信评议;会评,是各评议专家聚集一起以会议形式当场进行评议;两评,是函评与会评相结合。函评与会评各有优缺点。依据当前情况看,NSF 采用两评的资助部门越来越多,原因在于两评能有效地吸收函评与会评的优点,克服两者的偏颇与缺陷。而在评议准则方面,NSF 在其历史发展进程中曾有过不同的准则,在当前主要是两项:一是学术价值(intellectual merit),另一项是广泛影响(broader impacts)。这两项准则实际上包含了一项科学研究所应具备的内在理论价值和外在应用价值。在早期,由于科学与社会的关系不紧密,主要考虑的是科研的内在理论价值,但随着科学在社会发展中的重要性的提高,其外在应用价值也就自然成为 NSF 在评议资助项目时一项必不可少的准则。

项目计划官员(program officer)在 NSF 同行评议中扮演着一个重要的角色。曾在 NSF 天文科学与数学科学处工作的威尔逊博士把计划官员称为 NSF 评议系统的"守门员"。[①] 其主要负责两件事情:一是挑选同行评议专家,选择评议方法;二是对同行评议专家意见的分析处理并向项目计划处长或主管(program director)提出建议。计划官员由于扮演的角色而常常处于利益冲突的边缘。因此,要保证 NSF 同行评议资助活动公正与有效,对计划官员的行为进行规范与约束是极为重要的方面。

除项目计划官员之外,对 NSF 资助评议活动起关键作用的另一角色应当是同行评议专家了。从历史上看,NSF 很重视同行评议专家库的建设。专家库中存在大量的不同专业领域的专家信息,很重视专家的年龄、机构、地域、部门等结构上的平衡,并且专家数量逐年递增。"2000 年 NSF 中心电子专家库的评议专家有 25 万人,2004 年增加至 30 万人,而到 2005 年则超过了 30 万人。"[②]另外,这些专家遍及美国的 50 多个州,有 5000 多位是来自美国以外的其他国家。应该说,NSF 的同行评议专家库建设是较为完善的,这在一定程度上为评议的客观与有效提供了可能性。当计划官员在遴选专家时,还有许多条款和原则需要遵守,如 NSF 雇员的《利益冲突与行为伦理准则》中的有关规定,以尽可能地避免评议专家处于利益冲突状态下进行评议活动。

(二)NSF 同行评议中的利益冲突及其防范与处理

尽管 NSF 的同行评议系统在世界范围内处于领先地位,然而,不可否认的是,在 NSF 同行评议的运行中,不公正现象时有发生,以至于围绕其公正性的争论从来未中断过。而争论的核心就是,同行评议是一个制造学术界不平等的制度。比如,学者们基本上认为,同行评议中存在"马太效应""光环效应""趋于保守"以及利益冲突等现象。而其中,"对同行评议最激烈的批评莫过于指责人际关系对评议公正性的损害"[③]。换言之,就是由于人际关系等因素造成的同行评议中利益冲突的产生。

① M. Kent Wilson. In Praise of Gatekeepers [C]//Fiona Q.Wood.The Peer Review Process. Canberra:Australian Government Publishing Service,1997:143-151.

② National Science Board. Report of the National Science Board on the National Science Foundation's Merit Review System[R].NSB-05-119,2005(9):3.

③ 龚旭.科学政策与同行评议——中美科学制度与政策比较研究[M].杭州:浙江大学出版社,2009:194.

20 世纪 70 年代,美国国会对 NSF 同行评议进行过调查,并在听证会上,国会议员科兰指出,同行评议是一个"老朋友"(old boys)关系网,它为熟人谋福利,是一个精英主导的不公正制度。"NSF 中负责项目资助的官员选择自己信任的老朋友来评审项目申请书,而这些人又再推荐自己朋友作为评议专家……这是一个近亲繁殖的'关系网',也是一个典型的'乱伦'的'密友体制'(an incestuous buddy system),常常扼杀与窒息新思想和科学理念突破的生机,同时,又在训练(科学家)筹款本领的垄断游戏中瓜分着联邦政府数以百万计的研究和教育经费。"[①]1986 年,美国的西格马学会以近 4100 名的科学家作为样本进行一次调查,结果有 63％的人认为"要获得政府资助的研究项目,取决于'你是什么人'。许多申请项目获得资助,主要是因为这些申请者已经为资助机构所熟知和已接受过资助"[②]。

鉴于此,NSF 对同行评议中的利益冲突问题进行大量的研究,并制定了相关的法律、法规与政策,以此来约束、规范同行评议。比如,NSF 的《政府手册》《申请与资助手册》,NSF雇员的《利益冲突与行为伦理准则》以及《利益冲突与保密声明》等。此外还建立相关的监督与评估机制来制约同行评议,尽可能避免因利益冲突所带来的不公正行为的发生。从总体来看,NSF 在防范与处理利益冲突问题上主要体现为:评议程序严密,环环相扣;评议前的政策约束以及评议后的监督评估。

1.评议程序严密,环环相扣

NSF 的同行评议活动遵循着十分严密的程序:申请指南的发布—项目申请书的受理—挑选同行评议专家—决定评议方式—向评议专家发送相关评议材料—评议书的回收及评议意见的分析—作出评议结论并提交给该学科领域的学科处长—学科处长审核该结论—资助的财政预算并对申请者发送通知。从上述程序可以看出,NSF 的同行评议体系已经发展得相对成熟与完备,它在很大程度上制约着同行评议不端行为的发生,是同行评议保持公正与公平的重要基础。首先,尽管同行评议专家的评审活动是相对独立与自由的,但其评议意见只是资助决定意见的第一步。第二步是项目计划官员在评议专家结论的基础上经过慎重和理性的分析写出自己的评议结果。第三步,学科处长根据计划官员提交的评议结果进行审核并作出对该项目评议的结论。第四步,学科处长的评议结论并非最终的项目资助决定意见,他还必须将自己的评议结论提交至相关的部门(如 DGA),共同审核后作出最后的决定。其次,如果项目申请人对评议的最终决定存在异议,可以按照相关程序进行申诉,并要求NSF 重新组织评审。

2.评议前的政策约束

NSF 制定了许多相关的政策来规范、约束同行评议活动。这主要体现在评议活动前对申请人、计划官员以及评议专家的相关政策规定。有些政策对这三类人都适用,有些只是对某一类的单独制约,具体见表 7-1。

---

①　Stephen Cole,Leonard Rubin,Jonathan R.Cole. Peer Review and the Support of Science [J].Scientific American,1977,237(4):34-41.

②　吴述尧.同行评议方法论[M].北京:科学出版社,1996:21-22.

表 7-1　NSF 有关利益冲突的政策及要求

人　员	政　　　策	要　　求
项目申请人	《申请指南》、NSF《政府手册》	在个人信息栏提供利益冲突的相关信息，以供计划官员参考
NSF 计划官员	《申请与资助手册》、《利益冲突与行为伦理准则》、NSF《政府手册》	参加每年度的利益冲突培训；在选择评议专家及分析评审结论时应避免利益冲突
同行评议专家	《利益冲突与行为伦理准则》、NSF《政府手册》	填写"利益冲突与保密声明"，披露与回避实际或潜在的利益冲突情况

资料来源：1.NSF 网站 http://www.nsf.gov/eng/iip/sbir/peer_review.jsp.

2.COV 对 NSF 同行评议价值体系的审核与分析报告，并上交给国家科学委员会，由国家科学委员会向公众发布。National Science Board. FY 2005 Report of the National Science Board on the National Science Foundation's Merit Review System[R].NSB-06-21,2006.

（1）对项目申请人的规范与约束

申请人应当认真阅读《申请指南》中的有关规定，提供个人有关的利益冲突情况。比如，"申请人在过去 48 个月里的合作者（合作项目、合作著书，写文章、报告、摘要或论文等）、研究生期间导师与博士后导师及其现任职单位、在过去 5 年中申请人自己指导过的论文和博士后工作的学生等的详细名单等"[①]。应该说，对申请人的这些规范，能够为 NSF 计划官员在选择评议专家时提供必要的参考。

（2）对 NSF 计划官员的规范与约束

如前所述，NSF 的计划官员扮演着极为重要的角色，其中最为重要的就是挑选同行评议专家和审核分析评议专家的评议意见。在这两项活动中，计划官员有可能存在利益冲突。比如，在挑选评议专家时是否存在挑选自己的朋友、导师或学生的情况；再比如，在分析评议专家的评议意见时，也可能对自己信任的朋友或对自己所敬仰的专家学者的评议意见不再进行更为详细的思考，而对与自己在学术上存在分歧或不熟悉的专家持绝对的否定或批判的态度。因而，对 NSF 计划官员的规范与约束是必要的，目前，《申请与资助手册》《利益冲突与行为伦理准则》等文件中就有关于 NSF 计划官员的行为规范与标准。此外，计划官员还必须每年进行相关的利益冲突方面的专门培训，其目的是训练出高水平和高素质的计划官员，从而尽可能确保同行评议的公正性。值得一提的是，为了确保计划官员的高素质与高水平，NSF 实行了极具特色的"轮换者"（rotators）制度。[②] 2005 年，COV 对 NSF 同行评议的审核报告显示，"NSF 计划官员共有 400 人，其中固定人员与'轮换者'各占 50％"。[③] 这种制度不仅能够保证计划官员始终掌握学术的前沿知识，同时，也在一定程度上可以避免一些因人情关系而造成的利益冲突状况。

---

① 龚旭.美国国家科学基金会的同行评议[J].中国基础科学,2004(5):33-37.

② 所谓"轮换者"（rotators）制度，指的是 NSF 直接聘请相应学科领域的第一线学术工作者担任计划官员的职务，大约服务 1～2 年后再返回原来的岗位工作。

③ National Science Board. FY 2005 Report on the NSF Merit Review System［R］.NSB-06-21,2006:22.

（3）对同行评议专家的规范与约束

NSF 对同行评议专家的规范与约束应该说是最为详尽的了。然而最为主要的就是计划官员寄出的评议材料附带一份"评议须知"和"利益冲突与保密声明"，要求参加评议活动的专家必须签署这份声明，其目的是让各评议专家认真阅读该声明内容并对内容中所提的各种规范负责。该声明有正反两面，以文字与图表相结合的方式展示。正面除了几条对披露潜在利益冲突以及信息保密义务的说明（包括对申请书的内容及申请者的保密、评审程序与评审专家名单的保密）之外，还有一份以表格形式呈现的"资格证明书"（YOUR CERTI-FICATION），这是让评议专家确认并签名的地方，具体详见表 7-2。

表 7-2　NSF 评议专家"利益冲突与保密声明"中"资格证明书"[①]

资格证明
你的潜在利益冲突
我已经阅读并了解了相关的利益冲突情况与条款，即可能引起我在评议过程中的相关利益冲突情况。我明白此事，如果在我工作期间有利益冲突存在或可能引起的潜在利益冲突，我会联系基金管理层并告知此事。我明白在我正式成为评议组成员前需要签署和提交下面的利益冲突声明。
保守评议内容的秘密
我不会泄露任何有关评议的秘密信息与内容，我会在评议期间时刻保持警惕。
不能泄露自身作为评议人员的身份
我明白我需保密自己的评议人身份，除了需提交的评议表附件（无姓名及所在机构名称）
成员名称（请打印）＿＿＿＿＿＿＿＿＿＿＿＿＿＿＿＿＿＿＿＿＿＿＿＿＿＿＿＿＿＿＿＿＿＿ 成员签名＿＿＿＿＿＿＿＿＿＿＿＿＿＿＿＿＿＿＿　日期＿＿＿＿＿＿＿＿＿＿＿＿＿＿＿＿ 评议小组名称＿＿＿＿＿＿＿＿＿＿＿＿＿＿＿＿＿＿＿＿＿＿＿＿＿＿＿＿＿＿＿＿＿＿＿＿＿ 部门主管或基金管理者＿＿＿＿＿＿＿＿＿＿＿＿＿＿＿＿＿＿＿＿＿＿＿＿＿＿＿＿＿＿＿＿

资料来源：美国国家科学基金会官网 http://www.nsf.gov/eng/iip/sbir/peer_review.jsp。

此外，在"利益冲突与保密声明"的背面是有关利益冲突的类别举例。声明中列举了 3 大类共 17 种利益冲突情况：第一类是评议专家与申请者所在机构的关系，如兼职或雇佣关系、咨询者或顾问关系、师生关系等共 10 种；第二类是评议专家与申请者或与其他在项目中有利益关系人员的关系，如家庭关系、业务伙伴关系、论文的导师或学生之间的关系等 5 种；第三类是评议专家与申请者之间的其他关系，如评议专家的配偶、孩子与申请者之间的关系、评议专家与申请者之间存在着亲密友谊的关系共 2 种。[②] 应该说，声明中所列的利益冲突例子是很详尽的。评议专家通过阅读该声明，能更加了解自身可能存在的各种利益冲突状况。

---

①　该表格转引自：National Science Foundation.Conflict-of-Interests and Confidentiality Statement for NSF Panelists，NSF-Form-1230P（8/97），2002.

②　National Science Foundation.Conflict-of-Interests and Confidentiality Statement for NSF Panelists，NSF-Form-1230P（2/04），2002.转引自：龚旭.科学政策与同行评议——中美科学制度与政策比较研究[M].杭州：浙江大学出版社，2009：203-204.

3.评议后的监督与评估

为了维持与保证同行评议的公正性,NSF 在评议活动之后还进行多方位、多层次的监督与评估,其目的一是纠正可能发生与存在的错误,二是对日后的同行评议活动提出预警,三是在一定程度上可以约束同行评议的计划官员、评审专家的行为,如应当积极防范和妥善处理实际或潜在的利益冲突。具体而言,主要有如下几种监督与评估机制:第一,申请者的申诉机制。这个机制的实施主要体现为申请者对评议专家和计划官员的监督。第二,COV 对同行评议活动的评估。时间间隔大约为三年一次,主要是对不同学科同行评议活动的评估。其评估内容比较具体化,如对评议组织者或评议专家的工作量是否负荷的评估,对评议专家的评议态度、打分情况等方面的评估。第三,NSF 对同行评议体系进行的一年一次的全面而整体性的评估,评估内容主要集中在同行评议运行状况的整体性问题,如评议方式、评议专家特点、资助率、项目数以及相关的结构情况等方面的内容。第四,NSF 中 OIG(总监察长办公室)对同行评议中有失公正、公平等行为的审核与处理。比如,处理不遵守利益冲突条例的评议专家。第五,GAO(美国审计总署)从比较的角度对 NSF 同行评议与其他联邦机构的相关资助机构进行评估。

第二节　美国大学的同行评议及其利益冲突防范
——以耶鲁大学为例

同行评议在大学学术研究中的重要性不仅仅体现在基金项目申请、学术论文发表与论著评价以及科研成果评审与奖励上,更重要的是,它的重要性还体现在教师的聘任和晋升活动中。美国的高等教育不仅在规模上是世界之最,在质量上也是成绩卓然。20 世纪的一百年里,仅在自然科学领域,美国就有 206 人获得诺贝尔奖,其中绝大多数的奖项由大学教授获得。[①] 像哈佛、耶鲁、麻省理工、加州大学、斯坦福等高校都是闻名于世的一流大学。这些大学之所以成为世界一流大学,很大程度上得益于其有效和完备的教师聘任体制,并在此基础上确保了高水平与高素质的教师队伍。

然而,美国的高等教育的多样化特征,使得笔者难以在有限的篇幅中对美国各大学的学术同行评议研究面面俱到。因而,与其泛泛而谈美国大学的学术同行评议,倒不如选择其中一所著名的大学作为个案进行解读与分析。鉴于此,本节将以美国耶鲁大学的教师聘任为例[②],阐述同行评议在美国大学学术评价中的应用状况,并就其同行评议进行分析,提炼出有关利益冲突防范的措施与策略。

一、耶鲁大学教师聘任中的同行评议运行概况

耶鲁大学在学术界一直享有"总统的摇篮"和"学院之母"的美誉,先后培养出 6 位总统

---

① 汤全起.美国高校师资管理机制探析[J].高等教育研究,2005(1):98-102.

② 刘凡,沈兰芳.耶鲁大学教师聘任制度剖析[J].高等教育研究,2005(4):95-100.

(5 位总统,1 位副总统),人才培养质量之高不容置疑。那么何以培养这些高质量的人才?诚然,高素质的教师队伍功不可没。从耶鲁大学的官方网站上笔者了解到,目前,耶鲁共有12 个学院,包括 1 个本科生院——耶鲁学院、11 个研究生院(包括文理研究生院、医学院、法学院等)。而其中最为重要的是耶鲁学院和文理研究生院,文理科教授会(Faculty of Arts and Sciences)便是在这两个学院的教师成员基础上形成的。耶鲁有教师 3810 人,职员 9085人。① 全校的教师分为三类:一类是有晋升机会的系列,即阶梯级系列;一类是不可能有晋升机会的系列,即非阶梯级系列;还有一类是合同制系列,即研究系列。其中,第一类的地位是最高的,在这一类,在初级阶段,有"助理教授、可转变身份的讲师";在高级阶段,有"终身副教授、教授以及期限聘任的副教授"。② 第二类的教师学校并不要求其科研业绩,只需把书教好就行,即纯粹的教学岗。但在具体的职位上一般是充当第一类各级教员的助手。第三类是研究系列。这一系列的教师一般认为自己已经没有希望进入终身教职,但又想在大学里求得一饭碗,因而就进入该系列。总的来说,耶鲁大学的三类教师各有其作用与价值,但在教师的待遇(包括薪金、学术休假、停车位等)及对其聘用、续聘及考核等方面上存在着差别。而第一类是学校最重视的,无论是对其招聘、任用还是晋升都有很严格的要求。下面所要阐述的同行评议运行情况也主要集中体现在这一类别教师的聘任活动上。

耶鲁大学不仅历史悠久,而且蜚声海内外。自创校以来,历经几百年的发展,如今已与哈佛大学、普林斯顿大学并列为世界最著名的三大高校。笔者以为,其成功的秘诀就在于非常重视大学的教师队伍建设。而建设一支高质量的教师队伍不仅要把好"入口"关,也要注重其平时的业绩考核工作。那么由谁来负责教师的招聘、任用、晋升及考核方面的评审管理工作呢?从所查阅的资料看,主要是由耶鲁学院和文理研究生院的院长共同负责。耶鲁大学为了能够招聘到最优秀的人才,招聘的过程中不仅注重招聘范围的宽广,也非常注重招聘程序的科学性。其中,最为依赖的工具就是同行评议,即运用全球范围内的一流的同行评议专家对全球范围内的学术人才进行评议,把最优秀的人才吸引进耶鲁大学中。正如耶鲁大学校长理查德·莱文(Richard C.Levin)指出,对于聘任的标准,"耶鲁的做法是看他在学术上是不是位于世界前列,这是招聘和晋升中唯一的标准,而这一点,校长是没有办法判断的,要依靠他那个行当的专家"③。除此之外,耶鲁大学还制定了一套聘任程序,主要由诺贝尔经济学奖得主詹姆士·托宾(James Tobin)教授担任主席的委员会在 20 世纪 80 年代初制定(见图 7-2)。

---

① 数据更新至 2011 年。2010—2011 学年耶鲁大学网站提供的最新数据。参见:Yale University in Brief [EB/OL].http://www.yale.edu/about/facts.html,2011-10-20.

② Yale University.Faculty Handbook (2002)[EB/OL].http://www.yale.edu/provost/handbook/yfhtoc.html.

③ 复旦大学访美考察团.为何耶鲁是耶鲁[J].教育发展研究,2004(2):34-36.

```
┌─────────────────────┐      ┌──────────────────────────────┐
│    岗位招聘申报       │─────▶│ 经由系主任、院长、正副教务长审核  │
└─────────────────────┘      └──────────────────────────────┘
          │                  ┌──────────────────────────────┐
          │            ┌────▶│      经由指导委员会批准          │
          ▼            │     └──────────────────────────────┘
┌─────────────────────┐│     ┌──────────────────────────────┐
│ 审核学系遴选委员会、主席名 ││────▶│ 经由院长、大学公平机会办公室、副教  │
│ 单；提交招聘广告        ││     │ 务长、助理教务长审核            │
└─────────────────────┘      └──────────────────────────────┘
          │                  ┌──────────────────────────────┐
          ▼                  │ 征询信，发给校外专家推荐合适人选；  │
┌─────────────────────┐      │ 评估信，遴选委员会对候选人进行评审；│
│ 发送信函，包括征询信、评估  │────▶│ 追加信，对候选人进行更深的了解     │
│ 信和追加信            │      └──────────────────────────────┘
└─────────────────────┘      ┌──────────────────────────────┐
          │                  │ 参与者，该学系终身教职获得者，高于  │
          ▼                  │ 该申请职位级别的教师            │
┌─────────────────────┐────▶ └──────────────────────────────┘
│        投票          │
└─────────────────────┘
          │
          ▼
┌─────────────────────┐
│ 最终人选由期限聘任委员会或  │
│ 终身岗位聘任委员会审核、批准 │
└─────────────────────┘
```

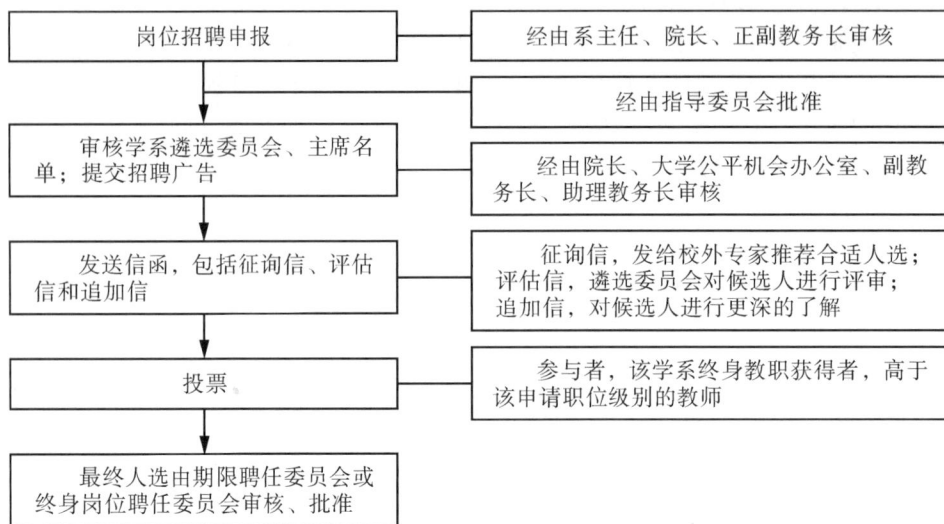

图 7-2　耶鲁大学教师聘任程序图[①]

从图 7-2 中,我们可以很清晰地看出耶鲁大学教师聘任的情况。一般来说,其聘任大致要经历从岗位申请到遴选委员的组成与审核及刊登广告,再到同行评议、投票、审核批准等程序。

第一道程序就是岗位的申请与审批。在耶鲁大学,无论是终身教职还是非终身教职岗位的教师招聘都必须先申请,获得批准方可进行招聘工作。申请主要由需要招聘的学系主任提出[②],然后上报至院长审核。一般情况下,还需上报至文理科教授会指导委员会(FAS Steering Committee)批准。而终身教职岗的教师聘任由院长审核后还要再以申请的方式提交至文理科教授会指导委员会审核,并获得批准。

在教师招聘权获得批准后,各系必须要认真做好遴选委员会的组织工作,然后将遴选委员会的名单上报给相应的部门进行审核,这是聘任的第二道程序。一般情况下,所上报的遴选委员名单需经过院长、正副教务长或助理教务长以及大学公平机会办公室等机构审核。终身教职岗位的招聘遴选委员会名单必须得到教务长的审核。耶鲁大学要求这些遴选委员会成员具备多样性的特征,要尽可能地得到多方面的意见(因此,有可能还会包括外系、外学科的教师参与)。此外,在第二道程序中,还有一点就是关于招聘广告的准备、审核及刊登问题。审核机构与遴选委员会名单的审核机构相同。关于招聘广告,耶鲁大学要求必须具备详细、准确的特征。比如,要包括招聘的岗位的职责、聘任日期、截止日期、聘任过程应注意的要求、聘任需提供的材料、材料的填写要求或格式、岗位的待遇(包括薪酬及其他)等内容。招聘广告被审核后就必须着手进行广告的刊登与宣传工作。招聘广告主要在一些期刊(主

---

①　郑钰莹,顾建民.同行学术评议初探[J].高等工程教育研究,2005(6):32-34.

②　系主任提出之前,需与分管该系的院长(耶鲁学院院长或文理学院院长)进行会见并商讨教师岗位的空缺名额。一般来说,非终身教职岗位的名额应由系主任与副院长、副教务长或助理教务长共同协商;终身教职岗位的名额由系主任与院长、教务长共同协商。

要是一些专业期刊,如《高等教育记事》等)或学术会议①上公布。当然,还包括一些电话、邮件、传真上的对象性通知,比如,各大高校、研究机构等。

接下来,教师聘任工作进入第三个程序,即组织同行专家对候选人进行评议。在这个程序中,一般情况下是通过三封信函来完成。首先,向校外同行专家(由院长与系主任共同确定名单,人数一般为 12 人)发出第一封"征询信"。发这封信的目的是希望校外同行专家通过简单的比对,为耶鲁大学提出几个优秀的候选人名单。当然,如果耶鲁自身已经确定好了候选人名单,则在院长的同意下可以不发第一封信,但这毕竟是少数。第一封信收回后,如果各同行评议专家对某候选人的反馈意见比较一致,则在院长同意下可以不发第二封信,但这也毕竟是少数,一般情况下会发出第二封信函。第二封信称为"评估信",所谓评估信,顾名思义,就是同行评议专家对候选人在教学能力、科研能力及其他的潜在能力方面进行评估。当然这些校外同行评议专家的名单以及候选人的名单在发出第二封信之前,由系级遴选委员会在第一封信的基础上商讨决定,并需得到院长审核。候选人名单一般是 4~8 位②,而同行评议专家的名单中必须保证 6~8 位能够回信。第二封评估信收回后,便可能会产生所谓的第一候选人或者若干个最优候选人,但若没有起到应有的作用,耶鲁大学的聘任委员会便会借助第三封"追加信"来确定最终的候选人。所谓"追加",实质上是希望了解到更多关于候选人的信息,比如,个人的履历、历年所做的项目、发表的论文、业绩考核的成绩等。至此,三封信发出并回收后,耶鲁大学便会确定最后的候选人,然后进入聘任过程的下一个程序,见图 7-3。

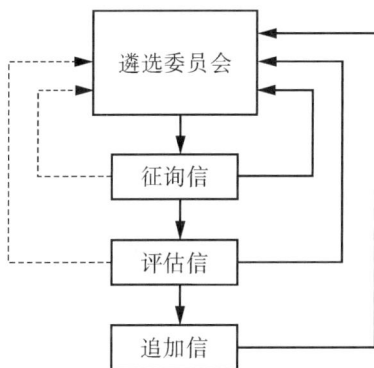

图 7-3　耶鲁大学教师聘任中给校外同行专家的三封信函

说明:1.图右边的实线箭头指的是校外同行专家将各封信的回复反馈给耶鲁大学的遴选委员会。

　　　2.图左边的虚线是指在少数情况下,前两封信分别有可能会确定候选人名单。比如,征询信发出后,收到同行评议专家对某一候选人的反馈意见比较一致,则可能会确定候选人,不再发出第二封评估信;同理,评估信收回后,若情况类似,则也有可能不再发出第三封追加信而确定候选人。

────────────────

①　有些学术会议提供高校公布招聘信息的平台,有的甚至还组织招聘高校与未来的教师见面,尤其是专业性的学术会议常常成为非正式的考察、招聘教师的场合。

②　一般情况下,候选人产生的方式有三种:一是自己从刊登的广告中获取信息并报名申请,二是校外同行评议专家在征询信中回复的名单,三是各学系自己确定的并经院长同意的名单。

校外同行评议专家确定候选人名单后,聘任工作进入第四个程序。这道程序主要是投票表决的事了。主要由学系内部拥有终身教职的教师参与,当然级别高于或相当于所招聘的岗位级别的教师也可以参与。笔者以为,这道程序也是一种同行评议,但主要是校内的同行评议。若候选人在这道程序中通过,则基本上没什么问题了。这个时候,该学系便会用适当的方式(电话、写信或 E-mail 等)通知候选人,并告知剩余的程序和应聘成功后应该注意的事项、进入耶鲁后有哪些应尽的义务等。

第五道程序是最终的程序,也是审核、批准的程序。一般由更高一层次的相关委员会来完成这项工作。比如,非终身教职的教师聘任则由"期限聘任委员会"审核、批准;终身教职岗位的聘任责任则由"终身岗位聘任委员会"承担。若候选人在这道程序中获得批准,则表明其聘任申请成功,可以与耶鲁大学签约了。至此,聘任工作算是完成了。从整体而言,耶鲁大学的教师聘任工作是很烦琐的,而且时间与成本耗费不少。但耶鲁认为,这些烦琐是必要的,为了招到最优秀的人才,就必须严肃、认真,并且高标准、严要求。

二、对教师聘任中的同行评议分析及其利益冲突防范

从耶鲁大学的教师聘任活动来观测大学学术同行评议机制,可以看出同行评议在大学学术评价中的地位与作用。同时,通过教师的聘任活动,也可以归纳出耶鲁大学的学术同行评议活动是如何防范与规避利益冲突的。

(一)耶鲁大学教师聘任中同行评议起着关键和基础性的作用

耶鲁大学的教师聘任制度在美国的高校中是一个较有代表性的制度,这一聘任制度在很大程度上保障了耶鲁大学的教师队伍质量,因而,也为耶鲁赢得了很高的声誉,使耶鲁一直保持着美国甚至是国际范围内的一流大学地位。那么,耶鲁大学的教师聘任制好在哪里?笔者以为,最重要的是因为同行评议机制在整个聘任的程序中起到最为关键的、基础性的作用。可以说,没有同行评议,就没有耶鲁的教师聘任,同行评议没有做好,教师聘任工作也就宣告失败。有学者认为,"在美国,学术评议主要是通过同行评议的方式进行的,美国大学治理的一个重要特征是同行学术评议和高度竞争与开放的大学教师市场"①。用这个观点来说明耶鲁大学的教师聘任制度再合适不过了。对于同行评议在耶鲁大学教师聘任制中的作用,我们可以对教师聘任制的程序做简要分析来加以印证。其一,关于岗位的确定,是由学系的主任与分管的院长及教务长共同协商完成的,而这些学系的主任、分管的院长或教务长虽然在名义上是行政职位,但是实质上行使着教授、学者权力的是该岗位的同行专家们,然后将这些岗位名额上报至文理科教授会,由该委员会进行审核批准,而文理科教授会成员本身也是同行、专家、学者的身份。其二,系一级的遴选委员会在教师聘任工作的过程中负责了大半的事务,比如,选择校外同行专家、对候选人的筛选以及最后的投票工作等。而遴选委员会基本上都是由本学科专业组成的同行专家。其三,聘任程序中最为明显和最重要的是校外同行专家的评议,他们的评议意见对聘任工作的结果起到至关重要的作用。因此,"从这一聘任程序中可以看出,校内外同行专家和本院系同行

① 周黎安,柯荣住.从大学理念与治理看北大改革[J].学术界,2003(5):89-99.

教师的推荐、评估或投票，对耶鲁大学年青教师的终身教职的聘任起到了十分关键的作用"[①]。

(二)耶鲁大学教师聘任制中同行评议利益冲突的防范

然而，是否耶鲁大学教师聘任中的同行评议完美无缺，无可挑剔呢？从理论上看，当然是不可能的，因为同行评议作为一种主观的评价机制，难免会有一些因素掺进来而影响评议的客观公正性。比如，难以杜绝的人际关系、文化背景的差异等因素引起的利益冲突问题。但在笔者看来，耶鲁大学教师聘任中的同行评议总体而言还是较为科学、客观与公正的，其利益冲突的现象发生的概率是比较低的。为什么这么说呢？原因在于耶鲁大学的治理传统及在教师聘任活动中所采用的程序都是对同行评议利益冲突现象发生的一种防范。无论这种防范与规避是现实的还是潜在的，它们的确在起作用。

1."教授治校"传统有效地阻止了行政力量的过度干预

大学学术同行评议是对大学教师学术成果的实质性评议，而这种实质性评议不是谁都可以胜任的。因为，学术成果涉及高深的学科专业知识，因此，由同学科专业的专家学者担任评议者是必然和唯一的选择。同时，对学术成果的评价，最重要的是要保护其学术性。倘若在一个行政权力泛化的环境下进行评议，行政力量的影响必然会渗透进评议活动中，引起可能的利益冲突，破坏评议的客观与公正性。由此可见，一个良好的学术评议环境和良好的专家学者团队对于同行评议活动有很重要的价值与意义。在这一点上，耶鲁大学就拥有这种宝贵资源。考察美国的高等教育，我们会发现，将大学教授的权力发挥得最淋漓尽致的莫过于耶鲁大学了。"在耶鲁，教授是大学的核心，大学的精髓，大学的'终身工作人员(permanent officer)'，而校长和管理人员则不是。"[②]从历史上看，自耶鲁大学第八任校长德怀特(Reverend Timothy Dwight)开始，耶鲁大学在西利曼(Silliman Benjamin)、杰里迈亚·戴(Jeremiah Day)和语言教授金斯利(Kingsley)的努力下，"教授治校"的理念有了坚实的基础。尔后，这种理念不断得到强化，最终成了一种耶鲁人的牢固的治校传统与信仰，并且在整个美国乃至世界范围内都是第一流的。长期以来，美国流传着这样一句话："普林斯顿董事掌权、哈佛校长当家、耶鲁教授做主。"这句话很形象生动地表达出了耶鲁大学"教授治校"传统的突出地位。就连美国当代著名高等教育学家克拉克·克尔也曾指出："在美国最早把大权交给教授的主要大学是耶鲁。"[③]

在"教授治校"传统影响下，耶鲁大学的学术同行评议自然也秉承着这种理念。就拿教师聘任工作来说，尽管聘任程序烦琐而复杂，而且每一环节似乎都有行政的影子，但是聘任的大权始终都牢牢地掌握在以教授学者组成的同行专家手里。耶鲁的教师们认为："必须要指出的是，现有的标准和程序是由教师们自己所组成的委员会确定下来的。而且，除了把多少岗位分配给学系由教务长做主之外，聘任的整个过程，从学系层面的讨论到终身工作人员

---

①　宋旭红.学术职业发展的内在逻辑[M].武汉：华中科技大学出版社，2008：183.

②　张金辉.耶鲁大学成为一流学府的经验分析[J].河北大学学报(哲学社会科学版)，2007(2)：65-70.

③　Kerr Clark.The Uses of the University[M].Boston：Harvard University Press，1964：22.

联席委员会的讨论,都掌握在教师们的手中。"①这样一来,学术同行评议就能成为真正意义上的学科或专业同行共同参与并实行的学术评价活动。相形之下,行政力量干预很少,甚至不会干预,而且他们所做的工作基本上都是为教授学者们的学术评价工作服务的。而这样就可以有效阻止行政力量过度干预同行评议,从而避免利益冲突的发生。诚如爱德华·希尔斯所言:"……在最近几十年中,董事会除了批准由学者组成的聘任委员会向它提交的建议之外,很少做别的事情。"②

2.严肃认真的同行评议程序形成潜在的相互监督力量

在耶鲁大学教师聘任的同行评议中,程序烦琐而有序,以至于有人提出批评,认为耶鲁大学的评议程序太耗时、耗力、耗财,代价很大。但恰恰是这种程序的烦琐与详备性充分体现出学术同行评议的严肃与认真的特征。试想,一个随意性很强的同行评议跟"做形式、走过场"有何区别?比如,专家的遴选机制随意改变,评议的程序随意更改,对评价内容的打分忽高忽低,或者在投票问题上也相机行事,这样的同行评议还能有公信力?因此,只有以认真严肃的态度对待和实行同行评议,才能在更大程度上保证同行评议的公正性,不至于诱生利益冲突现象。很显然,耶鲁大学的教师聘任程序形成了相互监督、互为掣肘的结构,无论是从招聘岗位的名额确定、遴选委员会名单的组成,还是与校外同行专家的信函往来等,都有较为详细和明确的政策和准则可以依据。且这些政策和准则不是被束之高阁,而是基本上耶鲁的教师们人手一册,或者放在大学主页上很显眼的位置,即《耶鲁大学教师手册》(faculty handbook)。有学者将《耶鲁大学教师手册》的内容进行了归纳,认为其内容大体包括"大学组织机构、表达自由的政策、适用于全校范围的教师的等级系列和聘用的政策、每个学院的教师的等级系列和聘用方面的政策等十一大部"③。由此可见,耶鲁大学的学术同行评议程序虽烦琐复杂,但这些复杂的程序却体现出潜在的相互监督的力量。而在力量的相互监督的情况下,评议专家就自然会对自己的评议行为负责任,尽可能地避免利益冲突现象和不道德、不公正行为的发生。

3.校外同行评议的方式有效地避免了人情因素的干扰

耶鲁大学教师聘任的同行评议采取的是校内外同行评议相结合,但以校外同行评议为重的方式。这样就可以有效地避免同行评议中人情因素的干扰,在一定程度上可以避免利益冲突情况的发生。我们知道,人情因素是同行评议中很令人困扰的问题,无论是国外还是我国都存在这样的现象,只不过,相对来说,我国的情况会来得更加严重些。耶鲁大学采取"校外同行专家评议"的方式,其本意是为了使应聘者的水平能够得到世界范围同行专家的认可,以此来获得最优秀的人才。但这种评议方式在客观上能够有效地避免同行评议中人情因素的干扰。实际上,美国的众多大学(包括耶鲁在内)在大学学术同行评议时,往往都需要校外同行专家评审所进行的外部评审。当然,这些校外同行专家的挑选也是一个极细致的工作,一般不会仅根据个人喜好而随意挑选。其挑选的宗旨是"世界一流的同行专家"。因此挑选就具备了"高标准"(学术能力强,已得到世界同行的认可)、"大范围"(多国度的范围)、"灵活性"(在人数上、评审的方式上视具体情况灵活应变)的特征。比如,大学要聘任诸

① 刘凡,沈兰芳.耶鲁大学教师聘任制度剖析[J].高等教育研究,2005(4):95-100.

② [美]爱德华·希尔斯.学术的秩序——当代大学论文集[M].李家永,译.北京:商务印书馆,2007:365.

③ Yale University Faculty Handbook [EB/OL].http://www.yale.edu/provost /handbook/yfhtoc.html.

如助理教师等较低级别的教师,外部同行专家差不多5位就足够。"但是如果要招聘副教授以上的资深学术人员,则至少要有7名评价人,而且这7个人绝不能是本校的教授,最好是来自多个国家的学者。这7个或5个外部评价人的意见起着极其重要的作用,因为他们是独立的,跟申请人没有直接的利害冲突。"① 此外,就耶鲁大学教师聘任工作而言,为了获得应聘人的详细和可靠的信息,还采取了所谓"多批次"的校外同行专家评议,即如前文所述的向外部同行专家发出"三封信函"。这三封信一般是按顺序依次发出的,其作用与功能有所不同。耶鲁的遴选委员都很认真地对待每位外部专家的回信。其中,在第二封"评估信"发出时,会特别告知评议专家务必要客观公正地评议。笔者以为,从利益冲突的角度看,耶鲁大学的这种以校外同行专家评审为重的同行评议方式,能够有效地防范评议中的人情关系困扰,使评议的程序与结果尽可能保持客观与公正。因此,可以说,耶鲁大学的大学学术同行评议以有效的校外同行专家的外部评审而取得了巨大的成功。诚如耶鲁的第14任校长(1950—1963年在位)艾尔弗雷德·惠特尼·格里斯沃尔德(Alfred Whitney Griswold)所言:"对大学最为严格的检测就是看它有多大能力吸引和挽留杰出的教师……但从长远来看,(教师聘任工作中——笔者加)用这样的方式(校外同行专家的外部评议——笔者加)来衡量的话,那么会与其内在的价值紧密相关。……这样,不管我们怎样评价或想象耶鲁,没有一种评价方式比评价耶鲁在不近人情的、高度竞争的职业发展上的成功更令人信服。"②

第三节　香港科技大学的学术同行评议与利益冲突防范

从创校的历史来看,香港科技大学(The Hong Kong University of Science and Technology,以下简称"香港科大")是一位"年轻的后生",但它却取得了令人瞩目的成绩,学校获得了飞跃式的发展。英国高等教育调查公司QS(Quacquarelli Symonds)的调查资料显示,2012年香港科大在全球顶尖200所亚洲大学排名榜上排第1位;2011年在全球顶尖200所大学排名榜上排第40位。③ 香港科大为何会在如此短的时间内获得这么大的跨越式发展?笔者以为,最为关键的应该是其拥有世界一流的师资队伍。因为,只有一流的师资,才能有一流的科研成果、一流的教学质量、一流的社会服务。诚如哈佛大学前校长科南特(James Bryant Conant)所言:"大学的荣誉不在于它的校舍和人数,而在它一代代教师的质量。一个学校要站得住,教师一定要出色。"④

然而,这些一流的师资队伍靠什么建设起来?显然,这离不开"进人"和"留人"两个方面。所谓"进人"就是人才招聘,所谓"留人"就是人才任用与晋升等方面的管理。而这些都与学术评议工作有关。毫无疑问,香港科大在学术评议上采用的自然是同行评议机制。鉴

①　丁学良.什么是世界一流大学[J].高等教育研究,2001(3):4-9.
②　Yale University. Yale University Self-Study[EB/OL].(1999)[2012-07-28].http://www.yale.edu/accred.
③　HKUST.Rankings and Rewards [EB/OL].http://www.ust.hk/eng/about/ranking.htm.
④　罗云,刘献君.国际化:建设世界一流大学的必由之路[J].江苏大学学报,2002(2):1-5.

于此,本节拟对香港科大教师职务晋升活动进行一番探索,试图借此来对香港科大的大学学术同行评议进行分析,并提炼出其在同行评议利益冲突问题上所做的防范措施,以期对我国内地的大学学术同行评议及其利益冲突问题有所启益。

一、香港科技大学教师职务晋升中的同行评议运行情况

虽然香港科技大学历史不长,但其以"后来者居上"的气势迅速崛起,在较短的时间使自身发展成享誉全球的一流高等学府。究其原因,除了准确的定位和"教授治校""学术自由"的办学理念之外,最为重要的就是如前文所述的有一流的师资队伍作为支撑。事实上,香港科大的发展一直得到了世界范围内"前辈"的鼎力支持。据 2011 年的统计,"香港科技大学拥有一支享誉国际的优秀教研队伍,有 480 多名教授,全部拥有博士学位,其中80%来自世界顶尖研究型学府,包括哈佛大学、斯坦福大学、耶鲁大学、剑桥大学、牛津大学、多伦多大学、麻省理工学院、加州理工学院等"[①]。目前,香港科大占地面积约 150 亩。截至2012 年,共有学生 10236 人,其中本科生 6410 人,研究生 3826 人。教学人员共有 515 人。[②]香港科大的教师也基本上分为三类:一是全职的、有资格申请长聘的(substantiation),有点像耶鲁大学中阶梯级类别的教师;二是访问性质的(visiting faculty),这一类没资格申请长聘系统;三是研究系列,这个系列的教师主要以实验室做研究为主要任务,是属于一个独立的子系统。本节的目的是想通过描述香港科大的教师职务晋升程序来分析其同行评议活动。并且,由于"长聘"(类似于美国的终身教职)的转折点在副教授这个档次上,这个档次的教师职务晋升中的同行评议活动更具有代表性和启发意义。因此,本节的落脚点主要集中在第一类教师群体中由助理教授晋升为副教授这个环节的学术同行评议活动上。

香港科大主要是学习美国的两所大学而创办的,一是美国加州大学戴维斯分校(UC Davis),另一个是马里兰大学(University of Maryland at College Park)。这两所大学在美国虽然算不上最好,但在州立大学中是很不错的。因此,香港科大的学术评审制度也留有这两所大学的影子。香港科大中的有资格申请长聘的教师分为三个层级:助理教授、副教授和教授。从所查阅的资料上看,无论是哪一层次的晋升都要经历三级评审委员会和一个外界同行专家的评审过程。当然,由助理教授晋升到副教授层次也不例外(见图 7-4[③])。

第一步是系级评审委员会受理教师提出的申请。一般来说,新引进的博士是助理教授,进校六年之后[④],教师会依据自身的实际情况作出是否提出晋升的决定(根据教学与科研业绩,主

---

① 汪润珊,傅文第,孙悦.香港科技大学高水平师资队伍建设的特点与启示[J].教育探索,2011(3):141-144.

② HKUST.Facts and History [EB/OL].http://www.ust.hk/eng/about/fh_facts.htm.

③ 资料来源:香港科技大学的网站上公布的《学术人员的政策与程序手册》中的学术评议政策。网站地址为 http://www.ust.hk/webaa/Academic Personnel/AP_Manual/PDF/AP20_0.pdf。

④ 六年是指新进教师在岗的六年,这六年是该教师与香港科大签订两个合约期的时间,一个合约期只有三年。

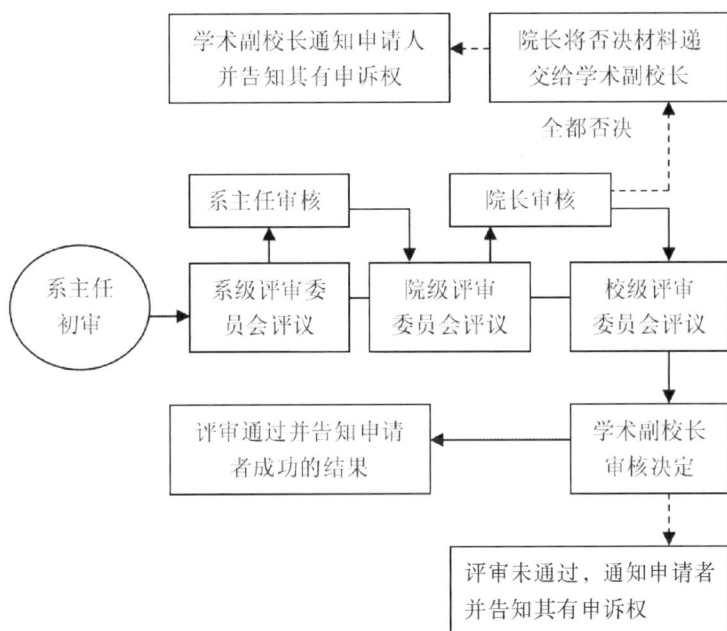

图 7-4　香港科技大学教师晋升为副教授职务的评审程序

要是科研成果方面的指标。如果觉得有希望晋升就会在当年的 3 月份或 9 月份提出①）。系主任收到教师提出的晋升申请后会做初步筛选,然后将这些申请材料转交给系级评审委员会(通常是 3～5 个成员)。这个系级委员会有可能是系里的一个常设委员会(类似于国内大学里的职称评审委员会),也可能是临时设立的委员会(专门为了本次职务晋升工作),然后委员会就开始大量的作业流程的工作。"它做的事情不具有实质效应,但具有程序效应,程序效应是非常非常关键的,一个制度的公正与否大部分表现在这里。"②事实上,在香港科大有很多类似的评审委员会(有常设的也有临时设立的),有学者称这些委员会是学校领导的"影子团队","这些'影子团队'拥有超越于香港科技大学内部管理的校长、副校长、院系主任之上的权力"③。

系级评审委员接到教师的申请后就开始了第二步的程序,送给校外同行专家评审。这是非常重要的一个程序,外部评审的结果直接影响到申请人是否能晋升成功。当然在送给校外同行专家之前,系级评审委员会需要做好两件事情:一是确定申请人的专业领域,比如,你做物理学的,就看你是从属于化学物理、量子物理还是理论物理或力学物理。二是挑选校外同行评议专家。这些校外同行专家范围很广,是国际领域内所有同行专家,但具体选哪一级别学校的专家一直是有争议的话题。④ 当然,申请人也可以自己提出一个评议专家的名

---

① 在香港科大,晋升副教授的评审工作一年有两次。分别是春季(3 月)一次和秋季(9 月)一次。无论春季的还是秋季的评审,从教务长下发评审时间表到教师晋升的职务被确认,大约需耗费一年多的时间。

② 丁学良.什么是世界一流大学[M].北京:北京大学出版社,2004:64.

③ 周生贵.西部高校跨越式发展运行机制研究[M].乌鲁木齐:新疆人民出版社,2007:89.

④ 关于要选哪一级别的专家,在香港科大历来有争议,而且这个争议至今仍在继续。其中有部分教师认为应当选该学科领域最优秀的人。但这样一来,可能会出现评价上的过高标准现象,毕竟学校层次的差异也是评审中应当考虑的问题。后来,香港科大经过研究,做了些修改,即适当降低了标准。

单和回避评议专家的名单,但在名额上有所限制,因此,基本上这些专家都是由系级评审委员会决定的。一般来说,校外同行专家的名额就副教授层次为 7~8 位,而且必须保证回复信函不得少于 5 封,否则就得再追加。同时,在将评审材料寄给外部评审人的时候,需附上申请者个人自我评价,即申请者对自己在过去几年内所做的研究(研究课题、方向、有什么贡献等)做一个自我评价式的总结。还有一点,就是申请者所提交的论文或论著需要几篇(部)香港科大并没有明文规定,但是一般不要超过 10 篇,否则校外同行专家会拒绝阅读及评议。

接下来是程序的第三步,即系级评审委员会及系主任的审核。校外同行专家的评审信件(7~8 封)回来之后,系级评审委员必须认真仔细地审读,在解读、比对的基础上,写出一个综合性的评语报告,然后连同外部同行专家的所有评审信件一起上交给系主任,由系主任再次作出审核。如果系级评审委员会与系主任都作出否定性的评判,那就不必再往上送了,换句话说,该教师的晋升申请宣告失败。但如果是一正一负或两正,则再往上递交给院级评审委员会进行审核,这便是第四步程序。在院级评审委员会(通常是 5~7 个成员)这一层,不再进行外部同行专家评议这一环节,他们所做的事与系级评审委员会类似,主要是审读 7~8 位外部同行专家的回复信件,然后同样地写出院级的综合性评审报告,并递交给院长审核。至于系主任及系级评审委员会的评审报告或建议,一般情况下是不怎么看的。同样,院长及院级评审委员会的意见如果两正或一正一负,则再次往上送材料,如果是两负就不再往上送了。

第五步程序便是校级评审委员(通常是 7~9 个成员)及学术副校长的审核范畴了。校级评审委员会在收到院长递交的材料后,所做的工作也仍然是程序性的。由于校级评审委员会的成员大部分来自不同院系、不同专业,因此可能与申请人的专业领域没有什么关系,所以这个评审委员的审核工作基本上依靠的还是那 7~8 位校外同行专家的评审回复信件。但有一点突出的是校级评审委员会主要职责是"把关",因此是真正的"执法如山"的部门。香港科大前学术副校长孔宪铎先生说,"这三级委员中,以系级最软,系里需要人;学院比较公正,要维持各系平均发展;校级最严,否则无法把关"[①]。因此,从总体上看,在这一关上否定比例是最高的。而如果申请者通过了这一关,校级评审委员会便会把综合性评审报告连同外审专家的回复信件一起交到学术副校长手里。如果学术副校长也同意了,则该教师的申请就成功了,如果没通过,则失败。当然,若失败了,申请者还有申诉的机会。不过,从现实来看,"百分之八九十的上诉个案都是被否定的,就是说上诉是可以尝试的,但是成功的机会会很小"[②]。

二、教师职务晋升中同行评议利益冲突的防范

香港科大的教师职务晋升评审重点在副教授这一层次上[③],因而前文以此为例描述香港科大的教师职务晋升评审程序具有较为典型的代表性。而这个评审活动的基础是同行评

① 孔宪铎.东西象牙塔[M].北京:北京大学出版社,2004:163.

② 丁学良.什么是世界一流大学[M].北京:北京大学出版社,2004:70.

③ 这一关很重要,原因在于香港科大的学术评审制度是向美国的大学学习的,因为,美国的许多优秀的研究型大学都有一个"不升即走"(Up or Out)规则。而这个主要体现在终身教职(香港科大称之为"实任")的副教授层次上。即给助理教授 6 年的合约期,若合约期满仍无法晋升则就需自谋出路了。因而,香港科大的教师职务晋升工作将重点放在这一道关卡上。

议,换言之,教师职务晋升评审活动就是一个对申请者进行学术同行评议的过程。可以说,"在香港科大内部的升级,全靠同行评议,这一关不过,其他方面的优越,无助于事"[①]。然而,同行评议生来并非完美,再加上主观人为因素的影响,自然就会出现许多问题,比如利益冲突问题。如果同行评议因利益冲突问题而变得不可靠,那么教师职务晋升的评审自然也就无法令人信服。孔宪铎先生说:"在审核委员会中,不能有一位乡愿,一有乡愿,就会产生不平,不平则鸣,这会使这个审核委员会的信誉扫地。"[②]然而,从现实来看,香港科大的学术同行评议活动是做得较好的,不然,香港科大就不可能有今天的学术成就。那么,香港科大教师职务晋升中同行评议的利益冲突问题是如何防范与规避的呢? 总体上看,主要靠其在评审中形成的"三级一界"的评审制度。下面笔者做些具体分析。

(一)"三级委员会"评审形成力量上的相互制衡

如前所述,香港科大的教师职务晋升必须经过"三级委员会"的评审才能完成。这三级分别是系主任及系级评审委员会、院长及院级评审委员会、学术副校长及校级评审委员会。这些委员会有如下特征:其一,成员都由专家学者组成,其他行政人员不得参与。并且系主任、院长、学术副校长也不能直接参与他们各自委员会的评议活动,董事会成员就更不能参与了。曾任香港科大校董会主席的钟士也曾指出:"学术范围内的政策必须由教研人员讨论后决定,不允许校董会干涉。"[③]其二,委员会成员并非长期不变,而是实行专家轮换制,一般是 2 年一任。其三,按照香港科大的有关文件规定,这些委员会若不是常设性的,则必须在评审当年的年初设立,不得在评议前临时仓促设立,以免有"量身定做"的嫌疑。各级委员会的这些特征也能在一定程度上防止评审中诸如利益冲突等不公正现象的发生。然而,更为重要的是,这三级委员会的评审形成了力量上的相互制衡(checks and balances)。这主要表现在两个方面:一是表现在各层级的负责人与委员会之间的相互制衡。比如,学术副校长不得直接参与校评审委员会的评议活动,但学术副校长有单独对该评审委员会的评议结果进行核准的权力,有时两者之间的结果就会相反。孔宪铎教授在《东西象牙塔》一书中就记载了他自己在担任学术副校长期间与校级评审委员会之间出现背道而驰的个案[④]。二是表现在各层级之间形成的力量上的相互制衡。最初时期,在教师职务晋升评审中,系级因为需要人且申请人关系相熟,所以在评审时会比较松,一般否决的比例不高;院级较为公正,但也不太愿意得罪人,因此常做"顺水人情",否决的比例也不高。但校级作为最后的把关人,就不能随便"做人情",因此,否决的比例较高。后来,为了避免这种现象的发生,使每一层级的评审都能更加认真负责,学校出台了一个政策条款,即哪一级否决的名额由哪一级收回控制。这个条款一出来,每一层级都不敢随便做人情而只推给上级去决定了,必须都要敢于得

---

① 孔宪铎.东西象牙塔[M].北京:北京大学出版社,2004:164.

② 孔宪铎.我的科大十年[M].北京:北京大学出版社,2004:207.

③ 吴家玮.同创香港科技大学——初创时期的故事和人物志[M].北京:清华大学出版社,2007:68.

④ 个案记录的是:香港科大的工学院有一次在美国请了一位工业工程方面的专家,也是美国工程院院士,但是他的任命却被校级评审委员会否决了。校级评审委员会否决的原因是根据某一外部同行专家的意见,认为该院士是应用方面的领袖,而非学术上的导师。当时的学术副校长孔宪铎教授的意见与之相左,他通过各方努力,最终使该院士进入了香港科大工作。(参见:孔宪铎.东西象牙塔[M].北京:北京大学出版社,2004:164.)

罪人,否则,工作量不变,而教师名额减少就会增加系或院级的工作负担。因此,从这一点看,"三级委员会"评审之间形成的力量上的相互制衡能够在一定程度上避免评审中"做人情"的现象,从而也就能在同行评议中防范某些利益冲突现象的发生。

(二)外界同行专家拥有真正"生杀予夺"的大权

"三级一界"评审制度中的"一界"指的就是外界同行专家的评审。可以说,"三级一界"中最关键也最重要的是这个"一界",对于申请人来说,它拥有真正的"生杀予夺"的大权。如果没有这个"一界","三级"的评审就没有意义,所谓的学术评审也就不是真正意义上的同行评议。在香港科大的学术评审活动中,外界同行专家的评审起着基础性的作用,它贯穿于评审活动过程的始终,任何一级的委员会及其负责人的审核都是依赖这个外界同行专家的评审意见而作出的。这一点前面已有叙述,在此就不再赘言。"从英国大学评级机构 QS 公司制定的《香港科技大学探访报告》中可以看出,香港科技大学教授的晋升审查完全由外部评价人员(external reviewer)负责。"①笔者以为,所谓的"外界同行专家",在香港科大来看,不仅指校外,还包括境外、国外的学术同行们。而且从香港科大现实的学术评审活动来看,基本上都是请国外尤其是美国优秀研究型大学中的同行专家。笔者以为,这个外界同行专家的评审是能够较为有效地避免同行评议中的利益冲突现象的。原因在于校外、境外或国外的同行专家在评审过程中能够有效地避免人情关系因素的干扰。毕竟不同学校、不同地区或国家的学者们因地域上的差别会比较不熟悉。此外,选择外部同行专家时,香港科大有一个"六不准"原则,即"不可以是你原来学位论文的指导教授们;不可以是与你共同发表过论文、论著的人;不可以是与你共同主持一个研究项目的人;不可以是你过去单位的同事;不可以是你现在单位的同事;不可以是你的亲属"②。这个"六不准"原则的实施能够更进一步地排除人情因素的涉入,从而有效地防止利益冲突现象的发生,使评审尽可能保持客观公正。孔宪铎也曾说过,"所选的同行,不但要在你这行业中有功力、有声望、有信誉,公正而敢言,更重要的是无私。评议你的同行,和你在公私两面无缘,甚至连瓜田李下之嫌都要注意避免"③。

(三)完备的学术评议政策提供了制度上的保障

香港科大的创立在香港高校中并非昔日传统高校模版的复制,而是以一种全新的气象出现。美国加州伯克利大学的李远哲教授在作为香港科大创校顾问委员会时说道:"……香港的大学要提升,要发挥作用,一定要定位成一种世界性的或地域性的大学,即超出香港。"④其中最为明显的便是要一改往日大学的行政主导为学术主导。因此,为了实现并维持这种改革,香港科大在创立之初便十分重视制度方面的建设。1992 年,孔宪铎教授任香港科大的学术副校长,刚走马上任便开始组织起草制定《教员手册》。该《教员手册》不仅吸

---

① 汪润珊,傅文第,孙悦.香港科技大学高水平师资队伍建设的特点与启示[J].教育探索,2011(3):141-144.

② 丁学良.什么是世界一流大学[M].北京:北京大学出版社,2004:65.

③ 孔宪铎.我的科大十年[M].北京:北京大学出版社,2004:207.

④ 转引自:丁学良.什么是世界一流大学[M].北京:北京大学出版社,2004:60.

收了美国几所著名的研究型大学的经验,同时结合香港科大自身特点,几经修订,终于累积成300多页。"单从目录上看,该手册就有13篇、34章和88条,342页。手册从香港科大的定位、宗旨、组织结构入手,对人员任用、续约、晋升、学术研究、学生事务、学术诚实、性骚扰等各个方面做了详尽规定,连每次发放薪资的方法、日期、自动转账的银行等都有具体说明。"[①]可以说,无论是内行还是外行,只要一看这300多页的《教员手册》,你会觉得是五脏俱全,相当完备了。在《教员手册》中,与大学学术同行评议有关的政策主要在第二篇:"学术政策与程序"(academic policies and procedures),下面包含5章,分别为任用(appointment)、学术评议(academic review)、晋升(promotion)、实任(substantiation)、学术规范(academic regulation),每一章下面又各自包含35项条文。[②] 这些完备的学术评议政策能够为大学学术同行评议活动提供制度上的保障。笔者以为,就防范学术同行评议中的利益冲突而言,这些政策条款至少可以表现为如下两个方面:

第一,利益冲突的披露与申报政策。[③] 这个政策1999年10月5日首次颁布实施,2006年有所添加与更新。从总体上看,这个政策分为两部分,一是前言,二是准则。其中准则下又有4项条款。前言中指明,在学术评议中,评议人员应申报个人的利益并且在有利益冲突的评议中加以回避。并且认为,此利益冲突披露与申报准则既适用于香港科大的内部各级评审委员会,也适用于外部的同行评议专家。准则中列举了评议人应当披露与申报利益冲突的四种情况:一是被评议与评议人是亲属或亲密的熟人,评议人应当申报利益冲突;二是被评议人是某一推荐人或组织的亲属或亲密的熟人,推荐人或组织应当申报利益冲突;三是被评议人被认为是评审委员会的亲属或亲密的熟人,评审委员会应当向更高级别的评审委员会申报利益冲突;四是被评议人是香港科大某在职教师的在职博士生,博士生应当披露这层关系,同时该博士生导师应当回避与该被评议人有关的学术评审活动。

第二,学术评议的保密政策[④]。对学术评议程序的保密是香港科大的一项政策。该政策于1999年9月11日制定通过。也分"前言"与"准则"两个部分。前言部分指明,这项政策不仅适用于学术评议也适用于人员学术职务的晋升。并且,在评议环境与过程中,除了学术事务官员之外任何人不得与评议委员会就某一评议内容进行交流。评议委员会成员也不能在委员会之外讨论该评议内容。准则部分,提出了三大条应当保密的情况:一是在学术评议过程中,评议委员会中的任何成员都不得与委员会之外的人交流讨论评议内容及有关评议活动的其他内外在信息。二是委员会任何成员或学术事务官员不得泄露委员会对评议内容的看法与观点的任何方面。比如,复述委员会讨论内容的某一部分;泄露评议过程中的投票情况,或投票中的特别成员;泄露任何与评议有关的人员或委员会的决策情况等。三是各层级委员会的负责人不得在评议程序结束之前向被评议者个人泄露其个人的评议结论或建议。总之,学术评议的保密政策能够在一定程度上阻断评议信息的外露,也能在某一方面防

① 孔宪铎.东西象牙塔[M].北京:北京大学出版社,2004:157.

② 具体可参看香港科技大学官网主页:http://www.ust.hk/~webaa/AcademicPersonnel。

③ 参看香港科技大学官网主页:http://www.ust.hk/~webaa/AcademicPersonnel/AP_Manual/PDF/AP10_4.pdf。

④ 参见香港科技大学官网主页:http://www.ust.hk/~webaa/AcademicPersonnel/AP_Manual/PDF/AP20_5.pdf。

范同行评议中利益冲突的发生。

第四节　国际学术期刊论文的评审及其利益冲突防范

作为一种正式的学术评价机制或制度,同行评议的最早实践是在期刊论文的评审活动中出现的。追溯历史,大概是在 17 世纪中期英国皇家学会的《哲学学报》创立之初便开始了。美国的达里尔·E.楚宾也认为,"期刊同行评议的实践几乎是与第一本科学期刊《学者杂志》(1665 年 1 月)和皇家学会《哲学学报》(1665 年 3 月)的创立同时开始的"①。换言之,同行评议的一个应用领域便是学术期刊投稿论文的评审活动。大学作为科学研究的重镇,大学学者们不仅需要通过学术期刊这个平台来获得同行们对其科学研究成果的认可,同时,在学术期刊发表论文也是实现学术交流的有效手段。鉴于此,本节拟对国际学术期刊论文的评审活动及其利益冲突问题进行一番探讨。

一、国际学术期刊投稿论文评审的一般程序

一般来说,国际学术期刊的审稿都遵循一个编辑初审—外部同行评审—定稿的过程,具体的过程要复杂得多,当然,初审就被退稿的另当别论。当刊物编辑部收到稿件后,首先会让某特定的编辑进行简单的预览或初审。② 像《科学》(Science)杂志一般会由编辑送给该刊的审稿编委会③听取意见,然后根据这些回复的意见再决定是否进一步送审。如果不存在什么大问题(比如明显的概念性错误、数据上的紊乱、缺页漏句等技术性、格式上的错误),初审就算过关。接下来,刊物编辑就会着手将初步筛选后的稿件送至外部同行专家手中评审。外部评审专家的人数不同刊物有所差别,但最少不得少于两个人(如《科学》杂志是 2～3 个不等,《自然》一般是 3 个)。当然,刊物也允许作者自行推荐几名审稿专家,但为了避免有关的利益冲突问题,编辑不会全都依赖作者推荐的专家。外部同行专家的评审是较为严格的,刊物对于外部同行专家的要求也很规范,要求无论是否可以发表,或可发表但需修改等意见都要有具体的理由与评论。一般情况下,外部同行专家的评审意见大致可以分为 5 种:"接受发表,无须修改;原则上接受发表,但需要做一些小的修改补充;原则上可以发表,但必须做重大的修改;先做如此这般的重大修改,然后再考虑重新审阅,看看是否够格发表;没有修

---

① ［美］达里尔·E.楚宾,爱德华·J.哈克特.难有同行的科学:同行评议与美国科学政策［M］.谭文华,曾国屏,译.北京:北京大学出版社,2001:78.

② 所谓特定的编辑,一般要符合这些要求:该编辑应是该稿件所涉及主题的领域中人,至少应是相近领域中人;最好没有什么利益冲突的关系。换句话说,就是要符合"内行原则"和"亲近回避原则"两项。(参见:丁学良.什么是世界一流大学［M］.北京:北京大学出版社,2004:110-111.)

③ 审稿编审委员会是《科学》杂志里为稿件在送至外部同行评审前的初步预审,为负责送审的编辑提供对稿件的看法。这些委员有三分之一来自美国以外的国家,全部都是各领域仍在工作的专家学者,人数在 100 名左右。(参见:荆卉.Science 的选稿标准、审稿过程及其电子版［J］.中国科技期刊研究,1998(2):128-129.)

改重写的必要,拒绝发表。"①

刊物编辑部在收到外部同行专家的评审回复意见后,根据具体情况会作出退稿、定稿或寄还作者修改等不同的处理决定。若需作者作出修改的,编辑会将稿件连同外部评审专家的修改意见匿名寄给作者,然后要求作者在规定的时间内将修改稿寄回,并再次送审,最后再根据评审专家的回复意见确定是否予以发表。总之,刊物具有越高的威望,社会影响力越大,审稿程序就越复杂,所耗费的时间就越长,拒稿率也越高。

二、国际学术期刊论文评审的利益冲突防范

期刊论文的评审是一种典型的同行评议,而其中尤以外部专家评审最具代表性。毫无疑问,它与其他领域的同行评议一样会遭遇到可能的利益冲突现象。因此,制定相应的利益冲突政策进行防范是一种必要的措施。从国际学术期刊的论文评审来看,其对利益冲突的防范大体表现在如下几个方面:

(一)专业、隐名、外部的评审制度保障

"专业"主要是对国际刊物编辑的要求。编辑的最起码要求就是"专业性",否则就可能因看不懂稿件,或不太了解稿件内容所涉及的主题而犯下错误。比如,让一个研究文学的学者去做有机生物稿件的编辑,自然是风马牛不相及。如果推及下去,在编辑初审、选择外部专家时就可能会无从下手,最后只得以凭个人感觉、兴趣、朋友关系等方面而草率作出决定。然而,真正专业的编辑大多在一线(高校、科研机构等)从事工作,而对于编辑部来说,专业性强的全职编辑又往往人数有限。因此,大部分学术期刊都采取了兼职编辑的方式来解决此问题。"隐名"指的是在送审过程中,作者的姓名、单位以及其他与作者个人相关的信息都要隐去。这实际就是学术界所说的"盲审"(包含"单盲"与"双盲"两种)。对于盲审,有学者认为,"作者的身份通常可以从手稿的参考书上,它的研究重点、语言、逻辑,或者所使用的材料和方法中推测出来。所以,'盲评'可能没有参与者设想的那么盲"②。盲评并未完全起到其应有的效应与作用。弗莱彻(Fletcher)在 1997 年的一项有关医学论文盲审的研究中发现,123 篇论文中只有 90 篇(73%)论文的作者的信息被成功地掩盖。③ 但在笔者看来,无论如何,盲审总是比公开评审会更好些,至少它的确能减少部分因人际交往或血缘、家庭等带来的熟人关系冲突。因此,像《科学》《自然》等杂志在外部评审的时候都会实行"盲审"方法。而"外部"就是说国际学术期刊的稿件基本上都必须经过本刊以外的同行专家进行评审,并且评审意见对稿件最后的录用情况有相当的影响作用。当然,这个外部专家群也是很广泛的,有的是同一国家,也有的是跨国的,一般刊物的威望越高,其外部专家的国际性特征就越强。比如,《科学》杂志对稿件的评审非常严格,其外部评审专家群曾一度包括了来自世界

---

①　丁学良.什么是世界一流大学[M].北京:北京大学出版社,2004:111.

②　[美]达里尔·E.楚宾,爱德华·J.哈克特.难有同行的科学:同行评议与美国科学政策[M].谭文华,曾国屏,译.北京:北京大学出版社,2001:84.

③　Fletcher.Evidence for the Effectiveness of Peer Review [J].Science and Engineering Ethics,1997(3):35-50.

100 多个国家的近万名专家学者。

因此,笔者以为,国际学术期刊所采用的专业、隐名、外部的评审制度对减少同行评议过程中可能产生的利益冲突现象提供了制度性的保障。诚如丁学良先生所言:"越是严格地、持续地奉行专业的、隐名的外部人审稿制度的学术刊物,就越是有可能长时期地发表素质较高的论文——亦即让侥幸过关和人情过关的文章的比例降低,从而就越是会被该学术领域里的从业人员所看重。"[①]

(二)制定利益冲突的相关政策

无论是哪一领域的同行评议活动,解决利益冲突问题,利益披露与回避似乎是较为有效的措施。当然,学术期刊论文评审中的利益冲突问题也不例外。但从总体上看,期刊同行评议中的利益冲突政策相对于基金组织而言要薄弱得多。原因可能在于利益冲突所可能造成的直接损失或消极影响不如基金组织来得严重。据克里姆斯凯和罗森伯格较早的一份调查(2001 年),就 600 家科学和医学类期刊而言,有 64.4% 的期刊未对同行评议专家作出"提供可能的利益冲突信息"的要求,有 51.2% 的期刊也未要求编辑"提供可能的利益冲突的信息"[②]。不过,这个问题在最近这几年得到了较大的改进。比如,2009 年 3 月,世界医学编辑学会(WAME)发布了一项最新的利益冲突政策声明。这个声明提出了利益冲突的 5 种分类:金融关系、学术承诺或义务、人际关系、政治或宗教信仰、机构从属关系。[③] 除此之外,其他的学术期刊也都已基本制定了相关的利益冲突政策。比如,国际知名的《科学》和《自然》杂志等。

期刊同行评议中的利益冲突政策主要是对三类人作出相关的规定:作者、编辑、评审专家。即从理论上讲,无论是作者、编辑还是评审专家都应进行利益冲突的披露。比如,作者在投稿时应随稿说明论文的经费支持、自身的机构从属关系及在外兼职的相关情况等;而编辑与评审专家也应遵守"亲近回避"的原则,并且对自己的某些可能会带来利益冲突的信息也应披露。比如,"《美国医学会杂志》要求审稿人在审稿单中填写其任何可能的利益冲突;美国化学学会的《指南》中要求审稿人'对所有想要出版的原稿给予公正的考虑,在没有种族、宗教、国籍、性别、资历或作者所属单位的歧视的情况下判断每一篇稿件的价值'"[④]。但从现实中来看,国际学术期刊中的同行评议利益冲突政策大多把焦点集中在对作者的规范方面,而对编辑及评审专家的规范则相对要松散。比如,美国的《科学》杂志认为[⑤],为了让编辑及评审专家能够正确地评估作者论文中的数据与观点的可靠性,作者需要在论文中披露其有关的利益冲突。这些利益冲突包括:作者的机构从属关系、论文的经费来源、与论文有关的部门或企业拥有的股票等。披露的方式大致有三种:一是列出自己的机构从属关系

---

① 丁学良.什么是世界一流大学[M].北京:北京大学出版社,2004:112.

② Sheldon Krimsky,L.S. Rothenberg.Conflict of Interest:Review Articles Sponsored by Pharmaceutical Industry [J].Journal of American Medical Association,1994(16):1249-1256.

③ L. E. Ferris,R. H. Fletcher. Conflict of Interest in Peer-Reviewed Medical Journals [J]. Notfall Rettungsmed,2010 (13):269-271.

④ 丁佐奇,郑晓南,吴晓明.科技期刊中的利益冲突问题及防范对策[J].编辑学报,2010(5):385-388.

⑤ 资料来源于《科学》杂志主页:http://www.sciencemag.org/site/feature/contribinfo/prep/coi.xhtml。

的清单交给编辑，如果编辑认为是合适的，就会将这个清单附在论文中；二是通过写致谢语的方式来披露论文经费的来源及其他资源；三是通过发表声明来向编辑披露自己的利益关系，内容包括某企业的股票或证券持有关系、职业背景、顾问职位、某团体或董事会成员关系以及一些潜在的影响论文数据或观点形成的其他因素。作者近3年来的管理的或咨询上的关系也应披露。比如，官员身份、董事会成员、某企业咨询委员会成员身份等。《科学》杂志已将以上所列举的针对作者的各种可能的利益冲突制作成一张表，并要求作者在发稿前填写并交给编辑部。可见，对于作者的利益冲突政策，《科学》杂志是比较完备的。相比之下，针对评审专家的利益冲突政策则相对简单得多。即，"如果评议专家觉得自己有任何可能的经济上或者职业背景上的利益关系，且这些利益关系可能会被看作论文评审过程的影响因素时，请在评审意见予以表明"[①]。

　　总之，国际学术期刊的同行评议不仅通过建立"专业、隐名、外部"的审稿制度，而且也通过制定较为详细的利益冲突相关政策来尽可能地防范与规避可能发生的利益冲突现象。尽管还有许多地方仍需做进一步的改进和完善，但其做法对于我国的大学学术同行评议及其利益冲突的治理是有借鉴价值的。

---

　　① 资料来源于《科学》杂志主页：http://www.sciencemag.org/site/feature/contribinfo/review.xhtml＃atscience。

第八章　大学学术同行评议利益冲突的治理设想

　　作为一种客观存在,必须承认的是,利益冲突现象在大学学术同行评议中无法完全避免与彻底消灭。借用冲突研究的集大成者科塞的话来说,就是任何社会活动(包括大学学术同行评议活动),"资源的有限性以及交易的必要性而导致的分配性的利益冲突是不可避免的"[①]。然而,这是否意味着我们只能放弃同行评议或者只能听任不管? 笔者以为,选择两者中的任何一种都是极端与不可取的。因为一方面我们的大学学术评价活动中不能没有同行评议(除此之外找不到更好的方法);另一方面,听任利益冲突毫无节制地膨胀与泛滥必然对大学的学术活动是一种毁灭性的伤害。艾伦·爱德华·巴斯基(Allan Edward Barsky)也指出:"处理冲突的方式决定了其是建设性的,还是破坏性的。"[②]笔者以为,对大学学术同行评议的具有建设性的处理方式不是"革命性"的重建,而是"改革性"的治理。因为"治理"注重"关系协调"与"网状思维"的理念适合我们解决复杂的大学学术同行评议利益冲突问题。鉴于此,本章提出了大学学术同行评议利益冲突的治理设想,并试图从治理原则、环境营造以及制度建设等三个方面进行探索与分析。

第一节　大学学术同行评议利益冲突的治理原则

　　针对大学学术同行评议中的利益冲突问题,要提出科学、有效的治理策略,首先必须要弄清楚如下两个方面:其一,要理解什么是"治理",其核心内涵是什么。这是策略的理论基础。其二,要了解大学学术同行评议利益冲突问题的特征及其产生的根源。这是策略的实践基础。然后,在此两者的基础上,提炼出大学学术同行评议利益冲突治理应当遵循的几个原则,如此方能准确、科学,且对症下药。其中,第二个方面我们已在前文的研究中有所阐述。因此,本节将从治理理论的内涵阐述出发,并结合前文的研究与分析,提炼出大学学术同行评议利益冲突问题的若干治理原则。

---

　　①　[美]刘易斯·科塞.社会冲突的功能[M].孙立平,译.北京:华夏出版社,1989:1.

　　②　Allan Edward Barsky. Conflict Resolution for the Helping Professions [M]. Albany: Thomson Learning,2000:2.

一、治理理论及其对大学同行评议利益冲突的适用性

什么是治理理论？其作为一种新的公共管理理论，自20世纪80年代末90年代初以来，成了学术界研究的热点问题。可以说，"今天的国际多边、双边机构和学术团体以及民间志愿组织关于发展问题的出版物很难有不以它为常用词汇的"①。1989年的世界银行在分析非洲现象时首次引用"治理危机"一词，从此，治理一词便被广泛应用于各个领域的管理研究中。

"治理"的英文是governance，其最原始的意思可以追溯到古希腊语和古拉丁语，指的是"控制、引导、操纵"，政府或统治（government）一词也由此演化而来，有很长的一段时间，两个词经常交叉混用。而它在《汉语词典》②的解释有两条：分别是"控制管理""整治或整修"。作为一种规范性定义，它是一个历史现象，"强调的是政府和国家以及政治权力的有效运用问题，它主要运用于政治科学及行政管理学领域"③。然而，作为一种新的公共管理理论，"治理"概念的提出试图将自己与"统治"概念区别开来。自1998年《国际社会科学杂志》（英文版）开始探讨"治理理论"以来，相继出现了一大批的研究者，如罗西瑙（J. N. Rosenau）、罗茨（R. Rhodes）、吉尔斯·佩奎特（Gilles Paquet）、沃尔特·基克（Walter Kirk）以及库伊曼（J. Kooiman）和范·弗利埃特（M. Van Vliet）等。但纵观这些研究者的研究成果，对于"治理"的理解各有不同的角度，表述方式也多种多样。

在罗西瑙看来，治理与统治既有相同点也有不同点。相同点在于都是为了维护国家与社会的正常运行的秩序；不同点在于治理是一种对传统的超越，即眼光不仅仅关注国家与政府的制度范围，而是辐射到社会各团体乃至民众个体。因此，治理指的是"一系列活动领域里的管理机制，它们虽未得到正式授权，却能有效发挥作用"④。换句话说，就是治理的主体不一定就是国家或政府，它们有自己的自治能力，其发挥作用不一定需要某强制性的力量来实现。笔者以为，罗西瑙的观点至少说明了治理理论的两个属性：一是治理的主体具有多元化特征；二是手段也具有多元化特征，除了强制性以外，还有非强制性的方法等。此外，罗茨的归纳则从治理理论的应用范围视角来界定治理的概念，他归纳了治理应用的6个方面。即，作为最小国家的治理；作为公司治理的治理；作为新公共管理的治理；作为"善治"的治理；作为社会控制论系统的治理；作为自组织网络的治理。⑤ 从罗茨的观点来看，治理是一个范畴很广的概念，比一般意义上的国家或政府的管理要宽泛得多。这6个应用范围就有6种内涵，很难有一个统一的且适用于一切领域的治理概念。格里·斯托克（Gerry Stoker）在对以往各学者治理概念的梳理基础上，认为治理包含5个方面的含义：一是治理的主体包括其他非政府主体；二是模糊了政府与社会在增进公共利益上的界限；三是各治

---

① 蔡全胜.治理：公共管理的新图式[J].东南学术，2002(5)：23-29.

② 汉语词典在线查询：http://cidian.911cha.com/MzNpNg==.html。

③ 崔雪莲.治理概念及其理论适用性分析[J].郑州航空工业管理学院学报（社会科学版），2007(4)：123-124.

④ 俞可平.治理与善治[M].北京：社会科学文献出版社，2000：2.

⑤ R. Rhodes，The New Governance：Governing Without Government [J]. Political Studies，1996(17)：653.

主体之间存在着权力上的相互依赖性;四是治理是一种"合作网络"式的自主管理;五是作为主体之一的政府,其治理手段不能靠强制性的权威,要改进手段实现控制与指引。[①]

以上各家观点都是从不同的视角对治理的概念进行不同的描述,也反映出了治理的不少含义与特征。但笔者更倾向于全球治理委员会的观点,其在《我们的全球伙伴关系》(1995年)报告中对"治理"概念的表达更具权威性。认为,"治理是各种公共的或私人的个人和机构管理其共同事务的诸多方式的总和。它是使相互冲突的或不同的利益得以调和并且采取联合行动的持续的过程。这既包括有权迫使人们服从的正式制度和规则,也包括各种人们同意或以为符合其利益的非正式的制度安排"[②]。笔者以为,这个概念是一个范围很广的治理内涵,它把政府、社会团体、个人等各种形式不一的正式与非正式的行为活动都纳入治理的范畴。换句话说,"治理意指由许多不具备明确等级关系的个人和组织进行合作以解决冲突的工作方式,灵活地反映着多样化的规章制度甚至个人态度"[③]。

综上所述,治理理论的内涵大体可以包括如下几层意思:其一,强调多元主体共同治理。即治理不仅是单主体的行为活动方式,国家与政府仍是主体之一,但不再是唯一主体。并且,在这多元主体中,国家与政府不一定是绝对的中心主体,其他的非政府社会团体或个人也可以处于中心地位。因此,科学的治理必须是多中心主体的通力合作的模式。其二,强调制度机制的作用,而非传统统治下的行政指令或强制性权威发挥作用。这里的制度机制是正式制度与非正式制度的统一体。换言之,"既采取正统的法规制度,有时所有行为体都自愿接受并享有共同利益的非正式的措施、约束也同样发挥作用"[④]。其三,强调关系协调与网状思维的方法。治理理论要求对待一个问题不能以单向度的思维模式去思考,而应以网络形式把各因素有机联系起来,同时,注重相互间的关系协调,不能因注重一方而忽视另一方,重在责任的分担与利益分配的均衡。

大学学术同行评议中利益冲突问题复杂而不易解决,其产生的根源不仅存在于社会方面,也存在于经济、文化、制度方面。这个问题涉及大学组织、学术共同体,也涉及专家学者个体,甚至是社会公众等。就其应用范围来看,既涉及科研基金组织,也涉及期刊编辑部以及其他的各种学术评审机构。从这些特征来看,治理理念对于大学学术同行评议中的利益冲突问题具有适用性与契合性的特征。因此,本书将治理理论作为防范与规避利益冲突问题的理论基础。

二、大学学术同行评议利益冲突的治理原则

根据前文所述,我们知道,治理理论对于大学学术同行评议利益冲突问题具有适切性。但是,这种适切性并不意味着可以简单地照搬公共管理领域的治理理论。大学学术同行评议中的利益冲突问题具有与政府、企业等其他社会团体与组织的不同的特性,而这种不同

① [英]格里•斯托克.作为理论的治理:五个论点[J].华夏风,译.国际社会科学,1998(3):19-30.
② 滕世华.治理理论与政府改革[J].福建行政学院福建经济管理干部学院学报,2002(3):38-43.
③ [瑞士]皮埃尔•塞纳克伦斯.治理与国际调节机制的危机[J].冯炳坤,译.国际社会科学,1999(1):91-103.
④ 吴志成.西方治理理论述评[J].教学与研究,2004(6):60-65.

的特性决定了在治理问题上应有不同手段或方法。这表明,对于它的治理应有其自身的独特的规范或标准,换言之,就是指应当遵循一定的治理原则,否则治理就可能无效,甚至有可能会产生反效果。那么,应遵循哪些治理原则? 笔者以为,至少应遵循如下几个原则:

(一)整体性原则

所谓整体性原则,主要是指对大学学术同行评议利益冲突问题的治理不能只停留在"头痛医头,脚疼医脚"的局部修复,而是要从大学学术体系、学术共同体的角度去找病症,然后再"开药方"去治理。因为,从哲学的角度看,整体离不开局部,但局部也离不开整体,离开整体的局部就不再是真正意义上的局部。如果割裂整体与局部的关系,单从局部去找原因去治理,就有可能出现"治标不治本"的现象,甚至还有可能出现"药石无灵"的现象。大学学术同行评议是大学学术评价体系中的一种组织机制或方式,而大学学术评价体系又是大学学术活动体系中的一个环节,因而,大学学术同行评议利益冲突实质上就是大学学术活动体系中出现的一个问题,大学学术体系中其他环节的因素也会影响同行评议利益冲突问题。因而,只有从大学学术活动体系的整体性角度出发进行治理才是科学、有效的治理方式。具体来讲,这个整体性原则可以表现为三个方面:

第一,治理"范围"上的整体性。这就要求在治理大学学术同行评议利益冲突问题时要注重治理对象的全面性,即不仅要针对同行评议进行治理,还要针对整个大学的学术体制进行治理。比如,完善学术共同体,建立良好的学术规范,改革当前的学术活动中的功利主义价值观,倡导大学自治与学术自由的良好风气,改变大学行政权力泛化现象等。更具体一点,比如,改革大学教师的聘任与晋升制度、大学教师科研业绩考核体系等以及大学教师学术研究的经费配置制度等。总之,要将大学学术同行评议的利益冲突问题放在整个大学学术活动中来考察,不能脱离整体而只顾局部。

第二,治理"主体"上的整体性。从利益的角度看,大学学术同行评议涉及多方主体的利益,因而也是一个多元利益相关者的活动。有学者根据利益相关者理论对大学学术评价活动提出了 4 类 11 种的利益相关者,其中核心利益相关者与重要利益相关者包括大学教师、大学学术研究管理机构及人员、所在大学、政府行政部门、学界同行、研究生与本科生 6 种。[①] 笔者以为,上述大学学术评价活动的利益相关者也是大学学术同行评议活动的利益相关者。由此看来,对于大学学术同行评议而言,不涉及这些利益相关者,利益冲突问题就不能得到真正的治理。比如,就学术道德水平来说,不仅要提高评审专家的学术道德水平,也要提高评审管理机构的学术道德,当然被评议者也不能排除在外。再如,对于利益的披露机制,不仅要落实在评审专家身上,被评议者以及评审管理机构也要尽可能进行私人利益关系的披露与公开。

第三,治理"手段"上的整体性。治理理论表明,"治理包括能迫使人们服从的正规权力机关和管理,也包括那些人民与权力机关都乐于接受,享有共同利益的非正规的措施"[②]。换句话说,从制度建设上来看,就是不仅要注重那些具有强制性约束力的正式制度,也要注

①　彭江.中国大学学术研究制度变革[M].武汉:华中师范大学出版社,163-164.

②　[日]星野召吉.全球政治学[M].刘小林,张胜军,译.北京:新华出版社,2000:279.

重那些非强制性的非正式制度。大学学术同行评议也不例外,在进行利益冲突的治理时,不仅要强调外在的刚性学术制度建设,也要强调内在的柔性学术制度建设,比如,学术风气、大学文化、学风、校风等。从哲学上讲,外在的学术制度是外因,内在的学术制度是内因,外因必须靠内因起作用。因此,在治理大学学术同行评议的利益冲突问题时,必须遵循这种内外结合的整体性原则。

(二)无罪推定原则

无罪推定原则是诉讼法学界的一个专定名词,是指"任何受刑事指控者,在被证实和判决有罪之前,应推定为无罪"①。不过有学者认为无罪推定原则应该称为"无罪假定"原则,争论的分歧在于汉语中"推定"与"假定"是有着不同含义的两个词。当然,这不是本书的研究范畴,在此不便多言。根据前文所述,大学学术同行评议中的利益冲突是指与评议专家的职责利益有关的专业判断有可能会不恰当地受其私人利益的影响。换句话说,利益冲突不仅指已经发生的一种行为,同时也指一种未发生真实行为的"冲突的状态"。如果评议专家的利益冲突仅表现为一种冲突的状态,那么这种状态只能说明评议专家存在不公正判断的可能性,并不能说明其已经发生了学术不端行为,这是再正常不过的逻辑推理了。因为处于这种冲突状态中的评议专家有两种可能的结果:一是真的发生不公正判断的不端行为;另一种是仍然以客观、公正的态度去作出专业判断。鉴于此,我们在对待处于冲突状态中的评议专家不能够强行地给他戴上"有罪"的帽子,而应首先假定其是"无罪"的,这就是我们提倡的所谓的无罪推定原则。

为什么在大学学术同行评议利益冲突的治理中应遵循无罪推定原则呢?原因在于遵循有罪推定的原则将对同行评议活动造成消极的影响:其一,将评议专家放在不平等的地位来看待,这必将打击评议专家的士气与积极性。在同行评议活动中,评议专家难免会处于这样或那样的复杂的关系网络中,如果采取有罪推定的原则,则首先就将这些评议专家置于不利的学术伦理处境中,然后让评议专家自己去证明自己的清白。但这种"无罪"的证明是困难的,在现实中,如果你事先假定处于冲突状态中的评议专家是"有罪"的,那么,无论评议专家最后作出怎样的结果,都无法消除你对评议专家存在不公正现象的疑虑。而这必将是对评议专家的一种不平等的对待,长此以往,必将打击评议专家的士气与积极性,对于同行评议活动是有害无益的。其二,有罪推定会使评议专家不倾向于披露利益冲突的现象更加严重,人们更加会隐瞒其存在的可能的利益冲突,以防止人们对其"有罪"假定的加重。这样一来,无形中增加了同行评议利益冲突的复杂性,使其变得更加难以处理。因此,笔者以为,对于大学学术同行评议利益冲突问题的治理应遵循无罪推定的原则。

(三)利益均衡原则

所谓利益均衡原则,是指要同等地看待评议专家的各种利益(包括私人的各种利益以及职责利益),并且在现实中平衡各种利益之间的关系,而并非以牺牲一种利益来成全另一种利益,或者以一种利益支配另一种利益。因为,在哲学上,"利益是一个马克思主义社会哲学

---

① 龙宗智.相对合理主义[M].北京:中国政法大学出版社,1999:197.

用来说明人类社会基础的概念"①。这就表明,人们要在社会上生存、发展是离不开各种利益的。大学学术同行评议中的评审专家也是社会中的人,他们并非超脱凡尘的神仙,因此他们也离不开各种利益,比如,表现为物质利益的金钱等,表现为精神利益的亲情、友情、爱情以及信仰等。评议专家追求这些利益并非不正当的或者不应该的。如果我们总是认为应该把职责利益放在高于一切的位置,并支配着私人利益,那么在同行评议活动中,我们就有可能会犯一种倾向性的错误。即,如果评议专家处于冲突的状态,不管被评议者成果质量的好坏,都应该给出"好质量"的评议结论,如此才能让公众信服。显然,这样的评议也是不公正的。

我们可举一例来说明:某评议专家 A 需要为某期刊编辑评审一篇论文,而这篇论文的作者是他的同学 B,这时 A 就处于冲突的状态中,假定他的评议结果至少有两种:评审通过与评审不通过。如果不采取利益均衡的原则来对待 A 的私人利益(同学感情)和职责利益(评审的公正性),那么我们就会陷入认识误区,即认为"评审通过"的结论一定是学术不端行为,"评审不通过"的结论一定是公正性的行为。因为,在现实中,A 有可能真是因为 B 的论文质量高而作出"评审通过"的结论,A 也有可能是迫于舆论的压力而不管 B 的论文质量如何就作出"评审不通过"的结论。

由此可见,我们在治理大学学术同行评议中的利益冲突问题时应当遵循利益均衡的原则,同等地看待其职责利益与私人利益,"既反对私人利益支配委托利益,也反对委托利益支配私人利益"②。

(四)评议前防范原则

评议前防范原则也称事前防范原则。这个原则是指治理大学学术同行评议中的利益冲突应当重点做好评议前的防范工作。为什么要遵循这个原则呢? 简单来说,就是因为同行评议中的利益冲突具有隐秘性特征,这种隐秘性导致我们很难仅凭评议结论来判定评议专家是否受到利益冲突的影响。在这种情况下,最好的办法就是尽可能使评议专家不要处于利益冲突的境况中,而这就是要做好评议前的防范工作。此外,评议专家的评议行为是受一定的行为动机支配的,有什么样的动机就可能有什么样的行为。要防范评议专家的利益冲突不端行为,就要把评议专家的利益冲突不端行为的动机扼杀在评议之前。为了说明这个情况,在此笔者借助一个动机的简化模型来加以分析。

我们假设评议专家的利益冲突不端行为动机为 Md,评议专家通过利益冲突不端行为可能获得的收益效价为 Vc,评议专家主观认为可以获得非法收益的可能性或概率为 Ec,评议专家因不端行为而受到惩罚的成本效价为 Vp,评议专家主观认为可能受到惩罚的可能性或概率为 Ep,根据弗隆姆(Victor H.Vroom)的期望理论,我们可以建立一个评议专家利益冲突不端行为的动机模型:

$$Md = \frac{Vc \cdot Ec}{Vp \cdot Ep}$$

① 张晓明.论利益概念[J].哲学动态,1995(4):21-23.
② 周颖,王蒲生.同行评议中利益冲突分析与治理对策[J].科学学研究,2003(3):298-302.

上式中，只有当 Md 成为优势动机时，即当 $Md \geqslant 1$ 时，评议专家的利益冲突不端行为才会发生，而当 Md 成为弱势动机时，即当 $Md \rightarrow 0$ 时，评议专家的利益冲突不端行为就不会发生。那么，要如何才能做到 $Md \rightarrow 0$ 呢？很明显，我们一方面应该在评议前尽可能回避利益冲突的境况，使 $(Vc \times Ec) \rightarrow 0$，另一方面应该在评议前就建立相应的高成本的惩戒措施，使 $(Vp \times Ep) \rightarrow 1$。这样一来，就可以使 $Md \rightarrow 0$，从而阻止利益冲突不端行为的发生。

由此可见，要治理大学学术同行评议中的利益冲突问题，应当遵循评议前防范的原则，把评议专家利益冲突不端行为的动机扼杀在摇篮里。

第二节　大学学术同行评议利益冲突治理的环境营造

治理大学学术同行评议中的利益冲突问题，不能仅停留于"喊口号"的阶段，或者仅止于"认知意识"阶段，而必须真正采取行动，落到实处。显然，在这个过程中，制度建设是极其关键的。然而，任何一项制度都要受到其制度环境的掣肘和影响，制度环境赋予具体制度安排以"个性特征"与相应禀赋，并作为一种"先在"的因素规范着制度的走向与价值取舍。按照平乔维奇的理解，"制度环境'与游戏规则有关'，制度安排则是'在制度结构之内进行的社会相互作用'，是指游戏本身，也是有规则的，但它的性质、范围、进程都为制度环境这一相对基本的'游戏规则'所决定"①。因此，笔者以为，要治理大学学术同行评议中的利益冲突问题，努力营造一个良好的环境氛围是一个重要且不可或缺的步骤。

一、保障大学的学术自治与学术自由

对于大学的学术活动来说，大学的学术自治与学术自由是相当重要的。学术活动不同于社会的其他活动，学术的特殊本质决定了学术活动必须拥有自治与自由的氛围。大学学术同行评议活动是大学学术活动的重要组成部分，同样地，也需要学术自治与学术自由的良好氛围。否则，在一个严重受到外界干扰（不自治或不自由）的学术环境下，大学学术同行评议活动也必然受其影响，产生一系列诸如利益冲突等方面的问题。

（一）学术自治与学术自由环境分析

就学术自治来说，它主要表明的是大学的学术活动与大学外部之间的关系特征，指的是作为一个学术性组织的大学，"可以自由地治理学术、自主地处理学校的内部事务、最小限度地接受来自外界的干扰和支配，即自主处理学术内部事务"②。它不仅是大学管理中的特殊管理方式，也是保证大学学术活动得以发展的重要措施之一。布鲁贝克（John S. Brubacher）在《高等教育哲学》中指出："自治是高深学问的最悠久的传统之一。无论它的经费来自私人捐赠还是国家补助，也不管它的正式批准是靠教皇训令、皇家特许状，还是国家或省的

---

① 康宁.中国经济转型中高等教育资源配置的制度创新[M].北京：教育科学出版社，2005：102.

② 王恩华.学术越轨批判[M].长沙：湖南师范大学出版社，2005：189.

立法条文,学者行会自己管理自己的事情。"①在一个自治的环境下,大学就能够尽可能排除外界政治、经济、文化等因素的影响与干扰,按照学术自身的发展规律办事。而如果缺乏这种自治的环境,则意味着大学在安排与决定学术事务的过程中常常受到外界因素的牵绊,学术活动变得不再单纯,掺杂了较多的外界因素。尤其是当外界因素的力量超过学术自身的力量时,就会引发违反学术发展规律的现象。体现在大学学术同行评议活动中,这些强大的外界因素就会使同行评议活动变得复杂而紊乱,甚至违反评议应有的准则与规范。比如,在大学学术成果奖励的评审中,当外界的政府力量超过了学术的力量,那么,学术的逻辑就有可能会让位于政府的逻辑,按政府的意志办事。而政府的逻辑在某种程度上就是"官本位"的逻辑,这种"官本位"逻辑,诚如前文所述,正是引发大学学术同行评议利益冲突现象的根源之一。在此笔者引用一案例如下:

> 2009 年浙江省哲学社会科学优秀成果奖评选,浙江大学 Z 教授的著作《制度演化分析导论》在第一轮与第二轮的专家评审中均排第一位,但最终结果是名落孙山,一无所奖。据作者称,原因在于某党务部门的有关官员认为该书中一些观点不符合中央倡导的主旋律,即通常所说的政治问题。另外,作者还提到 1996 年其另一部著作《思想市场》也是在第一轮评审后,被同一党务部门的一位领导认为有自由化倾向而名落孙山。②

上述案例说明了"官本位"逻辑在学术成果奖励评审中的影响与渗透,也说明了学术不自治的环境对同行评议活动的影响。我们再来看一则案例:

> 在 2011 年的中国教育科学研究院的职称评审中,在第二轮学科组评审阶段,某举报人说,"院长提议要优先考虑做组织领导工作的同志,言外之意是照顾现任中层领导"。据他介绍,第二轮投票结果,3 人中唯一不是中层领导的一人落选,另外两位中层领导顺利晋级。而落选的科研人员拥有个人专著 20 余本,为教育部和地方编写了 30 余本书法教育教材,累计著书 50 余册,"个人条件远远超出正高职称的评定标准",而"另外两位中层领导候选人连基本的参评资格与条件都没达到"③。

案例中提到的两点体现了学术不自治的表现:一是要优先照顾现任中层领导,二是两位中层领导候选人未达到基本的参评资格与条件。很明显,这就是一种按行政意志行事的标准与"官本位"思想在同行评议活动中的体现。

同样地,对于大学的学术活动而言,学术自由又是另外一个非常重要的环境条件。正如英国著名学者阿什比所言:"学术自由是一种工作的条件。大学教师之所以享有学术自由乃基于一种信念,即这种自由是学者从事传授与探索他所见到的真理的工作所必需的,也因为

① [美]约翰·S.布鲁贝克.高等教育哲学[M].郑继伟,张维平,徐辉,等译.杭州:浙江教育出版社,1987:28.

② 张旭昆.政府应当对学术成果作出终审评价吗?[EB/OL].(2012-02-26)[2012-08-21].http://blog.jrj.com.cn/4811943870,6541442a.html.

③ 温才妃.中国教科院职称评定遭质疑[EB/OL].(2012-07-09)[2012-08-20].http://news.sciencenet.cn/htmlnews/2012/7/266660.shtm.

学术自由的氛围是学术研究最为有利的环境。"①德国的卡尔·雅斯贝尔斯也认为,"自从大学创立以来,学术自由就是并将继续是使创新与创造活动成为可能的指导性中心价值与条件。学术自由是学术工作的中心的、普遍性的指导原则"②。换言之,没有学术自由便没有真正的学术研究活动。

何谓学术自由,霍布斯(Thomas Hobbes)认为,"自由一词就其本义来说,指的是没有阻碍的状况"③。当代自由主义者弗里德利希·冯·哈耶克(Friedrich von Hayek)则认为,本义的自由指"一个人不受制于另一人或另一些人因专断意志而产生的强制的状态"④。但"自由的根本意义是挣脱枷锁、囚禁与他人奴役的自由,其余的意义都是这个意义的扩展或某种隐喻"⑤。由此可见,"自由"实质上是一种否定性概念,即外在强制的不存在,学术自由就是学术以外的其他强制性力量不存在。如果学术自由受到严重威胁,危害是巨大的。爱因斯坦曾说过,科研人员不是下蛋的鸡,他很反感这种把研究人员当成下蛋鸡要做出成果的压力,他认为,这样的压力会使人逐渐丧失研究的兴趣。

在当前中国的大学中,学术自由的状况是令人担忧的,外在的强制性力量的存在,使学术自由变得弱小。这种外在的强制性力量主要表现为政治制度、经济制度的力量,使大学的学术几乎成为政治与经济发展的婢女。大学学者们的学术活动以是否符合政治制度或经济制度为标准。与此同时,学者的自由探索与追求真理的学术精神开始沦落,他们变得越来越急功近利,越来越投机取巧,做学问的目的不是学问,而是学问背后的利益。难怪"有些大学的教师自嘲说写学术论著是在'挣工分',甚至讥讽学术界的某些学术道德败坏行为是由于学术管理的'逼良为娼'"⑥。有学者对当前中国大学教师的学术自由状况进行了调查,其中,"有 4.6% 的人选择'非常自由',20.7% 选择'比较自由',30.0% 选择'一般自由',38.0% 选择'不太自由',6.7% 选择'很不自由'"⑦。可见,当前我国大学教师的学术自由状况并不乐观。大学学术同行评议活动是大学学术活动的重要组成部分,因而必然会受到学术自由的环境状况的影响。因而,长期处于不自由学术氛围中的学者们,无论是扮演评议专家还是被评议者的角色,那种"急功近利""投机取巧""追名逐利"的心态会在适当时候表现出来,从而引发可能的利益冲突现象。

(二)保障学术自治与学术自由的措施

既然,学术自治与学术自由是大学学术活动健康发展的重要环境氛围,那么该如何保障这种环境氛围呢?笔者以为,应遵循网状的思维方式,即从政府与社会、大学及教师个体两个层面着手:

---

① Eric Ashby.University:British,Indian,African,a Study in the Ecology of Higher Education [M]. Boston:Harvard University Press,1996:290.

② [德]卡尔·雅斯贝尔斯.什么是教育[M].邹进,译.上海:上海三联书店,1991:27.

③ [英]霍布斯.利维坦[M].黎思复,黎廷弼,译.北京:商务印书馆,1985:162.

④ [英]弗里德利希·冯·哈耶克.自由秩序原理[M].邓正来,译.北京:生活·读书·新知三联书店, 1997:14.

⑤ [英]以赛亚·伯林.自由论[M].胡传胜,译.南京:译林出版社,2003:54.

⑥ 冒荣,赵群.学术自由的内涵与边界[J].高等教育研究,2007(7):8-16.

⑦ 彭江.中国大学学术研究制度变革[M].武汉:华中师范大学出版社,56-57.

1.政府与社会层面

大学是社会中的一个特殊组织,大学的发展离不开政府与社会的相关支持,但这并不意味着政府与社会应控制着大学的发展。大学之外的力量过分介入与干预就易破坏大学的学术自治与自由的空间。笔者以为,从政府的角度看,一是要提高政府机构对大学学术自治与自由内涵的理解与认识。思想是行动的指导,作为掌握大权的政府部门要从思想上认识到大学并非与行政部门、经济部门或其他社会部门相同的组织,它的特殊性就是"学术性",学术的传播与探索需要自治与自由的环境空间,如果强行以行政的思维来管理大学,只能是一种"扭曲"的管理,它虽然可能提高了学术效率,却降低了学术水平,在某种程度上而言,是一种"负效益"的管理。二是要进一步放权,并敦促大学使用好获得的自主权,尽可能让大学的办学自主权真正落到实处,并高效地运转起来。当然,关于办学自主权的问题,随着20世纪90年代以来高等教育管理体制改革的推进,大学的办学自主权已经取得了可喜的进展,但仍存在许多的问题,很多方面还需进一步理顺。三是不断改革大学的管理手段与管理方式。既然大学不可能完全脱离政府而存在,那么,政府通过运用制度、政策等手段对大学进行宏观的管理是最好的选择。北京师范大学钟秉林校长指出:"政府不能够过多利用行政手段去管理大学,而要更多采用一些像政策法规导向、经济杠杆调节、检查评估和信息服务这样的手段去对大学实现宏观的管理,尊重大学的办学自主权。"①从社会的角度看,社会对于保障大学学术自治与自由的环境条件也负有不可推卸的责任。社会应当纠正某些急功近利的"短视行为",重新认识学术自治与自由环境对于大学学术活动的重要性。当前,科学技术力量在社会的各部门中表现出愈来愈重要的地位,尤其是大学与社会经济部门的关系表现得尤为紧密。诚然,某些科学技术知识转化为生产力,为经济部门迅速创造了巨大的财富,但不能仅此就牢牢地将大学控制在手中,用金钱及其他相关利益诱导着大学的研究方向。笔者以为,这是一种"短视行为",长此以往必然造成大学创造力的不足,科学技术更新缓慢,因为知识创造不仅需要一定的物质基础,更需要充足、无拘束、无压力的自由空间。"做学术研究应该在安静、自由的环境下进行,只有'两耳不闻窗外事',不以求得为目标,排除干扰,全力以赴地投入研究,才有可能作出真正的学术成果。"②

2.大学及教师个体层面

唯物辩证法认为,外因是事物发展变化的第二位原因,内因是事物发展变化的根据,外因靠内因起作用。在保障大学学术自治与自由方面,大学及教师个体层面便是一种"内因"的角色。从大学的角度看,首先,大学应当努力搞好内部管理体制改革,真正地把办学自主权用对、用好。当前一大部分原因是大学自身内部的问题,因为,政府的放权,也需大学的接权与用权相配合,否则,办学自主权问题仍然无法真正发挥其应有的作用。比如,如何建设好现代大学制度,如何真正实现民主管理,如何建立科学化、民主化的管理决策体制等。其次,大学应当注重大学精神的培养与建设,承前启后,继往开来。大学作为"人类的精神家园"和"人类灵魂的栖息所",应当与政府、社会保持相对的独立性,走出象牙塔并不代表着要放弃象牙塔,反而要更加坚韧地坚守象牙塔的传统与精神,而象牙塔传统与精神中最为重要

①　石崴.政府应尊重大学办学自主权[EB/OL].(2011-03-13)[2012-08-20].http://www.hbqnb.com/news/Html/special/20110228/news/2011/313/113132114663257748.html.

②　詹春燕.从学术含义的发展谈我国高校学术评价体系的构建[J].江苏高教,2007(3):45-47.

的就是学术自治与学术自由。因此,大学应当在纷繁复杂的社会活动中,在社会形形色色的诱惑下,始终保持着一份学术自治与自由的精神,坚持自我的本色,按照大学与学术发展的规律前行,也只有这样才能更好地为国家和社会服务。大学的教师不仅是学术自治与自由的享用者,也是其建设的直接承担者。离开大学教师个体日常的教学与研究活动,所谓的学术自治与学术自由建设将无从谈起。因此,对于学术自治与自由环境的营造而言,一方面大学教师应当树立民主管理的意识,积极参与学校的管理工作。因为,"高校教师学术自由权保障,关键在于如何吸纳广大教师参与校内的党务管理、政务管理和学术、教学管理"①。比如通过参加各种学术组织或社团影响学校的管理工作,如"教授会""学术委员会""教职工代表大会"等。另一方面,大学教师应提高自身的学术素养,把自己真正地塑造成"学术人"。要尽可能地排除外界的各种干扰,尽可能地避免沦为完全的"经济人"角色,培养为学术而学术的品质,孜孜不倦、自由快乐地探索真理的世界。

二、重建健康生态的学术共同体

如前文所述,学术共同体是大学学术同行评议运行的基础与条件,扮演着载体的角色。一个没有学术共同体的同行评议是不存在的,一个不健康的学术共同体同样也不可能有高水平的、令人信赖的同行评议。因此,一个良性学术共同体的存在是大学学术同行评议活动健康、有序运行的重要环境保障。

(一)当前学术共同体的环境分析

学术共同体是什么?"就是一群志同道合的学者,遵守共同的道德规范,相互尊重、相互联系、相互影响,推动学术的发展,从而形成的群体。"②自 20 世纪 40 年代波兰尼提出"学术共同体"概念以后,随着各学者(如默顿、本-戴维、齐曼、库恩等)的不断完善,最终形成了较为科学的学术共同体内涵体系。从学术共同体的形成历史来看,它大致经历了一个由小到大、由粗到细、由不成熟到成熟的发展过程。如今的学术共同体是身处在"大科学"时代的共同体,它具有较强的开放性、国际性与复杂性特征。

从学术共同体的内涵来看,真正意义上的学术共同体是"由学者和科学家组成的,以促进确切知识增长为业,以学术研究为核心的开放自治体系"③。然而,当前我国的学术共同体存在着诸多的弊端,其不成熟和不完善的特征使得我们在进行学术同行评议时没有一个健康生态的前提性环境条件作为保障,导致评议过程出现种种的问题,比如利益冲突问题。有学者认为,学术评价出现种种的弊端,其"最根本的原因是我们这里没有一个对外荣辱与共、对内资格审核严格的学术共同体"④。具体来说,其弊端主要表现为如下几个方面:

---

① 何秋钊.试论高校教师学术自由权及其内部保障[J].社会科学研究,2005(4):190-193.

② 韩启德.学术共同体当承担学术评价重任[N].光明日报,2009-10-12.

③ 韩身智.信任与发展——社会科学发展与学术评价若干问题思考[J].社会科学论坛,2010(7):83-100.

④ 陈季冰.学术不端、学术规范与学术共同体[J].南方都市报,2009-04-25.

1.学术共同体自主性不强

学术共同体是一个什么样的组织？按照希尔斯的观点，"一个科学共同体的途径开始浮现出来——有自己的组织机构，有自己的规则，有自己的权威，这些权威通过自己的成就按照普遍承认与接受的标准而发生作用，并不需要强迫"[①]。换句话说，学术共同体的最大特征是独立自主性，否则就不是学术共同体，而是一个类似行政性的组织机构。从现实来看，当前我国的学术共同体在自主性方面仍然存在较大问题，外界力量如政治力量、经济力量及其他社会力量的介入与干预较为严重。诸多外界力量的介入与干预致使学术共同体失去了其应有的优势，应有的功能得不到有效的发挥。比如，学术共同体的组织成员不纯粹，有不少拥有行政职务的人员加入，导致一方面学术共同体的专业性与学术性不强，另一方面也使得学术共同体的运作思维不是纯粹的学术性，而是带有很大的行政性特征。当然，拥有行政职务的人员中并不排除有"学有专长"的人，但尽管如此，其在行使学术共同体的各项职能时难免会以行政的思维作为指导。

2.学术共同体的单位性特征突现

学术共同体原则上不是一个体制化了的组织，它在更大程度上是一个精神共同体。然而当前我国的学术共同体则在某种意义上越来越表现为一个学术单位体，换言之，学术共同体的单位性特征突现。什么叫"学术单位体"？简单来说，它"是学术领域的小团体、小集体，是围绕单位的学术利益或者其他利益，通过有形或无形的组织而形成的小团体"[②]。从这个概念可以看出，学术单位体体现出一种利益性与封闭性特征，它与真正意义上的学术共同体的自主性与开放性特征截然相反。如果学术共同体逐渐向学术单位体转化，那么学术共同体就不再是学术活动发展的前提条件与基础，而是会沦落为利益共同体，并对正常、有序的学术活动构成较大的威胁。诚如韩水法教授所言："……我认为，这里最关键的原因或因素乃是缺乏为学术而学术的精神。从社会环境看，则是缺乏秉承这样一个原则的学术共同体。或者说，多数学术共同体被无数互相矛盾的原则支配着，最后，多数人被引导乃至被强迫追求实际的利益。……一旦科学研究目的是实际利益……学术共同体就会沦落为以学术为名的利益共同体，而实际上常常是谋取非法利益的共同体。"[③]

3.学术共同体的跨地域性、国际性程度不高

既然学术共同体是由志同道合的学者们，因共同体的专业素养、价值观念和行为标准结合在一起的学术部落，那么它就不是一种外在强制性力量推动下的产物，而是纯粹按学科或专业的领域而自然形成的社会有机体。这就意味着，学术共同体不应该有地域性的偏见，而应该不排斥任何达到学术标准的任何地区或任何国家的同学科的学术人员。然而，当前我国的学术共同体，总体上来说，还具有跨地域性不强、国际化程度不高的弊端。其原因主要还是学术共同体的单位性特征，因为学术单位体强调的是小团体的利益问题，追求利益必然会涉及利益的争夺与利益的分配，从而最终走向学术垄断及对其他学者的排斥的局面。学术共同体的跨地域性不强、国际化程度不高的特征对学术活动造成了较大的消极性影响。

---

① 转引自：刘珺珺.科学社会学[M].上海：上海人民出版社，1990：171.

② 张应强.促进学术共同体的建立，营造良好的学术评价环境[J].华中科技大学学报（社会科学版），2008(4)：120-121.

③ 韩水法.终身教职与学术共同体[J].中国高等教育，2006(20)：8-10.

一方面,它使得学术活动缺乏应有的沟通与交流,阻碍着学术的健康发展。另一方面,这种自我封闭性的学术共同体会加剧学术上的垄断与学术活动的利益化倾向。

(二)重建健康生态的学术共同体的措施

为了保障大学学术活动,包括同行评议活动的健康发展,就必须花大力气重建健康生态的学术共同体。当然,在当前的形势下,由于历史与现实的原因,重建的困难不小,但改革从来都不是一帆风顺的活动。但只要改革的价值存在,我们就应该义无反顾地去实行,哪怕所取得的成效并不大。笔者以为,鉴于当前我国的现实情况,应重点从以下两个方面着手进行:

1.改革学术体制,加强学术共同体的独立自主性

要建立一个健康生态的学术共同体,加强其自主性特征是首要的任务。而要加强自主性,必须靠学术体制的改革才能实现。学术体制是由一系列学术制度组成的,如学位制度、学术资助制度、学术评价制度、学术奖励制度等。本书无法一一剖析,在此仅以学术评价制度为例进行分析。当前的大学学术评价制度以量化评价和同行评议为两大主流的评价方式,并且,量化评价方式大行其道,形成"一枝独秀"的局面。造成这种现象的原因是多方面的,其中最主要的是学术评价中行政性力量过度介入。行政力量讲求效率,而量化评价简单易行,标准客观,符合行政力量主导的学术评价体系。在这种学术评价体系中,学术共同体的力量是微弱的,因为,从本质意义上看,学术共同体所代表的是学术性的力量,它与行政性力量的性质背道而驰。即使是在同行评议活动中,大学行政力量的刚性导致学术共同体所起的作用也不大。现实中,要么学术共同体组织成员不纯,行政力量严重渗透,要么学术共同体听命于行政力量,处于从属地位。笔者以为,上述种种都表明,当前我国的学术共同体独立自主性严重不足,而要改变这种现象,就必须进行学术体制改革。其中尤为重要的就是要改变行政力量过度介入学术体制的局面,把学术事务的决策权还给学术共同体,让学术共同体在学术活动中发挥基础性的作用。比如,(还以学术评价为例)可以在制度上作出某些安排,"政府科研经费的分配可委托以学术共同体为主体的社会组织来进行;高校和科研机构人员职称应完全由与行政管理分离的学术委员会来评定;遴选院士要听取候选人所属专业学术共同体的意见;国家科技奖励应在获得各学术共同体所设奖项的人选或项目中来遴选"①。

2.提倡学派建设,变学术单位体为学术共同体

学术共同体是一个抽象的概念,在现实的学术活动中,不同领域的学者们可以根据某一具体的任务或内容各自组成相应的共同体形式。这些形式包括无形学院、学派、专业学会、研究所等。因此,学派是学术共同体内在的具体表现形式之一,它"由具有共同学术思想的人们组成,由公认的学术权威出任带头人,它具有内聚性、整体性、传统性、排他性等特征"②。笔者以为,提倡学派建设,有利于实现学术单位体到学术共同体的转变。其原因有二:其一,学派建设可以使不同单位组织的学术人员因相同学术研究兴趣、观点或方法而联系在一起,从而打破了因单位组织的差异而形成的阻碍与隔断。正如伯顿·克拉克在《高等

---

① 韩启德.学术共同体当承担学术评价重任[N].光明日报,2009-10-12.

② 尚丛智.科学社会学——方法与理论基础[M].北京:高等教育出版社,2008:114.

教育系统——学术组织的跨国研究》一书中所援引的诺顿·朗(Norton Long)的一句话："一门科学的组织之所以令管理研究者深感兴趣,是因为它所表明的合作基础上,控制院校里的学者行为仍是问题和学科内容,而不是变化无常的个人或集体意志。"①其二,学派建设可以加强学者之间的交流,重视学术问题的探索与研究,淡化不同单位组织之间的利益关系,从而将学者的学术活动聚焦于学术事务上来。毕竟,"同一学术领域多种学派的兴起,既是学术繁荣的标志,也有利于避免一派独尊和'学阀'的出现,避免使学术权威走向'学阀'而形成学术上的'学术控制'"②。因此,我们应当提倡学派建设,使健康生态的学术共同体能够真正建立起来。

三、理顺大学行政权力与学术权力的关系

大学里的学术权力与行政权力之间的关系结构纵然是一个老话题,但时刻影响着大学及其学术活动发展的环境氛围。学术权力与行政权力构成的二元权力结构网络是大学最基本的权力关系网,大学中发生的事情基本上都与这对关系结构紧密联系在一起。离开这对权力结构关系来谈大学问题是一种不切实际的妄谈和现实虚无主义的表现。换句话说,大学学术同行评议活动同样不可避免会受到这种二元权力结构关系的深刻影响。因此,从环境营造的角度看,要治理大学学术同行评议的利益冲突问题,就必须理顺大学行政权力与学术权力的关系。

(一)当前大学行政权力与学术权力关系的现状分析

在古典大学和中世纪大学时期,大学的权力结构尚未分化,因为大学的规模小,结构简单,因而基本上学校的教师往往身兼数职,既是教学研究人员又是管理者。但是随着高等教育的发展,一方面大学规模的扩张及与社会关系的日益紧密使得管理工作日益烦琐和复杂起来,需要一批专门的管理人员来承担。另一方面,大学学科的发展与分化使得大学教师无暇分身承担管理事务,而更愿意将精力投在教学与研究工作中。由此,大学的权力结构开始分化,大学的科层人员与科层组织迅速扩大,逐步形成了行政权力与学术权力并存的局面。但是,这两种权力并非总是相安无事、和平共处,两种权力在性质与价值取向上的差异导致冲突时常发生。具体来讲,学术权力在某种程度上更是一种学术权威,它"是为推行集体的目的而指导或支配他人的权力……意味着自愿的依从,并且支配者和被支配者在目标取向上协调一致"③。它不同于制度化的权力,是一种合理性的权力,其权力的合理性是基于教师们的学术水平与能力的。这种权力主要辐射大学中的各种专业组织(各院、系),并且在价值取向上追求平等与自由。而行政权力是一种制度化的权力,它是一种合法性的权力,其权力的合法性来源于行政人员的等级性职位。这种权力主要辐射大学中的各级科层组织,如

---

①　[美]伯顿·克拉克.高等教育系统——学术组织的跨国研究[M].王承绪,徐辉,殷企平,等译.杭州:浙江教育出版社,2001:36.

②　张应强.促进学术共同体的建立,营造良好的学术评价环境[J].华中科技大学学报(社会科学版),2008(4):120-121.

③　[美]D. P. 约翰逊.社会学理论[M].南开大学社会学系,译.北京:国际文化出版公司,1988:712.

学校的各处、科、室等职能部门,并且在价值取向上追求效率与约束。因此,在大学具体事务的开展中,学术权力所辐射的专业组织与行政权力所辐射的科层组织常常产生冲突与矛盾。(见图 8-1[①])

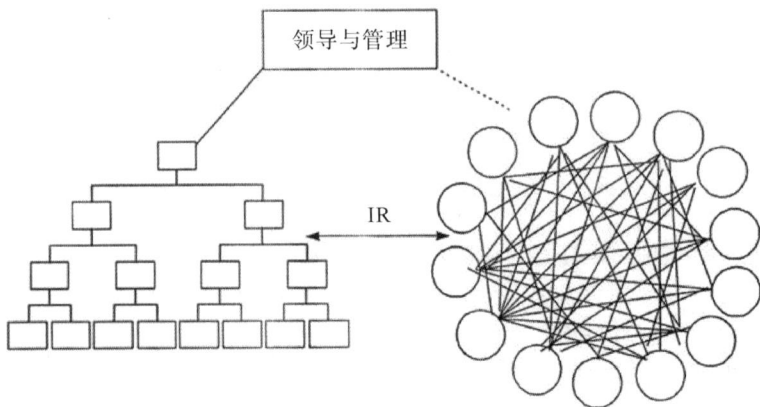

图 8-1　大学的科层组织与专业组织图

从图 8-1 中我们可以看出,行政权力管辖的科层组织更像是一种官僚制,而"官僚制本身就意味着一种稳固而有秩序的上下级等级制原则,它有强制性法规,有分工明确、各负其责、经过培训的官员,有严密的财务制度和办公机关"[②]。而学术权力管辖的专业组织则是一种平等、自由、排除等级性的相互关系。

然而,我国当前大学中的学术权力与行政权力关系到底是一种什么样的现状?笔者以为,简单地用行政大于学术,或学术屈从于行政等类似的话语无法形象地表达出真实的情况。在此,用"学术权力行政化""行政权力学术化""官学结合"来形容或许来得更为贴切。所谓"学术权力行政化"主要指本该学术权力决策或主导的学术事务由行政权力掌控或替代。这在现实的表现是相当普遍的。比如,大学里拥有数量庞大的官僚机构与人员;用行政性的思维来管理与决策学术事务;行政组织掌控着大学学术资源的配置与学术评价的权力等。诚如韩水法教授所言:"中国所有正规的大学都被整合在这样一个官僚层级体系之中,从最高教育行政机关到大学生基本教学与学术单位,一元化的行政权力通天贯地,天下英雄,靡不在其彀中。"[③]所谓"行政权力学术化"是指由于行政权力在当下中国大学中具有优势性,那些已取得优秀学术成就的学者们开始觊觎行政权力,然后通过行政权力再巩固其学术权力,这种现象在 20 世纪 90 年代中期以前是较少的,但之后由于大学学术资源的扩大,受到现实物质的诱惑,这种现象便开始蔓延开来。所谓"官学结合"则主要指行政权力与学术权力由最初的对抗逐渐转变为两者的结盟,当然结盟的目的是攫取共同的利益,因此,"官学结合"使得行政权力与学术权力形成了利益共同体。笔者以为,"官学结合"是"学术权力行政化"与"行政权力学术化"现象交互循环运行下的产物。必须提醒的是,"官学结合"的现象并非行政权力与学术权力得到妥善解决的表现,它虽然不是一种显性的"对抗性冲突",但其本质上仍是行政权力与学术权力关系淆乱,没有各司其职的表现。

综上所述,当前大学的学术权力与行政权力关系仍处于混乱、冲突与矛盾的状态中。但是,无论是"学术权力行政化""行政权力学术化"还是"官学结合"现象,其中最根本的仍然是行政权力占据主导地位,学术权力处于一种被动、屈从的角色中。在这种权力结构的环境条件下,大学的学术活动(包括同行评议活动)很难做到科学、有序、健康地运行。

(二)协调大学行政权力与学术权力关系的措施

协调大学行政权力与学术权力的关系结构并非易事,原因在于这两者之间的关系结构的现状并非仅仅是大学中的事情,它还受到更为广阔的诸如国家体制及社会文化等因素的影响。有学者认为,"当今中国,看什么问题都不能离开中国这个大环境,看中国大学的现状也是如此"①。然而,如果真要这么做,作为学者的我们似乎无所作为,毕竟国家与社会问题并非简单地靠某些改革措施便能得到解决。因此,笔者在此无意于如此深远地去考究该问题,仅就从大学自身的角度,提出两种调解的措施。

1.用教育手段,让大学领导者学习两种权力各自的运行规律

由于两种权力的运行规律存在着差异,因而,如果简单地用其中一种权力的运行规律来使用另外一种权力则会导致权力行使的反效果。大学的领导者,如果不懂得两种权力之间的规律差异,在对待学术事务上,用行政权力的思维方式去处理,而在对待行政事务时用学术权力的思维方式去处理,其结果必然是两种事务都没有得到妥善的处理。2006年发生的哈佛大学校长萨莫斯(L.H.Summers)辞职事件②就很能说明这个问题。萨莫斯2001年上任后凭借其优秀的学术能力和丰富的管理经验,以及在国家各部门的社会资本,任职5年中,无论在大学的教学与科研工作,还是学生管理、师资队伍建设等方面都取得令人称道的成绩。但是他在对待教师学术事务的管理上沿用了行政权力的思维方式,即"他把在政府部门工作习得的官本位的管理理念和风格带到了大学校长的职位上,终于使他与教师离异,成为行政文化的代表,与教师发生尖锐的对抗"③。因此,笔者以为,要协调大学的二元权力结构,作为大学的领导者首先必须通过各种途径对两种权力的运行规律进行学习与研究,并在了解的基础上,在实践中按照各自的运行规律管理各自相应的工作。

2.用制度手段,明确两种权力有序分工,各司其职

制度上的保障具有强制性,因此,对于大学二元权力结构的协调问题也应当使用制度手段,明确两种权力的有序分工,并在实践中各司其职。具体来讲,可以表现为以下两个方面:其一,制定大学章程,并在大学章程中明确规定各专业组织与各职能部门的管理范畴,职责任务。同时在章程之下,还应当制定一系列的更为详细与具体的规则、条例来加以明确。当然,大学章程的制定应根据已有的相关法律法规中关于大学行政部门与学术组织的规定。

---

①　任远.纠缠不清的大学学术权力与行政权力[J].书摘,2008(6):7-10.

②　萨莫斯是哈佛大学的第27任校长,他毕业于哈佛大学,了解哈佛,并曾任克林顿政府的财政部长,拥有学术才能与管理经验。详见:王英杰.大学学术权力与行政权力解析——一个文化的视角[J].北京大学教育评论,2007(1):55-65.

③　王英杰.大学学术权力与行政权力解析——一个文化的视角[J].北京大学教育评论,2007(1):55-65.

有一点必须提醒的是：大学中的学术权力与行政权力同等重要，在制定相关的制度条例时，不是说要用一方力量去压低另一方力量，而是要做到合理配置、相互平衡、分工明确、各司其职。其二，要重点保障当前我国大学中的重要的学术权力组织机构得以有效地发挥学术权力的功能，如学术委员会、学位评定委员会、职称评定委员会等。大学应当在《高等教育法》中已有的相关规定下制定更为详尽、更具操作性的规章制度。比如，《高等教育法》第四十二条规定："高等学校设立学术委员会，审议学科、专业的设置，教学、科学研究计划方案，评定教学、科学研究成果等有关学术事项。"①大学应认识到，学术委员会的权力与职责是以法律的形式确定下来的，它是一种实质性的权力，而并非徒具名义性。大学的行政机构应该通过建立其他的相关配套性规章制度来保证学术委员会的权力的正常行使。

总之，大学的学术权力与行政权力的协调尽管有难度，但协调工作还必须做下去。因为，大学的发展离不开两者之间和谐关系的建立，大学的学术活动（包括同行评议活动）也离不开两者的和谐关系所构建的环境氛围。正如英国著名学者阿什比所言："大学的兴旺取决于其内部由谁控制。"②

第三节　大学学术同行评议利益冲突治理的制度建设

著名教育家夸美纽斯（J.A.Comenius）认为，"制度是学校一切工作的'灵魂'，哪里制度稳定，那里便一切稳定；哪里制度动摇，那里便一切动摇；哪里制度松垮，那里便一切松垮和混乱"③。在大学学术同行评议利益冲突问题的治理中，制度建设是最重要的一笔。因为，同行评议作为一种学者依靠主观判断进行评价的方式涉及评议专家的人性问题，"但现实的情形是人性的缺陷使得我们仅仅可以对其抱以期待，尽管这种期待也许未必是非分之想"④。因此，通过制度建设，防范因人性缺陷而产生的利益冲突问题或许最好的途径。换句话说，制度建设的终极目的并非为了钳制学者们的自由，而是防范一些违规行为，从而达到治理内涵中所说的"善治"的目的。诚如德国经济学家柯武刚、史漫飞所言："制度是人类相互交往的规则，它抑制着可能出现的、机会主义的和怪癖的个人行为，使人们的行为更可预见并由此促进着劳动分工和财富创造。"⑤

一、制度建设的必要性及其总体构想

如前所述，治理是一种强调多元中心主体、强调制度机制和强调关系协调的一种有效的

---

①　李文山.高校学术权力与行政权力配置模式初探[J].中国高等教育,2009(12):15-16.

②　[美]伯顿·克拉克.高等教育系统——学术组织的跨国研究[M].王承绪,徐辉,殷企平,等译.杭州:浙江教育出版社,2001:120-121.

③　刘献君.论高校贯彻落实科学发展观中的十个关系[EB/OL].(2009-03-19)[2012-08-20].http://focus.hustonline.net/html/2009-3-19/58977.shtml.

④　阎光才.学术共同体内外权力博弈与同行评议制度[J].北京大学教育评论,2009(1):124-138.

⑤　[德]柯武刚,史漫飞.制度经济学[M].韩朝华,译.北京:商务印书馆,2000:35.

管理机制或方式。其中,制度机制的建设是实现治理目标的重要环节或措施。同样地,大学学术同行评议利益冲突问题的治理也需要通过制度建设达到预期的目的。就我国的大学学术同行评议实践而言,对于其利益冲突问题的治理,制度建设的必要性是显而易见的。在此基础上,笔者根据制度理论以及大学学术同行评议利益冲突的现实,提出了制度建设的总体构想。

(一)制度建设的必要性

其一,制度建设的根本目的在于防范,从而达到"善治"目标。有学者认为,从制度所提供的有关规则或准则来看,"均是对人的某种欲望和自由的限制、约束、侵犯,因而,制度就其本身而言,对人非但无益,而且有害"①。英国政治学家赛亚·伯林(Isaiah Berlin)也说过:"每一则法律,虽然可能增进某一种自由,但也消减了某些自由。"②换句话说,制度是一种限制人自由的"镣铐",是一种"坏东西",既然如此,那么为什么我们还一直提倡或者依赖于制度建设呢?新制度经济学派的代表人物诺思的分析为我们给出了答案。在诺思看来,人性中的"经济人"假设是最重要的原因,即"经济人"假设中的人是一种自利的、追求自身效用最大化的个体,当处于信息不对称时便容易产生某些机会主义的行为。因此,诺思认为,"制度之所以必要,就在于制度可以通过强制力来约束人的行为,防止交易中的机会主义行为,减少交易后果的不确定性,帮助交易主体形成稳定的预期,从而减少交易费用"③。大学学术同行评议中的评议专家在某种情况下也是"经济人",并且有可能会在评审活动中产生一些机会主义的行为,即利益冲突。因而,制度建设的目的在于防范评审专家的机会主义行为的发生,从而达到"善治"之目的。

其二,制度所具有的激励功能可以为评议专家客观、公正的评判行为起到引导作用。制度一旦形成便具有激励功能。"制度激励是指通过社会的结构性安排,按设定的标准与程序将社会资源分配给社会成员和集团,以引导社会成员或集团的行为方式与价值观念向设定的价值标准方向发展。"④制度有实体制度和程序制度之分,实体制度告诉人们什么可以做,什么不可做。程序制度是一种操作性条例或准则,是一种告诉人们如何做的规定。制度通过这些规定和结构性的安排来将社会资源进行相应的配置,并且通过做好了就奖,没做好就罚的机制形成一种激励性力量。大学学术同行评议及其利益冲突的治理中,若能建设一种科学合理的制度,也必将对评议专家的评审行为起到引导性的激励作用。

其三,制度建设在我国的大学学术同行评议利益冲突的治理中具有较强的迫切性。为什么这么说呢?原因在于我国大学同行评议及其利益冲突的相关制度建设情况显得极为薄弱。即使是更大范围的学术评价制度,其制度建设仍存在很多不完善或缺失的地方,何况是较为具体的同行评议制度。从现实情况看,我国除了一些基金组织,如国家自然科学基金、

---

① 江新华.学术何以失范——大学学术道德失范的制度分析[M].北京:社会科学文献出版社,2005:105.

② [英]赛亚·伯林.自由四论[M].陈晓林,译.台北:台北联经出版事业公司,1986:53.

③ 转引自:江新华.学术何以失范——大学学术道德失范的制度分析[M].北京:社会科学文献出版社,2005:105.

④ 高光明.制度公正论[M].上海:上海文艺出版社,2001:107.

国家社科基金、"863"基金等对同行评议及其利益冲突做了些简单而粗糙的规定之外,其他的大部分科研机构,包括大学在内基本上尚未对同行评议及其利益冲突作出规范性的制度安排。其中,大学的情况是最糟糕的,大部分大学甚至连较为完整的"学术行为规范"或"学术道德守则"都不存在,更不用说有关同行评议及其利益冲突的规章制度了。不过,近几年来情况稍微有所改善,有些高校开始制定一些学术道德规范(如北京大学)、科研道行守则(如清华大学)等。但从总体上看,这些规范或守则中,有关同行评议及其利益冲突的条例要么极为抽象,要么简单粗糙。因此,笔者以为,制度建设对我国的大学学术同行评议及其利益冲突的治理是有较大的迫切性的。

(二)制度建设的总体构想

新制度经济学派认为,制度有正式制度和非正式制度之分,正式制度是指那些人们有意识地去制定的一系列法律、法规、条例,而非正式制度是人们在社会活动中无意识产生的一系列包括伦理、习惯、风俗等方面的意识形态因素。对于人们的行为活动来说,"都是一些人为设计的、形塑人们互动关系的约束"[①]。换句话说,正式制度与非正式制度一样都具有约束力,但两者在约束的方式上存在着差别。一般而言,正式制度是通过外在的强制性方式来实现其约束的,而非正式制度主要靠内在的非强制性潜移默化的方式来实现其约束功能。根据前文所述的治理理论的内涵(多元主体治理、强调制度机制、关系协调与网状思维等),以及大学学术同行评议活动中所涉及的评议者、被评议者以及评审管理机构(人员),笔者以为,应将评议者、被评议者以及评审管理机构(人员)这三者之间的关系联系起来,进行协调,并通过正式制度与非正式制度的构建对大学学术同行评议的利益冲突问题进行共同治理。见图 8-2。

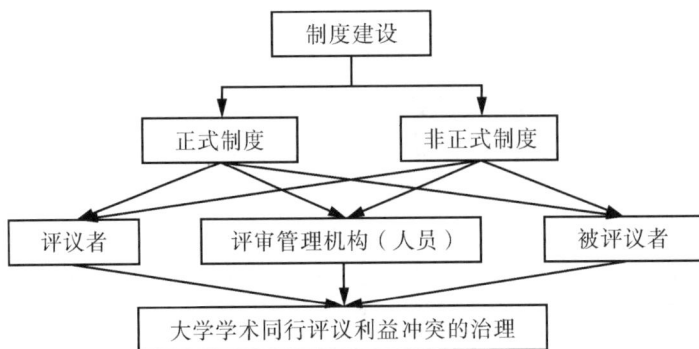

图 8-2 大学学术同行评议利益冲突治理的制度建设

从图中我们可以看出,制度建设分为正式制度构建和非正式制度构建两部分内容。并且,无论是正式制度还是非正式制度都对评议者、被评议者以及评审管理机构(人员)产生作用或影响,并通过这些作用或影响达到治理大学学术同行评议利益冲突问题的目的。

---

① [美]道格拉斯·C.诺思.制度、制度变迁与经济绩效[M].杭行,译.上海:格致出版社,2008:3.

二、正式制度的构建

既然在制度建设中,正式制度总是以一种显性的方式体现出来,它具有外在的强制性特征,那么,从一般意义上讲,它相对于隐性的非正式制度而言,约束力的效果会更大些。因此,在任何一个领域的制度建设或制度创新过程中,正式制度的构建总是受到更多的关注与重视,大学学术同行评议利益冲突治理领域也不例外。那么要构建哪些正式制度呢?换言之,针对大学学术同行评议利益冲突的治理,其正式制度的构建包括哪些内容?在笔者看来,其内容就是"五个结合",即包含五大正式制度的构建。

(一)利益冲突的披露与回避相结合的制度

利益冲突的披露与回避是目前国内外同行评议利益冲突治理中比较普遍且行之有效的手段。可以说,基本上所有国外各大科研机构、基金组织以及期刊部门对于利益冲突的治理问题,采用最多的便是利益冲突的披露(disclosure of conflict of interest)与利益冲突的回避(withdrawal of conflict of interest)。披露是指"同行评议专家有义务根据评议委员会提出的利益冲突标准,将自己有可能涉嫌有利益冲突的社会关系与经济关系告知评议委员会"[①]。说得更具体些,就是要将同行评议中可能"影响个人进行职业判断时'看不见的',却暗中起作用的私人(或次要)利益,给揭露出来,让相关和更多的人知道此事"[②]。那么具体要披露哪些内容?理论上讲,凡是会影响评议专家进行评议判断的影响因素都应该披露,但事实上这是不太可能做到的,因为有些因素有可能评议专家自身也无法意识到其是否影响因素。比如,涉及评议专家的个人经历、情感倾向、道德标准、教育背景、理论偏好等。"这些'内在于个人信仰之中的'主观因素和心理状态不仅是'个人难以克服的',而且也是其他人'难以阻止的'和控制的。"[③]相比之下,其中的一些因素,比如,经济因素(包括持有某机构的股权、收受的礼金、某企业或集团的赞助等)、机构从属关系(包括担任的顾问职务、曾经或现在的就任机构关系)、人情关系(亲属、裙带关系)等就容易被克服或控制。当然,在披露这些利益冲突时,可能会涉及某些评议专家的某些隐私,因此,接收这些披露信息的评审管理机构应当采取保密措施,不能将这些被披露的信息随便地公之于众。

所谓回避,顾名思义,就是评议专家对于某些可能引起利益冲突的评议进行回避,退出评议活动。主要包括评议专家的回避和被评议者提出的回避两种方式。前者指由评审管理机构判定某评议专家是否存在利益冲突,若有则实行回避(部分回避或全部回避)。后者是指由被评议者判定并提出申请要求某(些)评议专家回避对其学术成果的评议活动。当然,被评议者所提出的要求回避的专家名单常常有数额上的限制。笔者以为,关于回避制度,有两点要特别注意:其一,无论是评议专家的回避还是被评议者提出的回避,都需要经过评审管理机构的集体讨论决定,而不是某个人的自行决定;其二,并非所有的利益冲突都应当回

①　科学技术部科研诚信建设办公室.科研诚信知识读本[M].北京:科学技术文献出版社,2010:122.

②　文剑英.科学活动中利益冲突的公开[J].科学技术哲学研究,2010(6):93-97.

③　Kassirer J. On the Take How Medicine's Complicity with Big Business Can Endanger Your Health[M].Oxford:Oxford University Press,2005:54-55.

避,有些极其微弱的、对评议者的判断影响很小的利益冲突关系或因素不需要回避,因为,评议专家本来就难找,倘若要排除一切的哪怕是存在一点点利益关系的评议专家,恐怕要给同行评议活动带来困难。但评议专家对所有可能的利益冲突关系进行公开或披露是相当必要的,因为,一方面可以帮助评审管理机构全面掌握与判断评议专家的情况;另一方面,即使最后没有得到回避,评议专家也不至于陷入不诚实或隐瞒不报的境地。

笔者在此提出披露与回避的结合是基于如下几点的:其一,披露是回避的前提条件,没有披露,就无法判断是否应当回避;其二,回避是披露的结果,有披露,但对于可能影响评议判断的评议专家不实行应有的回避,披露的价值就会减弱;其三,评议专家应当尽可能披露自身存在的可能影响评议判断的私人利益,至于回避不回避,则由评审管理机构去做决定;其四,评审管理机构应当在认真、严肃地研究评议专家所披露的内容的基础上作出是否需要回避的决策。

我国当前的大学学术同行评议活动中,尚不存在这些披露与回避的政策或制度。至于一些基金组织或期刊有一些回避的条款,比如不能自己评自己的项目,或在评议申报项目的当年不能担任评议专家等,但对于披露问题则几乎不存在。国外的一些期刊部门或基金组织(如 NSF、NIH、AHA 等)在这方面做得较为成熟,值得我们借鉴,这在前文谈国际视野中的学术同行评议时已有所阐述,在此不再赘言。

(二)评议专家的遴选与轮换相结合的制度

在同行评议活动中,评议专家的遴选是相当重要的。评议专家的个人品质及其他特征直接影响到评议活动的公正性与客观性,如评议专家的学术道德水平、专业知识水平以及其地域性特征等。为了尽可能地保证同行评议活动的公正性,就评议专家而言,笔者认为,采取科学的手段选好评议专家并辅之轮换制是较为妥当的。那么应当如何遴选评议专家呢?其一,要坚持"德才兼备"的标准。"才"指的是专业知识结构与学术水平,一般来说,应尽可能地从"小同行"的角度去挑选评议专家,如果专业知识结构不同,尽管该评议专家在其领域很出色,但依然会因为研究领域的不同而可能造成评议专家评审中的不客观。另外,如果评议专家虽然与被评议人的研究领域相同,但由于其学术水平尚浅,也有可能因此而失去评议的客观性。"德"主要指的是评议专家的个人学术道德素养,因为,拥有"高尚学术品格和道德素养的专家具有较高的道德自律性,能以道德规范约束自己的行为,杜绝人情关系和利益关系,在评议过程中保持客观的学术态度,作出公正的评价"[①]。其二,坚持"本地选择与异地挑选"相结合的原则。评议专家的跨地域性,甚至跨民族性能够更好地防止人情关系的纠缠,保持评议的客观与公正。不过同时要注意到这种专家组成的成本不宜过高,因此,建议实行本地选择与异地挑选相结合,"这样既可以减少'熟人'关系网,又可防止地域性的排外现象,还可以在有限的支付成本范围内得以实现"[②]。国外的很多科研机构在专家选择上都有国际化的趋向。比如,从 1995 年的数据看,澳大利亚研究理事会(ARC)的评议专家有近40%来自除澳大利亚之外的其他各国(表 8-1)。

① 谢海波.我国同行评议制度有效性的反思[J].广东技术师范学院学报,2010(1):71-73.
② 林培锦.权力与利益视角下的学术同行评议制度优化研究[J].科技进步与对策,2011(11):99-102.

表 8-1　1995 年 ARC 专家数据库评估专家所处的国家[①]

国　　家	人数（人）	所占比例（%）
澳大利亚	3 262	60.90
英　国	550	10.27
美　国	868	16.21
加拿大	149	2.78
德　国	100	1.86
荷　兰	31	0.58
其他欧洲国家	169	3.16
新西兰	97	1.81
日　本	52	0.97
其他地区的国家	78	1.46
总　　计	5 356	100.0

其三，坚持"随机挑选"的原则。评审管理机构应当建立各个研究领域的丰富的专家库，以供评议活动时选择。在专家库具备的前提下，应当实行随机方法进行选择，其目的是尽可能地打破可能存在的一些利益关系，尤其是尽可能减少评议专家与被评议者之间出现"打招呼"或"公关游说"等现象的机会，防止"熟人选熟人""熟人帮熟人"的现象。

此外，为了使同行评议活动更为客观、公正，防止某些学术专家长期把持某评议活动，可以采取评议专家的轮换制度。具体轮换规则可以因时因地有所不同，比如，香港科大中的学术评审委员会委员一般是两年一个期限。而美国的国立卫生院的科学评议组成员共有16～18人，任期为 4 年，每年更换成员的 1/4。[②] 每当到了轮换期，就应当再按照相应的遴选程序重新挑选评议专家。专家轮换的目的是保持学术界的一种力量的均衡，并且是为了防范某些学术专家违规行为的发生。因此，要注意掌握好轮换的时间，切不可过于频繁或过于随意，否则就失去专家轮换制原来的目的和应有的功能。

从我国的现实情况看，目前尚没有一套统一的较为科学的专家遴选程序及标准。一般情况下是各评审机构自行拟定挑选规则与程序，而且这些规则或程序也无据（制度文本）可循，虽然大多还是从学历、声望、职称等角度去选择，但同样也存在着按个人关系、官职大小以及有利于自身利益倾向的标准等进行遴选，换句话说，总体还是随意性较大。至于专家的轮换制，目前尚没有进行尝试，这是今后需要改革的内容。

①　徐彩荣，李晓轩.国外同行评议的不同模式与共同趋势[J].科学学与科学技术管理，2005（2）：28-33.

②　详情参见：NIH. Proposed Peer Review Regulations of NIH [EB/OL]. http://grants2. nih. gov/grants/policy/fr_20000921.pdf.

(三)双盲评审与事后公开评审专家名单相结合的制度

什么是双盲评审？学术界也称之为"背靠背"的评审方法，指的是评议专家与被评议者互不知情，即在评审时，评议专家只见到评议内容，任何其他有关被评议者的信息都是匿名的，当然，被评议者也不知道自己的学术成果被送到哪位评议专家手中。实行双盲法的目的是"尽可能地消除偏见而达到科学的普遍性，同时也防止作者对于评者的不满和报复"①。但学术界对于双盲法的观点却存在着分歧：支持者认为，双盲法有利于杜绝评审专家利益关系与偏见思维的产生，能够在更大程度上遵循默顿所提倡的"普遍主义"规范进行评议活动。比如，卢因(van Rooyen)等人通过期刊界的调查发现，采用盲评法的期刊文献的引用率比不采用盲评法的期刊文献的引用率高②。而反对者则认为，双盲法的弊端重重，一是有可能会助长评议专家的评议行为的随意性，给评议专家的利益冲突及其他违规行为提供了更大的机会；二是双盲法根本没办法做到真正的盲评，即评议专家还是能从被评内容的文风、研究的主题及方法等细节上了解到被评议者，而被评议者也可以通过各种可能的手段找到评议专家，因此，并不能起到多大的作用。在这一点上，杨格(Yankauer)等人的调查结果就能说明原因。他发现，在《美国公共健康杂志》的评议专家中，即使是盲评，评议专家仍能够通过投稿者的文风、参考文献、数据等方面认出近四成(40%)的投稿作者。③

但笔者以为，无论如何，双盲评审总是需要坚持的一种评议方法。尤其在我国这一重人情关系的国度里，一旦放弃盲评，将会滋生更多的"关系评审"弊端。但必须以结合的方式进行改革。而这种改革在笔者看来，可以在适当的时候采取事后公开评审专家名单的方式。提倡这种方法的目的是对盲评中的评议专家起到一定的监督作用，减少其评审的随意，提高评审的严谨性。当然这种方法操作起来有点困难，因为任一评议专家都不愿意随便将自己的名字告知被评议者，以防造成被评议者的报复，或者担心哪一天自己也落在被评议者手里。因此，笔者以为应在适当的时候在评议结束后将评议专家的名单进行公开。一般情况下，评审管理机构可以将一些异地(境外、国外)的评审专家的名单在事后进行公开，或者在经评议专家允许后进行公开(现实中可能存在一些评议专家允许公开自己名单的现象)。不过，关于这个制度，目前尚处于理论的尝试阶段，在具体的实践中可能还需进一步的探讨与设计。

(四)评审意见反馈与评审结果申诉相结合的制度

在我国当前的学术同行评议过程中，评审的意见往往也是保密的，被评议者往往无法知道自己的评议结果的具体意见。其实这是不利于同行评议公正性的维护的。杨玉圣教授认为，"任何学术评价活动在学术共同体内都应有公开的反馈机制，否则多少显得有些虚

---

① Judith Gedney Baggs. The Value of the Blind Review Process: Is Blindness Best? [J]. Research in Nursing & Health, 1999(22):93-94.

② Van Rooyen, et al. Effect of Blinding and Unmasking on the Quality of Peer Review: A Randomized Trial [J]. Journal of the American Medical Association, 1998(280):234-237.

③ Yankauer. How Blind is Blind Review? [J]. American Journal of Public Health, 1991(81):843-845.

幻"①。在笔者看来,评审意见的反馈是有百利而无一害的,它一方面可以让被评者从评审意见中受益,同时在另一方面也能加强评议专家对评议活动的责任感,有利于评议活动的公正性提高。比如,成立于 1988 年的澳大利亚研究理事会(ARC),其同行评议的一大特色就是特别注重同行专家评审意见的反馈,而且把同行意见反馈贯穿到了项目评审的各个阶段,这种机制保证了申请者与评审组织之间的有效沟通,增加了同行评议的公正性和有效性②。此外,像美国的 NSF、NIH 等基金组织对评议意见的反馈工作也做得很好。美国的大学教师聘任评审(如耶鲁大学)、香港科大的教师晋升评审等也设有评议意见的反馈程序。以上这些都值得我国的大学学术同行评议活动进行科学、合理的借鉴。

我们还需构建被评议者对评议结果的申诉机制或制度。实际上,这种申诉制度的建立在一定程度上也是对评议活动尤其是评议专家的一种监督。因为同行评议本质上是一种主观的价值判断,它不可能一点差错都不会出现,那么,建立评审结果的申诉制度,不仅可以有效地弥补这一缺陷,也能提高评议专家对自身的评议行为的责任感,尽可能以公正、严谨的态度来对待同行评议。关于这项制度,国外的众多基金组织有许多良好的经验值得我们学习与借鉴。一般情况是,首先被评议者提出申请,当然,提出的申请应当是在自己所得到的较为可靠的消息或资料的基础上作出的,不能"见风就是浪",或者为发泄不满情绪而提出所谓"莫须有"的申诉。然后评审管理机构便会根据所申诉的内容进行调查,调查之后给出驳回申诉或者进一步调查的意见。而且,国外的申诉还存在多级申诉,若有理有据,可以一级一级上诉。

就我国而言,目前不仅应当完善评议意见的反馈制度,而且对评议结果的申诉制度也当进行大力的构建。因为,这种制度可以较为有效地起到对评议活动与评议专家行为的监督作用。

(五)对同行评议的反评估与奖惩机制相结合的制度

从权力的角度看,同行评议专家们的评议行为是一种权力的行使,并且通过这种权力的行使决定着学术资源的配置。权力本身无所谓善恶,"它是一种客观存在的力量,一种权威和势力,一种一定范围内的驾驭和支配力量,用它来行善它就是善的,用它来为恶它就是恶的"③。然而,人性的缺陷让人对拥有权力者无法抱以十分的信任。况且现实中的权力滥用的事实也进一步增强了人们对权力行使者的怀疑感。此外,"现代心理学与哲学的研究成果表明,人作为权力的行使者却存在非理性的一面,而且因其受到自身利益的驱动,而使一切权力都存在被滥用的可能性"④。因此,建立一种对评议活动及评议专家的监督机制是很有必要的。笔者以为,可以构建对同行评议的反评估与奖惩机制相结合的制度。所谓的反评估就是指对评估的评估,因此,这里的反评估内容可以有三个方面:其一,对评议结果重新检查;其二,对评议专家的组成结构进行评估;其三,对评议程序的评估监督。具体的方法可以根据不同的评议内容确定。一般而言,是在同行评议专家的评议活动结束后,由更高层次的

① 杨玉圣.学术规范与学术批评[M].开封:河南大学出版社,2005:298.
② 徐彩荣,李晓轩.国外同行评议的不同模式与共同趋势[J].科学学与科学技术管理,2005(2):28-33.
③ 王华生.权力场域的强势存在:学术腐败的深层制度诱因[J].河南大学学报,2010(5):25-29.
④ 汪习根,周刚志.论法治社会权力与权利关系的理性定位[J].政治与法律,2003(1):17-21.

评审管理部门组织另外一批评估专家进行评估。当然,这里也需要考虑反评估的成本问题,在可能的情况下,采取部分的抽样性评估就行了。反评估结束后,根据得到的结论,应施以相应的奖励或惩罚手段,否则反评估的价值就得不到体现。此外,对于这项制度,有几点应特别注意:首先,反评估应确实到位,真正实行,切不可流于形式,"走过场",或者"评好不评坏"。因为这样的反评估不仅没起到作用,反而浪费了学者们的时间与精力,倒不如不要这样的反评估。其次,反评估一定要与奖惩机制相结合。对于表现优秀的评议专家应给予奖励,比如,建立评议专家的声誉机制或"评议业绩银行",也可以给予其他的诸如物质奖励、职位晋升等。而对于表现不好的评议专家则应当给予相应的惩罚,比如予以通报批评,或者对其表现行为做记录,然后限制其在未来几年不准担任评议专家等惩罚措施。最后,该制度应常规化。比如,实行周期性的反评估制度,这样做的目的是给评议活动中的评议专家们起到预警的作用。

三、非正式制度的构建

在制度建设中,除正式制度外,非正式制度也是一个非常重要的方面,它作为一种隐性的制度存在常常能够对正式制度起到补充的作用。根据诺思的理论,非正式制度也是人为设计的但是无意识的,而且主要表现为一系列诸如文化传统、风俗习惯、伦理道德等方面的意识形态因素。因而,对于这种制度的构建,应有一个长期建设的准备。况且有学者认为,根据我国的国情,非正式制度有时所起的作用也完全不输于正式制度。因为在我国,"同行评议是发生在科学共同体内部的一种组织化程度相对较低的运行机制,在这种机制的运行过程中,关于信念、传统、文化等非正式制度发挥着重要的作用"①。因此,笔者以为,在对大学学术同行评议利益冲突的治理过程中,非正式制度的构建也需要较多的重视与关注。鉴于此,笔者将重点从大学文化、学术规范与学者的学术道德等三个方面进行非正式制度的探讨。

(一)培育"以学术为本"的大学文化

大学文化是什么?如同"文化"本身的概念一样,是一个很难统一和精确描述的概念。从最广义的角度看,大学文化就是人们在漫长的大学发展中所创造的物质财富和精神财富的总和。然而,这样的界定似乎过于笼统,难以体悟大学文化中的内在精髓。在笔者看来,真正意义上的大学文化必定是以真正意义上的大学为基础的文化。因而,只有了解了大学的本质,才能体会真正的大学文化。大学是一种特殊的社会组织,它的诞生是以传播学术、研究学术、应用学术为己任的。卡尔·雅斯贝尔斯在《什么是教育》中说,"大学是研究和传授科学的殿堂,是教育新人成长的世界,是个体之间富有生命的交往,是学术勃发的世界"②。既然大学是围绕"学术"而行的组织,那么,在这片土地上生长繁衍起来的大学文化就是"以学术为本"的文化体系。换句话说,"崇尚学术是大学文化精神之所在,没有学术性

---

① 龚旭.科学政策与同行评议——中美科学制度与政策比较[M].杭州:浙江大学出版社,2009:51.
② [德]卡尔·雅斯贝尔斯.什么是教育[M].邹进,译.北京:生活·读书·新知三联书店,1991:150.

就没有大学文化的根基和血脉"①。

在早期的大学里,大学的学术性彰显,学者信奉"为学术而学术"信念,坚守着象牙塔中最美的"精神世界"。在那个时代,大学是为"学术"而生的,大学的文化中最核心的精神观念就是"学术至上",在这样的文化中,大学也因此孕育了一大批学术大师和高质量的学术成果。然而,随着社会的发展,大学与社会政治、经济的发展日益紧密。一方面社会越来越需要依靠大学为其提供强大的知识力量以推动政治、经济的发展;另一方面大学也越来越需要依靠社会为它提供越来越庞大的经费支持。在这种情况下,大学走出象牙塔已成为一种必然,也是一种明智之举。但大学却走得太快,走得太远,以至于忘了自己原本的角色与使命。须知无论在任何时候,也无论在任何场合,大学都必须将"学术"作为其灵魂与根基,唯如此,大学才能焕发出生命力,也只有这样,大学才能受到应有的尊重。弗莱克斯纳(Abraham Flexner)曾经说过:"假设我们可以打碎现有的大学,随心所欲地重建之,我们应该建立什么样的机构呢? ……我们都会注意到学者和科学家们主要关心四件事:保存知识和观念、解释知识和观念、追求真理、训练学生以'继承事业'。"②令人遗憾的是,大学自身在走向社会的过程中逐渐失去了自己,陷入沉沦的境地。在此基础上,大学的文化也发生了翻天覆地的变化,学术性丧失,象牙塔精神式微,原有的大学文化所剩无几。

一直以来,"大学文化已成为大学区别于其他社会组织和其他教育机构的关键标志,在大学文化组织的传承中,大学组织的其他特性如教育性、民主性、开放性等特征都是以学术性为基础或中心而得以固化和确定的"③。可如今的大学文化,很难再有以往的荣耀。它变得与社会政治、经济等其他组织无异。大学里的学者们变得功利,把学术当成追求各种利益的工具,比如,依靠学术获得丰厚的研究经费、依靠学术获取做官的资本等,即所谓的"拜金主义"或者是"拜官主义"。于是各种学术开始指标化、快餐化、效率化,追求 SCI、SSCI、EI等评判标准,追求年产几十篇甚至上百篇的所谓"学术论文"。为了高效地完成指标任务,"不得已"开始所谓的学术剽窃、数据捏造、观点篡改,或者简单而迅速地粗制滥造。当然,那些本来不做学术研究的行政人员也因"工具性学术"的利益而改头换面,利用手中掌握的资源,频频插足学术事务,短时间内就摇身成了新的"知名学者""学术大师"。在这样的大学文化氛围中,学术还是学术吗? 学术活动还能健康运行吗? 在大学学术同行评议中的评议专家还能作出客观、公正的价值判断吗?

但大学不能放弃自己,大学文化也不能因此湮没于社会中。为了大学的发展,为了学术业的健康与繁荣,我们应当培育"以学术为本"的大学文化。首先,社会应当把大学与社会中的其他组织区别开来,分别对待。要意识到社会依靠大学的资本根本就在于学术本身,如果大学不再有学术资本,就不再有任何价值,社会也无法再从大学身上获得发展所需的资源与动力,最终只能两败俱伤。因此,社会应当给予大学以一定的自由与空间,不能凡事都以利益为出发点,以是否获利为行动的目标。其次,大学应当主动与社会保持一定的距离,把自己武装成学术方面的强者。一方面,大学的管理人员应当成为学术活动的服务者,而不是学

① 吕立志.崇尚学术:中国大学建设内在之魂[J].高等教育研究,2011(1):14-18.

② [美]亚伯拉罕·弗莱克斯纳.现代大学论——英美德大学研究[M].徐辉,陈晓菲,译.杭州:浙江教育出版社,1999:4.

③ 吕立志.崇尚学术:中国大学建设内在之魂[J].高等教育研究,2011(1):14-18.

术活动的掌控者。大学需要进行管理体制上的改革,行政力量与学术力量要做到明确分工、各司其职,防止学术行政化、行政学术化以及官学结合的现象产生。另一方面,大学的教师们要把学术事业当成一件神圣的任务,去除功利主义的价值观,把学术当成目的,而不是工具。并且把自己变成学术人,以学术人的思维去思考,去行动。最后,无论是国家、社会,还是大学都应当追求文化资本,崇尚学术至上的理念。对大学的"以学术为本"的文化抱以期待,怀一份敬畏之心,尊重大学,尊重大学文化。

(二)建设良好的学术规范

关于学术规范的概念,前文已有所述,在此不再赘言,总而言之,学术规范是指"学术从业者社群中的成员所共同认可的学术价值观、选题指向、思维方式、研究手段、编撰方式等方面所构成的不成文的学术成规"[①]。这表明,学术活动并不能随意开展,学者也不能随心所欲将学术成果做成任意想做的样子。这样看来,似乎学术规范限制了学者的学术自由,是一个坏东西。事实上,学术规范限制的"自由"是为了学者更大的"自由"。换句话说,学术规范对于大学的学术活动是很有必要的。第一,学术活动的本质特性决定了学术规范的必要性。学术活动是对未知世界的探究,是追求真理、获得真知的过程。首先,学术研究的开展是建立在已有研究成果的基础之上,对已有研究的引用、借鉴必须有一个标准或规则。《诺贝尔的囚徒》一书谈到,"在科学上有一种约束,或许可以叫作'社会契约'"[②]。我们在引用或借鉴已有研究成果时必须首先予以尊重,同时还必须抱以信任的眼光来对待。其次,学术的发展需要学术共同体内部各成员的相互交流,交流促进质量的提升,而交流的前提是必须有一套各成员共同认可的规范,否则交流无从谈起。最后,学术发挥其社会作用的前提是必须获得同行的认可。而这种认可同样需要有一套作为评判依据的标准。因此,作为大学的学术工作者,无论是进行学术交流,对已有研究的借鉴,还是获得同行的认可,都必须熟悉本学科内的学术行为准则(学术规范),并且必须在实际中遵守这些准则。第二,学术规范的功能决定了其建设的必要性。作为学术界的"宪章"的学术规范,是学术活动得以创新、学术水平得以提高的保障。它产生于学术活动实践过程中,对学术活动起到约束与控制作用。具体而言,学术规范是一种具有自律和他律功能的学术活动准则。它的有效施行不仅可以使学术活动自我规范,还能实现彼此的监督与守护。比如,学术规范可以尽可能减少学者在学术活动中所产生的偏差与错误,学术规范也能够减少学者在学术活动中的个人机会主义的倾向,避免受到一些利益因素的影响,保证学术活动的健康发展。

当前我国的学术规范存在许多弊端。主要表现在如下两个方面:其一,学术规范缺失。很多大学尚未有比较完整、全面的学术规范体系。诚如北京大学的杨松奎教授所言:"一直到今天,就一般学术规范,或者说是学术研究的技术规范而言,国内也仍未统一,更谈不上和国际完全接轨了。"[③]无论是教师还是学生在论文写作、行文规范、引用标注等方面没有一个较为规范和统一的体系。很多学者或者研究生在写论文时至今还不明确哪些地方需要标准,该用怎样的标准等。其二,学术规范普及与教育不充分。学术规范不是拿来观赏的,而

---

①　李振宏.关于大变革时期史学规范问题[N].光明日报,1997-04-24.

②　张意忠.学术规范与美国经验[J].宁波大学学报(教育科学版),2007(5):23-27.

③　杨松奎,张弘.学术规范与学术道德——兼评汪晖事件[J].社会科学论坛,2010(16):84-91.

是拿来用的。而在使用之前就必须先熟知学术规范,即对研究人员进行教育与培训,普及学术规范知识。然而,我国当前学术规范的普及教育是很薄弱的,大部分大学未开设学术规范的课程,连专题讲座也很少。比如,有学者对某所"985"高校的研究生学术道德与学术规范教育现状进行了调查,结论是:"研究生群体中存在较为严重的违反学术规范的行为,研究生对学术规范的认识还远远不够,高校对研究生缺乏充分的学术规范教育。"①

笔者以为,建立一个良好的学术规范,是学术活动健康开展的重要保证,它能够为学术研究人员找到学术研究的标准与依据,从而尽可能减少学术失范现象。首先,大学应当是学术规范建设的组织者,在充分了解学术活动的现状下,根据学术活动的规律,借鉴国外大学学术规范的优秀经验,组织编写科学、统一的学术规范。其次,作为学术活动的主要承担者,大学教师们应当起带头作用,认真学习学术规范,并自觉地在学术活动中遵守学术规范。再次,要利用第一课堂和第二课堂,对广大的研究生、本科生进行学术规范教育。比如,在美国等许多发达国家的大学中,学生一入学便会拿到一本学术规范手册,要求一一遵守,否则会给予严厉的惩罚。最后,要在学术界加强学术批评的活动。尽管在具体的运行过程中可能会碰到很多阻力,但这项活动的价值就在于能够对学术规范的执行情况起到监督作用。目前来看,我国的学术批评活动做得还很不够,需要在这方面进行研究与探讨。

(三)提升学者的学术道德品质

从伦理学理论看,道德主要指"人们应遵循的社会准则与规范,是指在一定社会历史条件下调整人们行为并使之和谐相处的行为准则"②。而《伦理学大辞典》则认为道德是"反映和调整人们现实生活中的利益关系,用善恶标准评价,依靠人们内心信念、传统习惯和社会舆论维系的价值观念和行为规范的总和"③。从这可以看出,道德指的是人在社会生活中应当遵循的一种规范准则。因此,学术道德,简单来说就是从事学术活动的学者们应当遵循的与学术活动有关的规范或准则。比如,在学术研究过程中应客观地对待学术问题,要尊重别的学者的学术成果,不应做剽窃、抄袭、捏造、篡改等事情;在学术评价中应当切实、公正地进行价值上的判断,不应出现"亲疏有别""排除异己"等现象。

当前我国大学的学术道德问题可谓问题重重。近几年来频频见诸网络、报端的学术腐败、学术不端事件已充分说明了学术道德的现状。有学者对当前我国大学教师学术道德失范问题进行调查,得出的结论是:"我国高校教师学术道德失范的普遍性和严重程度已基本显现出来。被调查者对高校教师遵循职业道德的情况评价较低,对失范行为的普遍性作出了较高估计,对身边教师失范行为的判断和估计也较为严重。"④笔者以为,就科研领域来看,大学的学术道德滑坡可以体现在如下几点上:学术研究中求量不求质的粗制滥造、抄袭与剽窃、冒名代笔、低水平重复等;学术评价中的人情稿、关系稿、打压异己、钱学交易等。总之,学术道德失范与滑坡现象是我国目前大学学术活动中一个必须加以关注的问题。

学术道德在本质上是内化于学者个体心中的一种精神产物,是学者对学术的一种价值

---

① 王林.研究生学术规范教育的调查研究[J].中国高教研究,2005(10):27-29.
② 江新华.学术何以失范——大学学术道德失范的制度分析[M].北京:社会科学文献出版社,2005:29.
③ 宋希仁.伦理学大辞典[K].长春:吉林人民出版社,1989:1026.
④ 戎华刚.高校教师学术道德失范问题的实证研究[J].大学教育科学,2011(6):46-51.

观念和精神信仰。因此,提升学者的学术道德品质并非朝夕能成之事,它需要一定时间的积累与养成。一方面,应通过教育手段提升学者的学术道德素养,比如采用专题讲座的方式进行正面宣传,强化学者的学术使命感与责任感,也可以利用反面事例进行教育,让学者们认识到学术道德失范的危害,从而牢固树立养成良好学术道德素养的坚定信念。另一方面,应改革学术管理体制,发挥管理的价值导向作用。比如,改革当前的学术评价中重量不重质的评价标准,因为在学术评价中,"单独以量化的标准来衡量一个学者的学术成就,就会促使人们仅仅追求学术成果的量的积累,而忽视质的方面"①。而对学术成果量的过度追求容易催生一系列违反学术道德的现象。此外,关于学术道德的建设问题也与大学之外的社会环境因素有关。因为学者首先是一个社会人,社会中的不良风气、文化心理都会对学者产生一定的消极影响,而当这些消极的影响被学者带到学术活动中时,就成了学术道德失范的潜在因素。因此,净化社会风气,规范社会伦理道德等也是大学学术道德建设的一个重要方面。

---

① 郑伟.对于当前我国学术道德与学术规范的几点思考[EB/OL].(2010-03-16)[2012-08-25].http://web.cenet.org.cn/web/shangyil/index.php3? file=detail.php3&nowdir=&id=40065&detail=1.

结　语

从某种意义上来说,我国现代意义上的高等教育基本上都是学习和模仿的产物。算起来,从清末高等学堂从西方国家的制度性横移,直至今天大众高等教育时代,几乎有关高等教育的各项制度都是借鉴国外的结果。就同行评议机制而言,从世界范围来看,最早源于15世纪的威尼斯共和国。后来,大约在17世纪中期,英国皇家学会所办的《哲学学报》为了评审入会成员的学术论文而采用了同行评议机制,并且学术界一般把这个时期称为"科学同行评议"的开端。随着社会的发展,科技的进步,科学研究活动的规模与范围迅速扩大,这给同行评议的应用范围提供了土壤与基础。20世纪前几十年,美国率先将同行评议机制引入国家有关大型科研项目的评审中,并迅速带来同行评议的制度性变革。此后,欧洲各国相继采用同行评议机制,并且在大学的学术评价中也逐步使用同行评议。我国大约在20世纪80年代以后才开始引进同行评议机制,并在国家的科学基金以及国家自然科学基金委中使用。

当然,同行评议作为一种主观评价的方法,从来都不可能是完美无缺的。无论是在我国还是国外都一样。比如利益冲突问题,一直是缠绕同行评议并难以得到完美解决的问题。由于利益冲突的存在,同行评议的公正性受到严重干扰,以至于无论是科学家、社会公众还是大学的管理者都对同行评议产生诸多抱怨,同行评议的公信力也不可避免地下降。本来一直备受推崇的学术评价中的"黄金准则"在大量的指责、诟病声中变得有点黯淡,有些尴尬。因此,改革同行评议,治理利益冲突也就变得重要起来,尤其在当今"大科学"时代,科学规模的增长、科研经费的激增需要一个合理的分配机制,以使科学研究的效益更大。大学作为科学研究的重镇,无论是整个学术活动的开展,还是就学术评价体系而言,同行评议都处于一个极为关键的位置。本书的研究正是基于这个目的而开展的。

然而,一方面由于大学学术同行评议所涉及的问题较为敏感,存在诸多争议,因而在理论界较少有学者将此作为一个专门的领域进行深入研究;另一方面,在实践中由于关系到大学学者们的核心利益,因而对于利益冲突问题往往避而不谈。这使得笔者在研究过程中感受到了理论上的建构和实践上的分析之双重困难。但是,困难的存在并非意味着行动的放弃,前人对这方面相关的探索与研究为我辈后人做了很好的榜样。本研究也在这个问题上做了一定的尝试。当然,对大学学术同行评议方面的研究,本书的探讨只是探索征途上的一小步,未来的道路上,还需更多的高等教育研究者前赴后继地进行研究。在笔者看来,今后在这个问题的研究上,理论工作者应尽量避免做一些无谓的抨击工作,少一些经验性、片断性的总结,多一些理论性、系统性的论证。更重要的是要在同行评议及其利益冲突问题的治理上多开展些具有前瞻性、建设性、紧迫性和负责任的讨论。

一、同行评议的现实：学术与利益的纠葛

在学院科学时代，默顿提出的科学家的"四种精神特质"一直被从事学术活动的学者们奉为圭臬。然而，大学不可能永远是孤身于世的象牙塔，它的成长与发展需要外界的阳光与空气。科学研究活动亦如此，离开社会，离开现实的人类生活，它的成长不但缓慢且无法真正发展壮大，甚至会出现生存危机。因此，在后学院科学时代，大学也好，科学研究也好，都与国家、社会以及人类生活紧密结合在一起。这样一来，学术活动不再是一种关起门来的自我生活，它变得更加具有目的性、竞争性和利益性。换句话说，纯粹的为学术而学术的科学研究将难以为继，不复存在，学术的生存与发展必然具有外在的属性。因此，在这种背景下，尽管作为一种学者的学术规范与态度，默顿规范具有其现实的规范性意义，但我们必须清醒地认识到，学术活动的利益性特征已经彰显。往大的方面讲，学术活动关系到国家政治、经济与文化的利益；而从小的方面看，学术活动也关系学者们的物质形态的收入、奖金和精神形态的声誉、地位等方面。同行评议作为一种有限学术资源的分配机制，必然涉及学者们学术利益的分配问题。也正因为如此，利益冲突问题才会在同行评议中如此"走俏"并难以解决。

学术的利益性特征给我们的启示是：其一，必须正视学术利益的存在，要承认正当的学术利益的合法性，不能盲目抨击和随意批判。因为在学术职业化的大前提下，学术的利益性是应有之义，不加分析地盲目批判和大肆鞭挞都不科学。换句话说，在今天再提倡牺牲学者的所有的私人利益来进行学术研究活动是不太现实的。同行评议是一种学术评价方式或机制，它自然涉及学者们众多的学术利益问题，由此导致同行评议自身也充满着矛盾与冲突。其二，学者们在学术活动中，无论承担何种角色都不应谈利益色变，如果是正当的学术利益，就不必避其远之。如果是非法的学术利益，应当事先有所披露，公之于众，做一个无愧于心的坦荡的学者。其三，当我们在讨论同行评议中的利益冲突时，眼界应放宽，放至整个学术事业和学术体制中，因为同行评议中的利益矛盾，究其根源乃是整个学术体制中的利益问题。要改革同行评议，不能仅停留于同行评议小范围内的修修补补，而是要完善整个学术体制。

二、同行评议的未来：自主与控制的协调

同行评议自其诞生之日起便是学术自主性的化身，没有自主便没有同行评议。而且同行评议的发展过程也是学术自主性得到不断发展的过程。从某种程度上来说，同行评议是以学术共同体为基础，以某种学术规范为约束，对学术的水平或重要性做的价值判断。这就意味着其有较强的专业性特征，一般外人难以介入和操作。因此，提倡学术上的自主与自治是同行评议的本质性规定。当然，这种自主，排除了学者个体的、散漫的纯粹意义上的自由，而是代表一种具有较强专业性和组织性的学术共同体的自由。正如伯克科特（Berkenkotter）所言，"人们将同行评议的广泛开展看作学科形成和学科专业化的指示灯"[①]。换句话说，同

---

① Berkenkotter C.The Power and the Perils of Peer Review [J].Rhetoric,1995(2):245-248.

行评议的自主性需要,是一种学科或专业发展的自主性需要。这种自主性体现为与外界其他场域对比具有其特殊性的规律与特征。

然而,任何一种自主都不是绝对性的自主,任何自主都有其限度,同行评议的自主性也不例外。这种自主的限度不仅源于同行评议自身,也源于同行评议之外的社会。就同行评议自身而言,在笔者看来,给予专家共同体绝对的自主必然导致这种自主的滥用和无序。一方面,学术利益性的存在导致学者之间的利益竞争,竞争的结果必然形成学术的社会分层,处于上层的学术人员为了维护既得的利益又反过来影响竞争、控制竞争,进而达到垄断学术利益的目的。现实中出现的学术利益团体、"山头主义"等就是一种明显的表征。另一方面,人性本有的缺陷使得绝对自主权的行使变得不那么可靠和可信。在专家共同体进行主观评价学术成果时,如果没有限制的自主过于强大,必然导致人性的弱点得到自由膨胀与发挥,进而违反同行评议应有的规范与程序,扰乱同行评议的秩序,破坏同行评议的客观与公正性。就同行评议之外的社会而言,社会与学术之间的关系使得同行评议绝对自主权的获得没有了实现的现实土壤与条件。因为,学术与社会的政治、经济、文化之间所形成的相互依存的关系,必然使得社会不甘心将学术的管理权力完全交给学者们。其需要通过对学术的管理来实现学术为社会服务的目的。

同行评议对于自主性的需要以及自主所需要的限度给理论工作者提供了指导性的思路。即空谈无限制的自主不仅是一种不切实际的幻想,甚至是一种不合理、不科学的做法。当然,强调绝对的控制自然也是错误的。较为科学的做法应当是实行自主与控制的协调发展。在未来的同行评议改革与完善过程中,一方面,要继续加强学者的学术自主权,尽可能地避免学术之外力量的不科学干预,让学者真正拥有裁定学术应有的自主权。另一方面,社会应当通过相应的制度建设对学者的学术评判的自主权进行相应的监督和控制,防止学者学术自主权的滥用与无序。倘若能做到自主与控制的真正的协调,相信,大学学术同行评议的未来必然会走向更加健康、更加生态的层面。

附录 1　大学学术同行评议中的
利益冲突调查问卷

尊敬的老师：

您好！

我们是厦门大学教育研究院的科研人员。这是一项旨在了解有关大学学术同行评议中的利益冲突情况的调查。本问卷采用匿名方式，调查结果只用于研究，感谢您百忙之中填写这份问卷！填写该问卷大概需 5～10 分钟。

2011 年 6 月

请您先阅读下面两条概念介绍

1.大学学术同行专家评议（价）

主要指有关大学学术成果的评价，即由相同学科或专业的内行专家对本领域的学术成果质量的一种鉴定或评判。它是学术评价中的一种组织形式，广泛运用于*科研成果的评奖、投稿论文审稿、科研项目的评审、职称评聘的评审等活动中。（同行实质等同于本学科或专业的内行）*

2.利益冲突

主要指评议专家因私人或所在单位的各方面利益*（如经济利益、人情关系、学派、单位、地域等）有可能影响其对学术成果的客观性评价。*

学校：＿＿＿＿＿＿＿＿＿＿＿＿＿

您的性别：A.男　　　　B.女

您的职称：A.初级　　　B.中级　　　C.副教授（副研究员）　　　D.教授（研究员）

您的学历：A.专科　　　B.本科　　　C.硕士　　　D.博士

您所在学校属于：A.研究型大学　　　　　B.研究教学型大学

　　　　　　　　C.教学研究型大学　　　D.教学型大学

您所在的学科：A.（大）文科　　B.（大）理科

您是否担任过学术同行评议活动（如科研成果评奖、教师职称评聘、投稿论文评审、科研项目评审等）的评议专家？

　　A.担任过　　　B.未担任过

1.您是否了解学术同行专家在评议学术成果时存在的利益冲突问题？

  A.很了解   B.比较了解   C.比较不了解 D.很不了解

2.您是否在乎弄清楚学术同行评议中的利益冲突问题？

  A.很在乎   B.比较在乎   C.比较不在乎 D.很不在乎

3.您怎么看待学术同行专家评议中存在的利益冲突现象？

  A.很正常   B.比较正常   C.比较不正常 D.很不正常

4.您怎样评价利益冲突对大学学术同行评议的影响程度？

  A.很严重   B.比较严重   C.比较不严重 D.很不严重

5.您对学术同行专家评议中存在利益冲突是持一种怎样的态度？

  A.很气愤   B.比较气愤   C.比较不气愤 D.无所谓

6.您认为当前学术同行专家在进行学术成果的评议时公正性如何？

  A.很公正   B.比较公正   C.比较不公正 D.很不公正

7.您是否同意利益冲突是影响大学学术同行评议公正性的主要原因？

  A.完全同意   B.比较同意   C.比较不同意 D.完全不同意

8.您认为学术同行专家存在利益冲突是否一定会导致评价的不公正现象？

  A.绝对会   B.应该会   C.应该不会   D.绝对不会

9.若利益冲突不会被揭发,利益问题导致同行评议不公正的可能性大吗？

  A.非常大   B.比较大   C.比较小   D.非常小

10.您认为学术同行评议中利益冲突现象的产生可以避免吗？

  A.完全不可避免 B.不可避免   C.可以避免   D.完全可以避免

11.您是否同意人情关系的传统是导致同行评议中利益冲突产生的最重要原因？

  A.完全同意   B.比较同意   C.比较不同意 D.完全不同意

12.您认为对学术同行评议的利益冲突进行分类有必要吗？

  A.很有必要   B.比较有必要   C.比较没必要 D.完全没有必要

13.您是否了解当前学术同行评议的利益冲突分类情况？

  A.很了解   B.比较了解   C.比较不了解 D.完全不了解

14.您认为要治理学术同行评议中的利益冲突问题的难度大吗？

  A.难度很大   B.比较有难度   C.比较没有难度 D.完全没有难度

15.您认为通过提高评议专家的道德水平对利益冲突治理的作用大吗？

  A.非常大   B.比较大   C.比较小   D.非常小

16.您认为通过制度建设对学术同行评议利益冲突的治理重要吗？

  A.非常重要   B.比较重要   C.比较不重要 D.非常不重要

17.您所在大学有关利益冲突的政策或制度完备吗？

  A.非常完备   B.比较完备   C.比较不完备 D.非常不完备

18.您所在大学的相关部门领导是否重视同行评议中的利益冲突问题？

  A.非常重视   B.比较重视   C.比较不重视 D.非常不重视

19.您对当前大学学术同行评议中的盲审与学术回避制度的效果是怎样看待的？

  A.很有效果   B.比较有效果   C.比较没效果 D.完全没有效果

20.若利益冲突导致了同行评议中不公正行为的发生,您认为最重要的原因是：

A.评议前与评议后无任何防范或惩戒利益冲突的措施或制度

B.评议专家的私人利益大大超过其的职责利益

C.评议专家学术道德低劣

D.存在不会被揭发或暴露的侥幸心理

21.请您对下面 4 条利益冲突产生的原因按重要性程度从高到低进行排序。

A.人性的弱点所致   B.重视人情关系的文化传统

C.有限学术资源的激烈竞争   D.大学的行政权力过度干预

排序：_____

22.请您对下面的 7 种利益冲突类型按重要性程度从高到低进行排序。

A.裙带、血缘、"熟人"等人际关系冲突

B.纯粹的经济或物质利益冲突

C.行政或学术权威的施压、交代、指派

D.直接或间接的私人恩怨冲突

E.同行的竞争引起的冲突

F.因价值观、信仰、宗教的不同等方面引起的冲突

G.因倾向本学派、本单位、本地域、本专业等方面的本位冲突

排序：_____

23.其他与大学学术同行评议利益冲突问题有关的意见或建议：

_____

_____

_____

再次感谢您的理解与支持！祝您工作顺利,生活愉快！

附录 2　访谈提纲

　　1.你了解大学学术评价中的同行评议吗？请你根据自身的体会或者所见所闻,谈谈对当前大学里的学术同行评议的总体看法,并请给出一个总体感受。

　　2.在你看来,学术同行评议存在的合理性是什么？有没有存在的必要性？为什么？

　　3.在当前大学学术同行评议的实践中,存在许多不客观、不公正的现象,你认为导致这些现象产生的原因有哪些？可能的话,请举例说明。

　　4.你怎么看待人情关系因素在学术同行评议过程中的影响？一般包括哪些比较典型的人情关系？

　　5.你认为我国大学行政权力的泛化对同行专家在学术评审中的影响表现在哪些方面？

　　6.你认为要克服同行评议中出现的这些问题难度大不大？为什么？

　　7.你对大学学术同行评议的前景持什么看法？并请你谈谈如何尽可能做到防范与规避利益冲突。

附录3 访谈对象简况表

序号	编码	性别	职称	学科	访谈方式	院校类型	院校所在地
1	A1	男	副教授	理科	电话访谈	"985"高校	广东
2	A2	女	讲师	文科	网络访谈	"985"高校	广东
3	B1	女	副教授	理科	网络访谈	"211"高校	广西
4	B2	男	讲师	文科	网络访谈	"211"高校	广西
5	C1	男	副教授	文科	面谈	一般本科	福建
6	C2	男	教授	文科	网络访谈	一般本科	福建
7	D1	男	讲师	文科	面谈	"985"高校	福建
8	D2	男	教授	文科	面谈	"985"高校	福建
9	E1	男	教授	文科	面谈	一般本科	福建
10	E2	男	教授	理科	面谈	一般本科	福建
11	F1	男	副教授	文科	网络访谈	一般本科	浙江
12	F2	男	副教授	文科	电话访谈	一般本科	浙江
13	G1	男	副教授	理科	电话访谈	一般本科	江西
14	G2	男	讲师	文科	电话访谈	一般本科	江西
15	H1	女	讲师	文科	电话访谈	一般本科	江西
16	H2	男	讲师	文科	网络访谈	一般本科	江西
17	I1	男	讲师	文科	网络访谈	"211"高校	福建
18	I2	女	副教授	文科	面谈	"211"高校	福建
19	J1	女	讲师	理科	网络访谈	一般本科	江苏
20	J2	男	副教授	文科	网络访谈	一般本科	江苏

参考文献

一、著作

[1][美]乔治·里茨尔.社会的麦当劳化——对变化中的当代社会生活特征的研究[M].顾建光,译.上海:上海译文出版社,1999.

[2]江新华.学术何以失范——大学学术道德失范的制度分析[M].北京:社会科学文献出版社,2005.

[3][美]达里尔·E.楚宾,爱德华·J.哈克特.难有同行的科学:同行评议与美国科学政策[M].谭文华,曾国屏,译.北京:北京大学出版社,2001.

[4]桂勤.蔡元培学术文化随笔[M].北京:中国青年出版社,1996.

[5][德]雅斯贝尔斯.什么是教育[M].邹进,译.北京:生活·读书·新知三联书店,1991.

[6][英]罗素.西方哲学史(上)[M].马元德,译.北京:商务印书馆,1963.

[7]龚旭.科学政策与同行评议——中美科学制度与政策比较研究[M].杭州:浙江大学出版社,2009.

[8]吴述尧.同行评议方法论[M].北京:科学出版社,1996.

[9]丁学良.什么是世界一流大学[M].北京:北京大学出版社,2004.

[10]刘明.学术评价制度批判[M].武汉:长江文艺出版社,2001.

[11]尚丛智.科学社会学——方法与理论基础[M].北京:高等教育出版社,2008.

[12][法]皮埃尔·布尔迪厄.科学的社会用途[M].刘成富,张艳,译.南京:南京大学出版社,2005.

[13][美]科尔.科学界的社会分层[M].赵佳苓,顾昕,黄绍林,译.北京:华夏出版社,1989.

[14][英]皮尔逊.科学的规范[M].李醒民,译.北京:华夏出版社,1999.

[15][美]库恩.必要的张力[M].范岱年,纪树立,译.北京:北京大学出版社,2004.

[16][英]托尼·比彻,保罗·特罗勒尔.学术部落及其领地[M].唐跃勤,蒲茂华,陈洪捷,译.北京:北京大学出版社,2008.

[17]杨玉圣.学术规范与学术批评[M].开封:河南大学出版社,2005.

[18]魏屹东.科学活动中的利益冲突[M].北京:科学出版社,2006.

[19]王蒲生.科学活动中的行为规范[M].呼和浩特:内蒙古人民出版社,2006.

[20]科学技术部科研诚信建设办公室.科研诚信知识读本[M].北京:科学技术文献出版社,2010.

[21][美]史蒂芬·科尔.科学的制造:在自然界与社会之间[M].林建成,王毅,译.上海:上海人民出版社,2001.

[22][美]尼古拉·斯丹尼克.科研伦理入门——ORI介绍负责任研究行为[M].曹南燕,吴寿乾,姚莉萍,等译.北京:清华大学出版社,2005.

[23][英]约翰·齐曼.真科学[M].曾国屏,匡辉,张成岗,译.上海:上海科技教育出版社,2008.

[24][美]爱德华·希尔斯.学术的秩序——当代大学论文集[M].李家永,译.北京:商务印书馆,2007.

[25][美]唐纳德·肯尼迪.学术责任[M].阎凤桥,等译.北京:新华出版社,2002.

[26][美]阿尔弗雷德·舒茨.社会实在问题[M].霍桂桓,译.北京:华夏出版社,2001.

[27][美]伯顿·R.克拉克.高等教育新论:多学科的研究[M].王承绪,译.杭州:浙江教育出版社,2001.

[28][美]罗伯特·默顿.科学社会学——理论与经验研究[M].鲁旭东,林聚任,译.北京:商务印书馆,2004.

[29][美]约瑟夫·本-戴维.科学家在社会中的角色[M].赵佳苓,译.成都:四川人民出版社,1988.

[30][美]德里克·博克.走出象牙塔——现代大学的社会责任[M].徐小洲,陈军,译.杭州:浙江教育出版社,2001.

[31][法]爱弥尔·涂尔干.教育思想的演进[M].李廉,译.上海:上海人民出版社,2006.

[32][法]雅克·勒戈夫.中世纪的知识分子[M].北京:商务印书馆,1996.

[33]张应强.高等教育现代化的反思与建构[M].哈尔滨:黑龙江教育出版社,2000.

[34][英]约翰·齐曼.知识的力量——科学的社会范畴[M].上海:上海科学技术出版社,1985.

[35][法]利奥塔.后现代状态——关于知识的报告[M].车槿山,译.北京:生活·读书·新知三联书店,1997.

[36][美]查尔斯·霍默·哈斯金斯.大学的兴起[M].梅义征,译.上海:上海三联书店,2007.

[37]马克思恩格斯选集(第3卷)[M].北京:人民出版社,1995.

[38]王战军,蒋国华.科研评价与大学评价[M].北京:红旗出版社,2001.

[39]彭江.中国大学学术研究制度变革[M].武汉:华中师范大学出版社,2009.

[40]毛泽东选集(第1卷)[M].北京:人民出版社,1991.

[41][德]黑格尔.小逻辑[M].贺麟,译.北京:商务印书馆,1980.

[42]中国人民大学哲学系逻辑教研室.形式逻辑[M].北京:中国人民大学出版社,1988.

[43]列宁全集(第38卷)[M].北京:人民出版社,1972.

[44][法]皮埃尔·布尔迪厄.科学之科学与反观性[M].陈圣生,涂释文,梁亚红,等译.桂林:广西师范大学出版社,2006.

[45][德]马克斯·韦伯.社会学的基本概念[M].胡景北,译.上海:上海人民出版社,2000.

[46][美]托马斯·库恩.科学革命的结构[M].金吾伦,胡新和,译.北京:北京大学出版社,2003.

[47][美]林德伯格.西方科学的起源[M].王珺,刘晓峰,周文峰,等译.北京:中国对外翻译出版公司,2001.

[48][美]伯顿·克拉克.探究的场所——现代大学的科研和研究生教育[M].王承绪,译.杭州:浙江教育出版社,1998.

[49]宋旭红.学术职业发展的内在逻辑[M].武汉:华中科技大学出版社,2008.

[50]徐少锦.科技伦理学[M].上海:上海人民出版社,1989.

[51][英]贝尔纳.科学的社会功能[M].陈体芳,译.桂林:广西师范大学出版社,2003.

[52]陈平原.超越规则[M].珠海:珠海出版社,1995.

[53]李醒民.见微知著——中国学界学风透视[M].开封:河南大学出版社,2006.

[54][西]奥尔特加·加塞特.大学的使命[M].徐小洲,陈军,译.杭州:浙江教育出版社,2001.

[55][美]约翰·S.布鲁贝克.高等教育哲学[M].郑继伟,张维平,徐辉,等译.杭州:浙江教育出版社,2001.

[56]王玉梁,岩崎允胤.中日价值哲学新论[M].西安:陕西人民教育出版社,1994.

[57]李醒民.科学的精神与价值[M].石家庄:河北教育出版社,2001.

[58][美]刘易斯·科塞.社会冲突的功能[M].孙立平,译.北京:华夏出版社,1989.

[59][美]史蒂芬·霍金.时间简史——从大爆炸到黑洞[M].许明贤,吴忠超,译.长沙:湖南科学技术出版社,1996.

[60][美]迈克尔·马尔凯.科学与知识社会学[M].林聚任,等译.北京:东方出版社,2001.

[61]周星.文化自觉与跨文化对话[M].北京:北京大学出版社,2001.

[62]赖鼎铭.科学欺骗行为[M].台北:唐山出版社,2001.

[63]张九庆.自牛顿以来的科学家——近现代科学家群体透视[M].合肥:安徽教育出版社,2002.

[64]潘懋元.潘懋元文集(卷二·理论研究上)[M].广州:广东高等教育出版社,2010.

[65][美]埃德加·沙因.组织心理学[M].余凯成,李校怀,何威,译.北京:经济管理出版社,1957.

[66][美]刘易斯·科塞.理念人——一项社会学的考察[M].郭方,等译.北京:中央编译出版社,2001.

[67][英]亚当·斯密.国富论[M].谢宗林,李华夏,译.西安:陕西人民出版社,2001.

[68]张万朋.高等教育经济学[M].南宁:广西师范大学出版社,2004.

[69]张维迎.博弈论与信息经济学[M].上海:上海人民出版社,1996.

[70]陈通.宏微观经济学[M].天津:天津大学出版社,2006.

[71][美]加里·S.贝克尔.人类行为的经济学分析[M].王业宇,陈琪,译.上海:上海人民出版社,1995.

[72][法]皮埃尔·布尔迪厄,L.华康德.实践与反思——反思社会学导论[M].李猛,李康,译.北京:中央编译出版社,1998.

[73]王恩华.学术越轨批判[M].长沙:湖南师范大学出版社,2005.

[74][德]马克斯·韦伯.新教伦理与资本主义精神[M].于晓,陈维纲,译.北京:生活·读书·新知三联书店,1987.

[75][美]约翰·罗尔斯.正义论[M].何怀宏,何包钢,廖申白,译.北京:中国社会科学出版社,1988.

[76]张彦.科学价值系统论[M].北京:社会科学文献出版社,1994.

[77]张碧辉.科学社会学[M].北京:人民出版社,1990.

[78]郭贵春,成素梅.科学技术哲学概论[M].北京:北京师范大学出版社,2006.

[79]冯坚,王英萍,韩正之.科学研究的道德与规范[M].上海:上海交通大学出版社,2007.

[80]庞朴.文化的民族性与时代性[M].北京:中国和平出版社,1988.

[81]梁漱溟.东西文化及其哲学[M].北京:商务印书馆,1999.

[82]庄锡昌.多维视野中的文化理论[M].杭州:浙江人民出版社,1987.

[83]张平治,杨景龙.中国人的毛病[M].北京:中国社会出版社,1998.

[84]黄国光,胡先缙.面子:中国人的权力游戏[M].北京:中国人民大学出版社,2005.

[85]翟学伟.面子·人情·人情网[M].郑州:河南人民出版社,1994.

[86][美]米歇尔·拉蒙特.教授们怎么想——在神秘的学术评判体系内[M].孟凡礼,唐磊,译.北京:高等教育出版社,2011.

[87]吕耀怀.越轨论[M].长沙:中南工业大学出版社,1997.

[88]庞树奇.普通社会学理论[M].上海:上海大学出版社,2000.

[89][德]柯武刚.新制度经济学[M].韩朝华,译.北京:商务印书馆,2001.

[90]邓晓芒.人之镜[M].昆明:云南人民出版社,1996.

[91]孔宪铎.东西象牙塔[M].北京:北京大学出版社,2004.

[92]孔宪铎.我的科大十年[M].北京:北京大学出版社,2004.

[93]吴家玮.同创香港科技大学——初创时期的故事和人物志[M].北京:清华大学出版社,2007.

[94]俞可平.治理与善治[M].北京:社会科学文献出版社,2000.

[95]龙宗智.相对合理主义[M].北京:中国政法大学出版社,1999.

[96][英]弗里德利希·冯·哈耶克.自由秩序原理[M].邓正来,译.北京:生活·读书·新知三联书店,1997.

[97][英]以赛亚·伯林.自由论[M].胡传胜,译.南京:译林出版社,2003.

[98][美]道格拉斯·C.诺思.制度、制度变迁与经济绩效[M].杭行,译.上海:格致出版社,2008.

[99]李泽彧.科学与民主:高等学校内部管理的多视角研究[M].厦门:厦门大学出版社,2010.

[100]卢现祥.西方新制度经济学[M].北京:中国发展出版社,1996.

二、期刊

[1]施宝华.李政道谈学问[J].半月选读,2007(4).

[2]阎光才.学术共同体内外的权力博弈与同行评议制度[J].北京大学教育评论,2009(1).

[3]张彦.论科学评价的社会学机制[J].南京大学学报(哲学·人文科学·社会科学版),1995(4).

[4]徐彩荣,李晓轩.国外同行评议的不同模式与共同趋势[J].科学学与科学技术管理,2005(2).

[5]朱作言.同行评议与科学自主性[J].中国科学基金,2004(5).

[6]韩水法.终身教职与学术共同体[J].中国高等教育,2006(20).

[7]徐超富.大学第二中心:科学研究的演变轨迹及其特点[J].中国软科学,2003(12).

[8]李志峰.欧洲中世纪大学学术研究的形式与特征[J].北京科技大学学报,2006(3).

[9]丁玉霞,李福华.论大学学术制度的起源[J].大学·研究与评价,2007(2).

[10]张彦.论同行评议的改进[J].社会科学研究,2008(3).

[11]胡明铭,黄菊芳.同行评议研究综述[J].中国科学基金,2005(4).

[12]郭碧坚.科技管理中的同行评议:本质、作用、局限、替代[J].科技管理研究,1995(4).

[13]詹先明."学术共同体建设":学术规范、学术批评与学术创新[J].江苏高教,2009(3).

[14]边国英.学术的影响因素分析[J].北京大学教育评论,2007(4).

[15]袁广林.大学学术共同体:特征与价值[J].高教探索,2011(1).

[16]苌光锤,李福华.学术共同体的概念及其特征辨析[J].煤炭高等教育,2010(5).

[17]韩身智.信任与发展——社会科学发展与学术评价若干问题思考[J].社会科学论坛,2010(7).

[18]陈学飞.谈学术规范及其必要性[J].中国高等教育,2003(11).

[19]胡军.知识论与哲学——评熊十力对西方哲学中知识论的误解[J].北京大学学报,2002(2).

[20]陈新汉.当代中国的价值论研究和哲学的价值论转向[J].复旦学报(社会科学版)2003(5).

[21]纳雪沙.张岱年先生对新价值论的探索[J].前沿,2012(3).

[22]赖金良.哲学价值论研究的人学基础[J].哲学研究,2004(5).

[23]许秀丽.方法论浅析——实践哲学方法论[J].科技创新导报,2010(34).

[24]李真真.治理科研不端行为:从内化模式向制度化模式转变[J].科技中国,2006(8).

[25]张应强.促进学术共同体的建立,营造良好的学术评价环境[J].华中科技大学学报,2008(4).

[26]王平.同行评议中的制度性越轨行为[J].自然辩证法通讯,2000(4).

[27]曹南燕.论科学的"祛利性"[J].哲学研究,2003(5).

[28]张晓明.论利益概念[J].哲学动态,1995(4).

[29]赵乐静.科学研究中的利益冲突[J].自然辩证法研究,2001(1).

[30]邱仁宗.利益冲突[J].医学与哲学,2001(12).

[31]王孝哲.论人的利益及利益追求[J].江汉论坛,2010(7).

[32]钟书华.同行评议:科学共同体的民主决策机制解析[J].社会科学管理与评论,2002(1).

[33]郭碧坚,韩宇,赵艳梅.同行评议中的"名人效应"[J].科技导报,1994(7).

[34]曹南燕.科学研究中利益冲突的本质与控制[J].清华大学学报(哲学社会科学版),2007(1).

[35]江易华,徐力.论归纳问题的核心——关于归纳的不合理性[J].现代商贸工业,2011(23).

[36]张纯成.科学活动中利益冲突的形式、诱因、控制和防范[J].河南大学学报(社会科学版),2009(5).

[37]周颖,王蒲生.同行评议中的利益冲突分析与治理对策[J].科学学研究,2003(3).

[38]韩少功.人情超级大国(一)[J].读书,2001(12).

[39]陈进寿.从人际关系谈同行评议制的改进[J].中国科学基金,2002(3).

[40]赵本全.人性假设理论基础上的高等学校管理[J].内蒙古师范大学学报,2007(1).

[41]李志峰,杨开洁.基于学术人假设的高校学术职业流动[J].江苏高教,2009(5).

[42]徐小龙.帕累托的精英理论评析[J].理论观察,2007(5).

[43]文剑英.科学活动中利益冲突的公开[J].科学技术哲学研究,2010(6).

[44]李磊.关于人性假设的理论思考[J].天津社会科学,2002(6).

[45]贺卫,王浣成.从经济人到效用人——经济学中人性假设的飞跃[J].山西财经大学学报,2000(3).

[46]李桂君."经济人假设"泛化的不合理性刍议[J].中共四川省委党校学报,2002(4).

[47]王振贤.委托-代理理论及其借鉴价值[J].天津党校学刊,1998(1).

[48]陈敏,杜才明.委托代理理论述评[J].中国农业银行武汉培训学院学报,2006(6).

[49]周伟,李全生.基于委托-代理理论下的中国高等教育评估问题[J].华东经济管理,2008(12).

[50]蔡文兰.防范与矫正教师"道德风险"的有效机制——基于"委托-代理"理论视角[J].教育科学论坛,2008(4).

[51]李全生.布尔迪厄场域理论简析[J].烟台大学学报(哲学社会科学版),2002(4).

[52]朱彦明.布尔迪厄的"科学场"观念[J].自然辩证法研究,2007(1).

[53]宫留记.论布尔迪厄的高等教育理论[J].现代大学教育,2008(4).

[54]郭海青.试述布尔迪厄关系主义视角下的场域惯习理论[J].湖南文理学院学报,2008(5).

[55]毕云天.布尔迪厄的"场域-惯习"论[J].学术探索,2004(1).

[56]王华生.权力场域的强势存在:学术腐败的深层制度诱因[J].河南大学学报(社会科学版),2010(5).

[57]傅旭东.学术评价绩效的影响因素分析[J].中国科技论坛,2005(2).

[58]王永进,邬泽天.我国当前社会转型的主要特征[J].社会科学家,2004(6).

[59]阎志刚.社会转型与转型中的社会问题[J].广东社会科学,1996(4).

[60]徐英.学术研究:功利性抑或超功利性[J].广播电视大学学报(哲学社会科学版),2000(4).

[61]薛桂波.从角色理论谈科学家的伦理困境[J].兰州学刊,2008(12).

[62]韩丽峰,徐飞.学术成果发表中不端行为的形式、成因和防范[J].科学学研究,2005(5).

[63]陈敬全,吴善超,韩宇.美国国家科学基金会雇员利益冲突政策及思考[J].中国基础科学,2008(6).

[64]张金明.论"官本位"思想对我国现代知识群体的影响[J].前沿,2011(11).

[65]朱岚.中国传统官本位思想生发的文化生态根源[J].理论学刊,2005(11).

[66]沈亮."官味度"揭开教育科研官本位面纱[J].领导文萃,2009(4).

[67]上官子木.官本位是阻碍我国学术发展的制度因素[J].社会科学论坛,2009(5).

[68]涂碧.试论中国的人情文化及其社会效应[J].山东社会科学,1987(4).

[69]李钢.中国传统文化转型的代价沉思[J].学习与探索,2007(4).

[70]刘爱玲,王平,宋子良.科技奖励评审的过程研究[J].科学学研究,1997(1).

[71]崔阳.如何创建世界一流大学——香港科技大学的探索[J].大学教育科学,2007(1).

[72]张济洲.美国国家科学基金资助大学科研的机制、特点及启示[J].教育与经济,2011(1).

[73]汤全起.美国高校师资管理机制探析[J].高等教育研究,2005(1).

[74]刘凡,沈兰芳.耶鲁大学教师聘任制度剖析[J].高等教育研究,2005(4).

[75]复旦大学访美考察团.为何耶鲁是耶鲁[J].教育发展研究,2004(2).

[76]郑钰莹,顾建民.同行学术评议初探[J].高等工程教育研究,2005(6).

[77]张金辉.耶鲁大学成为一流学府的经验分析[J].河北大学学报(哲学社会科学版),2007(2).

[78]汪润珊,傅文第,孙悦.香港科技大学高水平师资队伍建设的特点与启示[J].教育探索,2011(3).

[79]荆卉.Science 的选稿标准、审稿过程及其电子版[J].中国科技期刊研究,1998(2).

[80]丁佐奇,郑晓南,吴晓明.科技期刊中的利益冲突问题及防范对策[J].编辑学报,2010(5).

[81]崔雪莲.治理概念及其理论适用性分析[J].郑州航空工业管理学院学报(社会科学版),2007(4).

[82]吴志成.西方治理理论述评[J].教学与研究,2004(6).

[83]何秋钊.试论高校学术自由权及其内部保障[J].社会科学研究,2005(4).

[84]任远.纠缠不清的大学学术权力与行政权力[J].书摘,2008(6).

[85]王英杰.大学学术权力与行政权力解析——一个文化的视角[J].北京大学教育评论,2007(1).

[86]吕立志.崇尚学术:中国大学建设内在之魂[J].高等教育研究,2011(1).

[87]张意忠.学术规范与美国经验[J].宁波大学学报(教育科学版),2007(5).

[88]杨松奎,张弘.学术规范与学术道德——兼评汪晖事件[J].社会科学论坛,2010(16).

[89]戎华刚.高校教师学术道德失范问题的实证研究[J].大学教育科学,2011(6).

[90]洪茹燕,汪俊昌.后学院时代大学知识生产式再审视[J].自然辩证法研究,2008(6).

三、学位论文

[1]杨素娟.科技项目立项同行评议评审专家反评价体系构建研究[D].沈阳:沈阳理工大学,2009.

[2]刘鲁宁.科技项目同行评议体系反评估模型分析与设计[D].哈尔滨:哈尔滨工业大学,2007.

[3]张荣.新环境下同行评议的机制研究[D].武汉:武汉大学,2005.

[4]毛莉莉.论同行评议的公平、公正原则[D].上海:东华大学,2007.

[5]高军.大学教师学术评价研究[D].南京:南京师范大学,2008.

[6]甘志频.从科学共同体的发展看中国科学共同体的优化[D].武汉:武汉理工大,2003.

[7]周颖.同行评议中的利益冲突研究[D].北京:清华大学,2003.

[8]白勤.高校教师学术不端行为治理研究[D].成都:西南大学,2011.

[9]王全林.知识分子视角下的大学教师研究[D].南京:南京师范大学,2005.

[10]车丽娜.教师文化的嬗变与重建[D].济南:山东师范大学,2007.

四、报纸

[1]冯永锋."同行评议"成为青年科学家关注热点[N].光明日报,2004-11-19.

[2]徐萍.高等教育理论工作者的社会责任及学科立场[N].江苏教育报,2010-05-31.

[3]晋雅芬.中国期刊发展的六十年:起起伏伏总向前[N].中国新闻出版报,2009-09-23.

[4]杨晨光.服务社会:大学创新的意义所在[N].中国教育报,2006-07-18.

[5]何毓琦.一位外籍院士给宋健院士的信:中国学术失范的原因及实例[N].科学时报,2006-02-06.

[6]陈季冰.学术不端、学术规范与学术共同体[N].南方都市报,2009-04-25.

[7]韩启德.学术共同体当承担学术评价重任[N].光明日报,2009-10-12.

[8]赵亚辉.科学家为什么想当官[N].人民日报,2010-08-09.

[9]艾斐.文化的价值导向与精神追求[N].人民日报,2009-06-26.

[10]李振宏.关于大变革时期史学规范问题[N].光明日报,1997-04-24.

五、电子文献

[1]叶铁桥.湖南高校职称评审黑幕被揭 事件引发呼吁[EB/OL].(2012-05-09)[2012-

07-15].http://www.yangtse.com/system/2012/05/09/013299673.shtml.

[2]朱大明.学术评价量化与同行评议[EB/OL].(2007-09-21)[2011-10-20].http://www.cas.cn/jzd/jlt/jrdhp/200709/t20070921_1688287.shtml.

[3]秦晖.共同体·社会·大共同体——评滕尼斯《共同体与社会》[EB/OL].(2010-08-20)[2011-10-15].http://www.aisixiang.com.

[4]高蒙河.副教授是怎样评不上教授的[EB/OL].(2009-12-02)[2012-07-15].http://gaomenghe.blog.sohu.com/138436014.html.

[5]李健.院士痛陈学术腐败 亿元经费浪费无追究[EB/OL].(2005-01-28)[2012-03-25].http://www.edu.cn/20050128/3128127.shtml.

[6]李侠.过度竞争:消解学术责任的无形之手[EB/OL].(2007-03-29)[2012-07-13].http://news.sciencenet.cn/sbhtmlnews/200733001118699176094.html? id=176094.

[7]谢文兵.美国国立卫生院资助率下降[EB/OL].(2010-04-21)[2012-08-02].http://news.sciencenet.cn/htmlnews/2010/4/231201.shtm.

[8]刘海涛.教师的职称——教研创的故事九[EB/OL].(2005-12-01)[2011-09-04]:http://blog.stnn.cc/lhtao/Efp_Bl_1000797689.aspx.

[9]楼宇烈.中国以道德和自觉、自律来维系社会和家庭[EB/OL].(2010-02-03)[2012-08-05].http://culture.people.com./GB/87423/10923514.html.

[10]刘莉,付毅飞.院士呼吁:学术道德维护到了最危险的时刻[EB/OL].(2010-11-01)[2012-08-05].http://scetech.peiple.com.cn/GB/13095887.html.

[11]曹林.评论:学术界丑闻频曝表明已丧失基本耻感[EB/OL].(2009-08-05)[2012-08-06].http://www.chinanews.com/gn/news/2009/08-05/1804403.shtml.

[12]张旭昆.政府应当对学术成果作出终审评价吗? [EB/OL].(2012-02-26)[2012-08-21].http://blog.jrj.com.cn/4811943870,6541442a.html.

[13]温才妃.中国教科院职称评定遭质疑[EB/OL].(2012-07-09)[2012-08-20].http://news.sciencenet.cn/htmlnews/2012/7/266660.shtm.

[14]石嵩.政府应尊重大学办学自主权[EB/OL].(2011-03-13)[2012-08-20].http://www.hbqnb.com/news/Html/special/20110228/news/2011/313/113132114663257748.html.

[15]刘献君.论高校贯彻落实科学发展观中的十个关系[EB/OL].(2009-03-19)[2012-08-20].http://focus.hustonline.net/html/2009-3-19/58977.shtml.

[16]郑伟.对于当前我国学术道德与学术规范的几点思考[EB/OL].(2010-03-16)[2012-08-25]. http://web. cenet. org. cn/web/shangyil/index. php3? file = detail. php3&nowdir=&id=40065&detail=1.

六、外文文献

[1]Elizabeth Wager,Fiona Godlee,Tom Jefferson.How to Survive Peer Review [M].London:British Medical Journal Books,2002.

[2]Ann C. Weller. Editorial Peer Review:Its Strengths and Weaknesses [M]. New

Jersey:Information Today Inc.,2002.

[3]Dale J.Benos.The Ups and Downs of Peer Review [J].Advances in Physiology Education,2007,31.

[4]William W.Parmley.Conflict of Interest:An Issue for Authors and Reviewers [J]. Journal of the American College of Cardiology,1992(4).

[5]John Weil. Peer Review:An Essential Step in the Publishing Process [J].Journal of Genetic Counseling,2004(4).

[6]Leigh Turner.Doffing the Mask:Why Manuscript Reviewers Ought to Be Identifiable [J].Journal of Academic Ethics,2003(1).

[7]Cole S., Rubin L., Cole J. R. Peer Review and the Support of Science [J].Scientific American,1977(4).

[8]Charles Mignon,Deborah Langsam.Peer Review and Post-tenure Review [J].Innovative Higher Education,1999(1).

[9]Malhan I.V.,Rao S.Agricultural Knowledge Transfer in India:A Study of Prevailing Communication Channels [J].Library Philosophy and Practice,2007(2).

[10]Willis Rudy.The Universities of Europe (1100-1914) [M].New York:Associated Press,1984:128.

[11]Alain Touraine. The Academic System in American Society [M]. New York: McGraw-Hill Book Company,1974.

[12]John Mackenzie Owen.The Scientific Article in the Age of Digitization (Information Science and Knowledge Management) [M]. New York:Springer-Verlag New York Inc.,2007.

[13]Jerry Gaston.The Reward System in British and American Science [M].Awelye-Nescience Publication,1978.

[14]Kenneth Prewitt.The Public and Science Policy [J].Science,Technology,and Human Values,1982(7).

[15]Merton R.K.The Priority of Scientific Discovery [J].American Sociological Review,1957(6).

[16]Dennis F.Thompson.Understanding Financial Conflicts of Interest [J].New England Journal of Medicine,1993(329).

[17]Roy Porter.Gentlemen and Geology:The Emergence of a Scientific Career (1660-1920) [J].The Historical Journal,1978(21).

[18]Deny Elliott.Research Ethics [M].Hanover:University Press of New England,1997.

[19]Wright I.C.Conflict of Interest and the British Journal of Psychiatry [J].The British Journal of Psychiatry,2002(180).

[20]Richard Smith.Beyond Conflict of Interest:Transparency Is the Key [J].British Medical Journal,1998(317).

[21]Harker R.,Mahar C.,Wikes C.An Introduction to the Work of Pierre Bourdieu

［M］.The Macmillan Press Ltd.,1990.

［22］Swartz D. Culture and Power:The Sociology of Pierre Bourdieu［M］.Chicago:The University of Chicago Press,1997.

［23］Crane D. The Gatekeepers of Science［J］.American Sociologist,1967(2).

［24］Krimsky S. Science in the Private Interest Has the Lure of Profits Corrupted Biomedical Research?［M］.Lanham:Rowman & Littlefield Publishers,Inc.,2003.

［25］Hussain A.,Smith R. Declaring Financial Competing Interests Survey of Five General Medical Journals［J］.British Medical Journal,2001(323).

［26］Scott J. Armstrong. Peer Review for Journals:Evidence on Quality Control,Fairness,and Innovation［J］.Science and Engineering Ethics,1997(3).

［27］Van McCrary S. et al. A National Survey of Policies on Disclosure of Conflicts of Interest in Biomedical Research［J］.New England Journal of Medicine,2000(343).

［28］Mildred K. Cho et al. Policies on Faculty Conflicts of Interest at US Universities［J］.The Journal of American Medical Association,2000,284(17).

［29］Fletcher. Evidence for the Effectiveness of Peer Review［J］.Science and Engineering Ethics.1997(3).

［30］Krimsky S.,Rotheberg L.S.Conflict of Interest:Review Articles Sponsored by Pharmaceutical Industry［J］.Journal of American Medical Association,1994(16).

［31］Ferris L.E.,Fletcher R.H.Conflict of Interest in Peer-Reviewed Medical Journals［J］.Notfall Rettungsmedizin,2010(13).

［32］Rhodes R. The New Governance:Governing without Government［J］.Political Studies,1996(17).

后 记

本书付梓之际，不禁记起当年攻读博士学位的情形。所谓"壮士腰间三尺剑，男儿腹中五车书"。梦想就是最好的翅膀，2009年秋天因梦想走进厦门大学，开始了我的博士学习生涯。三年多的日子里，学习的艰辛自不必多言，彷徨、质疑、自吒、窃喜……什么感受都曾出现过。但相较于人生漫途，这又算得了什么？我把梦托付给了这段难忘的岁月，"不去想是否能够成功，既然选择了远方，便只顾风雨兼程"。

时间总是在不经意间从我们身边悄然流逝，如今博士毕业已近6年，这段时间整理博士论文的书稿，那些模糊的往事带着新鲜的潮湿卷土重来，我差点都忘了，我也曾为它写过那么多的文字。我觉得，就算走到很远很远，我也再难写出比这些更坦荡赤诚、饱含热泪的文字。那些文字，在后来温暖无数个陌生人之前，首先无数次地温暖我自己。在我不知何去何从时，它们提醒着我过去的自己曾有过的勇敢与无畏、一路奔跑的身影和终于迎来的赤色艳阳。那些文字，一个一个，都是跳跃滚烫的初心，在字里行间得以永久封印。至今依旧记得那些奋战的黑夜，每到惊醒抬头，一推窗，已是晨煦微露的早晨，仿佛大梦初醒一般让人心中一动。旧事纷纷，如寒冬的风，只有想到自己一路奔跑一直成长的路途才觉得凛凛寒风并不可畏，也只有自己才能将一个雨水温热、山川温柔的春天唤醒。

如今，在闽南师范大学学术著作出版基金的资助下，本书即将出版，欣喜之余是满满的感激之情。感谢导师李泽彧教授在博士论文指导中的辛勤付出，并为本书的出版作序；感谢闽南师范大学社科处的领导与同事；感谢厦门大学出版社为本书的出版所做的各项工作；感谢所有参引文献的作者；感谢所有为本书撰写提供资料和调研便利的单位及领导。

林培锦

2017年11月5日